식품위생학

FOOD HYGIENE

식품위생학

송효남 · 곽민규 · 박재남 · 장유진 · 정난희 · 최영진 지음

교문사

머리말

국민들의 사회적 및 경제적 소득 수준이 향상되고 1인 가구가 증가함에 따라 그동안 단체급식, 가정간편식 및 외식소비가 크게 확대되어 왔다. 그러나 최근의 코로나19로 인해 다시 가정에서의 조리기회가 많아지고 배달음식 주문이 증가하는 등 우리 국민들의 식생활 패턴은 시대적 및 사회적 상황에 따라 급변하고 있다. 이에 따라 식품 및 음식의 조리, 가공, 운반 등의 과정에서 발생할 수 있는 식품안전 사고의 위험 또한 급증하고 있으며, 이는 국민의 건강에 심각한 위협요인이 되고 있어 건강하고 안전한 먹거리 관리를 위한 대책이 시급한 형편이다.

식품위생학은 단체급식소, 산업체 품질관리 부문 및 위생직 공무원 등 거의 모든 식품관련 직무에 필수적인 분야이다. 따라서 이 책은 대학에서 식품산업 관련 분야로 진출하고자 하는 학생들을 위한 교재 및 산업체에서 식품위생·안전 관리 분야에 종사하는 전문인들을 위한 참고서적이 될 수 있도록 집필되었다. 특히 식품위생학은 식품영양학을 전공하는 대학생들의 영양사 및 위생사 등의 자격증 취득을 위한 필수교과목이기 때문에 이 책 또한 수험서로서의 역할을 할 수 있도록 구성하였고, 가장 최신의 정보로 업데이트하기 위해 심혈의 노력을 기울였다.

이 책의 전체적인 구성을 간략히 소개하면, 1장의 식품위생에 대한 개념을 시작으로 2~3장에서는 식품의 변질과 부패를 야기하는 식품미생물에 대한 내용과 검사방법을 제시하였고, 4~6장에서는 여러 가지 식중독에 대해 상세히 다루었다. 7장은 환경오염과 식품위생을 다루고, 8장에서는 방대한 내용이지만 각종 시험에서 출제빈도가 높은 감염병과 기생충에 대해 집필하였다. 9장은 위생동물, 10~11장은 방사선조사 식품과 유전자변형 식품을 다루었고, 12~13장에서는 산업체 현장에서 적용 가능하도록 실무적인 내용을 위주로 HACCP과 식품위생관리에 대한 내용을 소개하였다. 마지막 14장은 환경위생으로 위생사 시험 등에서 필요한 내용이지만, 그 범위가 너무 방대하여 본 책에서는 간단히 요약된 내용으로 소개하였다.

저자들은 각 대학에서 오랫동안 식품위생학을 강의하고 식품위생 및 안전관리 분야에서 심층적인 연구를 해온 교수진으로 구성되었으며, 이 책의 집필을 위해 많은 시간을 고민하고 토론하며 누구나 만족할 만한 충실한 내용이 되도록 노력하였다. 그럼에도 불구하고 미흡한 부분들이 있을 것으로 사료되며 이러한 부분은 향후 강의와 연구를 통해 신속히 보완하고 수정해 나가면서 보다 완벽한 책이 되도록 노력하고자 한다. 부디 이 책이 식품위생 분야에 관심을 갖고 공부하는 모든 분들에게 유용하고 가치있는 자료로 활용될 수 있기를 바란다.

아울러 이 책이 출간될 수 있도록 허락해 주신 교문사 류원식 사장님께 깊이 감사드리며, 기획에서 출판까지 전 과정에서 부지런히 집필진을 챙겨주시고 아낌없이 격려해 주신 진경민 과장님을 비롯한 편집부 임직원들께 깊이 감사드린다.

2022년 1월

저자 일동

차례

머리말 4

CHAPTER 1 서론

1. 식품위생의 정의와 목표 12
2. 식품위생 환경의 변화 13
3. 식품위생과 식중독 14
4. 식품위생행정 및 정책 18
5. 외국의 식품위생 · 안전 관리 시스템 20

CHAPTER 2 식품과 미생물

1. 서론 26
2. 식품미생물의 종류와 특성 29
3. 식품위생의 지표미생물과 정성 및 정량 시험법 40
4. 미생물에 의한 식품 변질과 부패 44
5. 부패의 판정 48
6. 식품의 변질방지 51

CHAPTER 3 식품위생검사

1. 식품위생검사의 목적 및 종류 62
2. 식품의 안전성 평가 63
3. 미생물학적 검사 70
4. 물리적 · 관능검사 방법 81
5. 화학적 검사 83

CHAPTER 4 세균성 식중독

1. 서론 88
2. 발병 형태별 분류 89

CHAPTER 5 자연독 식중독

1. 식물성 자연독 134
2. 동물성 자연독 151
3. 곰팡이독 158
4. 식품 알레르기 165

CHAPTER 6 화학적 식중독

1. 제조 · 가공 과정 중에 혼입되는 유해물질 179
2. 기구 또는 용기 · 포장재 등에서 기인하는 유해물질 188
3. 식품의 제조 · 가공 · 저장 중에 생성되는 유해물질 197
4. 조리과정 중에 생성되는 유해물질 202

CHAPTER 7 환경유해 물질

1. 내분비계 교란물질의 특성 211
2. 내분비계 교란물질의 종류 212

CHAPTER 8 감염병 및 기생충

1. 감염병 222
2. 경구감염병의 종류 227
3. 인수공통감염병 240
4. 기생충 질환 256
5. 채소류에 의한 기생충감염 259
6. 육류에 의한 기생충감염 270
7. 어패류에 의한 기생충감염 282

CHAPTER 9 위생곤충 및 위생동물

1. 개요 298
2. 파리 300
3. 모기 303
4. 바퀴 307
5. 이 309
6. 진드기 311
7. 빈대 313
8. 개미 313
9. 쥐 313

CHAPTER 10 식품첨가물

1. 식품첨가물 총론 320
2. 식품첨가물 각론 327

CHAPTER 11 방사선 조사식품 및 유전자변형 식품

1. 방사선 조사식품 344
2. 유전자변형 식품 356

CHAPTER 12 HACCP

1. HACCP의 정의와 특징 366
2. HACCP 시스템 도입의 필요성 368
3. HACCP 시스템의 절차 376

CHAPTER 13 식품위생관리

1. 식품제조 · 가공시설 및 집단급식소의 위생 396
2. 용수의 위생 403
3. 식품제조 · 가공 및 집단급식시설의 작업 위생관리 408
4. 식품취급자의 위생관리 419

CHAPTER 14 환경위생

1. 개요 428
2. 공기위생관리 429
3. 물 위생관리 435
4. 폐기물의 위생관리 440
5. 작업환경 위생관리 444

부록 450

찾아보기 478

CHAPTER

1 서론

1. 식품위생의 정의와 목표
2. 식품위생 환경의 변화
3. 식품위생과 식중독
4. 식품위생행정 및 정책
5. 외국의 식품위생·안전 관리 시스템

CHAPTER

1 서론

국민들의 소득수준 향상과 함께 건강하고 안전한 먹거리에 대한 관심도 높아지고 있다. 이와 함께 식생활 변화와 식품의 생산·가공방식의 변화에 따른 식품위생·안전 관련 사고가 지속적으로 발생하고 있어 이에 대응하기 위한 체계적인 시스템 구축이 필요하다. 본 장에서는 식품위생의 개념과 중요성을 파악하고, 국·내외적인 식품위생 환경 변화의 추이를 살펴보며, 식품의 안전성 확보를 위해 국가적인 차원에서 추진해야 하는 정책과 글로벌 식품안전 네트워크의 중요성 등에 대해 살펴보기로 한다.

1. 식품위생의 정의와 목표

식품위생학은 식품으로 인한 질병과 위해를 방지하고 인간의 생명과 건강을 지키는 데 필요한 사항을 취급하는 과학으로서 공중위생학의 한 분야이다. 식품위생학이란 용어는 세계보건기구(WHO, World Health Organization)에서 사용하는 국제적인 표현으로 Food Hygiene 또는 Food Sanitation으로 표기하고 있다. WHO의 환경위생전문위원회(1956년)에서는 "식품위생이란, 식품의 생육(재배), 생산, 제조로부터 최종적으로 사람에게 섭취되기까지의 전체적인 단계에 걸친 식품의 안전성·완전성 및 건정성을 확보하기 위한 모든 수단을 말한다"라고 정의하였다.

우리나라는 1962년 「식품위생법」을 제정하여 식품안전관리의 토대를 마련하였다. 「식품위생법」의 목적은 제1조에 명시된 바와 같이 '식품으로 인하여 생기는 위생상의 위해를 방지하고, 식품영양의 질적 향상을 도모하며, 식품에 관한 올바른 정보를 제공하여 국민보건의 증진에 이바지'하는 것이다. 또한 제2조 1항에 따르면 식품이란 '의약으로 섭취하는 것을 제외한 모든 음식'으로 정의되어 있고, 제2조 11항에서는 식품위생은 '식품, 식품첨가물, 기구 또는 용기·포장을 대상으로 하는 음식에 관한 위생'이라고 명시되어 있다.

국제식품규격위원회(CODEX Alimentarius)에서는 식품위생의 대상에는 인간이 섭취하기 위한 목적의 모든 물질뿐만 아니라 식품을 제조·조리·처리할 때 사용하는 모든 물질이 포함된다고 정의하였다. 단, 화장품, 담배, 의약용으로만 사용되는 것은 제외된다.

이와 같은 식품위생의 목표를 실현하기 위한 구체적인 방법은 인체의 건강에 위협이 될 수 있는 식품의 위해요인들을 제거함으로써 온 국민들이 안전하고 건강한 식품을 섭취할 수 있도록 하는 것이다. 이러한 기본 원칙하에 식품의 위생적이고 안전한 관리를 위한 일괄적인 관리체계가 전 세계적으로 구축되고 있으며, 이는 기본적으로 '농장에서 식탁까지' 모든 단계에서 일어날 수 있는 위해요소를 관리하고, 사전에 예방하고자 하는 사전예방적 관리를 목표로 한다.

2. 식품위생 환경의 변화

식품안전을 위협하는 요소는 매우 다양하며 시대에 따라 변화한다. 즉, 식품생산 방식의 변화, 수입식품 증가, 식품소비 패턴 변화, 기후변화, 환경오염 및 식품 유해 물질 증가 등에 따라 식품의 위생적 관리 방안과 정책도 달라져야 한다. 국내의 농·수·축산물, 가공식품, 건강기능식품 등 식품의 전체 생산액은 매년 증가하고 있고, 수출 및 수입액도 해마다 증가하고 있다. 특히 수입식품의 경우 2017년 검사 건수가 672,273건이었으며, 이 중 부적합 건수가 1,279건으로 나타났다. 식품의 해외 의존도가 높아지는 것 외에도 소득수준의 향상, 여성 취업 및 1인 가구 증가 등에 따라 외식 소비가 확대되고, 가정간편식이나 배달 음식 등의 소비가 빠르게 증가하는 등 식생활 패턴이 급변하고 있기 때문에 이에 따른 국가적 차원의 식품안전관리기준 마련이나 대응시스템의 구축 등이 필요하다. 한편, 온난화 등과 같은 전 지구적 차원의 기후 변화는 식중독 발생 등의 식품안전에 직·간접으로 영향을 미치는 것으로 알려져 있으나 이와 관련한 심도 있는 연구는 아직 미미한 수준이다. 이와 같은 식품위생 환경 변화는 식품안전의 확보에 새로운 위협이 되고 있으므로 이에 대한 효율적인 정책 수립과 규제 강화 등이 필요하다.

3. 식품위생과 식중독

식품안전은 식품으로 인해 발생하는 건강장해 문제와 직결된다. 식품위생의 문제로 인해 야기되는 주된 건강장해는 식중독, 경구감염병, 인수공통감염병, 기생충증 등이다. 「식품위생법」 제2조에 의하면 식중독(food poisoning)이란 "식품 섭취로 인하여 인체에 유해한 미생물 또는 유독물질에 의하여 발생하였거나 발생한 것으로 판단되는 감염성 질환 또는 독소형 질환"으로 정의되고 있다.

식품의약품안전처(식약처, Ministry of Food and Drug Safety; MFDS)에서 집계한 국내의 최근 5년간(2016~2020년) 연도별 및 월별 통계를 보면(표 1.1) 2016~2019년 사이 연평균 식중독 발생건수는 유사하였으나, 2018년의 경우 식중독 환자수는 크게 증가하였다. 특히 2020년은 식약처가 식중독 관련 통계를 작성한 2002년 이래 가장 적은 환자수를 기록했다. 최근 5년 평균치와 비교 시 발생건수는 52%, 환자수는 40% 수준으로 감소한 것으로 나타났다. 이는 코로나19 대유행으로 손 씻기 등 개인위생에 대한 인식이 높아졌을 뿐 아니라, 집단급식소에서의 이용 환경 변화와 안전관리 강화에 따른 결과로 분석된다. 월별 현황을 보면 식중독 사고는 3, 4월에 증가하기 시작하여 한여름인 8월에 정점을 이

표 1.1 최근 5년간 국내 연도별·월별 식중독 발생건수 및 환자수

단위: 발생건수(건), 환자수(명) / 기준: 2021.4.30.('20~21년 잠정치)

연도	구분	1월	2월	3월	4월	5월	6월	7월	8월	9월	10월	11월	12월	합계
2016	발생건수	14	9	25	39	43	36	22	62	39	41	37	32	399
	환자수	98	51	358	554	673	761	280	2,388	425	731	446	397	7,162
2017	발생건수	20	18	16	26	40	44	46	46	31	16	17	16	336
	환자수	121	89	146	409	605	916	429	1,555	745	332	179	123	5,649
2018	발생건수	17	15	37	25	31	28	35	36	56	45	23	15	363
	환자수	125	194	816	444	853	732	630	1,536	5,239	608	185	142	11,504
2019	발생건수	21	16	19	31	35	37	28	25	22	16	18	18	286
	환자수	216	109	504	543	438	532	550	333	136	227	236	251	4,075
2020	발생건수	28	8	3	8	4	17	30	19	16	12	16	17	178
	환자수	228	67	117	112	16	453	603	239	168	196	385	163	2,747
합계	발생건수	115	83	141	181	153	162	161	188	164	130	111	98	1,687
	환자수	1,064	778	2,513	2,888	2,585	3,394	2,492	6,051	6,713	2,094	1,431	1,076	33,079

자료: 식품안전나라

표 1.2 2020년 국내 원인 시설별·월별 식중독 통계

단위: 발생건수(건), 환자수(명) / 기준: 2021.4.30.('20~21년 잠정치)

원인시설	구분	1월	2월	3월	4월	5월	6월	7월	8월	9월	10월	11월	12월	합계
학교	발생건수	0	0	0	0	0	2	5	2	1	1	3	2	16
	환자수	0	0	0	0	0	24	159	52	20	9	143	41	448
학교 외 집단급식	발생건수	1	3	1	1	0	3	6	1	6	0	6	5	33
	환자수	9	37	101	68	0	241	286	15	82	0	203	44	1,086
음식점	발생건수	23	3	1	7	4	8	14	16	9	8	6	4	103
	환자수	169	18	4	44	16	131	68	172	66	73	35	31	827
가정집	발생건수	0	0	0	0	0	0	1	0	0	0	0	1	2
	환자수	0	0	0	0	0	0	3	0	0	0	0	2	5
기타	발생건수	4	2	1	0	0	4	4	0	0	3	1	5	24
	환자수	50	12	12	0	0	57	87	0	0	114	4	45	381
합계	발생건수	28	8	3	8	4	17	30	19	16	12	16	17	178
	환자수	228	67	117	112	16	453	603	239	168	196	385	163	2,747

자료: 식품안전나라

루며, 가을 및 겨울철에 감소 추세를 보이기는 하나, 꾸준히 발생하는 것으로 나타났다.

2020년 한 해 동안 식중독 발생 유형을 시설별·월별·원인균별로 분석한 결과(표 1.2), 식중독 발생건수가 가장 많은 시설은 '음식점'이었고, 환자가 가장 많이 발생한 시설은 '학교 외 집단급식소'였다. 특이한 점은 '학교 집단급식소'가 지난 5년간 평균 환자수가 가장 많았던 시설이었으나, 2020년에는 급격히 감소되었다는 것이다. 이는 코로나19로 인해 비대면 수업이 이루어지면서 학교 출석 일수가 줄었기 때문인 것으로 분석된다. 월별 분석결과 통상 식중독이 집중 발생하는 3~5월과 8~9월에도 2020년에는 크게 감소한 것으로 나타났다. 이는 코로나19에 대응하여 개인위생 관리가 철저해지고, 식품위생 안전관리가 강화된 영향인 것으로 분석된다. 원인균별로 분석한 결과 국내에서 식중독을 일으키는 대표 원인균은 노로바이러스, 병원성대장균, 살모넬라, 캄필로박터 및 장염비브리오 등의 5종인 것으로 확인되었다(그림 1.1).

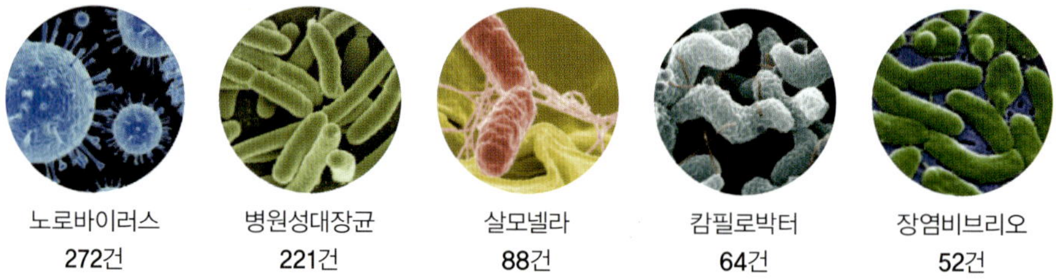

그림 1.1 국내 식중독 발생의 5대 주요 원인균(2015~2019년 식중독 발생현황 기준)

국내의 식중독 사고에는 특징적인 점들이 몇 가지 있다. 첫째, 식중독의 주요 원인 식품 중의 하나로 김밥과 같은 복합 조리식품이 제시되고 있다는 점이다. 김밥의 경우 익히지 않은 햄, 덜 조리된 달걀 및 살모넬라균에 오염된 생달걀 껍질을 만진 손 등에 의해 식중독 발생 사례가 보고되었다. 또한 기온이 따뜻해지는 야외 행락철에 김밥을 포장해 갈 경우 보관 및 운반에 상당한 시간이 경과되어 식중독 발생 위험이 더욱 높아지는 것도 영향을 주는 것으로 분석된다.

둘째, 겨울철에는 전체적인 식중독 발생률은 감소하지만, 노로바이러스에 의한 발생률은 오히려 높아진다는 점이다. 최근 5년간(2015~2019년)의 노로바이러스 식중독은 매년 평균 52건(1,115명)이 발생하였으며, 날씨가 추워지는 11월부터 이듬해 봄까지 집중적으로 발생하는 것으로 조사되었다. 노로바이러스는 영하 20℃ 이하의 극히 낮은 온도에서도 오랫동안 생존이 가능하며, 단 10개의 개체수로도 감염시킬 수 있다. 노로바이러스는 오염된 지하수 또는 오염된 해수에서 채취된 어패류(특히 생굴) 등을 섭취하였거나 감염자와의 직·간접적인 접촉을 통해서도 쉽게 전파된다.

셋째, 우리나라의 식중독은 사계절 내내 발생하므로 각별한 주의가 필요하다는 점이다. 각 계절별로 특히 주의해야 할 대표적인 식중독이 〈표 1.3〉에 제시되어 있다.

표 1.3 계절별 주의해야 할 대표적인 식중독

계절	식중독균	내용
봄	 클로스트리디움 퍼프린젠스균	• 특징: 사람을 비롯한 동물(주로 포유동물)의 장관, 식품 등에 널리 분포됨 • 주요 증상: 주로 설사와 복통, 통상적 가벼운 증상, 집단 발병 시 환자 단시간 집중 발생 • 예방 요령: 신선한 원재료로 필요 섭취량만을 가공 조리하여 제공
여름	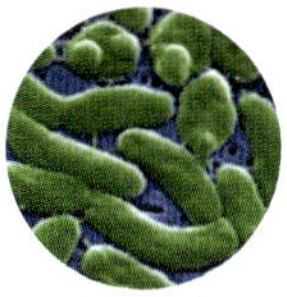 장염비브리오균	• 특징: 해수온도가 15℃ 이상이 되면 급격히 증식 • 주요 증상: 주로 복통, 설사, 발열, 구토, 다량의 수양성 설사와 미열 동반 • 예방 요령: 어패류는 수돗물에 잘 씻고, 횟감용 칼·도마는 구분하여 사용
가을	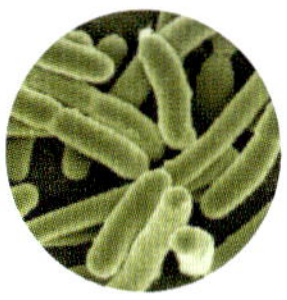 병원성대장균	• 특징: 오염된 물(지하수 및 음용수 등)이나 식품 등에 널리 분포됨 • 주요 증상: 설사, 복통, 구토, 피로감 • 예방 요령: 분쇄 또는 다진 고기는 내부까지 완전히 익혀 섭취(중심온도 75℃, 1분 이상 가열)
겨울	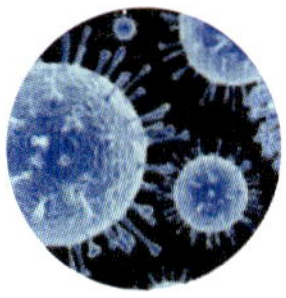 노로바이러스	• 특징: 사람의 장관 내에서만 증식할 수 있으며, 2차 발병률이 높음 • 주요 증상: 설사, 복통, 구토(소아의 경우 주된 증상) • 예방 요령: 올바른 손 씻기의 생활화, 어패류는 85℃, 1분 이상 가열하여 섭취

4. 식품위생행정 및 정책

식품위생행정이란 국가의 관련 기관이 식품의 안전성을 확보하기 위하여 정책을 개발하고 관련법을 제정하며 이에 따른 행정을 펼치는 일련의 활동을 말한다. 식품위생행정은 시대에 따라 변화되며 우리나라에서는 「식품위생법」 및 하위 법령에서 각종 규정을 정하여 식품이 안전하게 제조·가공·유통 및 소비될 수 있도록 관리하고 있으며, 관련 업계에서도 이를 준수하도록 하고 있다.

우리나라의 식품위생 관리제도는 1990년대 이후 급격하게 발전하여 왔다. 1995년에 식품위해요소 중점관리기준(HACCP) 및 식품회수제도(Food recall) 등의 새로운 위생관리제도가 도입되었고, 「제조물책임(Product Liability)법」이 2002년부터 시행되고 있는 등 다양한 제도와 규정이 강화되었다. 따라서 이제는 식품제조·가공업자들도 스스로 자사제품의 철저한 위생관리와 품질경영에 노력을 기울여야 한다.

우리나라의 식품위생행정을 관리하는 중앙기구는 식품의약품안전처이다. 1996년 보건복지부 소속 '식품의약품안전본부'로 출발하여 1998년 '식품의약품안전청'으로 개칭되었으며, 2013년 '식품의약품안전처'로 격상되어 우리나라의 식품위생행정을 총괄적으로 관리하고 있다. 2021년 현재 식품의약품안전처는 총리실 산하의 중앙행정기관이며, 소속기관으로 식품의약품안전평가원과 6개의 지방청을 두고 있다.

식품의약품안전처 본부에는 소비자위해예방국, 식품안전정책국, 수입식품안전정책국, 식품소비안전국, 의약품안전국, 바이오생약국 및 의료기기안전국 등의 부서가 있어 식·의약품 및 화장품에 관한 관리와 정책수립 등에 관여하고 있다. 소속기관인 식품의약품안전평가원은 식품위해평가부, 의약품심사부, 바이오생약심사부, 의료기기심사부, 의료제품연구부 및 독성평가연구부 등 6개 부서가 있어 식·의약품의 위해평가, 시험방법 개발, 의약품·의료기기 등의 허가와 심사, 화장품 심사 등을 담당한다. 또한 6개의 지방청(서울지방청, 부산지방청, 경인지방청, 대구지방청, 광주지방청 및 대전지방청)에서는 위해식품, 의약품에 대한 지도, 단속, 회수, 폐기 및 수입식품 검사 등을 관장하고 있다.

한편, 최근 국민 식생활의 변화에 따라 가공·조리식품 시장이 크게 확대되고, 구제역, 조류인플루엔자 등 각종 농·축산물의 생산과정에서 식품의 안전성을 확보하는 것이 시급한 것으로 인식되었다. 이에 따라 정부에서 지난 2008년 「식품안전기본법」을 제정하여 그동안 각 부처 소관 분야별로 제각각 운영되었던 식품안전행정을 통합적으로 관리하게 되었다. 과학적이고 체계적인 제1차 식품안전관리기본계획(2009~2011년)을 실시한 이래 2021년 현재 제5차 식품안전관리 기본계획(2021~2025년)이 추진되고 있다. 제5차 기본계획에서는 '안전한 식품, 건강한 국민, 행복한 사회'를 비전으로 하여 〈표 1.4〉와 같이 4대 전략을 설정하고 15대 과제, 144개 세부과제를 추진 중이다.

표 1.4 제5차 식품안전관리 기본계획의 추진내용

4대 전략	15대 과제
선제적 위해요인 안전관리	• 위해요인에 대한 체계적 안전관리 • 식중독 사전예방 및 신속대응 • 미래 환경변화 사전대응 • 국제 협력 강화 등을 추진
안전한 식품생산 기반 확립	• 농·축·수산물과 제조·가공식품의 생산 환경에 대한 개선 • 우수농산물관리인증제도(GAP) 내실화, 유기·무항생제 축산물 인증제 활성화, 식육포장처리업 HACCP 단계적 의무화 • 세척·살균된 안전한 달걀을 먹을 수 있도록 현재 가정용에 한해 시행하는 달걀 선별포장 의무를 음식점·집단급식소까지 확대 • 양식장과 생산해역에 각각 양식수 정화시설과 하수처리시설을 확충하여 생산단계부터 안전성을 확보하고, 저온 경매장과 저온 차량 등 수산물 저온유통(Cold Chain) 인프라 구축
과학적 유통·수입 관리 체계 강화	• 유통수입 정보활용 강화 및 이력추적체계 선진화 • 유통수입 단계 검사체계 및 안전관리 강화 • 부정식품 유통판매행위 근절
건강한 식생활 환경 개선	• 건강한 식생활 환경조성 및 지원 • 식품정보 제공 확대 • 안전한 어린이집·유치원·학교 급식 제공 • 건강한 영양관리 및 식생활 지원 확대

5. 외국의 식품위생·안전 관리 시스템

WHO를 비롯하여 미국, 캐나다, 영국 및 일본 등의 선진국에서는 식품안전을 위한 정책 방향에 따라 구체적인 목표를 설정하고 다양한 세부 프로그램을 마련하여 시행하고 있다. 이러한 각국의 정책 중 두드러지는 공통된 특징 중의 하나는 많은 국가들이 식품안전의 네트워크 구축을 통한 상호 협력 체계를 강화하고 있으며, 이를 통해 각종 식품안전 사고에 신속히 대응하고 있다는 점이다. 세계 각국의 식품안전 정책은 시대적 변화와 자국 내 상황에 따라 급변할 뿐 아니라 국제 무역 시장에서 식품안전과 자국민 보호를 위해서는 치열한 경쟁이 필요하기 때문이다. 이에 따라 유럽 및 미국을 비롯한 선진국에서는 국가 간 식품안전 네트워크를 구축하여 글로벌 협력체계를 만들고 있는 추세이며 우리나라도 적극적으로 이러한 네트워크에 참여하는 것이 필요하다.

1) WHO

WHO는 국제 공중보건을 책임지는 유엔 전문기구로서 세계 모든 인류가 가능한 한 최고의 건강수준에 도달하는 것을 목적으로 1948년에 발족하여 국제 보건사업의 지도와 조정의 직무를 수행하고 있으며, 2020년 기준 194개의 회원국이 가맹되어 있다. WHO의 식품안전을 위한 주요 업무는 다음과 같다.

- 식중독의 감시망 개선과 화학물질의 감시
- 국제식품안전당국네트워크(INFOSAN Network)를 통해 회원국의 식중독 발생과 식품오염 사건의 신속한 공유 및 대응
- 식품의 품질기준과 규격 설정 및 새로운 식품의 위해성 평가방법 개발
- 축산식품으로부터 인체에 전파될 수 있는 오염물질에 대한 가이드라인 제공
- 식중독 감시망 체계 개선 및 식품관련 위해성의 정보 교류와 전달체계 구축

이외에도 WHO/FAO의 식품위생분야 협력연구센터가 주체가 되어 식중독 조사 및 경보체계, 국제식품안전응급네트워크, 인간장관감염증에 대한 국제적 감시망, 국제 살모넬라 감시망 등을 운영하고 있다. 또한 '유럽 내 식품유래 감염 및 중독 통제를 위한 감시프로그램'에서는 유럽지역의 식중독질환 원인규명 및 역학조사를 위한 활동을 하는 등 WHO는 글로벌 식품안전을 위해 큰 역할을 하고 있다.

2) 미국

미국은 질병관리예방센터(CDC, Center for Disease Control and Prevention)가 주축이 되어 식중독과 관련된 20개의 감시시스템으로 식중독 발병 및 사건감시, 원인규명, 경향인지, 예방책개발, 기준의 관리업무를 수행하고 있다. 식중독 관리 매뉴얼(Foodborne Outbreak Response and Surveillance Unit)을 구축하고, 푸드네트(FoodNet)를 통하여 CDC, USDA 및 FDA 등과 공동으로 식중독균 및 기생충에 대해 능동적으로 대응하고 있다. 푸드네트 시스템은 CDC가 1996년 개발한 감시시스템으로 미국 전역의 지정 임상연구 기관에서 식중독에 대한 데이터를 수집하고 신속하고 정확한 대책을 세울 수 있도록 한다. FDA에서 개발된 정보망으로 국제적인 관심을 끌고 있는 eLEXNET(The Electronic Laboratory Exchange Network)는 미국 50개주 100여 개의 식품안전실험실들이 서로 중요한 식품검사 데이터를 통합하고 상호 교환함으로써 식품안전사고 발생 시 신속하게 조기경고를 통지하고 대응하는 네트워크로 매우 중요한 역할을 수행하고 있다.

3) 캐나다

캐나다에서는 공중보건지부와 지역 내 실험실의 공동협력으로 구성된 '국가장관계질병 조사시스템(Canadian National Enteric Disease Surveillance System)'을 구축하여 운영 중이다. 공중보건지부에서는 식중독균 양성반응일 경우 지방보건당국에 보고하는 역할을 담당하고, 지역실험실에서는 환자의 가검물에 대해 부가적 검사를 실시한 후 보고하는 역할을 하고 있다.

4) 영국

영국은 '식중독 법정신고 체계(The Statutory Notification of Food Poisoning)'를 마련하여 특정질환자에 대한 지방보건당국 신고시스템 및 실험실에서 확정된 감염증에 대한 전국감시체계를 운영하고 있다. PHLS CDSC(Public Health Laboratory Service Communicable Disease Surveillance Center)에서 관장하며 식중독이 발생할 경우 이에 대한 조사 후 데이터베이스 입력관리의 역할을 담당한다.

5) 일본

일본의 식품안전관리는 후생노동성 감시안전과에서 주관하며 식중독 사고 발생 시 국립감염증연구소에서 역학조사를 총괄하고 있다. 일본 내 관련 부서의 협력체계가 잘 확립되어 있어 의료기관, 학교 및 사회복지시설 관련 부처의 긴밀한 협조가 잘 이루어지고 있다. 식중독 관리를 위한 대응매뉴얼도 잘 구축되어 있어 사회복지시설 등 급식업소 점검, 식재료 오염 실태조사, 국민 계몽교육 및 식중독 발생상황 분석 등이 체계적으로 이루어지고 있다.

CHAPTER

2

식품과 미생물

1. 서론
2. 식품미생물의 종류와 특성
3. 식품위생의 지표미생물과 정성 및 정량 시험법
4. 미생물에 의한 식품 변질과 부패
5. 부패의 판정
6. 식품의 변질방지

CHAPTER

2 식품과 미생물

식품과 관련성이 있는 미생물인 식품미생물의 종류와 특성을 이해한다. 식품위생의 지표로 이용되는 미생물의 정성 및 정량 시험법, 식품의 소독과 살균 등에 대해 학습한다.

1. 서론

미생물(微生物, microorganism, microbe)은 인간의 시력으로 구별하기 어려워 현미경 등의 기구를 사용해야 관찰이 가능한 작은 유기 생명체이다. 생명과학의 발달은 미생물학에 대한 기초 연구를 기반으로 현재는 산업화에 적용하고 있다. 특히, 식품·화장품 소재, 의약학 소재, 농업 및 환경 개선 등 다양한 분야에서 활용이 증가하고 있다. 인간 질병 치료와 예방의 관점에서도 새로운 병원성 미생물의 출현으로 미생물학과 관련 분야에 많은 연구가 활발히 진행 중이다. 미생물의 등장은 17세기 말 네덜란드의 레벤후크(Anton von Leeuwenhoek)가 제작한 현미경으로 원생생물(原生生物, protista), 세균(細菌, bacteria), 조류(藻類, algae)

등의 미생물을 관찰하면서 시작되었다. 특히 전자현미경의 개발과 발달로 미생물의 크기와 내부 구조를 보다 자세히 이해할 수 있게 되었다(그림 2.1). 현대의 계통미생물학은 미생물을 구분하고 체계적으로 분류하기 위하여 각 미생물 고유의 형태학적, 생화학적, 생리학적, 핵산 구성 형식의 유전학적 차이 등의 특징을 찾아서 서로 다른 미생물 간 진화적 혹은 분류학적 관계가 얼마나 멀고 가까운지를 나타내는 유연관계(類緣關係, relationship)를 설명한다. 또한 미생물의 분류 체계(taxonomic groups)는 생물을 분류하는 기준에 따라 크게 세포성과 비세포성으로 나눌 수 있다. 자세하게는 미생물 상호 간의 위치 관계, 즉 미생물

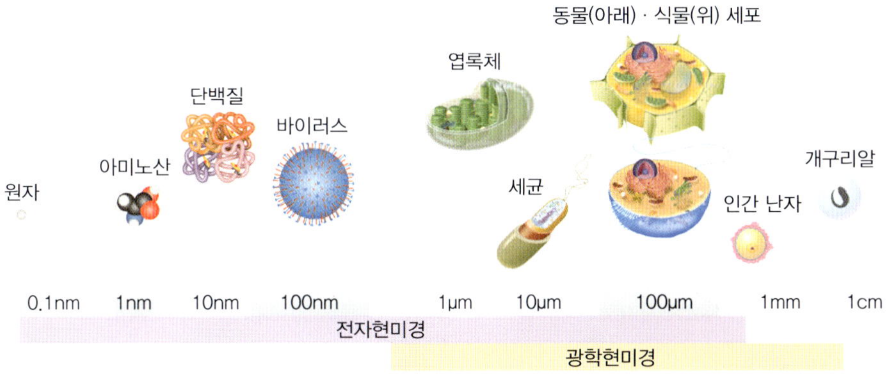

그림 **2.1** 생물종의 크기 비교

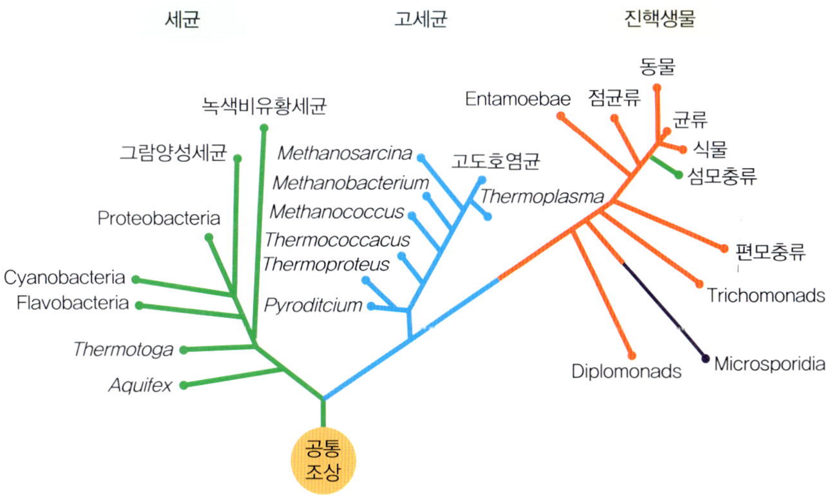

그림 **2.2** rRNA에 기반한 계통수. 세균과 고균, 진핵생물의 분화를 나타내는 미생물의 분류체계 (taxonomic groups)

들 간 계통발생상의 다양한 근접성에 의한 유전정보의 유사성 기준에 따라 구분한다(그림 2.2). 미생물은 세균, 균류(菌類, fungi), 바이러스, 원생동물(原生動物, protozoa), 조류(藻類, algae) 등으로 분류된다. 미생물 세포의 종류에 따라 세균 등의 원핵 미생물과 균류, 원생동물, 조류 등의 진핵 미생물을 포함한 세포성 미생물, 바이러스와 같은 비세포성 미생물로 구분하기도 한다.

① **원핵 미생물**: 원핵세포는 핵막이 없어 세포의 유전물질인 DNA는 세포질 중앙에 위치하는 핵양체(核樣體, nucleoid)의 형태를 가진다. 핵양체는 진핵생물의 핵에 해당하는데 이러한 비핵 구조는 세포 소기관의 막에도 존재하지 않아 진핵 미생물과 달리 막구조에 의한 세포질 분리가 관찰되지 않는다. 남조류를 포함한 세균과 고세균(archaea) 등의 진정세균(eubacteria) 등이 원핵 미생물에 속한다.

② **진핵 미생물**: 남조류를 포함한 세균과 고세균을 제외한 조류, 균류, 원생동물류, 사상균류, 효모류 같은 미생물이 진핵세포로 구성되어 있으며 핵과 세포 소기관은 막구조로 구분된다. 균류(菌類, fungi)와 원생동물(原生動物, Protozoa) 등은 진핵세포로 구성되어 있다.

③ **바이러스**: 바이러스는 원핵세포 혹은 진핵세포로 구분하지 않고 종류마다 다양한 형태와 구성을 지닌 단백질이 핵산물질(DNA와 RNA)과 유전물질을 둘러싸고 있는 단백질 등의 간단한 형태적 특징을 가진 비세포성 미생물이다. 바이러스는 숙주 세포의 물질들을 사용하여 증식하는 비세포 구조를 가지며, 살아 있는 세포에 침입하여 세포 내에서만 증식이 가능한 미생물이다.

미생물은 인간의 삶에 유용한 가치를 효과적으로 제공하는 미래 사회의 중요한 자원이다. 산업적으로도 다양한 분야에서 활용될 수 있는 생물학적 소재이다. 이용가능한 미생물은 중요한 생물자원으로 유용미생물(beneficial microorganisms)과 유해미생물(harmful microorganisms)로 크게 구별된다. 유용미생물은 발효미생물이나 산업미생물과 같이 미생물에 의한 식품 재료의 발효나 미생물 대사 생성물의 대량 생산에 이용된다. 유해미생물은 다양한 질병 및 대사증후군의 원인이 되는 일부 장내미생물, 식품부패를 수반하는 부패미생물(spoilage microorganisms), 염증성 장질환 등의 식중독 원인균 등의 병원성 미생물(pathogenic microorganisms)이 포함된다. 그러므로, 식품학적 관점에서 미생물학은 광범위한 식품·화장품·의약품 소재의 안정성과 기능성을 이해하는 것이 중요하다. 식품의 안전성이 확보되지 않을 경우, 존재할 수 있는 미생물이 식품을 매개로 식품부패와 질병을 일으키는 원인이 된다. 반면에 식품의 발효와 관계된 식품미생물과 인간의 건강에 유익한 프로바이오틱스(probiotics) 등은 식품미생물의 기능성을 강조하고 있다. 식품위생학에서의 미생물은 인간에게 유익하지 않은 영향을 미치는 부패미생물과 식중독 원인 미생물 등의 유해미생물을 다룬다. 이는 "미생물 균총(microbiota population)"이 인간의 여러 질병 원인으로 작용하는 메커니즘을 가지고 있기 때문이다.

2. 식품미생물의 종류와 특성

식품위생학에서 다루는 미생물의 범주는 세균, (진)균류, 바이러스를 중심으로 하며, 식품과 깊은 상관성이 있는 특정 미생물인 병원성 미생물과 산업 미생물을 다룬다. 식품미생물도 다른 미생물과 동일하게 원핵세포인 세균은 핵막이 없어 세포질과 핵이 구분되지 않으며, 진핵세포인 효모와 곰팡이 등은 핵을 비롯한 세포 내 소기관이 막구조에 의해 구분되어 세포성 미생물마다 고유의 특징을 가진다. 바이러스는 숙주 내 기생성(host-dependent type)을 특징으로 비세포성 미생물의 형태로 증식하게 된다.

1) 세균

토양, 물, 공기 등을 포함하는 자연계와 식품군에서 세균은 흔하게 관찰되며

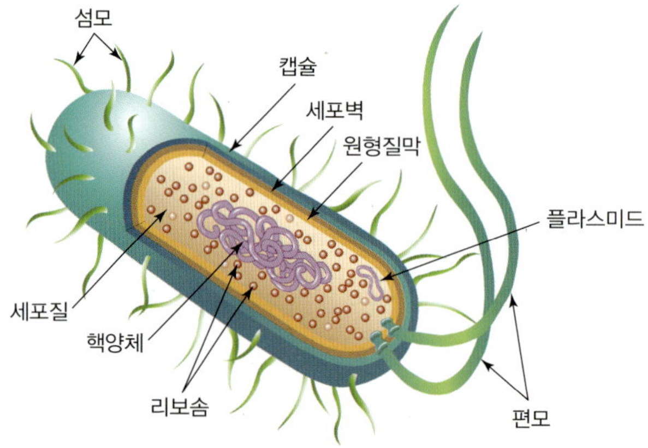

그림 2.3 세균의 일반적인 구조

단세포의 구조적 특징을 가진 원핵생물의 대표적인 분류군이다. 세균의 크기는 0.2~10μm로 세균의 종류마다 차이가 크다. 세균 세포를 구성하는 요소로 세포질을 기준으로 바깥 부위의 세포막(cell membrane), 세포벽(cell wall), 캡슐(capsule), 편모(flagella)와 선모(pilus)가 있다. 세포질 내부는 핵물질인 핵양체(nucleoid)와 단백질 합성을 위한 리보솜(ribosome)으로 이루어져 있어 진핵 미생물에 비해 단순한 구조로 되어 있다(그림 2.3). 세균은 모양과 배열 등의 형태학적 구분법에 의하여 구균(coccus), 간균(bacillus or rod-shaped), 나선균(spirillum or spiral) 등으로 세분하여 구별한다(그림 2.4). 그람양성균은 세포벽에 분포된 펩티도글리칸(peptidoglycan)의 다층구조가 특징적으로 관찰된다. 테이코산(teichoic acid)은 세포막에 결합된 리포테이코산(lipoteichoic acid)과 펩티도클리칸에 결합한 벽 테이코산(wall teichoic acid)이 있다. 이와는 달리, 그람음성균은 단층구조의 펩티도글리칸이 세포외막과 세포내막 사이의 주변세포질(periplasm)에서 관찰된다. 그람음성균의 지질다당류(lipopolysaccharides)는 세포외막의 내독소이며, 포린(porin)은 물질의 수송에 관여한다(그림 2.5). 1884년 덴마크의 의사인 한스 크리스티안 그람(Hans Christian Joachim Gram)이 고안한 특수 염색법인 그람염색법에 의해 세균은 세포벽 구성성분인 펩티도글리칸 함량과 구조 차이로 그람양성균과 그람음성균으로 구분이 가능하다(그림 2.6).

세균은 이분법(binary fission)으로 증식하면서 주변 환경 변화에 의한 스트레

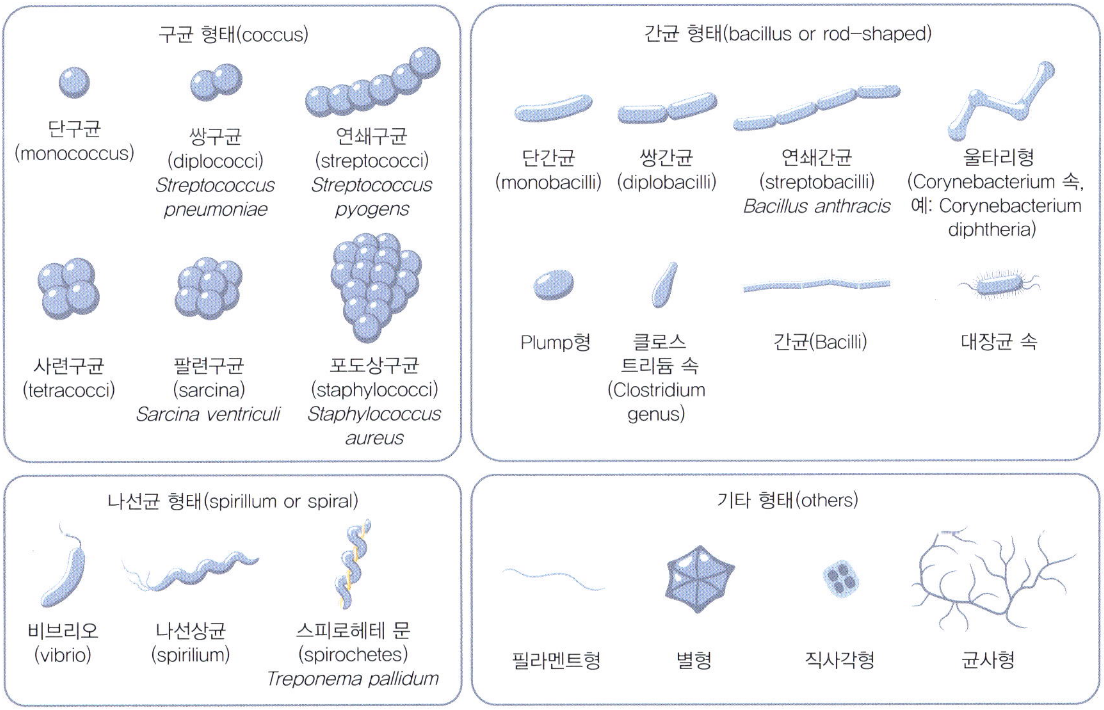

그림 **2.4** 식품 및 질병 관련 세균의 형태 분류와 예

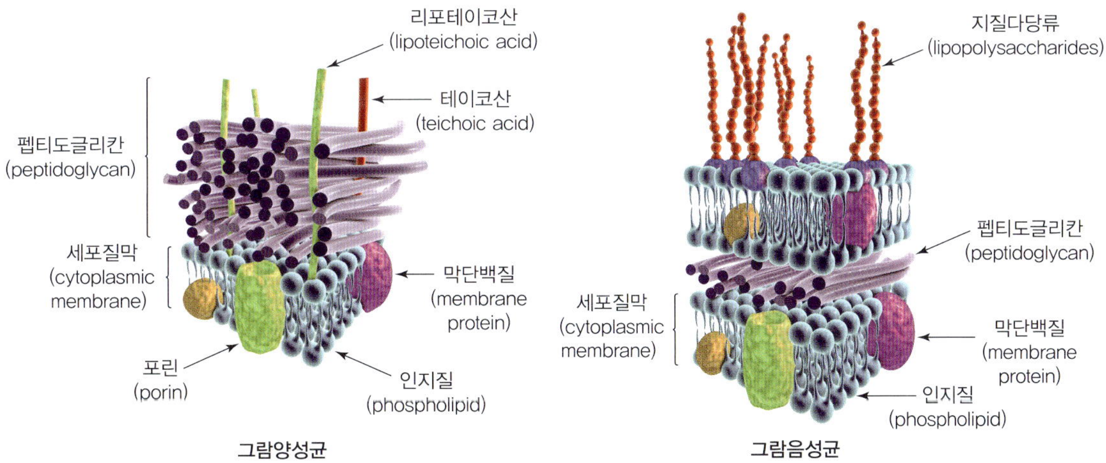

그림 **2.5** 세균의 세포벽

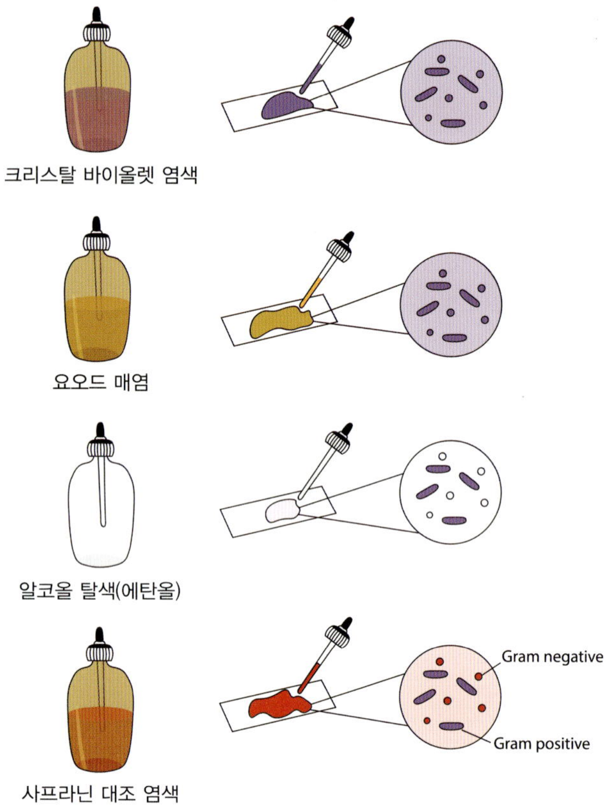

그림 2.6 세균의 그람염색법

스에 대해 적응하는 기전이 발현되어 해당 스트레스에 대한 저항성을 획득한다. 온도, pH, 습도, 항생제 등의 주변 환경(스트레스)에 따라 세균의 개체수가 조절되는 것이다. 이 과정에서 내생포자(endospore), 생물막(biofilm), VBNC(visible non-culturable cell) 등의 기작을 통해 주변 환경에 적응한다. 스트레스에 대한 적응은 구성성분인 지질단백질과 테이코산이 병원성 인자로 숙주에 작용하여 나타나기도 한다. 그람음성세균이 그람양성세균보다 항생제에 대한 내성이 높게 관찰되는 것은 세포벽 구성 차이에 의한 것으로 알려져 있다. 세균 세포가 내생포자를 형성하게 되면 휴면상태로 들어가 극한 외부 환경에 대한 변화에 오랜 기간 생존할 수 있다. 이때, 세포내외의 대사속도와 영양소 요구를 최소로 조절하다가 환경이 변화되어 세균 증식에 적합한 상태가 되면 영양세포로 전환

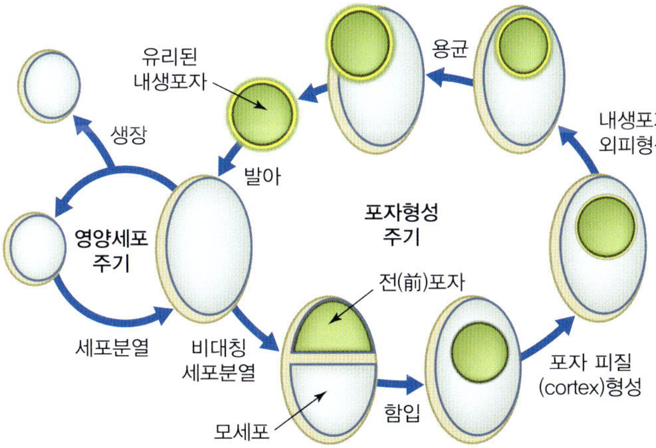

그림 2.7 내생포자의 형성 과정

된다(그림 2.7). 바실러스(*Bacillus*) 속과 클로스트리듐(*Clostridium*) 속은 식품과 관련된 내생포자 형성 세균으로, 식품의 안전성 확보에 매우 중요한 지표세균으로 알려져 왔다. 생물막(biofilm)은 미생물이 생물학적 또는 비생물학적으로 표면에 부착하여 증식하며 형성한 3차원적 구조이다. 생물막은 미생물과 이들이 분비한 세포외 중합체 물질(extracellular polymeric substance)인 다당체와 외부에서 부착된 물질 등을 포함한다. 생물막을 형성하는 미생물은 세포외 중합체인 다당체를 분비하여 미생물을 보호하고 여러 환경 스트레스(열, pH, 산화제) 등의 요인에 대해 현저하게 증가하여 발현된 저항성을 띠게 된다. VBNC(Viable But Non-Culturable)는 살아 있지만 배양되지 않은 상태의 세포를 말하는데, 증식하기 어려운 환경 상태가 지속되면 다수의 세균이 VBNC 상태로 변화한다. 캄필로박터(*Campylobacter*) 속, 리스테리아(*Listeria*) 속, 대장균(*Escherichia coli*), 엔테로코커스(*Enterococcus*) 속, 헬리코박터(*Helicobacter*) 속 등은 이러한 VBNC 세균에 해당한다. VBNC 세균은 배양이 불가능하므로 검출 자체가 기술적으로 매우 어려우므로 병원성을 가지는 VBNC 세균의 경우 제어하는 데 더욱 어려움이 있다. 이렇게 세균은 내생포자, 생물막, VBNC 등을 형성하며 외부 환경의 스트레스에 저항하면서 생존이 가능하기 때문에 이들을 제어하기 위한 물리적·화학적 처리에 대해 높은 내성을 획득한다. 따라서 식품안전을 위협하고 식품 품질 저하를 가져오는 주요 원인이 될 수 있다. 안전한 식품을 생산하기 위하여 이들을 제어하는 물리적, 화학적 제어 방법(열, 건조, 방사선, 화학약품 등)에 대한 기술 개발이 요구된다.

2) 효모

효모(yeast)는 곰팡이와 같이 진핵세포 구조를 가진 진균류(fungi)에 속한다. 생활상이 주로 세균과 유사하게 단세포 생물로 관찰되므로 다세포인 곰팡이와 형태학적으로 명확하게 구분된다. 세균보다 낮은 수분활성도와 pH에서 생육이 가능하며 식품미생물로 산성식품, 발효식품, 일반식품 등에서 식품의 활용과 부패에 직접적으로 관여한다. 세균과 곰팡이와는 대조적으로 식중독을 일으키는 병원성을 가지는 경우가 적다. 효모는 자연계에 널리 분포하는데, 식물체, 바닷물, 토양, 배설물 등에서 관찰된다. 효모의 크기는 5~10μm 정도로 세균보다는 크고 형태적으로 구형, 난형, 막대형 등이 보고되어 왔다. 세균과는 다른 방식으로 증식하여, 출아법(발아법, budding)을 이용하여 증식하게 된다. 증식 기전으로는 세포의 표면에 작은 돌기가 점차 커져 핵이 이동하게 되면 원래 모세포(mother cell)와의 사이에 경계가 생겨 새로운 세포인 딸세포(daughter cell)를 형성한다(그림 2.8). 출아법으로 증식하는 효모 가운데 사카로미세스 세레비시에(*Saccharomyces cerevisiae*)는 진핵세포의 대표적인 연구 모델로, 2003년 우리나라의 과학자가 이 효모의 모든 유전자와 단백질 발현 패턴을 최초

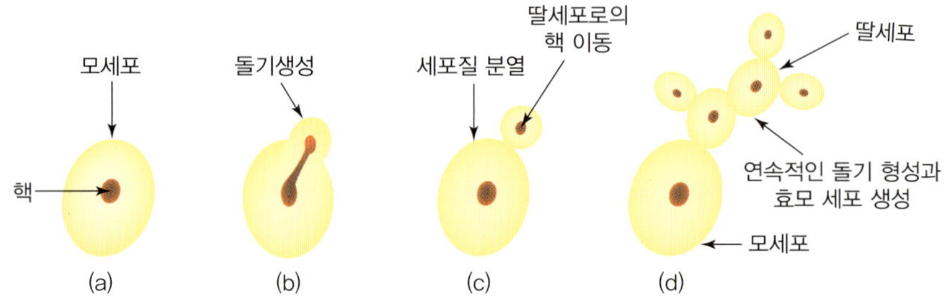

그림 2.8 효모의 출아법

로 보고하였다. 이 효모는 포도주와 빵의 발효에 이용되며 동물사료, 조미료, 영양강화제 등으로 활용된다. 사카로미세스 세레비시에와 같은 출아법으로 증식하는 효모와 달리 분열(fisssion)에 의해 분열하는 효모인 시조사카로미세스 폼베(*Schizosaccharomyces pombe*)는 맥주와 포도주 생산을 위한 말로락트발효(malolactic fermentation)에 이용되는 중요한 효모이다. 이 밖에도 병원성을 가지는 캔디다 알비칸스(*Candida albicans*), 지질 생산을 위한 리포마이세스 스타케이(*Lipomyces starkeyi*) 등이 있다. 일부 효모는 발효산업과 식품산업에서 유용물질을 생산하기 위해 여러 가지 용도로 활용되고 있다. 효모는 알코올 발효능이 우수하므로 산업적으로 주류 발효, 알코올 제조, 제빵 등에서 이용되며 균체 생산 자체가 식품산업 및 생명공학에 이용되어 단세포단백질(SCP, single cell protein), 핵산, 내사체 등의 생산에서 각광을 받고 있다. 단세포단백질, 핵산 물질, 항생제, 항생제 대체제, 비타민 생산 등은 많은 부가가치가 예상되는 미래 식품미생물 산업의 재료로 주목받고 있다.

3) 곰팡이

곰팡이(mold)는 효모와 함께 진핵세포 중 진균류(fungi)로 분류된다. 그러나 효모와는 달리 다세포인 사상균류로, 균사(hyphae)와 포자(spore) 형성을 통해 증식한다. 곰팡이는 육안으로 관찰이 가능할 정도로 세균이나 효모보다 세포의 크기가 크고, 실모양의 균사가 모여 이루어진 균사체(mycelium)를 보인다. 균사체는 외생포자(exospore)로 이루어진 자실체(fruiting body)를 형성하게 된다(그림 2.9). 균사체와 자실체를 균총(colony)이라고 하는데, 세균 또는 사상균이 존재하는 토양이나 이들의 배양물을 배지에 접종하게 되면 배지 위에서 관찰되는 미생물의 덩이를 또한 균총이라고 하기도 하고 집락 또는 취락이라고도 한다. 일반적으로 하나의 균총은 하나의 미생물 세포에서 자란 것으로 간주한다. 곰팡이의 생육조건은 세균이나 효모보다 낮은 0.6 정도의 수분활성도에서도 가능하며 넓은 스펙트럼의 pH 생육 조건을 가지고 있다. 식품위생학적·식품미생물학적 관점에서 염장식품, 당장식품, 산성식품 등에서도 선택적으로 생육이 가

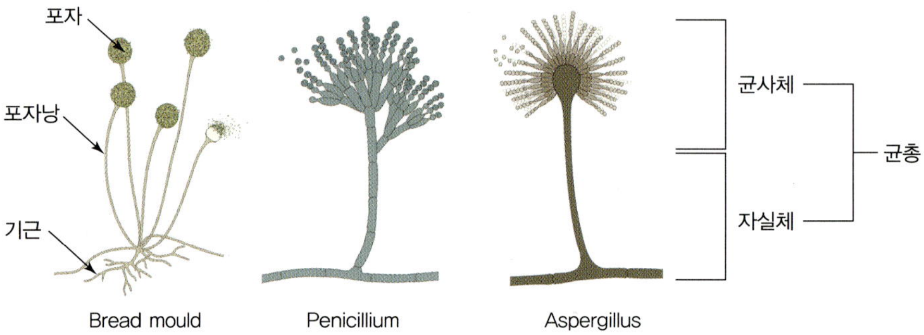

그림 **2.9** 곰팡이의 형태

능하다. 일부 곰팡이의 독소(mycotoxin)는 식중독을 일으키는 원인이 될 수 있으므로 식품의 부패에 직접적으로 관여한다. 반면에 일부 곰팡이는 된장과 간장 등의 장류, 치즈와 같은 발효식품, 항생제 등의 의약품, 효소 생산 등에 활발히 이용되고 있다. 곰팡이는 효모와 달리 포자 형성 방식에 의해 유성생식과 무성생식으로 구분한다. 균사와 포자, 균총의 형태학적 특징은 곰팡이 종을 분류하는 계통분류학적인 접근법에서 중요하다. 일반적으로 곰팡이는 접합균류, 자낭균류, 담자균류로 크게 구분한다. 접합균류는 털곰팡이(*Mucor*) 속, 리조푸스(*Rhizopus*) 속 등으로 주류, 치즈, 유기산 발효와 식품 변패에 관여한다. 격벽(septum)이 없고 무성생식에 의한 포자낭포자를 형성하거나 유성생식에 의한 접합포자를 형성한다. 자낭균류는 접합균류와 달리 균사 격벽이 존재하고 무성생식에 의한 분생포자, 절포자, 후막포자와 유성생식에 의한 자낭포자를 형성한다. 아스페르길루스(*Aspergillus*) 속, 푸른곰팡이(*Penicillium*) 속, 모나스쿠스(*Monanscus*) 속 등이 있고, 일부 버섯류도 자낭균류에 속하는 것이 있다. 담자균류는 균사 격벽이 있고 유성생식에 의해 담자포자를 형성하며, 대부분의 버섯이 여기에 속한다. 불완전균류는 균사에 격벽이 존재하고 유성생식이 불분명한 균류를 말한다(표 2.1).

표 2.1 곰팡이의 분류

구분	중요한 속	균사	무성포자	유성포자
접합균류 (Zygomycetes)	Mucor Rhizopus	격막 없음 다핵체	포자낭포자	접합포자
자낭균류 (Ascomycetes)	Monascus Neurospora	격막 있음	분생포자 절포자 후막포자	자낭포자
담자균류 (Basidomycetes)	Agaricus Pleorotus	격막 있음 이차균사 부리상돌기	아포자 분생포자 절포자	담자포자
불완전균류 Fungi imperfecti (Deuteromycetes)	Aspergillus Penicillium Fusarium	격막 있음	분생포자 절포자 후막포자 아포자	없음

4) 바이러스

바이러스(virus)는 비세포성 미생물이므로 과거에는 무생물로 분류하였으나, 현재는 숙주 존재하에 증식 가능한 기생생물이라는 특성에 의해 '생명체'로 포함시키고 있다. 바이러스는 20~150nm 정도의 매우 작은 크기를 가지고 있어 전자현미경 등을 이용해야만 형태학적 차이를 구분할 수 있다. 진핵세포와 원핵세포와는 달리 변이기전, 생물물리학적 특성, 형태에 따른 계통분류학적 정의 등에 대한 연구가 상대적으로 부족하다. 형태학적 특징, 숙주에 따른 바이러스의 물질대사 차이에 의한 병원성의 특징, 핵산의 종류와 복제 메커니즘에 의한 분류 등이 연구되어 왔다(그림 2.10). 유전정보 물질인 DNA 혹은 RNA의 복제 양식에 의하여 DNA 바이러스와 RNA 바이러스로 구분한다. 핵산 외에 공통적으로 핵산을 보호하는 역할을 하는 캡시드 단백질(capsid protein)로 구성되는 단순한 구조를 가지는 바이러스를 나출형 바이러스(naked virus)라고 한다. 이와는 달리 일부 바이러스는 외막(envelope)을 형성하는 외막형 바이러스(enveloped virus)가 있다. 주로 나선형과 정이십면체형으로 구분되는 것은 나출형 바이러스와 유사하다. 외막형 바이러스는 외막과 세포막을 융합시켜 침투할

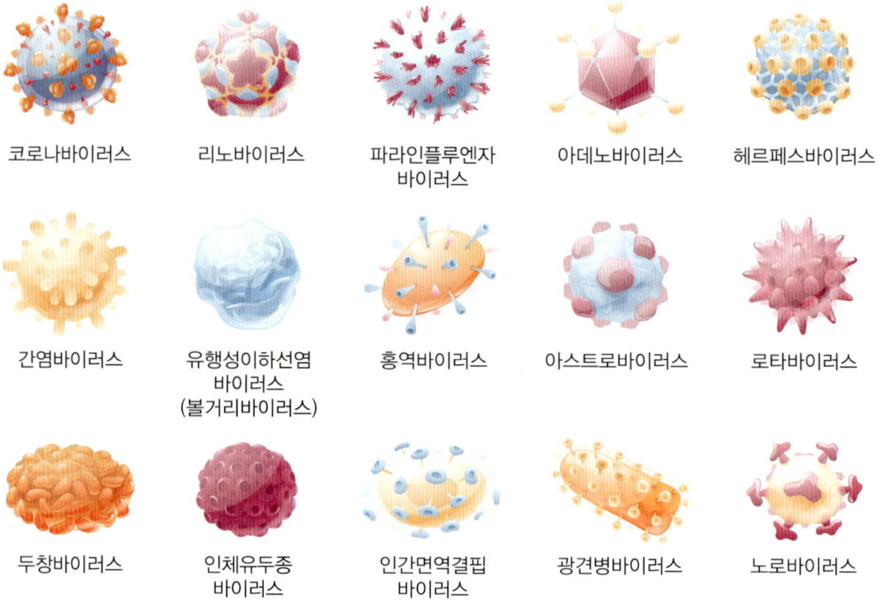

그림 2.10 바이러스 종류에 따른 형태적 특성

수 있다. 나출형(Naked) 바이러스는 이 방법을 사용할 수 없으므로 세포의 내포작용을 통해 세포 내부로 침투한다. 외막형 바이러스는 지질막 외부에 당단백질이 있어 숙주 세포와 상호작용이 가능하다. 이것을 스파이크(Spike)라 하며 전자현미경으로 관찰이 가능하다. 스파이크는 대부분 당단백질(Glycoprotein)로 구성되어 있으며 바이러스의 특성을 나타내는 중요한 특징 중 하나이므로 당연히 항원으로 작용한다. 나출형 바이러스에는 노로바이러스와 파르보바이러스가, 외막형 바이러스에는 인간면역결핍바이러스, 아데노바이러스, 로타바이러스, 인플루엔자 바이러스(H1N1), 코로나 바이러스(COVID-19) 등이 있다. 숙주에 따른 바이러스의 분류 방법으로 동물 바이러스, 식물 바이러스, 세균 바이러스 등으로 구분한다. 이 중에서 세균을 숙주로 하는 바이러스를 박테리오파지(bacteriophage)라 한다. 사람을 포함한 동물을 숙주로 하는 바이러스의 경우 일반적으로 병원성 바이러스이며, 식품과 관련된 대표적 병원성 바이러스는 노로바이러스, 로타바이러스, 아데노바이러스 등이다.

식품과 관련된 병원성 바이러스에 오염된 식품을 섭취하는 경우 구토, 복통,

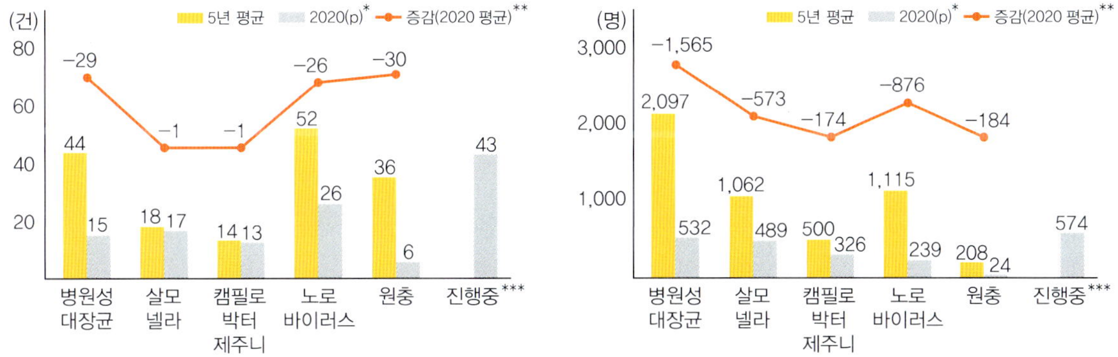

원인균별 건수 비교(상위 5개)

원인균별 환자수 비교(상위 5개)

* 5년간 각 식중독 중에서 2020년만(partial) 뽑아낸 수치

** 2020년도 발생건수(혹은 환자수)에서 5년 평균을 뺀 값을 말함

*** 이 조사 발표가 2021년 2월이기 때문에 2020년까지의 자료 외 것을 말함

그림 2.11 5년 평균 및 2020년의 원인균별 식중독 발생 비교

설사 등의 식중독 증상이 수반된다. 주된 오염 경로는 지하수, 샐러드, 과일 등이지만, 원인이 불명확한 경우도 많다. 우리나라 식중독 관련 사고 가운데 상당수는 원인을 알 수 없으며, 일부는 바이러스에 기인한 것으로 추측된다(그림 2.11). 식품위생학적 관점에서 단체급식 사고의 주요 원인인 병원성 대장균은 오염된 육류의 불완전한 가열조리, 오염된 채소류의 불충분한 세척, 교차오염 등을 통해 식중독을 발생시킨다. 가장 높은 식중독 사고를 일으키는 것으로 관찰되는 노로바이러스 식중독은 오염된 생굴, 지하수, 감염된 환자의 분변, 구토물 등으로 발생할 수 있어 가열 섭취와 개인위생 관리가 모두 중요하다. 세균바이러스인 박테리오파지 혹은 파지는 세균을 감염시키는 기작을 이용하여 감염성 질환의 치료제로 주목받고 있다. 예를 들면, T계의 파지를 사용하거나 용원성 파지인 λ를 모델재료로 증식과정 및 유전적인 조절기구를 연구하고 있다. 이는 분자생물학, 분자유전자학의 발전을 통해 질병 치유의 새로운 분야를 선도하는 것 등이다. 슈퍼박테리아와 같은 항생제 내성 세균에 대한 치료제, 식품과 축산식품 등에 대한 위생처리제, 그 밖의 다양한 항생제 대체 수단으로 박테리오파지에 대한 연구가 계속되고 있다(그림 2.12). 박테리오파지의 대표적인 응용분야는 병원성 미생물에 대한 치료제가 주를 이룬다. ① 항생제 내성 세

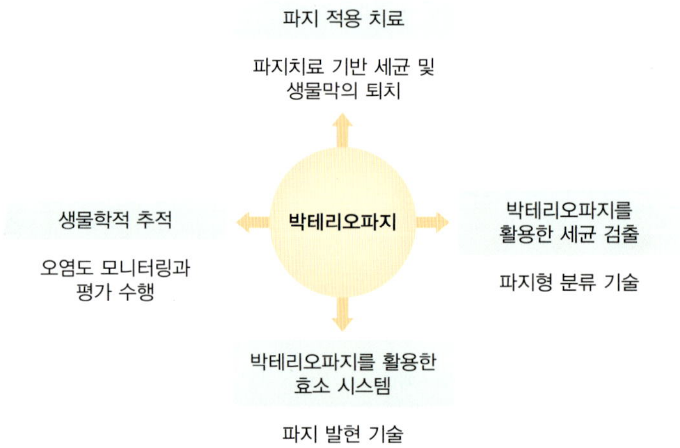

그림 **2.12** 박테리오파지의 응용 분야

균(single or multidrug-resistant bacteria)의 감염 치료에 사용되는 파지치료(phage therapy), ② 박테리오파지 유전자를 이용한 용균 효소인 유용 효소의 생산, ③ 병원성 세균 검출, ④ 특정 단백질 혹은 항체 제작에 사용되는 파지디스플레이(phage display), ⑤ 병원성 미생물 분류, ⑥ 백신 연구, ⑦ 유산균 파지 내성 균주(phage-resistant bacteria) 확보, ⑧ 환경오염 지표, ⑨ 파지 유전자 전이 연구 등 넓은 활용 분야에 기반하여 연구가 활발하다.

3. 식품위생의 지표미생물과 정성 및 정량 시험법

식품에서 유래하여 발병을 일으키는 병원성 미생물은 세균, 곰팡이, 바이러스 등이다. 병원성을 가진 미생물에 의한 식품 오염은 단시간 내에 식품에서 증식하여 부패를 유발하게 된다. 병원성 식품미생물들은 식중독의 원인이 된다. 식품에 오염된 미생물의 증식 정도와 식품으로 분비되는 독성에 대한 안전성 여부를 측정하여 확인·평가하기 위해서는 특정 병원성 미생물 외에 지표세균(균)(indicator microorganisms)에 대한 추적 정보의 정확한 모니터링이 필요하다. 식품위생학에서는 식중독을 일으키는 병원성 미생물을 지표미생물로 다룬다. 식품위생과 관련된 지표미생물의 종류와 그 범주에 대한 정의와 각 지표미생물의 정성·정량 기법을 이해하는 것이 중요하다.

1) 일반세균수

일반세균수는 보통 총균수라고 하며, 특정 식품에 포함된 미생물의 총량이다. 총균수는 식품위생의 기초적인 지표미생물 수로 활용이 가능하다. 식품 내 미생물의 총균수는 미생물에 대한 식품의 오염도를 나타낸다. 또한 식품에서 증식된 미생물 총균수는 식품의 건전성(soundness)과 안전성(safety)을 평가하여 식품에 대한 이용과 부패에 대한 기본적인 정보를 제공한다. 총균수를 관찰하기 위해서는 표준한천배지(plate count agar medium, PCA 혹은 standard agar medium) 등의 배지를 이용한다. 이는 특정 세균만 분리하기 위하여 다른 균의 증식을 저지하기 위한 약제를 가한 선택배지가 아닌 총균수 관찰을 위한 비선택배지(일반 목적배지)를 사용하여 측정함을 뜻한다. 대략 10^5~10^6CFU/g(mL) 정도의 총균수를 오염도의 기준으로 삼아 이 총균수부터는 부패가 시작된다고 가정한다. 따라서 식품 총균수에 의하여 식품 부패 정도와 유통기한과 안전성과 상관성이 있는 미생물의 예측과 오염 가능성을 판단한다.

2) 대장균군

대장균군(coliform)은 35~37℃에서 배양 시 대사적인 유당(lactose) 분해로 산과 가스를 생성하는 그람음성 무아포성 간균을 통칭한다(그림 2.13). 주로 대장균(*Escherichia coli*)과 함께 시트로박터 속(*Citrobacter* genus), 엔테로박터 속(*Enterobacter* genus), 크렙시엘라 속(*Klebsiella* genus) 등이 여기에 속한다. 대장균군은 토양이나 식물 등의 자연계에서 오랜 기간 생육이 가능하다. 그러므로 분

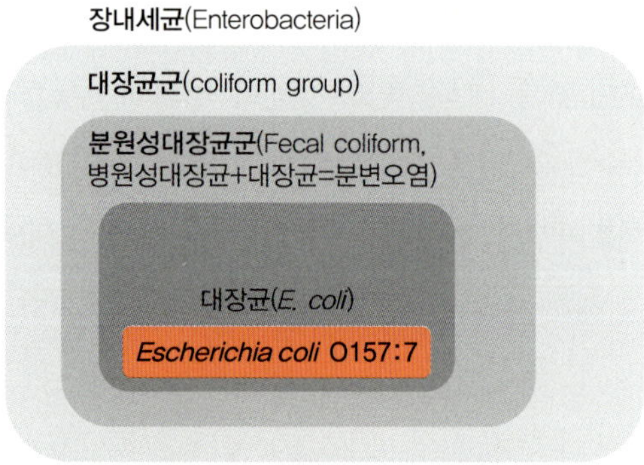

그림 2.13 대장균군과 대장균의 범위

변 유래 대장균 검사로 분변 오염을 확인하는 식품위생지표 미생물로 사용된다. 대장균군은 사람과 동물 장내 및 배설물에서 흔하게 발견되는 세균총이다. 식품에서의 대장균군 검출은 식품이 분변에의 오염 및 질병을 일으킬 수 있는 병원성 세균의 오염 가능성 등을 나타내므로 식품의 비위생 지표가 된다. 분원성 대장균군(fecal coliform)은 대장균군의 한 분류로 대장균군보다 대장균과 유사한 특성을 보이는 군집으로 44℃에서 유당 분해 후 산과 가스를 생성하는 무아포성 간균이다. 대장균군 혹은 분원성 대장균군은 동물과 사람 분변에 흔히 존재하므로 대장균군에 오염되었다는 것은 분변과의 직접 혹은 간접 접촉을 통한 오염 가능성을 말한다.

3) 대장균

대장균군(coliform)의 한 분류이며 동물 장관에서 상재하고 생육하는 세균을 말한다(그림 2.14). 시트로박터 속(*Citrobacter* genus), 크렙시엘라 속(*Klebsiella* genus) 등의 대장균군은 토양과 식물에서 오랜 기간 생육이 가능하다. 이들 대장균군은 분변 유래 대장균 검사를 통하여 분변 오염 여부를 결정할 수 있는 식품위생지표 미생물이다. 대장균은 비병원성과 병원성 대장균으로 나누어지는데, 모든 대장균이 병원성을 가지는 것은 아니다. 대장균의 분석은 식품 제조와 유통 과정에서 위생 상태를 확인하는 지표로 활용되나, 사람에게 식중독을 유발하

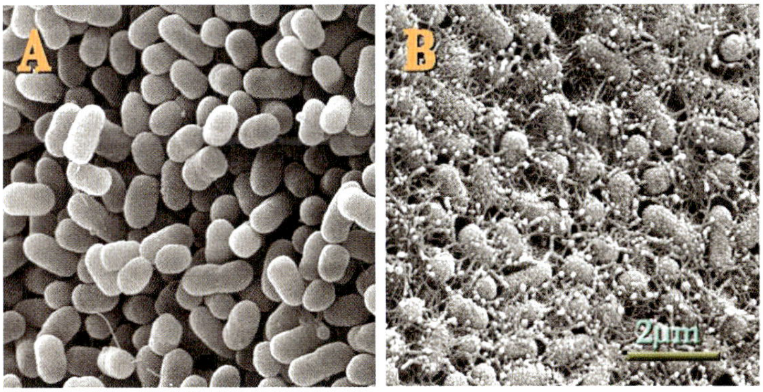

그림 **2.14** 28°C에서 48시간 동안 한천배지에서 성장한 *E. coli* O157:H7 균주

는 병원성 대장균에 대해서는 오염 가능성에 대해서 추가로 확인 작업을 거쳐야 한다.

4) 장구균

그람양성세균인 장구균(Enterococci)은 포유동물의 장내 정상 세균총에 속하며 분변에서 흔하게 관찰된다. 엔테로코커스 페칼리스(*Enterococcus facalis*)는 엔테로코커스 페시움(*E. faecium*)과 함께 분변에서 가장 많이 검출되는 장구균이다(그림 2.15). 대장균군과 대장균은 가열과 동결에 의한 감수성이 있으므로 식품위생지표 미생물로는 적합하지 않은 단점이 있다. 대장균과는 달리, 환경에서의 검출률이 낮으므로 식품의 분변 오염 지표성이 높은 편이다. 다른 식품위생지표 세균에 비하여 열처리나 건조 등의 물리적인 처리와 화학제의 처리에도 장기간 생육이 가능하기 때문에 분변오염에 대한 지표 미생물로 간주한다.

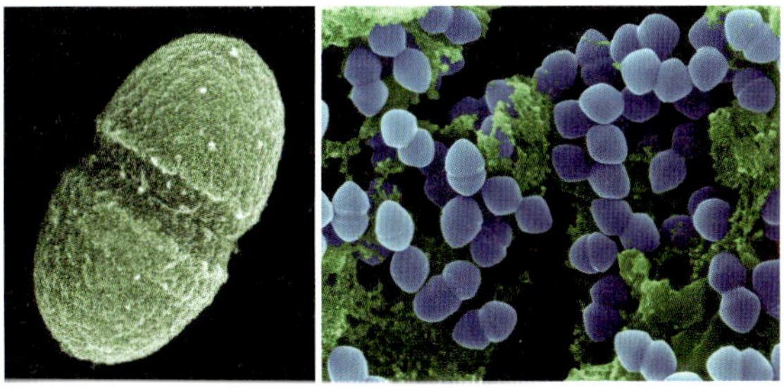

그림 **2.15** 엔테로코커스 페칼리스(*Enterococcus faecalis*)(좌)와 엔테로코커스 페시움(*E. faecium*)(우)

4. 미생물에 의한 식품 변질과 부패

1) 미생물 대사 생성물에 의한 식품 품질의 저하

식품의 변질 및 부패는 식품내외에서 발생하는 생화학적 변화가 미생물에 의해 매개되어 형성되는 과정이다. 즉, 식품 섭취에 적합하지 않아서 소비하지 못하는 경향을 가지게 되는 변화이다. 식품의 부패와 변패는 혼용되어 사용되지만, 엄밀하게 구분된다. 부패는 식품의 단백질 등의 질소 함유 성분이 분해되어 발생하는 이취, 악취, 이미, 유독성 물질 등이 생성되는 것이다. 이에 반해, 변패는 주로 탄수화물과 지질 성분들이 분해되어 발생하는 생화학적 이화 과정을 뜻한다.

식품의 부패는 자연 부패와 미생물에 의한 부패로 나누어지지만 본질적으로 유사하다. 자연 부패는 세포호흡과 기화 등에 의한 수분 소실, 산화, 갈변, 숙성 등 주로 단백질의 효소적 작용에 의하여 진행된다. 반면, 미생물학적 부패란 미생물이 식품에 부착하여 오염과정이 일어나고, 식품제조와 유통 과정에서 부패를 일으켜 독소 성분 등이 용출되면서 변패되어 병원성 등이 발현되는 과정이다. 오염된 식품의 상태, 부착된 미생물의 종류, 증식된 미생물의 총균수, 식품 보관 방법과 유통기한 등의 다양한 요소에 의해 미생물에 의한 식품 부패가 진행된다. 식품에서 발생하는 미생물에 의한 부패 과정은 식품 품질을 저하시키고 식중독과 같은 질병을 일으키는 원인이 된다. 최근, 부패되어 버려지는 식품이 전체 식품 생산의 1/3 정도로 높기 때문에 경제적 손실 또한 심각한 상황이다. 식품의 변질은 식품 내 미생물, 광선, 산소, 기타 환경적 요인의 작용에 의해 맛과 냄새, 색, 외관이 변화하여 식품 가치가 떨어지는 것이다. 미생물에 의한 식품 변질은 식품에서 미생물 증식과 대사작용에 의한 생성물로 생화학적 변화가 다양하고 생성물 간의 상호작용으로 이어진다.

① **부패**(putrefaction): 식품 단백질이 세균에 의해 분해됨으로 인해 악취생성물질 및 독성인자가 생성되는 현상

② **변패**(deterioration): 미생물 생육에 의한 증식이 식품의 당질과 지질을 에너지원으로 사용하여 분해함으로 인해 식품 특유의 물성이 바뀌어 맛과 냄새가 변화하는 현상

③ **산패**(rancidity): 식품의 지질이 미생물 대사에 의해 산소, 광선, 금속 등을 매개로 산화되는 현상

2) 부패 생성물

식품의 부패가 진행될 때 식품 내 성분이 다양한 생화학적 과정을 통해 변화된다. 특히 냄새 성분의 변화가 유의적으로 나타나는데, 아민, 색소성분, 가스, 점질물질 등이 미생물 대사작용으로 식품 성분을 변화시켜 생성되기 때문이다(그림 2.16). 식품 부패의 가장 큰 특징인 냄새 변화는 식품 종류, 포장상태, 저장조건 등에 따라 차이가 있다. 어패류는 암모니아와 트리메틸아민, 식육에서는 암모니아, 쌀밥이나 야채는 암모니아와 유기산, 달걀은 황화수소와 메르캅탄(mercaptane) 등의 생성이 원인이 된다.

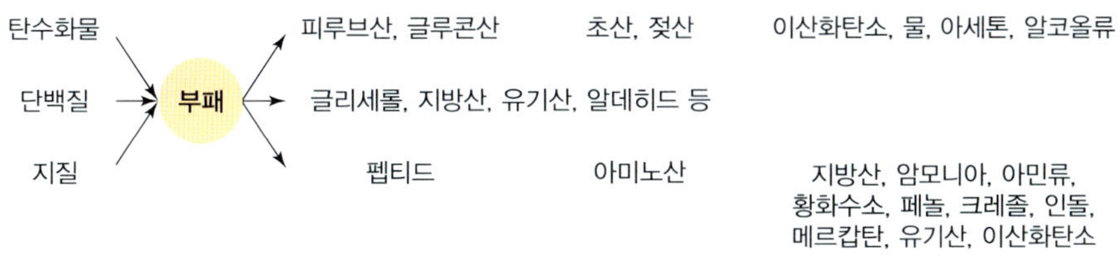

그림 2.16 식품 부패에 의한 변화

(1) 암모니아

식품 성분 중 단백질 가수분해로 생성된 아미노산의 분해로 생성된다. ① 탈탄산 반응에 의한 아민류 생성, ② 산화적 탈아미노 반응에 의한 암모니아와 케토산 생성, ③ 직접 탈아미노 반응에 의한 암모니아와 불포화지방산 생성, ④ 환원적 탈아미노 반응에 의한 암모니아와 유기산 생성 등의 네 가지 경로로 발생한다.

(2) 트리메틸아민

해산어패류의 부패취는 트리메틸아민(TMA, trimethylamine)이 주된 원인이 된다. 전구물질인 트리메틸아민 옥사이드(TMAO, trimethylamine oxide) 생성에 의해 유도되며 해산생물(강장동물, 극피동물, 연체동물, 갑각류, 판새류, 경골어류 등)에서 많이 관찰된다. 트리메틸아민은 슈도모나스 속(*Pseudomonas* genus), 플라보박테리움 속(*Flavobacterium* genus), 아크로모박터 속(*Achromobacter* genus), 대장균 등의 장내세균 등이 트리메틸아민 옥사이드 환원효소가 작용하여 생성된다.

(3) 황화수소 및 메르캅탄

황화수소와 메르캅탄은 시스테인과 메티오닌 등의 함황아미노산이 분해될 때 암모니아 이외에 황화수소(H_2S)나 메르캅탄(mercaptane, R-SH) 등 휘발성 유황화합물이 생성된다. 결과적으로 이취와 변색 등의 기작으로 식품을 부패시킨다. 시스테인은 시스테인 탈황화수소효소(cysteine desulfhydrase)에 의하여 암모니아, 황화수소, 피루브산 등으로 전환된다.

(4) 인돌

인돌(indole)은 방향족 아미노산인 트립토판이 세균 내 트립토판아제(trypto-phanase)에 의해 효소적으로 생성된다.

(5) 부티르산

부티르산(butyric acid)은 식품이 혐기적 조건에서 부패가 진행될 때 생성된다. 주로 일부 혐기성 세균에 의해 당질에서 생성된다.

(6) 알코올류

에탄올(ethanol)을 포함한 다양한 종류의 알코올류는 식품의 맛과 보존성에 관여한다. 에탄올 생성은 효모나 헤테로 발효형 유산균 등의 세포에서 흔하게 관찰된다.

(7) 이외의 부패 생성물

아민류, 유기산, 가스, 점질물, 색소 등이 있다. 아민류 생성은 세균에 의해 아미노산이 탈탄산 작용을 하게 되면 히스타민(histamine), 푸트레신(putrescine), 카다버린(cadaverine), 티라민(tyramine) 등의 세포내 폴리아민류 생합성을 뜻한다. 히스타민은 알레르기성 식중독의 대표적인 원인물질로 식품위생의 측면에서 중요하다. 붉은살 생선은 유리된 형태의 히스티딘을 다량 함유하므로 주의가 요구된다. 히스타민 생성과 관련된 균주로는 모가넬라 모가니(*Moganella morganii*), 라울텔라 플란티콜라(*Raoultella planticola*), 크렙시엘라 옥시토카(*Klebsiella oxytoca*), 포토박테리움 담셀라에(*Photobacterium damselae*) 등이 있다. 유기산 생성과 종류는 미생물의 대사 과정의 특징으로 미생물 균주마다 서로 다르다. 또한, 식품 성분과 저장 조건에 의해 달라지기도 한다. 유기산은 냄새 성분으로 분류되는 것이 많다. 가장 일반적인 유기산은 유산으로, 락토바실러스 속(*Lactobacillus* genus), 스트렙토코커스 속(*Streptococcus* genus), 류코노스톡 속(*Leuconostoc* genus) 등의 유산균 등에 의한 대사물질로 대표적이다. 이외에도 대장균 속(*Escherichia* genus), 살모넬라 속(*Salmonella* genus), 포도상구균 속(*Staphylococcus* genus) 등에 의해서도 생성된다. 가스는 식품에서 이산화탄소, 수소 등이 생성되면서 팽창 원인이 되는 물질이다. 주로 통조림, 레토르트 식품, 햄, 어육소시지, 생선묵 등에서 발생한다. 대표 균주로는 클로스트리듐(*Clostridium*)과 같은 혐기성 미생물이 당질을 분해하여 생성한다. 포장 식육

제품의 팽창은 헤테로형 유산균에 의한 이산화탄소가 원인이다. 점질물은 주로 어육소시지와 연제품 표면의 악취 원인이다. 원인균은 바실러스(*Bacillus*), 마이크로코커스(*Micrococcus*), 유산균 등이다. 빵의 경우는 고초균(*Bacillus subtilis*)에 의해, 우유는 알카리제네스(*Alcaligenes*)에 의한 점조성 증가로 발생한다. 어묵은 자당을 함유하고 있어 이에 관여하는 점질물의 생성은 주로 류코노스톡 메센테로이데스(*Leuconostoc mesenteroides*)에 의한 것이다. 미생물의 균체 내외로 생성되는 색소가 식품의 물성을 변화시켜 색변화를 유도한다. 주로 황색, 갈색, 등색, 적색 등의 카로티노이드 색소가 플라보박테리움(*Flavobacterium*), 세라티아(*Serratia*), 코리네박테리움(*Corynebacterium*), 잔토모나스(*Xanthomonas*)에 의해 생성된다. 그밖에 슈도모나스(*Pseudomonas*)의 일부 세균이 플루오레세인(fluorescein), 피오시아닌(pyocyanin), 피오루빈(pyorubin)과 같은 형광성 물질을 생성한다. 이러한 색소 성분 생성은 미생물 작용에 의한 직접 생성 외에 미생물의 부패 대사산물이 식품 성분과 반응하여 발생할 수도 있다. 육류와 육제품에서의 녹변은 세균에 의해 생성된 황화수소가 육류의 미오글로빈(myoglobin)과 헤모글로빈(hemoglobin)과 반응하여 설프미오글로빈(sulfmyoglobin) 혹은 설프헤모글로빈(sulfhemoglobin)으로 전환되는 것이다.

5. 부패의 판정

식품 부패가 미생물 증식의 현상이라는 점에서 미생물 대사산물이 부패를 유도하여 식품 품질의 열화가 발생한다. 식품 부패의 정도는 식품 종류에 따른 특이성, 관련 미생물의 종류, 미생물 대사의 패턴 등에 의해 다양하다. 식품 부패가 진행되는 정도를 이해하려면 부패 상태의 판정을 위한 검출 방법이 필요하다. 부패의 판정은 관능적 방법, 세균학적 방법, 화학적 방법 등이 있다.

1) 관능적 방법

식품 변질 및 부패를 판정하기 위하여 미각, 취각, 시각, 촉각 등 인간 감각에 의한 식품 신선도 판정법은 가장 일반적으로 사용된다. 시험항목은 주로 암모니아, 아민, 산패취, 알코올 등의 이취 발생 여부, 변색, 퇴색, 광택 등의 색깔 변화, 탄력성, 유연성, 점액 발생성 등의 조직 변화, 이미와 불쾌한 맛의 발생 등이 기준이 된다. 관능적 방법에서 냄새와 맛과 같은 검사항목에 대해서 기기분석을 능가하는 감도를 나타낸다고 알려져 있다. 종합적 평가가 가능하므로 부패 요인이 특정되지 않는 경우와 이미와 이취를 판정하는 경우 등에 장점이 있다. 단점으로, 판정에 대한 개인차, 객관성, 정확성 등에서 차이가 날 수 있으므로 훈련된 검사패널에 의해 판정하는 것이 적합하다. 검사 결과는 통계적으로 적절한 통계법을 이용하여 수치화하는 것이 좋다.

2) 세균학적 방법

식품의 부패가 세균의 대사작용에 기인한 것으로 생균수 측정에 의해 식품 자체의 부패를 검출하고 판정하게 된다. 생균수 측정은 표준한천배지를 이용하여 35℃에서 24~48시간 동안 배양한다. 자연계의 미생물 종류가 다양하고 서로 다른 미생물 균주들을 동시에 검출할 수 있는 공통배지나 일반화된 배양조건을 설정하는 것은 불가능하다. 그러므로 생균수 측정 시 식품의 모든 생균수를 관찰할 수 있는 것이 아니다. 식품 종류에 따라 배지에 식염 등의 첨가물을 처리하거나 생육온도를 다양화하고 호기와 혐기 조건 등의 배양 조건을 바꾸면서 배양하는 기술이 필요하다. 식품 1g당 집락의 개수(CFU, colony forming unit)가 10^5 정도를 기준으로 미생물학적 안전한계로 설정하며, 10^7~10^8에 이르면 부패로 판정한다.

3) 화학적 방법

식품의 부패는 휘발성 염기질소, 트리메틸아민, K값 등을 통해 화학적 수치로 평가할 수 있다. 이밖에 혐기조건에서 식품 부패를 측정하는 방법으로 휘발성 염기질소보다는 폼산(formic acid), 아세트산(acetic acid), 부티르산(butyric acid) 등의 유기산을 지표로 사용한다. 또한, pH 변화, 황화수소, 인돌 등의 대사산물을 부패산물의 지표로 하여 판정한다.

(1) 휘발성 염기질소

단백질 함유량이 많은 식품에서 세균 부패 생성물로 검출되는 성분이 휘발성 염기질소(volatile basic nitrogen, VBN)이다. 일반적으로는 식품 추출액이 알칼리 조건에서 휘발하는 질소화합물의 총량을 말한다. 식육에서는 암모니아가, 해산 어패류의 경우는 암모니아와 트리메틸아민이 검출된다. 생선의 휘발성 염기질소는 평균 30~40mg/100g(mg%)를 초기부패로 규정하고, 50 이상이면 부패로 판정한다.

(2) 트리메틸아민

어패류를 포함한 해산물은 휘발성 염기질소만으로는 부패의 지표로 이용하지 못하고 트리메틸아민의 양을 이용하여 부패 정도를 판정하게 된다. 해산물 근육 등에 분포한 트리메틸아민 옥사이드가 세균에 의한 환원작용으로 트리메틸아민이 생성되는 화학변화를 검사하는 것이다. 신선한 어육에는 거의 없기 때문에 지표로 이용이 용이하다. 3~4mg/100g(mg%)를 초기부패로 규정한다.

(3) K값

K값(K value)은 어육 신선도의 기준이 되는 지표이다. ATP와 분해생성물의 전체 양에 대해서 이노신(inosine)과 하이포잔틴(hypoxanthine) 합계 백분율로 나타낸다. K값이 10% 이하가 되면 매우 신선하다고 판정하고, 40~60%는 부패의 개시, 60~80%는 초기부패로 판정한다.

$$\text{K value} = \frac{(\text{inosine} + \text{hypoxanthine})}{(\text{ATP} + \text{ADP} + \text{AMP} + \text{IMP} + \text{inosine} + \text{hypoxanthine})} \times 100$$

4) 물리적 방법

물리적 방법을 이용하여 식품의 부패를 판정하는 것은 경도, 탄성, 점성, 보수성, 굴절률, 전기저항성, 색도 등을 관찰하는 것이다. 그러나, 식품의 물성과 측정 조건에 의하여 결과가 차이가 날 수 있으므로 부패와 관련이 있다는 근거를 정확히 제시하기 위해서는 각 식품소재의 특성에 적합한 방법의 물리적 척도가 필요하다.

6. 식품의 변질방지

식품의 변질을 방지하기 위하여 식품 다양성, 주변 환경, 생육 가능한 미생물의 종류에 대한 이해가 필요하다. 식품을 미생물 오염으로부터 차단하는 것이 원천적으로 미생물의 대사물질 생성을 억제시키고, 식품의 품질을 유지할 수 있다. 식품의 변질 방지를 위한 일반적인 방법은 다음과 같다.

- 냉장온도인 저온, 냉동상태인 동결, 건조, 탈수, 기상치환 처리, 식염처리, 산처리(초절임), 방부제 처리 등으로 미생물 증식과 이들의 효소활성을 억제하는 방법
- 가열, 방사선, 자외선, 살균제 등에 의한 미생물과 이들의 효소의 사멸과 실활 처리 후 밀봉하여 외부 미생물의 2차 오염 및 확산을 방지하는 방법

1) 물리적 방법

(1) 저온처리

저온처리는 가열처리와는 대조적으로 미생물 살균의 과정이 없이 단지 증식과 생육을 느리게 하거나 일부 억제하고자 하는 과정이다. 동결점 이하로 보존하는 식품의 물성과 품질이 지속적으로 유지되면 오랫동안 보관이 가능할 수 있으나 해동 시 식품의 미생물이 증식하여 변질할 수 있다. 동결점 이상의 저온에서 보관하는 식품군은 저온미생물이 존재할 경우 이에 대한 증식을 억제하기가 어려우므로 보존이 불완전하다. 저온에서 식품의 변질을 막기 위해서는 미생물 증식을 최대한 억제해야 하고, 이를 위해서는 동결점 이하의 낮은 온도(-10℃ 이하)에서 보관하는 것이 바람직하다. 식품의 장기 보관을 하기 어려운 경우 −3℃ 정도에서의 식품 보관을 권장한다. 저온보존은 가열과 같은 살균이나 멸균에 대한 효과는 적으나 식품의 신선도를 유지하고자 할 때에는 유용하다.

① **냉장 보존법:** 저온 보존의 한 종류로 냉장(refrigeration)이란 보통 동결점 이상 저온 상태를 유지시킴으로써 식품을 얼리지 않고 보존하는 방법이다. 평균적으로 권장되는 저장온도는 0~10℃ 정도이다. 냉장 보존법은 식품을 동결하지 않아 식품의 조직을 파괴하지 않는 장점이 있다. 그러나 세균의 증식을 완벽하게 제어할 수 없으므로 식품을 장기 보관하는 방법으로는 적절하지 않고 단기 보존용으로 사용한다. 식품을 0℃ 근처 온도에서 냉장하는 방법은 대부분의 식품미생물 증식을 억제할 수 있으나, 5℃ 전후로는 수산식품의 변질에 관여하는 장염비브리오균이나 보툴리누스균 등이 증식할 수 있다.

② **부분 냉동법:** 부분 냉동(PF, partial freezing)법 혹은 빙온 저장(super chilling)법은 생선류 등을 −3℃ 정도의 온도에서 보존하는 것이다. 어육의 경우 보름(약 2주)간 저장해도 비교적 신선한 어육과 비교해 볼 때 유의적인 변화가 없다.

③ **냉동법:** 냉동법(freezing)은 식품의 변질을 막기 위해 식품 보관 온도를 −15~−18℃ 정도의 온도로 유지시켜 냉동상태로 동결 보존하는 방법이다. 0℃

이하의 저온에서 미생물 증식 억제를 획득하는 기작은 온도 저하로 생리활성이 멈추거나 느리게 조작하는 방법이다. 식품 내부의 수분이 동결함으로써 수분활성을 저하시키고 식품 중의 용질 농도가 높아져 미생물 증식이 어려워진다.

(2) 건조

식품의 수분을 제거하여 미생물 생육을 저해하는 방법으로 건조를 이용하는데 염장과 함께 아주 오랫동안 식품을 효과적으로 보관하는 방법으로 이용되어 왔다. 식품의 변질은 관련 미생물의 증식을 억제시키는 기작이 필요하므로, 건조는 자유수의 이용을 억제하여 미생물 작용과 관련 효소의 활성에 식품 내 수분을 조절하는 처리법이다. 수분활성도(A_w, water activity)는 미생물이 이용할 수 있는 자유수 함유량에 대해 기준을 제시해 줄 수 있다. 식품의 변질을 방지하기 위한 수분활성의 조절은 효과적으로 미생물 증식과 효소 작용을 억제하지만, 식품 종류와 수분의 함유 정도에 따라 큰 차이가 있으므로 가이드라인을 잘 살펴야 한다. 식품 수분함량이 12% 이하이고 수분활성이 0.6 이하가 되어야 진균의 생육이 억제되며 수분함량이 많고 수분활성이 높은 경우에는 세균 등의 생육을 억제하기 어렵다.

(3) 가열살균

가열은 미생물의 살균이나 멸균에 직접적인 효과를 얻을 수 있는 물리적 처리법이다. 식품에 오염된 미생물의 생육 가능 온도의 범위를 초과하여 고온으로 식품을 가열처리하여 살균 효과를 통한 식품의 보존법은 오래전부터 사용되어온 방법이다. 가열온도가 높으면 다양한 미생물 균주들을 제거할 수 있으나 단백질의 변성, pH의 변화, 비타민 손실, 갈변, 풍미저하 등이 함께 발생하여 식품의 품질 역시 변화하게 된다. 그러므로, 가열온도는 식품의 품질을 유지하기 위한 범위에서 이루어지는 것이 바람직하다. 가열처리 이후 주변 환경이나 조건에 따라서 다시 미생물의 노출이 이루어지면 식품의 변질이 일어날 수 있다. 포장 기법을 활용하여 외부에서 미생물 오염이 되지 않도록 가열처리를 한 후, 저

표 2.2 식품의 가열살균법

살균법	가열조건	식품에서의 적용범위
고온단시간살균(HTST)	72~75℃, 15초 내지 20초간	우유, 술, 간장, 주스, 소스 등, 식품 영양소와 향미 보존이 가능하나 완전 살균은 불가능함
저온장시간살균(LTLT)	63~65℃, 30분간	과즙, 우유 살균에 이용, 살균효과가 크고 영양성분 파괴가 적음
초고온순간살균(UHT)	130~150℃, 0.5초 내지 5초간	과즙, 우유 살균에 가장 널리 이용. 높은 온도로 살균되므로 미생물 증식에 의한 변질 가능성이 거의 없으나 일부 영양소의 파괴와 변형 수반
고온장시간살균(HTLT)	95~120℃, 30~60분	통조림과 레토르트 파우치 살균에 이용, 장기간 보존이 가능
자비살균	100℃, 10분	세균 포자가 잔존하는 경우가 많음
초음파 가열살균	초음파, 1분	식품 품질과 영양소의 유지 가능

온에서 보존하는 기법을 혼용하여 미생물 생육에 의한 식품 변질을 차단할 수 있다. 가열살균법으로 저온장시간살균(LTLT), 고온단시간살균(HTST), 초고온순간살균(UHT), 고온장시간살균(HTLT), 자비살균, 초음파 가열살균 등이 있다(표 2.2).

(4) 방사선살균

가열을 하지 않고 방사선 조사를 통해 살균 효과를 얻고자 할 때 사용하는 기법이다. 전자선이나 γ-선 등의 방사선을 미생물 오염 물질에 조사(irradiation)하게 되면 세포 내의 수분과 다른 성분의 분자 전리가 일어나 세포 구성물질들이 변화하게 된다. 이 과정은 미생물 사멸을 효과적으로 유도하며 열을 가하지 않는다는 점에서 냉살균(cold sterilization)이라고 한다. 가열살균과 비교하자면 열이 가해지지 않으므로 신선 식품의 살균에 매우 유효하지만 완전살균이 되기 위해서는 많은 양의 고선량 조사가 요구되므로 변색 혹은 이취 등이 발생하기도 한다. 따라서 방사선 조사가 이루어진 식품의 품질은 상당한 수준으로 손상이 발생한다. 이러한 단점으로 이론과는 달리 현실적으로는 그다지 좋은 살균법으로 사용되고 있지 않은 실정이다. 현재 방사선 살균법을 적용할 수 있는 식품의 범위는 넓지 않은 편으로, 방사선 조사의 목적으로 식품의 완전살균을 획득하고자 하였으나 식품 성분의 지나친 열화로 고선량 조사는 선호하지 않는다. 저선량인 1~3kGy 정도 수준의 조사에 의한 육류, 육가공품, 어패류, 과일 등 일부 신선식품이 냉장기간 연장을 위해 이루어지고 있다. 5~8kGy 수준의 방사선 조사에 의한 수입육 혹은 액난에 존재할 수 있는 살모넬라균 등의 식중독 세균을 억제하는 용도로 국한적으로 사용되고 있다.

2) 화학적 방법

(1) 절임법

화학적 살균처리 방법은 크게 식품에 고농도의 식염을 처리하는 염장, 고농도의 당을 첨가하여 처리하는 당장, 여러 유기산 등을 첨가하여 산을 이용한 산장으로 나뉘어진다.

① **염장법:** 소금절임법인 염장의 보존 원리는 고농도의 소금으로 인해 삼투압 증가가 일어나고 수분활성도가 감소하게 되면 미생물 세포의 원형질 분리가 일어나 생육의 강한 억제가 발생한다. 식염에 의하여 미생물 주변의 염소이온이 직접적으로 작용하여 산소 용해도를 감소시킨다. 이는 호기성 세균의 생육을 억제함과 동시에 세포호흡과 관련된 효소들에 대해 저해작용을 유발하여 식품의 보존성을 확보하는 것이다. 염장은 채소류, 육류, 어패류, 기타 염장이 가능한 식품류에서 보존을 목적으로 이용한다. 호염세균이나 일부 내삼투압성 진균과 효모는 고농도 식염 환경에서도 생육이 가능하기 때문에 장기간 보존은 어렵다. 식염은 농도가 증가함에 따라 살균력이 증가하는 것이 아니라 부패균 생육만 억제한다. 따라서 저장성 효율을 얻기 위해서는 유기산으로 pH를 낮추고 저온에서 보관하는 방법과 함께 혼용하는 것이 좋다.

② **당장법:** 설탕절임을 당장이라고 하며 식품에 고농도 당을 첨가하여 삼투압을 상승시키고, 수분활성도를 낮춤으로써 미생물 세포의 원형질 분리를 일으켜 생육을 억제시키는 보존법이다. 가당연유, 잼, 젤리, 마멀레이드, 양갱, 과일 등에 주로 이용하는 방법이다. 설탕을 사용하는 것보다 분자량이 작은 전화당이나 포도당이 당장 효율이 더 크다. 내삼투압성 효모와 곰팡이가 생

육할 수 있으므로 주의가 필요하다.

③ **산장법:** 초절임을 산장이라고 하며 식품에 여러 유기산(구연산, 젖산, 초산, 프로피온산) 첨가를 통해 pH를 낮추어 식품을 보존하는 방법이다. 미생물 생육은 pH의 변화에 매우 민감하기 때문에 pH 4.5 이하가 되면 생육이 크게 저해된다. pH 3~4 정도 수준이 되면 미생물의 세포 내 단백질이 변성되므로 사멸효과를 볼 수 있다. 특히, pH 3.7 이하에서 식중독 세균을 대부분 포함한 세균은 증식이 불가능하고 초산균 같은 특정 무포자 세균, 효모, 진균의 일부만이 생육할 수 있다. pH 3.7~4.5에서 낙산균 등의 일부 포자형성균이 생육할 수 있지만, 식중독 세균은 거의 대부분 사멸시킬 수 있다.

(2) 보존료

보존료는 식품 부패와 지질 산패를 방지하기 위하여 첨가하는 것으로 살균료와 산화방지제 등도 동일한 목적에 사용된다. 미생물 생육에 의한 식품의 변질을 막기 위해 사용되는 보존료는 데히드로초산, 안식향산, 소르빈산 등의 산형 보존료와 산화방지제인 토코페롤, 몰식자산, BHA, BHT, TBHQ 등이 사용된다. 보존료, 살균료, 산화방지제 등의 식품첨가물의 사용은 반드시 식품위생상의 위험방지를 위해서만 사용을 해야 하며 이에 대한 기준을 엄격하게 준수해야 한다.

(3) 기타 처리법

복합적인 처리방법을 통해 식품의 변질을 억제하는 방법으로 훈연, 가스치환, 진공포장, 탈산소제 등이 이용된다. 훈연(smoking)은 떡갈나무, 졸참나무, 벚나무 등의 목재를 불완전 연소시켜 발생하는 연기를 이용한다. 식품에 그을려 연기의 살균성분이 식품에 침투하여 흡착하는 성질을 이용한 것으로 주로 어류와 육류 등에서 폭넓게 이용되고 있다. 훈연은 식품에 독특한 향기와 광택을 부여하고 기호성을 높이기도 한다. 건조에 따른 보존효과가 증가하고 훈연 중 살균성분의 침투에 의해 방부효과와 산화방지 효과가 확보된다. 훈연 중 연기 성분 중에는 발암성을 가진 다환 방향족 탄화수소인 벤조피렌(benzo-(α)-

pyrene)이 소량이지만 함유되어 있으므로 주의가 요구된다. 가스치환은 식품보존을 위해 산소를 제거하는 기법으로 공기를 질소 혹은 이산화탄소 등의 불활성 기체로 대체 치환하여 보존하는 방법이다. CA저장(controlled atmosphere storage)은 수확기 이후의 달걀, 채소, 과일 등을 보존할 목적으로 산소를 줄이고 이산화탄소를 주입하여 호흡작용을 억제하여 보존성을 높이는 방법이다. 진공포장은 식품을 깡통과 병 등의 용기 혹은 플라스틱 필름에 봉입하여 감압하고 진공상태를 만들어 유지하여 호기성 미생물의 생육과 대사과정에서 유도되는 부패와 지질 산패를 억제시키는 방법이다. 탈산소제를 사용하는 방법은 용기 혹은 포장으로 밀봉할 때 식품 외에도 산화철계, 차아황산나트륨계, 산화효소 등의 탈산소제를 첨가하여 호기성 미생물 생육을 억제하고 지질의 산화 방지를 목적으로 한다. 이밖에도 가열처리 방법의 한 종류로 마이크로파와 저항 열처리 등이 있다. 비가열처리법으로 가열처리의 단점을 보완한 펄스자기장(PEF, pulsed electric fields), 광펄스(intense light pulse), 저에너지 전자선(low energy electrons), 초고압처리(HPP, high pressure processing), 초음파(ultrasound), 초임계 이산화탄소(supercritical carbon dioxide), 플라스마(plasma), 방사선 조사(irradiation) 등으로 미생물을 효과적으로 제어한다. 복합적인 보존처리법 외에 가열처리와 비가열처리 기술은 최근의 식품산업 전반에 걸쳐 미생물을 제어하는 대표적 기법으로 각광받고 있다. 유해 미생물 억제와 식품 변질 방지를 위한 소재로 천연 항균물질, 항균미생물 및 박테리오파지 등에 대한 생물공학적 연구도 활발히 진행중이다.

참고문헌

그림 출처

[그림 2.7] © Alayna5231

https://en.wikipedia.org/wiki/Endospore#/media/File:Sporulation.png

[그림 2.11]

2020년 식중독 발생 최저치 기록, 이유는?, 보도자료(식품의약품안전처) 2021. 2. 7.

[그림 2.12]

Sagona AP, Grigonyte AM, MacDonald PR, Jaramillo A. Genetically modified bacteriophages. Integr Biol(Camb). 2016;8(4):465–474

[그림 2.14] CC0

https://en.wikipedia.org/wiki/Escherichia_coli_O157:H7#/media/File:EColiCRIS051-Fig2.jpg

[그림 2.15] CC0

https://en.wikipedia.org/wiki/Enterococcus_faecalis#/media/File:Enterococcus_faecalis20023-300.jpg

CHAPTER

3

식품위생 검사

1. 식품위생검사의 목적 및 종류
2. 식품의 안전성 평가
3. 미생물학적 검사
4. 물리적·관능검사 방법
5. 화학적 검사

CHAPTER

3 식품위생 검사

식품의 안전성을 확인하기 위하여 식품뿐만 아니라 첨가물, 식품과 접촉하는 기구·용기 및 포장 등에 대해 위해요소가 없거나 기준 이하임을 확인하는 것이 필요하다. 식품위생검사에는 식품독성시험, 물리적 검사, 화학적 검사, 미생물 검사 등이 있다.

1. 식품위생검사의 목적 및 종류

식품을 안전하게 섭취해야 건강을 유지할 수 있기 때문에 사전에 위생상의 식품 위해요소를 파악하여 이를 예방하는 것이 필요하다. 식품의 안전을 위협하는 위해요소로는 육류와 어패류, 채소류나 과일류 등에서 주로 발견되는 세균 또는 기생충의 오염, 농약이나 인체에 해를 가할 수 있는 유독물질, 위해 식품첨가물 등이 있다. 식품위생검사의 목적은 식품으로 인한 전염병이나 식중독의 발생에 대한 원인식품과 병인물질을 확인하는 것으로 세균 또는 기생충 오염여부, 유해물질의 존재 여부, 위해 식품첨가물 첨가 여부 및 함량 조사 등을 포함한다. 이외에도 성분규격, 표시기준 등에 대한 적합여부 확인 및 식품제조가공

표 3.1 식품위생검사 종류 및 내용

구분	검사항목	
독성 검사	• 급성, 아급성, 만성독성 검사 • 발암성, 최기형성, 변이원성 검사	
물리적·관능 검사	• 관능검사: 외관, 색, 냄새, 맛 등을 검사 • 물리적 검사: 온도, 비중, 점도, pH, 경도, 탄성 등을 측정	
화학적 검사	• 당질, 지질, 수분, 회분 등의 성분검사 • 식품첨가물 시험	• 잔류농약 측정 • 유해금속 측정
생물학적 검사	• 병원성 미생물, 세균수 및 대장균 등 검사	

중 품질관리를 위한 검사 등도 포함된다. 이러한 식품위생검사 목적에 따라 관능검사법, 물리화학적 검사법, 미생물학적 분석법이 이용된다(표 3.1). 식품위생검사 대상에는 식품뿐만 아니라 첨가물, 식기, 기구, 용기 및 포장 등이 포함되고, 식품제조가공업자 등 식품관계자의 위생 및 건강관리까지도 포함된다.

2. 식품의 안전성 평가

식품은 여러 화학물질을 포함하기 때문에 사람은 식품섭취를 통하여 다양한 화학물질에 노출될 수 있다. 따라서 단기 또는 장기간 화학물질 노출에 대한 인체의 위해성에 대한 평가가 필요하다. 안전성 평가로 화학물질에 대한 섭취기준을 마련하여 식품으로 섭취하는 화학물질의 안전성을 확보할 수 있다. 식품의 물리화학적 특성 향상 및 보존기간 연장 등 다양한 목적으로 식품에 첨가하는 식품첨가물 또는 식품 중에 혼입 또는 잔류하는 화학물질인 농약 등에 대해 안전성을 입증할 수 있는 독성 및 안전성 평가가 필요하다. 식품첨가물의 안전성을 확인하기 위한 독성시험은 단회 투여 독성시험, 반복 투여 독성시험, 생식 발생 독성시험, 유전 독성시험, 발암성 시험, 면역 독성시험 등이 있다(그림 3.1). 그 화학물질의 노출시기, 빈도, 노출량에 따라 급성, 아급성, 만성 독성 등

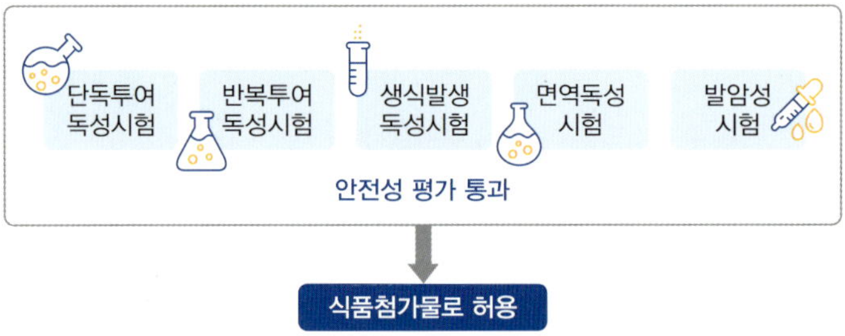

그림 3.1 식품첨가물 독성시험 절차
자료: 식품의약품안전처

표 3.2 식품독성시험

분류		방법	목적
일반 독성 시험	급성 독성시험	시험물질을 1회 투여하여 독성판정	반 수의 동물이 죽는 양 측정
	아급성 독성시험	1개월~1년 정도 시험물질을 반복적으로 투여한 후 독성효과를 평가	만성독성 자료제공
	만성 독성시험	1년 이상 장기간 섭취 시 나타날 수 있는 독성의 영향력 관찰	최대무작용용량으로 1일 섭취허용량 설정
특수 독성 시험	발암성 시험	평생 동안 매일 시험물질을 투여하여 종양생성 평가	발암가능 물질인지 판정
	번식 시험	번식에 대한 효과평가	번식, 새끼의 성장에 미치는 효과 평가
	최기형성 시험	어미에게 시험물질의 투여가 새끼에게 미치는 효과평가	기형, 사망 등 후손에게 미치는 영향 평가
	변이원성 시험	돌연변이를 유발하는지 평가	돌연변이유발 물질인지 판정

으로 구분되며 용량-반응관계에 대한 안전성 실험이 실시된다(표 3.2).

1) 용량-반응곡선

식품 내 포함되는 화학물질에 대해 인체에서 나타나는 반응/효과를 용량-반응관계라 한다.

소량 투여 시 반응을 보이지 않다가 일정 수준의 투여량을 넘게 되면 위해반응이 나타나게 되는데, 위해반응이 나타나지 않는 최대 용량을 역치(Threshold)라 한다. 화학물질 투여량이 역치를 넘게 되면 이에 대해 생물체의 반응이 증대하다가 결국 사망에 이르게 된다. 화학물질의 투여량에 따른 반응의 관계, 용

역치
생물이 외부 자극에 대해 반응을 일으키는 데 필요한 최소한의 자극의 세기

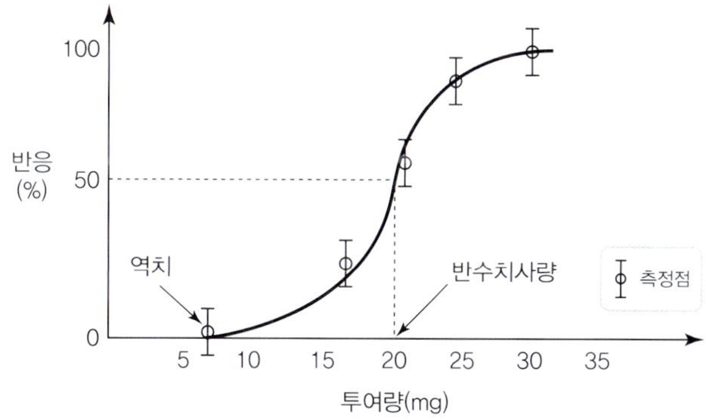

그림 3.2 용량-반응곡선

량-반응관계를 나타낸 것을 용량-반응곡선이라 한다(그림 3.2). 이를 통하여 화학물질의 독성정도를 확인하고 노출과 독성의 관계를 파악하여 그 화학물질의 안전성을 측정하게 된다.

용량-반응관계
화학물질에 대해 나타나는 특이적 반응(작용) 또는 효과 간의 관계

2) 독성시험

(1) 단회투여 독성시험(Single Dose Toxicity Test)

급성독성시험(Acute Toxicity Test)은 설치류(쥐, 마우스)와 비설치류(개)의 실험동물에게 시험물질 투여량을 비교적 다량으로 한 번 투여하여 독성 효과를 관찰하는 시험이다. 이 단회투여 독성시험에서는 실험동물의 50%를 사망시키는 투여량(mg/kg), 반수치사량(50% Lethal Dose, LD_{50})을 측정할 수 있다. 반수치사량으로 물질의 상대적 독성정도를 평가할 수 있다. 낮은 반수치사량은 실험동물에게 1회 투여한 양이 적어도 실험동물의 반이 죽었다는 것으로 상대적으로 독성이 강하다는 것을 의미한다. 즉, 반수치사량이 적을수록 독성이 강하다(그림 3.3). 독성의 정도에 따라 무독성·저독성·보통독성·고독성·극독성·맹독성으로 나뉜다(표 3.3).

반수치사량(50% Lethal-Dose, LD_{50})
실험대상 물질을 실험동물에게 투여할 때 실험동물의 절반이 죽게 되는 양

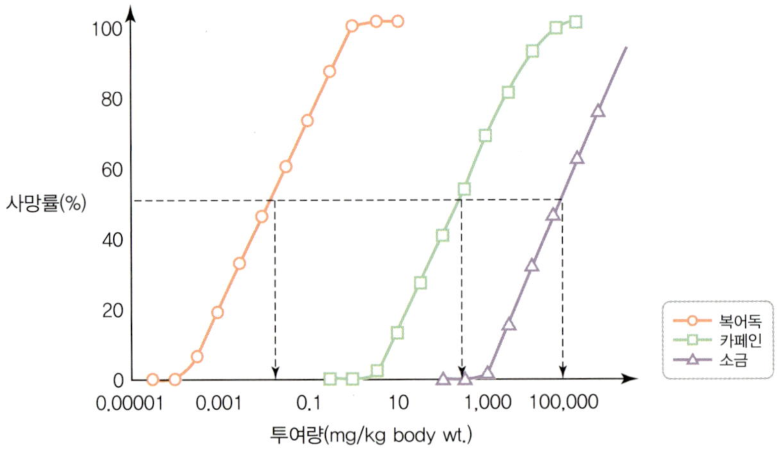

그림 3.3 복어독, 카페인, 소금의 반수치사량을 구하기 위한 용량-반응곡선

표 3.3 농약의 독성구분 (반수치사량 LD_{50}, mg/kg body wt.)

구분	실험동물의 반 수를 죽일 수 있는 양			
	경구독성		경피독성	
	고체	액체	고체	액체
I급(맹독성)	5 미만	20 미만	10 미만	40 미만
II급(고독성)	5~50	20~200	10~100	40~400
III급(보통독성)	50~500	200~2,000	100~1,000	400~4,000
IV급(저독성)	500 이상	2,000 이상	1,000 이상	4,000 이상

* 고체 및 액체의 분류는 농약품목의 물리적 상태에 의함
자료: 농촌진흥청 농약안전정보시스템

(2) 반복투여 독성시험(Repeated Dose Toxicity Test)

① **아급성 독성시험**(Subacute Toxicity Test): 아급성 독성시험은 반복적인 노출로 인한 독성효과를 평가하기 위해 적어도 두 가지 동물을 대상으로 진행되는 실험이다. 시험물질을 치사량(LD_{50}) 이하의 적은 용량에서부터 고농도 용량까지 다양한 양을 1개월에서 1년 정도 투여한다. 독성시험 기간 중 실험동물의 체중, 사료 섭취량, 물 섭취량뿐만 아니라 운동성, 자극 반응, 행동 등에 대한 변화를 관찰한다. 시험종료 후 실험동물의 조직에 대해 병리학적 분석

을 실시하여 발암성을 제외한 모든 만성독성의 자료를 얻는다. 만성 독성시험의 투여량을 아급성 독성시험의 결과 자료를 통하여 결정한다.

② **만성 독성시험**(Chronic Toxicity Test): 장기간 노출 시 발생되는 독성과 관련된 것으로 식품의 제조, 가공, 유통, 보존 시 사용되는 다양한 식품첨가물의 안전한계를 설정할 때도 이용된다. 아급성 독성시험과 유사하게 적어도 두 가지 동물의 암수에 대해 1년 이상의 기간동안 최대내량(MTD, Maximum Tolerated Dose)을 포함한 4가지 이상의 양을 매일 투여하여 실시한다. 이 만성 독성시험으로 실험동물에게 일생동안 매일 계속 투여하여도 아무런 독성효과를 나타내지 않는 1일 투여 최대량, 최대무독성량(No Observed Adverse Effect Level, NOAEL; Maximum no effect level, MNEL)을 구할 수 있다.

최대내량(MTD, Maximum Tolerated Dose)
대조군과 비교하여 독성을 나타내지 않는 안전하게 투여할 수 있는 최대 적정 용량

최대무독성량(No observed Adverse Effect Level, NOAEL; Maximum No Effect Level, MNEL)
만성독성실험에서 유해한 영향을 보이지 않은 최대 투여량

3) 특수 독성시험

(1) 발암성 시험

발암성 시험은 실험동물에게 시험물질을 매일 투여하면서 종양의 생성을 관찰하는 시험이다. 대조군과 비교하여 시험군에서 종양이 얼마나 빠르게 발생하는지, 종양이 얼마나 많이 나타나는지에 따라 발암성을 판단한다.

(2) 번식 시험

번식 시험은 실험물질을 투여한 후 실험동물의 생식선의 기능, 발정주기, 교미, 임신 등 생식능력, 임신, 출산, 보육 및 새끼의 성장 등의 변화를 관찰하는 것이다.

(3) 최기형성시험

임신 중인 실험동물에게 시험물질을 최대내량(MTD, Maximum Tolerated Dose)보다 낮은 농도로 투여한 후 출산 직전의 태아(새끼)에서 기형, 사망, 발육 등을 평가하는 실험이다.

(4) 변이원성 시험

변이원성 시험은 동물실험 대신 세포를 이용한다. 유전자에 돌연변이를 일으키는지 조사하는 시험(Ames test), 숙주매개시험(Host-mediated assay), 진핵세포 DNA 손상시험(Eukaryotic cell DNA damage and repair)을 통해 시험물질의 변이원성을 시험한다.

4) 독성시험을 통한 1일 섭취허용량

1일 섭취허용량(ADI, Acceptable Daily Intake)
사람이 일생동안 섭취해도 아무런 영향이 없을 것으로 예상되는 양

일반 및 특수 독성시험을 종합하여 식품을 안전하게 섭취할 수 있는 무독성량을 산출한다. 1일 섭취허용량(ADI, Acceptable Daily Intake)은 의도적으로 사용되는 화학물질에 대해 인간이 일생동안 매일 섭취해도 유해한 영향이 나타나지 않는, 즉 안전하다고 생각되는 하루 섭취양이다. 1일 섭취허용량은 동물실험에서 얻은 최대무독성량(NOAEL) 값을 안전계수(SF, Safety Factor)로 나눈 값이다.

$$\text{ADI} = \frac{\text{NOAEL}}{\text{Safety factor}}$$

안전계수(SF, Safety Factor)
1일 섭취허용량을 산출하기 위해 동물과 사람 간의 차이(10배)와 개인 간의 차이(10배)를 고려한 값

안전계수란, 동물실험의 결과를 사람에게 적용할 때 실험에 사용한 동물과 사람 사이의 화학물질에 대한 생리적·생화학적 반응의 차이를 고려한 것이다. 일반적으로 동물과 인간 간의 차이를 10배, 사람 개인 간의 차이를 10배라고 생각하여 100배(10×10)를 안전계수로 이용한다(그림 3.4).

식품첨가물 사용량은?

식품첨가물 사용기준 < 1일 섭취허용량

$$\frac{\text{1일 섭취허용량}}{\text{(ADI, mg/kg body wt./day)}} = \frac{\text{최대무독성량(NOAEL, mg/kg body wt./day)}}{\text{100(안전계수, Safety Factor)}}$$

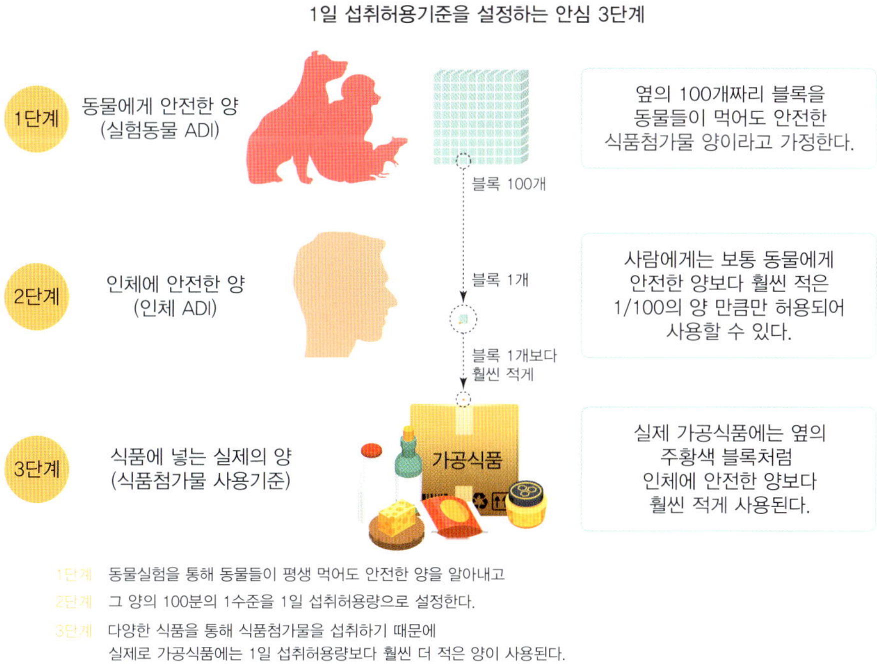

그림 **3.4** 1일 섭취허용량 산출방법

알아두기

독성시험의 용어

- 반수치사량(50% Lethal-Dose, LD_{50}): 주어진 실험조건에서 실험동물의 절반이 죽게 되는 양으로 이 양이 적을수록 독성이 강함
- 최대내량(MTD, Maximum Tolerated Dose): 실험물질이 대조군과 비교하여 사망에 영향을 미치지 않는 용량
- 최대무독성량(No Observed Adverse Effect Level, NOAEL; Maximum no effect level, MNEL): 사람이 일생동안 매일 지속적으로 계속 섭취하여도 아무런 독성효과가 나타나지 않는 1일 투여 최대량
- 1일 섭취허용량(ADI, Acceptable Daily Intake): 사람이 일생동안 섭취해도 아무런 영향이 없을 것으로 예상되는 양
- 안전계수(SF, Safety Factor): 동물과 사람 간의 종 차이(10배)와 사람 개인 간의 차이(10배)를 고려한 값

쉬어가기

식품첨가물의 1일 섭취량을 알아보기 위하여 마우스로 동물실험을 진행하였다. 그 결과 NOAEL이 5mg/kg이었다면, 체중 60kg인 성인의 1일 섭취허용량은?

- 식품첨가물의 최대무독성량(NOAEL): 5mg/kg
- 식품첨가물의 1일 섭취허용량(ADI): 5mg/kg÷100(안전계수)=0.05mg/kg
- 체중 60kg의 성인의 경우 식품첨가물 1일 섭취허용량: 0.05×60=3mg

3. 미생물학적 검사

식품의 미생물 검사에는 생균과 사균 둘 다 측정할 수 있는 총균수 검사와 생균만이 가능한 생균수 검사가 있다. 분석기술에 따라 평판도말법, 막투과법, 최확수법과 기타 미생물의 신속한 검출방법 등이 있다.

1) 식품의 미생물 검사를 위한 검체 채취 및 시험용액 제조

(1) 검체채취의 목적

검체의 채취는 검사대상으로부터 일부의 검체를 채취하는 것을 의미한다. 채취된 검체에 대해 기준·규격 적합여부, 오염물질 등에 대한 안전성 검사를 실시하고, 그 검사결과에 따라 행정조치 등이 이루어지게 된다. 따라서, 검사대상 선정, 검체채취·취급·운반·시험검사 등은 과학적인 방법으로 수행되어야 한다. 더불어 검체를 채취하여 시험·검사기관 또는 축산물 시험·검사기관에 검사의뢰하는 것은 중요하기 때문에 검체채취는 검체채취 및 취급방법 등에 대한 충분한 지식을 가지고 있는 자가 그 직무를 수행하여야 한다.

(2) 용어의 정의

① **검체**: 검사대상으로부터 채취된 시료를 말한다.

② **검사대상**: 같은 조건에서 생산·제조·가공·포장되어 그 유형이 같은 식품 등으로 검체가 채취되는 하나의 대상을 말한다. 다만, 농·임·축·수산물에 있어서는 같은 품목으로 동시에 생산·도착·운송된 것은 하나의 검사대상으로 볼 수 있으나, 내용량 검사가 필요한 경우에는 하나의 검사대상으로 볼 수 없다.

③ **벌크(Bulk)**: 최종소비자에게 그대로 유통 판매하도록 포장되지 아니한 검사대상을 말한다.

(3) 식품공전에 기초한 미생물 검사를 위한 검체채취 방법 및 취급방법

① 검체의 채취기구는 미리 건열 및 화염멸균을 한 후 검체 1건마다 바꾸어가면서 사용하여야 한다.

② 검체를 채취·운송·보관하는 때에는 채취 당시의 상태를 유지할 수 있도록 밀폐되는 용기·포장 등을 사용하여야 한다.

③ 미생물학적 검사를 위한 검체는 가능한 미생물에 오염되지 않도록 단위포장 상태 그대로 수거하도록 하며, 검체를 소분 채취할 경우에는 멸균된 기구·용기 등을 사용하여 무균적으로 행하여야 한다.

④ 검체는 부득이한 경우를 제외하고는 정상적인 방법으로 보관·유통 중에 있는 것을 채취하여야 한다.

⑤ 검체는 관련정보 및 특별수거계획에 따른 경우와 식품접객업소의 조리식품 등을 제외하고는 완전 포장된 것에서 채취하여야 한다.

⑥ 균질한 상태의 검체는 어느 일부분을 채취하여도 무방하나 불균질한 상태일 때에는 여러 부위에서 일반적으로 많은 양의 검체를 채취해야 한다. 미생물학적 검사에서 시료가 균질화되지 않으면 시료채취부위에 따라 검사결과가 달라지므로 가능한 잘 섞어 균질에 가깝도록 채취하여야 한다.

⑦ 채취된 검체에 의해 검사대상이 손상되지 않도록 주의하여야 하고, 채취한 검체는 봉인하여야 하며 파손하지 않고는 봉인을 열 수 없도록 하여야 한다.

알아두기

시료의 종류에 따른 검체의 채취방법

- 표면도말법(Swab method): 식품이나 조리도구 등에서 검체를 채취할 때 사용되는 방법이다. 희석용액에 적신 멸균 면봉이나 거즈로 식품 접촉 표면(조리기구, 용기, 작업대 표면) 또는 식품 비접촉 표면을 닦아 채취하는 방법이다.
- 린스법(Rinse method): 10×10cm^{2}의 면적을 닦아낸 면봉이나 거즈를 희석액에 담아 시험관에 넣고 균 용출을 위하여 잘 흔들어 검사에 사용한다. 10×10cm^{2}의 면적보다 작은 표면에서 시료를 채취한 경우 10×10cm^2 면적으로 환산하여 계산한다.
- 글러브주스법(Glove juice method): 희석액이 포함된 멸균백에 직접 고무장갑이나 손을 넣어 미생물이 용출되도록 한다.
- 에어샘플러(Air-sampler): 공기 중에 부유하는 미생물이 검사장소에 일정시간 동안 뚜껑을 열어둔 평판배지에 떨어지도록 하여 미생물을 채취한다.

(4) 식품의 미생물 검사를 위한 시험용액의 제조(식품공전)

① 미생물 검사용 시료는 25g(mL)을 대상으로 검사함을 원칙으로 한다. 다만, 시료량이 적은 불가피한 경우 그 이하의 양으로 검사할 수도 있다.

② 미생물 정성시험에서 5개 시료를 검사하는 경우, 5개 시료에서 25g(mL)씩 채취하여 각각 검사한다. 다만, 시료에 직접 증균배지를 가하여 배양하는 경우는 5개 시료에서 25g(mL)씩 채취하여 섞은(pooling) 125g(mL)을 검사할 수 있다.

③ 채취한 검체는 희석액을 이용하여 필요에 따라 10배, 100배, 1,000배 등 단계별 희석용액을 만들어 사용할 수 있다. 다만, 제조된 시험용액과 단계별 희석액은 즉시 실험에 사용하여야 한다.

④ 희석액은 멸균생리식염수, 멸균인산완충액 등을 사용할 수 있다. 단, 별도의 시험용액 제조법이 제시되는 경우 그에 따른다.

⑤ 검체를 용기 포장한 대로 채취할 때에는 그 외부를 물로 씻고 자연 건조시킨 다음 마개 및 그 하부 5~10cm의 부근까지 70% 알코올탈지면으로 닦고, 멸균한 기구로 개봉 또는 개관하여 2차 오염을 방지하여야 한다.

⑥ 지방분이 많은 검체의 경우는 Tween 80과 같은 세균에 독성이 없는 계면 활성제를 첨가할 수 있다.

⑦ 실험을 실시하기 직전에 잘 균질화하고 검사검체에 따라 다음과 같이 시험 용액을 제조한다.

- 액상검체: 채취된 검체를 강하게 진탕하여 혼합한 것을 시험용액으로 한다.
- 반유동상검체: 채취된 검체를 멸균 유리봉 또는 시약스푼 등으로 잘 혼합한 후 그 일정량을 멸균용기에 취해 적당량의 멸균생리식염수와 혼합한 것을 시험용액으로 한다.
- 고체검체: 채취된 검체의 일정량(10~25g)을 멸균된 가위와 칼 등으로 잘게 자른 후 희석액을 가해 균질기를 이용해서 가능한 한 저온으로 균질화한다. 여기에 희석액을 가해서 일정량(100~250mL)으로 한 것을 시험용액으로 한다(그림 3.5).
- 고체표면검체: 검체표면의 일정면적(보통 100cm²)을 일정량(1~5mL)의 희석액으로 적신 멸균거즈와 면봉 등으로 닦아내어 일정량(10~100mL)의 희석액을 넣고 강하게 진탕하여 부착균의 현탁액을 조제하여 시험용액으로 한다.

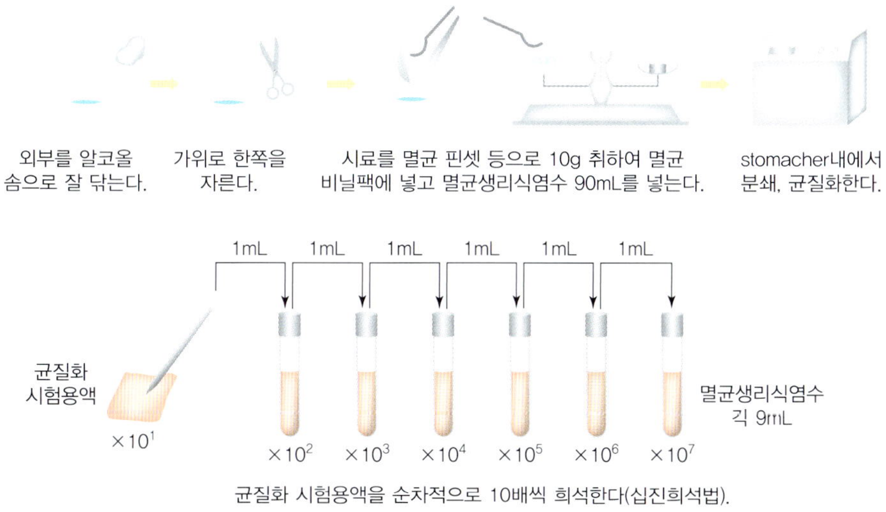

그림 **3.5** 미생물 분석을 위한 고체검체의 채취

- 분말상검체: 검체를 멸균 유리봉과 멸균 시약스푼 등으로 잘 혼합한 후 그 일정량(10~25g)을 멸균용기에 취해 9배 양의 희석액과 혼합한 것을 시험용액으로 한다.
- 버터와 아이스크림류: 검체 일정량(10~25g)을 멸균용기에 취해 40℃ 이하의 온탕에서 15분 내에 용해시킨 후 희석액을 가하여 100~250mL로 한 것을 시험용액으로 한다.
- 캡슐제품류: 캡슐을 포함하여 검체의 일정량(10~25g)을 취한 후 9배 양의 희석액을 가해 균질기 등을 이용하여 균질화한 것을 시험용액으로 한다.
- 냉동식품류: 냉동상태의 검체를 포장된 상태 그대로 40℃ 이하에서 될 수 있는 대로 단시간에 녹여 용기, 포장의 표면을 70% 알코올 솜으로 잘 닦은 후 위의 ①~⑦의 방법으로 시험용액을 조제한다.
- 칼·도마 및 식기류: 멸균한 탈지면에 희석액을 적셔, 검사하고자 하는 기구의 표면을 완전히 닦아낸 탈지면을 멸균용기에 넣고 적당량의 희석액과 혼합한 것을 시험용액으로 사용한다.

2) 총균수 검사

식품 중에 존재하는 사균과 생균의 총수를 측정하여 검사하는 방법이다.

(1) 세균(Breed법)

식품 중에 존재하는 미생물의 총수(사균과 생균)를 측정하는 방법으로 생우유의 오염 여부를 판정하기 위해 이용된다. 세균 총균수를 측정하기 위해 일정량의 시료를 $1cm^2$로 구획된 슬라이드상의 일정면적에 도말하고, 건조·염색·검경하여 염색된 세균의 수를 현미경을 통하여 직접 센다. 현미경 시야의 면적과의 관계에서 시료 중에 존재하는 세균수를 추정하는 방법이다.

(2) 효모와 곰팡이(Thoma의 혈구계수기측정법)

효모나 원생동물과 같은 큰 균체의 세포수나 곰팡이의 포자수를 확인하기 위하여 Thoma의 혈구계수기(Haematometer)를 사용하여 측정한다. 혈구계수기의 중심부에 멸균 마이크로피펫을 사용하여 시료의 일정량을 떨어뜨리고 기포가 들어가지 않게 커버 글라스를 덮은 다음 300배의 배율로 검경한다. 결과는 곰팡이의 포자 또는 효모의 세포수/검체의 mL 또는 g으로 나타낸다.

(3) 곰팡이의 균사검사(Haward법)

곰팡이의 균사의 단면을 측정하는 검사로, 검체를 하워드의 균사 계산용 슬라이드 글라스 위에 떨어뜨려 약 90배의 배율로 최소한 50회 반복 검경하여 균사의 출현횟수를 백분율로 나타낸다.

3) 생균수 검사

시료 중에 존재하는 세균(생균)의 양을 측정하는 미생물을 검사하는 방법으로 배지에 직접 배양하여 얻어진 균수를 직접 측정하는 검사에는 주입 평판법, 도말 평판법 및 최적함수법(MPN, Most probable number)이 가장 대표적이다.

평판 도말법(plate count)은 고체배지에 일정배수로 희석한 미생물을 도말하여 적정온도에서 일정시간에 배양한 후 형성된 콜로니의 수를 세어 시료에 오염된 미생물의 수를 측정하는 방법이다. 가장 흔하게 사용되는 평판 도말법에는 시료와 액체상태의 배지를 잘 섞어 굳힌 후 배양하는 평판주입법(Pour plate)과 이미 굳은 배지 표면에 시료를 고르게 편 뒤 배양하는 평판도말법(Spread plate), 표준평판균수(SPC, Standard plate counts)가 있다(그림 3.6).

특정 미생물만을 선택적으로 배양하고 싶을 때는 선택적 배지를, 다른 미생물들과 구분하여 배양하려고 할 때는 차별적 배지를 사용한다. 원하는 미생물만을 선택적으로 얻고자 할 때는 미생물의 종류에 따라 배양온도, 시간 및 대기 조성 등 배양조건을 달리해야 한다. 예를 들어, 중온균은 37℃, 고온균은 50~55℃, 그리고 저온균은 18~25℃에서 배양한다.

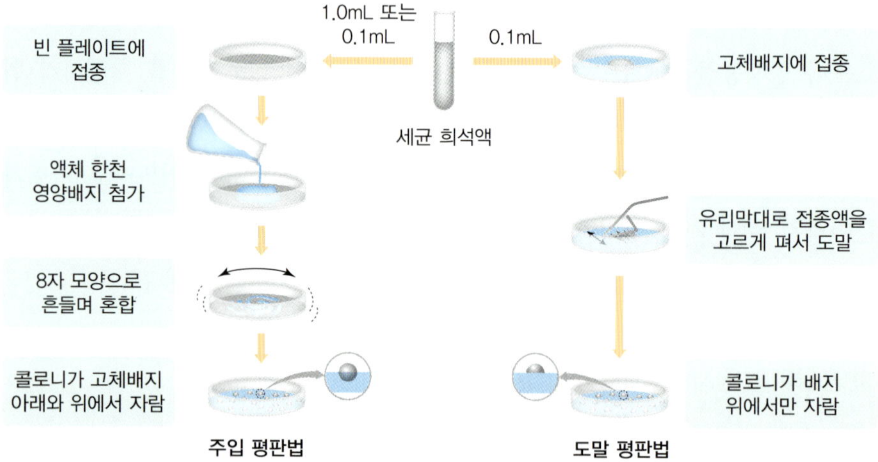

그림 3.6 생균 수 측정을 위한 평면 배양법

(1) 주입 평판법(Pour plate method)

전처리된 시료와 액체상태의 배지를 잘 섞이도록 하여 굳힌 후 배양기에 증식시키는 방법으로 생균수를 측정하는 가장 일반적인 방법이다. 비교적 간단한 실험방법으로, 시료에 속한 미생물의 농도와 관계없이 정확한 분석이 가능하며, 증식된 미생물을 분리하여 더 세밀한 분석이 가능하다. 45℃ 정도의 굳지 않은 배지와 시료를 혼합하는 방법으로 일부 저온균이 열에 의해 손상받을 수 있다. 유통기한 설정, 위해요인 분석, 식품의 미생물 오염원을 분석할 수 있어 널리 이용된다.

그림 3.7 주입 평판법을 이용한 생균 수 측정

(2) 도말 평판법(Spread plate method)

미리 만들어 둔 멸균배지를 멸균처리된 배양접시에 붓고 굳혀둔다. 굳혀 둔 표면에 멸균한 유리막대 등으로 시료를 밀면서 고르게 펴준 후 배양기에 증식시

그림 3.8 도말 평판법을 이용한 생균 수 측정

키는 방법이다. 주입 평판법에 비하여 온도에 따른 변화가 없어서 다양한 미생물을 검사할 수 있는 방법이다. 배양한 후 표면에 군집이 형성되어 쉽게 미생물의 군집수를 측정하여 희석배수를 곱하여 시료 중 미생물 수를 측정할 수 있다.

4) 최확수법

최확수법(MPN, Most probable number)은 연속한 동일 희석배수의 시험용액을 배지에 접종하여 미생물의 존재 여부를 시험하고 그 결과로부터 확률론적인 미생물의 수치를 산출하여 이것을 최확수로 표시하는 방법이다. 최확수란 이론상 가장 가능한 수치를 말하며, 미생물의 정량을 측정하는 것을 목적으로 한다. 최확수법을 이용하기 위해서는 최소한 연속적인 3단계의 희석을 해야 하고, 각 희석배수마다 3개에서 5개의 시험관을 사용하여 해당 미생물의 선택적 배지에서 배양해야 한다. 배양한 후 반복 시험관에서 미생물의 생육유무를 양성 또는 음성으로 판독하고, 희석배수에 따른 특정 미생물의 수를 확률적으로 해석하여 MPN표를 만든다. 이를 통하여 특정 미생물의 수를 결정할 수 있다.

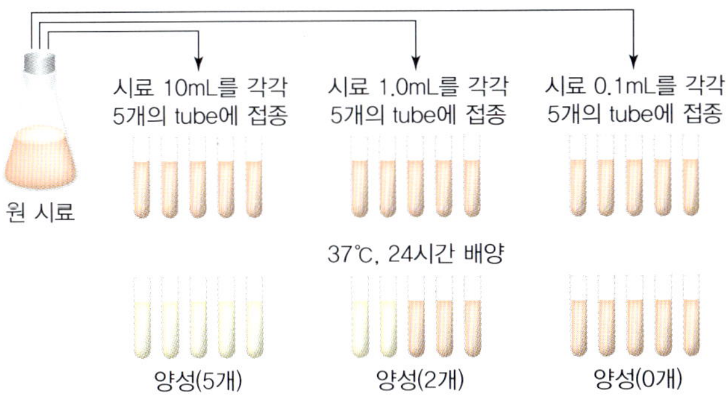

그림 3.9 최확수법

표 3.4 3단계희석 시험관 5개씩 시험하였을 때 양성에 대한 최확수(95%의 신뢰한계)

양성 시험관수 0.1 0.01 0.001	MPN/ g(mL)	양성 시험관수 0.1 0.01 0.001	MPN/ g(mL)	양성 시험관수 0.1 0.01 0.001	MPN/ g(mL)	양성 시험관수 0.1 0.01 0.001	MPN/ g(mL)	양성 시험관수 0.1 0.01 0.001	MPN/ g(mL)	양성 시험관수 0.1 0.01 0.001	MPN/ g(mL)
0 0 0	<1.8	1 0 0	2	2 0 0	4.5	3 0 0	7.8	4 0 0	13	5 0 0	23
0 0 1	1.8	1 0 1	4	2 0 1	6.8	3 0 1	11	4 0 1	17	5 0 1	31
0 0 2	3.6	1 0 2	6	2 0 2	9.1	3 0 2	13	4 0 2	21	5 0 2	43
0 0 3	5.4	1 0 3	8	2 0 3	12	3 0 3	16	4 0 3	25	5 0 3	58
0 0 4	7.2	1 0 4	10	2 0 4	14	3 0 4	20	4 0 4	30	5 0 4	76
0 0 5	9	1 0 5	12	2 0 5	16	3 0 5	23	4 0 5	36	5 0 5	95
0 1 0	1.8	1 1 0	4	2 1 0	6.8	3 1 0	11	4 1 0	17	5 1 0	33
0 1 1	3.6	1 1 1	6.1	2 1 1	9.2	3 1 1	14	4 1 1	21	5 1 1	46
0 1 2	5.5	1 1 2	8.1	2 1 2	12	3 1 2	17	4 1 2	26	5 1 2	63
0 1 3	7.3	1 1 3	10	2 1 3	14	3 1 3	20	4 1 3	31	5 1 3	84
0 1 4	9.1	1 1 4	12	2 1 4	17	3 1 4	23	4 1 4	36	5 1 4	110
0 1 5	11	1 1 5	14	2 1 5	19	3 1 5	27	4 1 5	42	5 1 5	130
0 2 0	3.7	1 2 0	6.1	2 2 0	9.3	3 2 0	14	4 2 0	22	5 2 0	49
0 2 1	5.5	1 2 1	8.2	2 2 1	12	3 2 1	17	4 2 1	26	5 2 1	70
0 2 2	7.4	1 2 2	10	2 2 2	14	3 2 2	20	4 2 2	32	5 2 2	94
0 2 3	9.2	1 2 3	12	2 2 3	17	3 2 3	24	4 2 3	38	5 2 3	120
0 2 4	11	1 2 4	15	2 2 4	19	3 2 4	27	4 2 4	44	5 2 4	150
0 2 5	13	1 2 5	17	2 2 5	22	3 2 5	31	4 2 5	50	5 2 5	180
0 3 0	5.6	1 3 0	8.3	2 3 0	12	3 3 0	17	4 3 0	27	5 3 0	79
0 3 1	7.4	1 3 1	10	2 3 1	14	3 3 1	21	4 3 1	33	5 3 1	110
0 3 2	9.3	1 3 2	13	2 3 2	17	3 3 2	24	4 3 2	39	5 3 2	140
0 3 3	11	1 3 3	15	2 3 3	20	3 3 3	28	4 3 3	45	5 3 3	180
0 3 4	13	1 3 4	17	2 3 4	22	3 3 4	31	4 3 4	52	5 3 4	210
0 3 5	15	1 3 5	19	2 3 5	25	3 3 5	35	4 3 5	59	5 3 5	250
0 4 0	7.5	1 4 0	11	2 4 0	15	3 4 0	21	4 4 0	34	5 4 0	130
0 4 1	9.4	1 4 1	13	2 4 1	17	3 4 1	24	4 4 1	40	5 4 1	170
0 4 2	11	1 4 2	15	2 4 2	20	3 4 2	28	4 4 2	47	5 4 2	220
0 4 3	13	1 4 3	17	2 4 3	23	3 4 3	32	4 4 3	54	5 4 3	280
0 4 4	15	1 4 4	19	2 4 4	25	3 4 4	36	4 4 4	62	5 4 4	350
0 4 5	17	1 4 5	22	2 4 5	28	3 4 5	40	4 4 5	69	5 4 5	430
0 5 0	9.5	1 5 0	13	2 5 0	17	3 5 0	25	4 5 0	41	5 5 0	240
0 5 1	11	1 5 1	15	2 5 1	20	3 5 1	29	4 5 1	48	5 5 1	350
0 5 2	13	1 5 2	17	2 5 2	23	3 5 2	32	4 5 2	56	5 5 2	540
0 5 3	15	1 5 3	19	2 5 3	26	3 5 3	37	4 5 3	64	5 5 3	920
0 5 4	17	1 5 4	22	2 5 4	29	3 5 4	41	4 5 4	72	5 5 4	1,600
0 5 5	19	1 5 5	24	2 5 5	32	3 5 5	45	4 5 5	81	5 5 5	>1,600

자료: 식품의약품안전처, 집단급식소 병원성대장균 저감화 매뉴얼, 2017

쉬어가기

시액 접종량이 0.1mL, 0.01mL, 0.001mL로 각각 5개의 시험관을 사용했을 때, 각 시액 접종량에 따라 양성관수가 5개, 2개, 2개일 때 MPN는 얼마일까? (식품공전 제7 일반시험법 중 대장균군 정량시험법에서 발췌한 표 3.4를 참조하시오.)

정답 MPN 94로 94/g(mL)로 표시 가능

5) 현미경 관찰법

소량(0.01mL)의 식품검체를 슬라이드 위에 새겨진 $1cm^2$ 표면에 고르게 편 후에 건조 및 염색과정을 거친다. 그 후 기름 유화액 렌즈로 관찰하면서 25곳의 다른 면에 존재하는 미생물의 수를 세어 환산해 1mL에 존재하는 미생물의 수를 계산하는 방법이다. 이 방법은 매우 빠르지만 생균과 사균의 구별이 불가능하고 검체수가 많을 때는 번거로우며 시험자에 따른 오차가 크고 민감도가 낮으며, 희석되지 않은 미생물의 수가 10^5/mL 이상 넘어야 검출이 가능하다.

6) 막 투과법

막투과법(Membrane filtration method)은 여과막을 투과된 균수를 측정하는 방법으로 바이러스를 제외한 대부분의 미생물들이 보통 0.5~1.0μm의 크기를 갖고 있기 때문에 이보다 작은 구멍은 가진 막을 투과하지 못하는 원리를 이용한다. 일정량의 액체검체를 0.45μm 지름을 가진 구멍이 다수 존재하는 다공성 셀룰로오스 아세테이트(Cellulose acetate)막에 투과시켜 세균, 이스트, 곰팡이 등 미생물을 거른다. 이후 막표면에 침착된 미생물을 액체 또는 고체배지 위에서 배양시켜 형성된 군집의 수를 세어 총 미생물 수를 결정한다. 이 방법의 장점은 액체의 양은 많으나 미생물 오염도가 낮은 음용수의 대장균을 측정할 때 농축하는 효과가 있다는 것이다. 잔유물로 인한 미생물군집 계측에 영향을 주지 않도록 검체는 반드시 불투명하지 않은 액체여야 한다는 것이 단점이다.

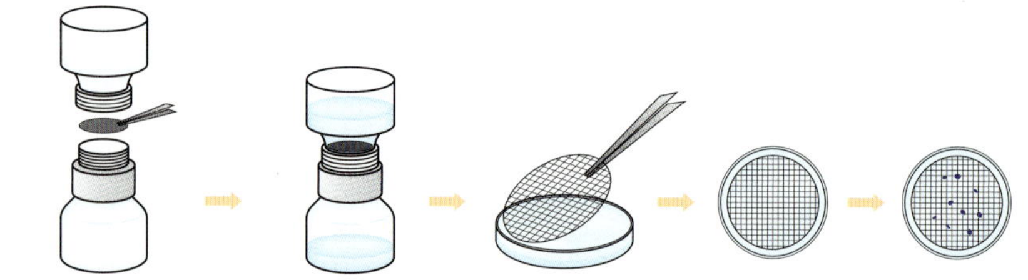

그림 3.10 막투과법

7) 미생물의 간이신속검사법

식품위생검사에서 기존의 일반적인 미생물분석법은 가장 신뢰할 수 있는 방법이나, 미생물의 배양으로 시간이 많이 소요된다. 따라서, 실시간 모니터링이 필요한 식품원료 및 가공제품의 경우 이미 포장을 마쳤거나 시판된 후에나 결과를 알 수 있기 때문에 이용 시 불편함이 있다. 이러한 단점을 보완한 코로모제닉배지 또는 선택배지라고 하는 간편배지를 이용하는 간이신속검사법이 있다. 미생물의 증식에 따라 효소반응을 색의 변화로 확인할 수 있기 때문에 검사기간 단축과 관련 식중독 판독에서 큰 장점이 있다. 현재까지 개발된 간이신속검사법은 기초적인 지식만 있으면 누구나 실시할 수 있다는 장점이 있으나, 소량의 균을 검출하기에는 어렵고 교차반응 등이 발생하므로 종래의 「식품공전」에 의한 표준배양법과 함께 실시해야 한다.

과학기술과 도구의 발달로 미생물 검사법의 단점을 보완한 ATP 광측정법(Photometery), DNA 증폭법(Polymerase Chain Reaction)을 이용한 방법, 형광항체(Fluorescent antibody) 이용법, 염료환원법 등이 사용되고 있다.

4. 물리적·관능검사 방법

1) 관능검사

관능검사는 식품위생검사 방법 중 가장 간단하고 단순한 방법으로 식품의 물리적·화학적 특성 변화를 관능적으로 평가하는 방법이다. 육안으로 식품의 외관과 색깔을 확인하여 식품의 오염상태를 검사하고, 냄새, 맛, 조직변화 등으로 식품의 부패 여부를 평가하는 것이다. 하지만, 식중독 세균이나 대장균 등의 오염에 대한 검사로는 적합하지 않기 때문에 일차적인 스크리닝 방법으로만 사용이 가능하다.

관능검사에는 단순차이, 일이점비교법, 삼점비교법, 순위법, 평점법 등과 같이 각 식품 간의 물리적 특성 차이를 단순하게 평가하는 방법과 텍스처 프로필 분석(Texture profile analysis) 등으로 식품의 차이를 묘사분석하는 법이 있으며 소비자조사법으로 식품의 물리적·화학적 특성변화에 대한 소비자의 기호나 선호도를 조사할 수도 있다.

2) 물리적 검사

(1) 일반검사

식품의 녹는점, 어는점, 비중, 점도, pH, 경도, 탄성 등 물질적인 특성을 측정하는 방법이다. 온도계를 사용하여 녹는점과 어는점을 측정하고, 비중계나 비중병을 이용하여 비중을 검사한다. 점도는 모세관 점도계[오스트왈드(Ostwald) 점도계], 회전 점도계 등으로 측정하고, pH 측정에는 pH 시험지와 pH 미터 등을 이용한다.

(2) 이물질검사

식품 고유의 정상성분이 아닌 물질(이물질)에는 유리, 흙, 동물의 털과 배설물,

표 3.5 이물질분류방법

방법	내용
체(sieve)분별법	• 미세한 분말의 검체에 섞인 좀 더 큰 이물질을 분리할 경우 • 체로 포집하여 육안 또는 현미경으로 검사
여과법	• 용액의 형태인 액체 검체일 경우 • 여과질로 여과하여 여과지 위의 이물질 검사
와일드만 플라스크법	• 물에 잘 젖지 않는 가벼운 이물질인 동물의 털이나 곤충의 경우 • 유기용매와 섞어줌으로써 유기용매층에 떠오르게 하여 검사
침강법	• 무거운 이물질인 쥐 분변과 토사 등의 경우 • 비중차를 이용하여 포집하는 것 • 검체를 클로로폼에 섞어 이물질을 용기의 하단에 가라앉힌 후 상층액은 버리고 하단의 클로로폼과 이물질을 흡인·여과하여 검사

곰팡이 등 동·식물성, 광물성 등 그 종류가 다양하다. 원료, 제조, 가공 및 취급 중 이물질 혼입방지를 위해서는 위생적인 식품제조방법이 필요하며, 관련 이물질검사에는 다양한 혼입물질에 따라 체(sieve)분별법, 여과법, 와일드만 플라스크법(Wildman trap flask), 침강법 등을 이용한다(표 3.5).

(3) 함량검사

함량검사라는 것은 식품의 내용량이 표시한 대로 정확하게 들어있는지 확인하는 것이다. 식품이 부피 또는 무게로 표시된 제품은 저울과 메스실린더로 이를 측정한다. 20개 이하의 소포장 제품의 경우는 전체를 측정하고, 20개 이상일 경우 무작위 추출법으로 검체를 선정한 후 검사하여 평균값을 구하여 개수만큼 곱하여 총량을 평가한다.

5. 화학적 검사

1) 일반검사

식품위생법으로 규정되어 있는 식품의 성분규격에 대한 적합여부를 검사하여 식품의 위해여부를 판단할 수 있는 방법이다. 식품 속의 당질, 지질, 수분, 회분 등을 평가하여 영양가와 순도 및 규격 등을 판단한다. 건조 감량법, 증류법, 칼-피셔(Karl-Fisher)법 등으로 식품 속 수분을 측정하고 550~600℃의 회화로에서 가열하는 회화법으로 회분을, 킬달법(Kjeldahl method)으로 조단백을, 속슬렛(Soxhlet)법으로 조지방을 검사한다.

2) 식품첨가물 시험법

식품의 제조 및 가공 시 맛, 향 및 식감의 증진, 식품의 보존성 향상, 식중독 예방 등을 위하여 보존료, 산화방지제, 착색료, 표백제, 인공감미료, 발색제 등과 같은 식품첨가물이 이용되고 있다. 사용된 식품첨가물의 존재여부와 사용 함량을 분석하기 위한 식품첨가물 시험법은 일반적 성분분석과 유사하며 물질의 특성에 따라 용매추출법(Solvent extraction), 수증기 분류법, 가스 크로마토그래피법(GC, gas chromatography), 박층 크로마토그래피법(TLC, thin layer chromatography), 자외부 흡수스펙트럼법, 고성능 액체 크로마토그래피법(HPLC, high performance liquid chromatography), 분광광도법(Spectrophotometry) 등의 방법을 사용한다.

3) 잔류농약 측정법

농작물을 해치는 병해충의 방제에 사용되는 살균제, 살충제, 제초체, 항균제 등의 약제와 농작물의 생리기능을 증진 또는 억제하는 데 이용되는 약제가 사용되고 있다. 사용된 농약은 작물에 잔류하여 인체에 흡수·축적되어 위해요인으로 작용하는 등 문제점이 인식되고 있는 바, 식품 중 잔류농약 분석의 중요성이 대두되고 있다. 이들의 일반적인 검사방법으로는 고성능 액체 크로마토그래피(HPLC)와 가스 크로마토그래피(GC)가 이용된다.

4) 유해금속 측정법

식품위생법에 따르면 식품과 식품용 기구·용기·포장, 조리기구 등에 존재하여 이행우려가 있는 납, 카드뮴, 수은, 비소, 안티몬, 6가크롬 등 중금속이나 유해금속은 용출규격 이하로 규제되고 있다. 이들 유해금속과 중금속은 금속별로 각각 특정한 시험방법과 일반적인 방법으로 검사된다. 일반적으로 원자흡광광도법이나 고주파 유도 플라스마 발광분광법(Inductively coupled plasma)으로 중금속 원소의 농도를 측정한다.

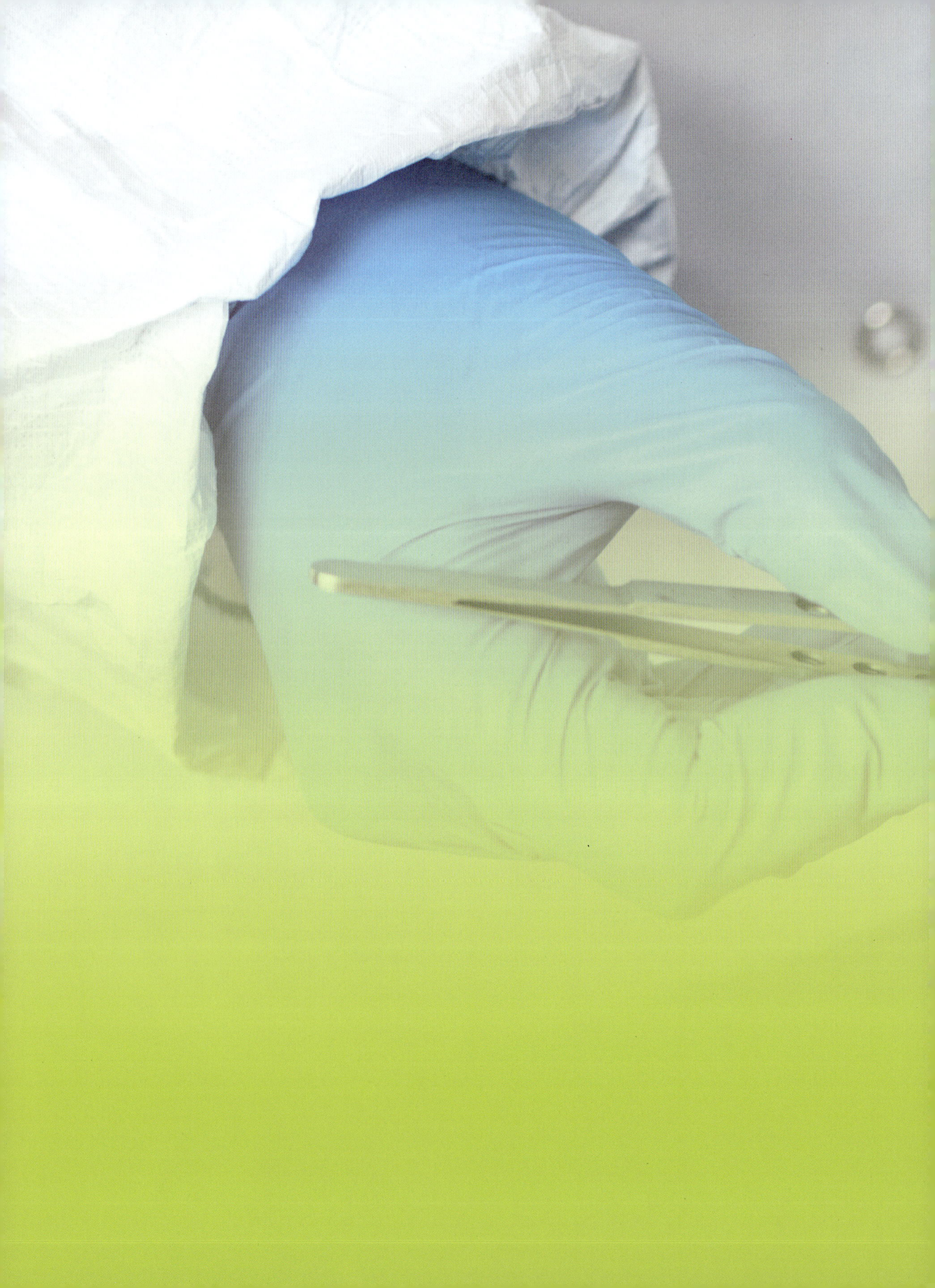

CHAPTER

4

세균성 식중독

1. 서론
2. 발병 형태별 분류

CHAPTER

4 세균성 식중독

식중독을 일으키는 가장 큰 원인 미생물인 세균의 종류를 알아보고, 세균성 식중독을 독소형, 감염형, 중간형으로 구분하여 학습한다. 또한, 세균성 식중독과 바이러스성 식중독의 원인 미생물에 대해 이해하고 예방대책을 알아본다.

1. 서론

세균성 식중독(bacterial food-poisoning)은 세균이 원인이 되어 식중독을 일으키는 질병이다. 즉, 세균에 의한 오염 또는 세균이 생산한 독성이 함유된 식품을 섭취하여 발병하는 건강상 장애를 말한다. 임상적 증후로는 구토, 복통, 발열 등이며 원인이 되는 병원성 미생물 균수 혹은 이들의 독성물질에 따른 잠복기와 증상 정도는 차이가 있다. 세균성 식중독의 발병빈도는 세계적으로 높으며 인구 증가에 따라서 비례적으로 매년 증가하고 있다. 우리나라의 주요 세균성 식중독의 원인이 되어 왔던 세균은 병원성 대장균, 살모넬라, 장염비브리오, 황색포도상구균, 캄필로박터 등이다. 최근, 집단 급식 등으로 대표되는 식생활 패턴의 변화, 노인 인구의 증가, 교역 발달에 의한 식품 유통 구조의 변화, 그리고 기후변화 등으로 단체급식, 가정편의식, 신선식품 등에 대한 수요가 폭증하고 있다. 따라서, 조리와 가공이 되어 있는 식품 수요와 판매가 대폭 증가함으로써 식중독 발병도 꾸준히 증가하고 있다. 단체급식이 이루어지는 모든 장소에서는 다수의 사람이 조리 과정을 거친 음식을 소비한다. 그러므로 식재료의 유통과 검수, 조리, 배식에 이르기까지 조금만 주의를 소홀히 하면 대규모 식중독이 발생할 수 있어서 각별한 주의가 필요하다. 세균에 의한 식중독 예방은 신선한 식품재료의 확보, 위생적인 식품 제조, 조리자의 청결, 식품 제조와 조리에 사용되는 기기 및 기구에 대한 소독과 교차오염 방지 등을 주의해야 한다.

2. 발병 형태별 분류

세균성 식중독의 분류는 식중독을 일으키는 병원성을 가진 식중독 세균(foodborne pathogenic bacteria)에 근거한다. 즉, 세균에 의한 감염형, 세균의 독소에 의한 독소형, 감염형과 독소형의 중간형인 생체내 독소형으로 구분한다(표 4.1). 세균성 식중독의 발병기구에 의한 분류는 그림 4.1과 같다. 감염형 식중독은 식품과 함께 증식된 세균이 경구 섭취가 되는 것이다. 반면 독소형 식중독은 식품 내의 식중독 세균의 대사과정에서 부가적으로 생산되는 대사물질인 독소에 의한 것이다. 감염형 식중독의 대표적인 원인 세균은 장염비브리오(*Vibrio parahaemolyticus*), 캄필로박터(*Campylobacter*), 살모넬라(*Salmonella*) 등이 있다. 식품에 증식된 병원성 식중독 세균이 경구 섭취가 원인이 되며 급성위장염과 같은 증상으로 나타난다. 독소형 식중독은 황색포도상구균(*Staphylococcus aureus*), 보툴리누스 세균(*Clostridium botulinum*), 바실러스 세레우스균(*Bacillus cereus*) 등이 원인 세균이다. 식품에 독소를 분비하는 병원성 식중독 세균이 오염되어 경구 섭취가 되면 세균의 대사산물로 독성이 있는 독소가 장관에 흡수되면서 식중독 증상이 관찰된다. 독소형 식중독균이 살균 혹은 멸균에 의해 식품 내 병원성 미생물로 작용하지 못하더라도 식품 속에 잔류되어 있던 독소 성분에 의해 식중독 증상을 보인다. 독소형 식중독균의 독소로는 황색포도상구균의 장독소(enterotoxin)와 보툴리누스 세균의 신경독소(neurotoxin) 등이 있으며 이와 같은 독소에 의한 중독 증상이 식중독 증세로 관찰된다. 중간형(생체 내 중독형 식중독) 식중독은 클로스트리듐 퍼프린젠스(*Clostridium perfringens*), 바실러스 세레우스균, 장관독소원성 대장균(ETEC)에 의한 것이다. 중간형 식중독은 식품과 함께 경구 섭취된 병원성 식중독 세균에 의한 장관 내 증식 혹은 바실

표 4.1 식중독 세균의 분류, 특징, 발병균량, 잠복기, 포자형성 여부

분류	특징	대표적 원인균	발병균량과 독소량 [cell/g(그람 세포당)]	잠복기 (시간)	포자 형성 여부
감염형 식중독	1) 생균의 경구 섭취 2) 긴 잠복기 3) 가열조리 유효 4) 위장염 증상과 발열	*Vibrio parahaemolyticus*	10^4~10^7: 사람 발병	8~20	무
		Listeria monocytogenes	수개~많은 양	12	무
		Campylobacter jejuni	10^6: 실험실 감염 (사람)	72~124	무
		Salmonella Typhimurium	10^5~10^7: 사람 발병	6~72(대부분 12~36)	무
		Salmonella Enteritidis	수십: 신생아 발병		무
		장관병원성 대장균 (enteropathogenic *E. coli*, EPEC)	10^6~10^9	9~12	무
		장관출혈성 대장균 [enterohaemorragic *E. coli*, EHEC(*E. coli* O157:H7)]	10~10^2	24~72	무
		Yersinia enterocolitica	10^9	24~96	무
독소형 식중독	1) 세균의 독소 생성 2) 균체외 독소 생성 3) 짧은 잠복기 4) 독소가 내열성인 경우 가열조리 효과 없음 5) 발열 증세 없음	*Clostridium botulinum*		12~36	유
		Staphylococcus aureus	10^6~10^7: 식품중 (0.1μg인)	0.5~6	무
		Bacillus cereus[구토형]	10^6~10^7: 식품중	0.5~5	무
중간형 식중독 (생체내 독소형)	1) 장관에서 증식한 세균의 독소 생성 2) 긴 잠복기 3) 가열조리 유효	*Clostridium perfringens*(시간)	10^6~10^7: 사람 발병	8~20	유
		Bacillus cereus[설사형](시간)	10^6~10^7: 사람 발병	8~16	유
		장관독소원성 대장균 (enterotoxigenic *Escherichia coli*, ETEC)		12~72	유

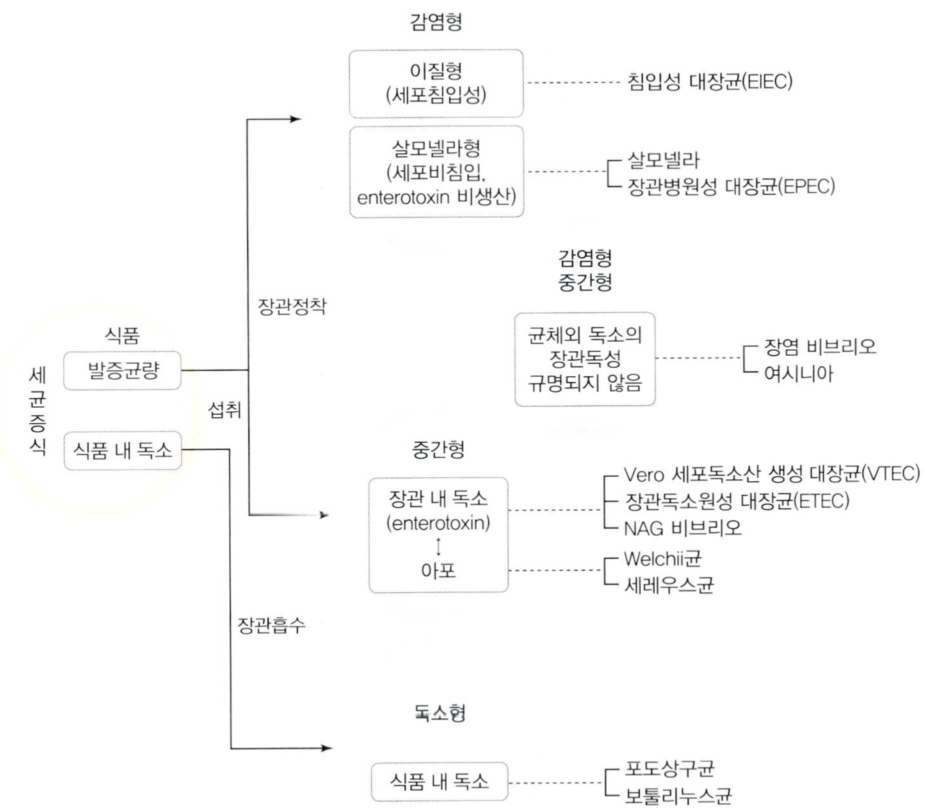

그림 4.1 세균성 식중독의 발병기구와 분류

러스속 균과 클로스트리듐속 균처럼 아포를 형성하면서 생성되는 독소 등에 의한 설사와 같은 증상이 식중독의 증후로 관찰된다.

요컨대, 세균성 식중독이 설사나 발열과 같은 식중독을 일으키는 특정 증후를 나타내는 정도는 세균의 수 혹은 독소의 양과 연관성이 있다. 감염형 식중독은 다른 감염형 질환에 비하여 식중독을 일으키는 정도가 약하여 다량의 세균을 경구로 섭취하여야 식중독 증세가 나타나게 된다. 식중독 증세를 수반하는 발병에 요구되는 세균의 수는 식중독 세균에 노출되어 오염된 식품을 어느 정도/누가/얼마나 경구 섭취가 이루어졌는가에 따라 개인차가 있다. 또한, 식중독 세균의 생리적 상태나 조건에 의해 식중독 증상에 영향을 미친다(표 4.1).

1) 감염형 식중독

감염형 식중독(infection food poisoning)은 식품 내 식중독균 증식에 의한 병원성에 의해 발병한다. 상기한 바와 같이 식중독균이 다량으로 포함된 식품을 경구 섭취하여 식중독이 발생한다. 원인 세균은 살모넬라, 장염비브리오, 병원성 대장균, 리스테리아, 여시니아 등이다. 감염형 식중독의 잠복기는 병원성 식중독 세균으로 오염된 식품의 섭취 뒤에 미생물의 증식으로 일정 농도 이상의 균수가 있어야 식중독 증상이 나타나므로 독소형 식중독에 비해 비교적 긴 편이다.

(1) 살모넬라 식중독

① **세균의 특성**: 살모넬라(*Salmonella*)는 통성혐기성, 그람음성, 무아포성 간균이다. 크기는 0.5~1.0×1~5μm 정도로 주모성 편모를 가진다. 살모넬라는 포도당을 발효하여 가스와 산을 생성하고 시토크롬산화효소(cytochrome oxidase) 음성이다. 유당은 분해하지 않고 트립토판에서 인돌을 형성하지 못하여 황화수소(H_2S)를 생성한다. 살모넬라는 영양배지(nutrient agar), 맥콩키한천배지(MacConkey's agar), 디옥시콜산시트르산 한천배지(DCA medium, deoxycholatecitrate agar medium)에서 생육이 가능하다. 살모넬라는 열에 약하지만 저온과 건조에서의 저항성과 적응성이 있다. 최적의 생육온도는 37℃이나, 10~43℃의 넓은 온도 범위에서 증식이 가능하고, 대략 62℃에서 20분간 가열하면 대부분 사멸된다.

장내미생물인 살모넬라는 가장 많이 알려져 있는 병원성 식중독 세균으로, 주로 동물에게 식중독을 일으키는 주요 원인 세균이다. 혈청학적으로 세포표층의 항원(O항원)과 편모 항원(H항원)의 조합에 따라 2,000종 이상의 균형으로 분류해 왔으며 균형의 대부분이 병원성을 가지고 있다. 이 중에서 일부 균형이 사람에게만 병원성을 나타내는 특이성을 가지고 있다. 장티푸스균(*S. Typhi*)과 파라티푸스균(*S. Paratyphi*)의 경우 다른 살모넬라 식중독균과는 달리 감염병균으로 구분한다.

살모넬라균 중에서 식중독균으로는 살모넬라 엔테리티디스(*S. enteritidis*, 장염균), 살모넬라 티피무륨(*S. typhimurium*, 쥐티프스균), 살모넬라 콜레라에수이스(*S. choleraesuis*, 돼지콜레라균) 등이 대표적이다(그림 4.2). 살모넬라 톰슨(*S. thompson*), 살모넬라 더비(*S. derby*), 살모넬라 인판티스(*S. infantis*) 등도 살모넬라 식중독인 살모넬로시스(salmonellosis)의 원인 세균으로 보고되어 왔다.

② **주요 증상**: 12~24시간이나 6~48시간 정도 시간을 잠복기로 가지며 이후 급성장염 증세가 관찰된다. 구역질, 구토, 복통, 설사, 두통, 발열 등의 식중독 증상을 나타내게 된다. 38~40℃의 발열을 동반한 오한 및 전율과 함께 이질 증세와 유사한 수양성 설사가 1일 5~10회 정도 지속될 수 있으며 2~5일간 발열도 보인다. 주로 여름철인 6~9월에 발병률이 편중되어 높게 나타나며 이 시기의 발병률이 약 75% 정도로 다른 식중독과 비교하여 높다. 치사율은 0.3~1% 정도로 낮은 편이다.

③ **감염경로**: 자연계에 널리 분포하는 살모넬라는 포유동물이나 조류 장내의 세균이므로 생물학적 감염원으로 사람과 가축, 가금류, 동물 등에서 흔히 관찰된다. 주된 오염 경로로는 가축, 개, 고양이 등이 살모넬라균에 이환되거나 보균된 가금류의 고기와 환자나 보균자, 가축의 대소변에서 오염된 음식 등이다. 살모넬라의 감염경로 중에서 식품이 살모넬라에 오염된 경우는 직접적으로 식중독을 일으키는 원인이 된다. 원인 식품으로는 달걀, 가금류, 식육과 그 가공품, 2차 오염된 식품인 어육제품, 유제품, 샐러드 등으로 주로 동

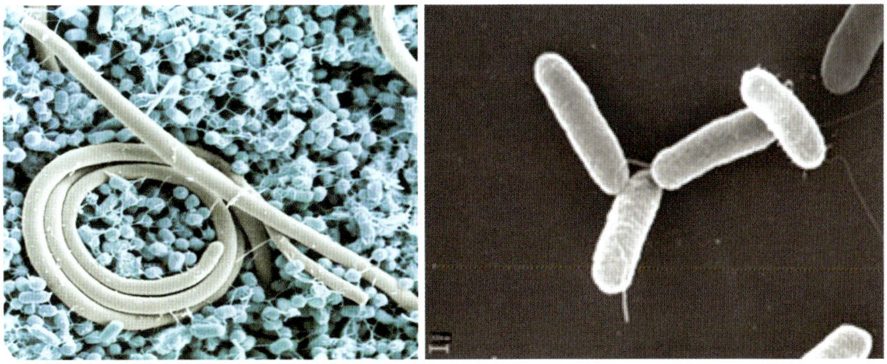

살모넬라 엔테리티디스(*S. Enteritidis*, 장염균)　　살모넬라 티피무륨(*S. Typhimurium*, 쥐티프스균)

그림 **4.2** 주사현미경(SEM) 사진

물성 식품이 많으나, 특정 식품에 한정되지는 않는다. 살모넬라 식중독의 감염원으로 가장 많이 언급되는 식품은 달걀이다. 수란관을 통해 항문으로 나오는 경로에서 오염된 달걀을 생것으로 섭취하거나 가공하여 만든 샐러드나 마요네즈 등이 식중독 원인이 된다. 살모넬라 오염률은 쇠고기와 돼지고기가 5~10%, 닭고기는 10~30% 정도이다.

④ **예방**: 살모넬라 식중독을 예방하기 위해서는 도축장 위생검사와 축산물 위생검사를 필수적으로 수행해야 한다. 가급적 생식을 금하고 조리실과 부엌의 쥐와 파리 등을 구제해야 한다. 식육은 도살 후 처리과정에서 2차 오염되는 경우가 매우 빈번하다. 가장 많이 발생하는 살모넬라 엔테리티디스, 살모넬라 티피무륨 등이 감염된 위생 곤충에 의해 식품이 오염된 경우도 있다. 살모넬라균은 내열성이 약하여 가열이 가능한 식품은 섭취 전에 가열하는 것이 바람직하며, 조리 후에는 바로 섭취한다. 남은 음식은 살모넬라균이 10℃ 이하의 환경에서는 생육이 안 되므로 저온 저장을 통해 증식하지 못하도록 한다. 따라서 살모넬라 식중독을 예방하기 위해서는 생고기나 익히지 않은 식육과 가금류, 특히 달걀 등의 섭취를 피해야 한다. 살균처리가 되지 않은 유제품 역시 조심해야 한다. 최근 가정에서 직접 달걀을 이용하여 만드는 마요네즈, 아이스크림, 샐러드 등은 달걀 위생이 매우 중요하며, 과일과 채소는 흐르는 물에 씻어서 섭취하는 습관이 필요하다.

(2) 장염비브리오 식중독

① **세균의 특성**: 장염비브리오의 주요 병원성 인자는 내열성 용혈독(TDH, thermostable direct hemolysin)과 내열성 용혈독 관련 용혈독(TRH, TDH-related hemolysin) 등이 대표적이다. 세균 배양에 사용하는 한천배지에 동물의 혈액이 추가로 들어가 전체적으로 붉은 색을 띠는 혈액한천배지에서 군락 주위에 혈액을 녹여 용혈환을 형성하는 용혈성을 가진 병원성이 나타나는데, 이를 가나가와 현상(KP, Kanagawa phenomenon)이라고 한다. 장염비브리오 식중독의 원인균으로는 그람음성의 무포자 간균이자 통성혐기성 세균인 비브리오 파라헤몰리티쿠스(*Vibrio parahaemolyticus*)가 대표 원인 균주이다. 생선회

나 어패류 등의 수산물 섭취에 의한 것이 많다. 비브리오 파라헤몰리티쿠스균은 액체에서는 극단모성 편모를, 고체에서는 극단모성 편모와 주모성 편모를 함께 가지는 호염성균이다. 크기는 0.5~0.8×1.4~2.6μm 정도이고, 직선이나 구부러진 모양을 가지고 있다. 이 세균은 30~37℃의 온도(최적 온도는 37℃), pH 7.5~8.5에서 최적 생장이 관찰된다(그림 4.3). 염분이 없는 수돗물이나 증류수에서는 사멸이 쉽게 일어나며, 산성 조건에서 잘 증식하지 못하고 pH 4.5 이하에서 급속히 사멸한다. 하지만 다른 세균보다 증식속도가 상당히 빠른 편으로 최적 조건에서 10분마다 분열하므로 온도가 높은 여름철에 주의가 필요하다. 비브리오 파라헤몰리티쿠스는 저온이나 고온에 약하여 10℃ 이하 혹은 45℃ 이상에서 생장이 멈춘다. 60℃ 정도에서 10분간 가열 시 사멸하게 되는 특징이 있다. 또한, 0.5~10% 정도의 염도에서도 증식이 가능하나, 보통 3~5% 정도 농도의 염도에서 생육이 활발하며 10% 이상의 염도에서는 성장이 정지되는 해수세균이다. 1950년 일본 오사카 남부에서 멸치포를 섭취 후 식중독 증세를 보인 20여 명이 사망한 사건을 통하여 많이 알려졌다.

② **주요 증상**: 비브리오 식중독의 잠복기는 4~48시간 정도인데, 12~24시간 내에 증세가 나타난다. 주요 증상으로 복통과 1일 10회 이상의 심한 수양성 설사를 동반하고, 심한 경우 출혈성 설사와 37~39℃ 정도 발열이 있으나 고열이 흔하지는 않다.

③ **감염경로**: 장염비브리오 식중독은 5~11월 정도에 집중적으로 발병하며 7~8월에 가장 많이 발생한다. 감염원으로는 해수와 흙, 플랑크톤 등에 고르게 분포되어 있다. 오염경로로 대표적인 것은 오염된 해수에 서식하는 어패류와 오염된 어패류를 사용한 식품인 초밥, 오염된 어패류를 다룬 손과 조리기구, 다른 식품으로의 전파

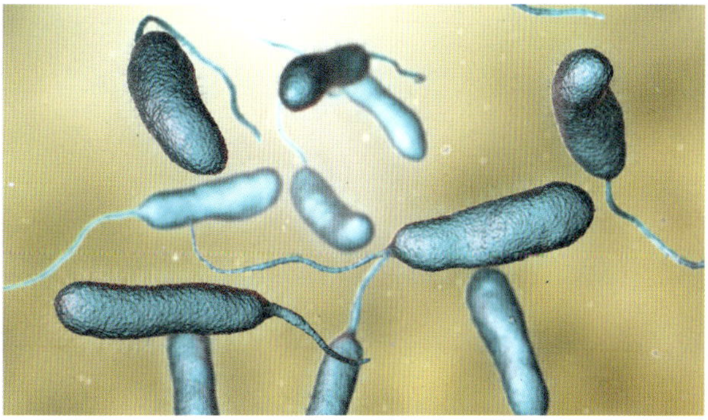

그림 **4.3** 비브리오 파라헤몰리티쿠스

등이다. 2차 오염된 도시락, 채소 샐러드 등의 복합 식품을 통해서도 감염이 발생하게 된다. 장염비브리오에 감염된 환자나 보균자의 분변도 식중독 발생의 원인이 된다.

④ **예방**: 장염비브리오 식중독 예방을 위해서는 생어패류는 다른 식품과 분류하여 보관하여 2차 오염을 방지해야 한다. 어패류의 냉장 유통·보관과 함께 여름철 어패류의 생식을 피하는 것이 좋다.

(3) 비브리오패혈증

패혈증
미생물에 감염되어 전신에 심각한 염증반응이 나타나는 상태

① **세균의 특성**: 비브리오패혈증은 오염된 어패류를 생식하거나 피부의 상처를 통해 감염되었을 때 나타나는 급성 질환이다. 치명적인 감염을 유발하는 호염성균으로 운동성이 있는 그람음성 간균인 비브리오 불니피쿠스(*Vibrio vulnificus*)에 의해 발병되는 패혈증을 말한다(그림 4.4). 패혈증을 일으키는 비브리오균은 세 가지 유전자형(biotype)을 가진다. 비브리오 불니피쿠스는 열대 및 아열대 기후대에서 생장이 활발하며 9~30℃ 정도의 수온 환경인 해안가 혹은 강물과 바닷물이 만나는 지역의 하구에서 흔히 발견된다. 수온이 18℃ 이상인 시기에 증식이 활발하고 10℃ 이하 수온에서 증식이 느리다. 패혈증을 일으키는 비브리오균이 가지는 유전자형 1은 해수에서 발견되는 가장 흔한 병원성 세균이다. 유전자형 2형은 극동과 서유럽의 뱀장어 양식장에서 관찰되는데, 주로 뱀장어가 병원성을 가진다. 유전자형 3은 이스라엘의 민물고기 양식장에서 발견된 세균으로 유전자형 1과 2의 혼합형으로 인간에게 창상감염을 일으킨다.

그림 4.4 비브리오 불니피쿠스

② **주요 증상**: 주된 증상으로는 복통, 설사, 구토, 혈변 등이며 잠복기는 8~20시간이다. 특히, 만성 간질환을 가진 40~50대 남성의 경우 치명률이 더 높게 나타난다.

③ **감염경로**: 패혈증 비브리오균에 의한

위장염(gastroenteritis), 패혈증(sepsis), 피부 및 연부조직에 대한 창상감염 등이 발생한다. 특히 피부나 연부조직에 패혈증 비브리오균 창상감염으로 패혈증 발생 시 50% 이상 사망하며, 이 병원성 미생물에 의한 감염 중에서 가장 흔하다.

창상
칼 등에 다친 상처

④ **예방**: 패혈증 비브리오균에 감염된 환자는 격리, 소독, 검역은 따로 필요하지는 않고 치료 시 페니실린, 암피실린 등의 감수성 항생물질을 투여받게 된다. 수술이 필요한 경우도 발생하여 절제, 배농, 절개 등의 외과적 시술이 수행될 수 있다.

(4) 병원성 대장균 식중독

① **세균의 특성**: 대장균(*Escherichia coli*)은 사람과 농불 장관에서 관찰되는 상내미생물이다. 일반적으로는 병원성이 없는 정상적 미생물군을 형성하는 세균이다(그림 4.5). 대장균으로 유래하는 식중독의 발병 패턴에 의하여 장관출혈성 대장균(enterohemorrhagic *E. coli*, EHEC), 장관독소원성 대장균(enterotoxigenic *E. coli*, ETEC), 장관조직침입성 대장균(enteroinvasive *E. coli*, EIEC), 장관병원성 대장균(enteropathogenic *E. coli*, EPEC), 장응집성 대장균(enteroaggregative *E. coli*, EAggEC) 등으로 구분하고 있다. 1960년대 후반에 이

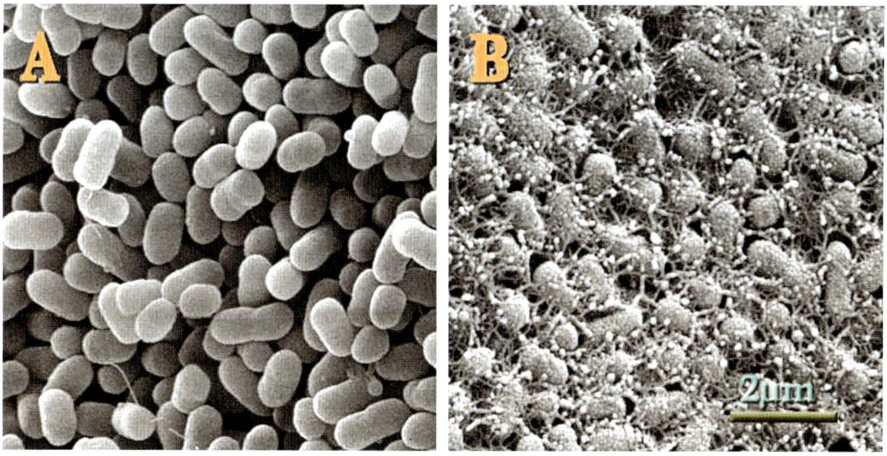

그림 **4.5** 병원성 대장균

질 모양의 설사를 일으키는 장관조직침입성 대장균(enterotoinvasive *E. coli*. EIEC)이 발견되었다. 1967년 주로 열대나 아열대지방의 개발도상국으로 여행한 사람의 설사의 원인균으로 장관독소원성 대장균(enterotoxigenic *E. coli*. ETEC)이 영국에서 보고되었다. 1982년 미국에서 병원성 대장균 O157이 속하는 장관출혈성 대장균(enterohemorhagic *E. coli*, EHEC)이 발견되었다. 1987년에는 설사유발 대장균으로 포괄적인 장응집성 대장균(entreroaggregative *E. coli*, EAggEC)이 미국에서 발견되었다.

이러한 대장균은 설사를 일으키는 기전이 서로 다르므로 병태를 기준으로 서로 다른 종류의 균으로 구별하는 것이 적당하나, 보통 이들 종류를 총괄하여 병원성 대장균이라고 정의한다. 대장균은 병원균과 비병원균의 구별 없이 균체 표면에 존재하는 당지질(LPS, lipopolysaccharide)의 구조의 차이에 따라 항원성이 다르다는 특징을 이용하여 더욱 세분하고 있다. 이 항원을 O 항원이라 하고 현재 178종류의 O항원이 보고되어 있으며 대장균의 구별법으로 역학상 중요하다.

1971년에는 색(Sack) 등의 연구에 의해 장독소(enterotoxin) 생산 대장균을 분리하고 동정하여 독소원성 대장균으로 명명하게 되었고, 장관세포로 침입하여 설사증을 유발하는 대장균도 연이어 발견되었다.

현재까지 30여 종의 병원성 대장균은 혈청학적으로 일반 대장균과 구분되며 일반 대장균과 유사하게 장내세균과에 속하는 통성혐기성 간균으로

알아두기

병원성 대장균 O157은 이 O항원 형별법에 의해 157번째의 O항원을 갖는 균이라는 의미이다. 대장균을 항원성에 따라 분류하는 경우 O항원과 H항원(대장균이 갖는 편모항원)을 같이 표기하는 것이 정확한 기술방법이다. 병원성 대장균 O157의 H항원은 H7이므로 병원성 대장균 O157의 정확한 명칭은 장관출혈성 대장균 O157 : H7(enterohemorrhagic Escherichia coli O157 : H7, 이하 E. coli O157 : H7)이 된다. 한편, 영국의 브레이(Bray)는 1945년 영유아의 설사 원인을 찾는 과정에서 병원성을 가지는 특정 대장균인 병원성 대장균(pathogenic *E. coli*)을 분리하였고, 이를 병원성 대장균으로 규명하여 일반 대장균과 구분하게 되었다.

그람음성이고 내생포자를 형성하지 않는다. 대장균은 공통적으로 주모성 편모가 있어 운동성이 있는 것과 주모성 편모가 없는 비운동성으로 분류된다. 대장균의 최저생육온도는 8~10℃이고 최적생육온도는 37℃인데 45℃ 이상에서는 생장이 불가능하다.

② **주요 증상**

- 장관출혈성 대장균(EHEC, enterohemorrhagic *E. coli*): 장관출혈성 대장균 감염은 발열이 심하지는 않으나 혈변, 복통, 두통 등의 임상 증후가 보인다. 감염자의 2~7% 정도는 혈전성 혈소판 감소증이나 생명이 위독할 정도의 용혈성 요독증후군 등의 질병으로 악화된다. 심한 경우 신부전증이 발생하여 사망률이 높아지기도 한다. 잠복기는 2~8일 정도이다. 식품으로 유래하여 장관출혈성의 대장균이 생산하는 세포 독소인 베로독신(verotoxin)을 생산한다. 이로 인하여 식중독 감염을 일으키며 소량의 균량으로도 발병이 일어난다. 장관출혈성 대장균의 대표 혈청형은 1982년 미국에서 쇠고기와 분쇄육 등에서 분리한 식중독 병원균으로 *E. coli* O157 : H7이 있다. 이외에도 O 혈청형인 26, 103, 104, 111, 113, 146 등이 있다.
- 장관독소원성 대장균(ETEC, enterotoxigenic *E. coli*): 장관독소원성 대장균에 의한 식중독은 소장 내에 정착하여 증식하는 과정에서 생성되는 장독소의 작용으로 발병한다. 모든 연령대의 사람과 동물에서 수양성 설사, 구토, 산성증, 피로, 탈수와 같은 식중독 증세를 나타내며 발열은 크게 나타나지 않는다. 장관독소원성 대장균이 생산하는 독소는 60℃에서 30분 정도의 가열에 의해 활성이 소멸되는 이열성 독소(LT, heat-labile enterotoxin)와 100℃에서도 내성을 보이는 내열성 독소(ST, heat-stable enterotoxin)로 나눌 수 있다. 장관독소성 대장균은 여행자 설사증(traveler's diarrhea)의 원인균으로 알려져 있다. 잠복기는 12~24시간이고 식중독 증상은 5일 정도 지속된다. 혈청형으로는 O 혈청형으로 6, 8, 15, 25, 27, 63, 78, 80, 114, 115, 128, 148, 153, 159, 167 등이 있다.
- 장관조직침입성 대장균(EIEC, enteroinvasive *E. coli*): 장관조직침입성 대장균의 주된 증상은 세균성이질과 유사하다. 주로 발열, 복통, 심한 경우 혈액과

점액이 섞인 설사 등을 보인다. 조직침입성 대장균에 의한 식중독의 발생 기작은 알려진 것이 없다. 주로 대장 점막의 상피세포에 침입하여 손상을 유발하고 결국 세포 괴사에 의한 궤양을 일으킨다. 평균 12~72시간의 잠복기를 가지며 감염 환자의 10% 정도가 합병증을 일으키는 것으로 나타난다. 장관조직침입성 대장균은 침입성, 독소원성, 부착성 등의 특성을 가지고 O 혈청형 28ac, 112ac, 124, 136, 143, 144, 152, 164, 167 등이 있다.

- 장관병원성 대장균(EPEC, enteropathogenic *E. coli*): 장관병원성 대장균에 의한 식중독 증상은 수양성 설사, 복통, 발열, 구토 증세가 나타난다. 대장 점막에 대한 비침입성 균주로 분류된다. 평균 12~24시간의 잠복기를 가지고 성인보다는 어린이에게서 주로 발생하며 그 증세도 더 심하다. 원인 식품으로 오염된 신생아 분유와 유아용 식품 등이 있다. 발병에 대한 기작은 아직 알려진 바가 없으며 O 혈청형 26, 55, 86, 111, 114, 119, 125, 126, 127, 128, 142, 158, 159 등이 식중독 발병의 원인으로 알려져 있다.
- 장관응집성 대장균(enteroaggregative *E. coli*): 장관응집성 대장균은 선진국과 개발도상국 모두에서 급성 및 만성 설사를 일으키고 요로 감염을 일으킬 수 있는 식중독 원인균이다. 박테리아의 응집과 장 점막으로의 부착으로 장 점막에서 숙주 세포를 손상시키고 설사를 유발하는 염증을 유도하는 장독소 및 세포 독소를 분비한다. 장관응집성 대장균은 현재 크게 문제가 되고 있는 장내 병원체로 인식되고 있다. 특히, 장관독소원성 대장균에 이어 두 번째로 흔한 여행자 설사의 원인으로 보고되며, 소아 인구에서 흔한 설사 원인이 되고 있다. 장관응집성 대장균의 혼합 형태로 최근 문제가 되는 원인 병원체는 장관응집성출혈성 대장균(EAHEC, enteroaggregative hemorrhagic *E.coli*)인 O104 : H4 균주이다. 이 균주에 의한 식중독은 그 발병기전에 중요한 독성 인자의 식별이 어려운 것으로 관찰된다. 잠복기는 8~52시간 정도이고 복부 경련, 통증 또는 압통, 물 또는 점액성 설사, 메스꺼움 및 구토, 발열 등이 나타난다. 심한 경우 혈액을 동반한 설사, 탈수, 신부전으로 이어질 수 있다. 면역 체계가 약화된 사람, 어린이, 노인 및 임산부는 이러한 합병증이 발생할 위험이 증가한다.

- 장관응집성출혈성대장균(enteroaggregative hemorrhagic *E.coli*, EAHEC: EAHEC O104 : H4): 상기한 바와 같이, 신종 병원성 대장균인 장관출혈성 대장균과 장관응집성 대장균의 결합 형태인 장응집성 출혈대장균은 2011년 독일에서 새싹채소에 오염되어 유럽에 확산되었다. 이로 인해 3,840여 명이 식중독을 일으켰고 40여 명이 사망하였다. 장응집성 출혈대장균은 설사와 신부전 증상을 일으키는데, 장 내부의 세포 표면에 부착하여 시가독소(Shiga toxin)를 분비하기 때문이다. 현재까지 다른 식중독과 비교하여 볼 때, 높은 비율로 감염이 발생하며 많은 환자들에게서 용혈성 요독증후군(hemolytic-uremic syndrome)이 보고되었다.

③ **감염경로**: 병원성 대장균의 감염경로는 자연환경, 가축, 사람 등 광범위하게 분포되어 있으므로 동물 배설물, 보균사, 환사가 핵심 매개체가 된다. 특히 사람 간 감염 발생은 개인 위생 상태와 손을 씻는 방법이 옳지 못할 때 혹은 감염 환자의 분변에서 다른 사람에게 전파된다. 가축의 장관에서 서식이 가능한 병원성 대장균은 식육 도축 시 파열된 장 내용물에서 식육을 통해 오염된다. 따라서 고기를 분쇄하는 과정에서 균들이 더욱 쉽게 전파되는 경향이 있다. 병원성 대장균에 의한 식중독은 여름철에 발생 빈도가 조금 더 높지만 연중 상관없이 발병한다. 원인식품으로 햄, 치즈, 소시지, 커틀릿, 채소 샐러드, 로스트비프, 분유, 파이, 도시락, 두부, 소의 간, 원유 등 광범위하다.

④ **예방**: 식중독 발생은 여름철에 더 높으나, 계절적 특성과는 별개로 언제든 발병이 가능하다. 사람의 장관 내에서도 서식하므로 분변을 통해 쉽게 전파될 수 있다. 병원성 식중독을 예방하기 위해서는 보균자와 환자 관리를 철저히 하고, 어린이의 경우 질환이 호전되어 회복된 후라 하더라도 1~2주 정도 관찰이 필요하다. 분변의 비료화를 억제하여 분변에 의한 직접, 간접 식품 오염을 방지해야 한다. 가축의 분변 및 폐기물을 위생적으로 처리하고 식품에 사용하는 급수는 소독한 것을 이용한다. 열에 약하므로 75℃에서 3분 정도의 가열로 사멸한다. 식품과 음용수는 되도록 가열 및 살균 후에 섭취하는 것이 바람직하다. 또한 살균 우유와 유제품을 섭취하고 원유는 섭취를 하면 안 된다.

(5) 리스테리아균 식중독

① **세균의 특성**: 리스테리아는 그람양성, 협막이 없고 포자를 형성하지 않는 간균이다. 고르고 짧은(0.5×0.5~2.0μm) 연쇄형 또한 V자형이나 평행으로 배열된 형태를 가진다. 호기성 또는 통성혐기성인 리스테리아 속은 7종이 있다. 이 중에서 리스테리아 모노사이토제네스(*Listeria monocytogenes*)와 리스테리아 이바노비이(*L. invanovii*)를 병원성 세균으로 정의한다. 특히, 리스테리아 모노사이토제네스만 인간에게 감염을 일으키는 것으로 알려져 있다. 리스테리아 모노사이토제네스는 그람양성, 통성혐기성, 무아포성이며 1~5개 정도의 주모성 편모를 가지는 간균이다(그림 4.6). 최적 생장온도는 30~37℃인데 28℃에서 운동성을 가지고 냉장온도인 4℃에서도 생장이 일어나는 저온균이다. 리스테리아 모노사이토제네스의 생육온도의 범위는 0~45℃이며 생육에 필요한 pH는 5.6~9.6의 넓은 스펙트럼을 보인다. 이 균주는 식염에 대한 저항성이 있어서 6~10% 식염 농도와 높은 pH에서도 생존하기 때문에 선진국형 식중독균이라고도 한다. 그러나 열에는 비교적 약하여 65~70℃ 이상, pH 4.2 이하, 1~3kGy의 방사능 조사 시 빠르게 불활성화되면서 사멸된다.

② **주요 증상**: 12시간에서 2~3개월의 잠복기를 가지는 리스테리아 세균이 감염되어 나타나는 증상은 권태감, 발열, 복통, 구토, 오한 등이다. 중증이 되면 뇌척수염이나 의식장애를 유발하기도 한다. 리스테리아는 자연 및 식품 등에 널리 분포되어 있는데, 면역 기능이 정상적인 건강한 성인에게는 감염률이 높지 않다. 하지만, 면역이 저하된 환자, 감수성이 높은 임산부, 면역력이 약한 신생아와 노인 등에게는 패혈증, 수막염, 뇌수막염 등의 발생률이 높은 편이다. 당뇨병, 알코올 중독, 간질, 만성신장병, 철 과잉증, 후천성 면역결핍증 등의 질환을 가진 사람들에서도 관찰된다. 리스테리아증(Listeriosis)은 소, 양, 돼지 등의 동물과 조류에 감염이 된 후 뇌염

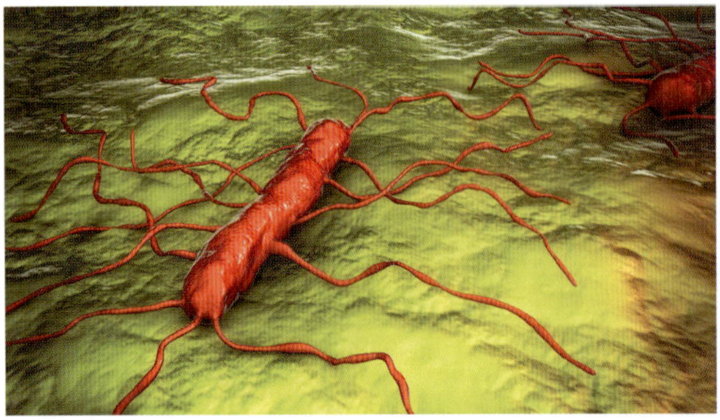

그림 4.6 리스테리아 모노사이토제네스

과 유산, 패혈증을 유발한다. 사람의 경우 임산부와 신생아에 감염을 일으켜 수막염이나 패혈증을 유발한다. 특히, 환자의 치사율은 30% 정도로 매우 높다. 임산부에게 리스테리아 세균이 감염되면 태반을 통과하거나 산도를 통해 신생아에게 감염을 전파하여 유산, 사산, 조산을 초래하기도 한다. 리스테리아증은 이미 1970~1980년대에 미국과 유럽에서 여러 차례 발생된 이후에 전 세계적으로 식품 전반에 대한 위생이 문제가 되고 있다. 미국의 질병예방본부(CDC, Centers for disease control and prevention)에 따르면, 매년 1,600여 명이 리스테리아에 감염되어 260명 정도가 사망한다고 보고하였다. 국내에서는 2018년 최초로 서울에서 리스테리아 식중독이 보고되었다.

③ **감염경로**: 리스테리아 세균이 흔히 자연계와 가축이 보균한다는 점 등에서 동물유래 식품의 오염이 높다. 따라서, 우유, 치즈, 식육을 통한 집단 발병이 앞으로도 지속적인 문제가 될 수 있다. 즉석편이식품이나 전자레인지를 이용한 즉석조리식품 소비 등의 식생활 패턴 변화로 인하여 리스테리아 관련 식중독 위험성이 커진 것이다. 리스테리아 모노사이토제네스는 고염 및 저온에서의 식품 제조와 가공·유통 과정에서 적응력이 있어 생장이 가능하므로 다양한 식품 종류에 대하여 오염을 근원적으로 차단하는 것은 매우 어렵다.

④ **예방**: 리스테리아 모노사이토제네스의 식품 오염을 방지하기 위해서는 식품 특성에 알맞게 종류에 따라 가이드라인을 확보하는 것이 시급하다. 세계보건기구(WHO)는 리스테리아 모노사이토제네스의 오염을 방지하기 위하여 식품을 4개의 그룹으로 나누어 대책을 강구할 것을 권고하고 있다. ㉠ 생육, 생채소 등의 생식품과 ㉡ 혼합 생식품, 발효소시지, 생유로 제조한 치즈 등의 가공 생식품은 원재료 준비와 제조 과정에서 환경과 보균동물로부터 오염을 최대한 방지할 것, ㉢ 살균 후에 손으로 만질 수 있는 가공 식육제품은 2차 오염을 방지할 것, ㉣ 살균우유와 유제품 등 용기에 들어 있는 살균식품은 큰 문제가 없지만 냉동 및 냉장 식품의 저장 과정에서 저온 관리를 철저히 규정할 것 등이다. 또한 식육과 생선을 다른 식품과 동일 공간에 저장하지 않고 분리하여 보관함으로써 2차 감염을 방지하고 조리 시 충분히

가열하여야 한다.

(6) 여시니아균 식중독

① **세균의 특성**: 동물과 하천 등 자연계에 널리 분포하는 여시니아 속은 11종의 균종이 있다. 그중 여시니아 페스티스(*Yersinia pestis*), 여시니아 슈도튜버쿨로시스(*Y. pseudotuberculosis*), 여시니아 엔테로콜리티카(*Y. enterocolitica*)가 병원성을 나타낸다(그림 4.7). 여시니아 식중독의 주된 원인균은 돼지장염균으로 알려진 여시니아 엔테로콜리티카로, 그람음성, 통성혐기성, 무아포성 간균이다. 협막이 없고 1~10개의 편모를 가지는데, 30℃에서 주모성 편모를 가지지만 37℃에서는 편모를 가지지 않는다. 생육 최적온도는 22~29℃로 다른 장관계 병원균에 비해 생육온도가 낮고 세대시간도 길다. 생육온도의 범위는 4~44℃로 4℃ 냉장온도에서도 증식이 가능한 저온균으로 본다. 세균 세포의 크기는 0.5~0.8×1~30μm 정도이고 영양배지에서 생육하게 되면 균락은 30℃에서 24~30시간 정도 후에 0.1mm 정도의 크기로 관찰된다. 잠복기는 불명확하나, 일반적으로는 3~7일 정도인데 10일 이상 가기도 한다.

② **주요 증상**: 과거에는 이 여시니아균에 대한 식중독 보고가 많지 않았지만, 최근 전 세계적으로 식중독 발생 건수는 해마다 증가하는 추세이다. 냉장온도와 진공포장 상태에서도 여시니아균의 증식이 저해되지 않고 생육이 가능하기 때문에 식품위생상 중요하다. 여시니아 식중독은 어린이의 위장염과 관련이 깊다. 메스꺼움, 발열(39℃ 이상의 고열), 수양성 설사, 구토, 심한 통증 등의 급성위장염이 흔하게 관찰된다. 패혈증 등을 일으켜 2차 면역질환으로 여시니아증(yersiniosis)을 유발하기도 한다. 여시니아증은 충수염과 비슷한 증세를 보여 오인하기 쉬우며 2살 이하의 유아는 증세가 더 심각하여 복통과 발열 등이 따르는 위장염과 설사가

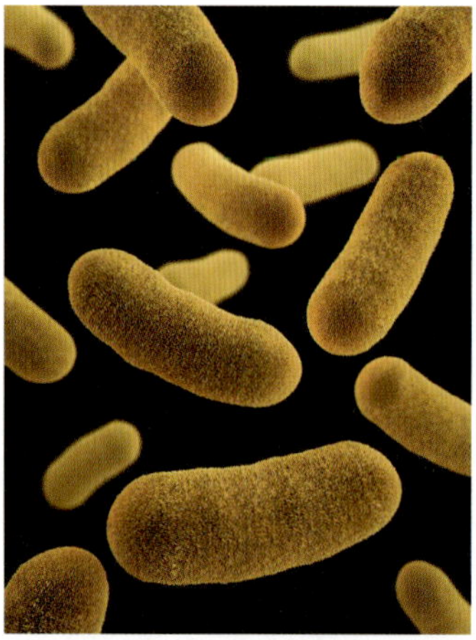

그림 **4.7** 여시니아 엔테로콜리티카

동반된다. 연령이 낮을수록 감수성이 높아 장간막, 림프절염, 충수염, 관절염 등을 일으킬 수 있다.

③ **감염경로**: 감염경로는 돼지, 개, 고양이 등의 분변이 원인이 되어 감염된다. 즉, 이들 동물과의 접촉에 의한 직접 감염과 이 균에 오염된 식품이나 보균 동물 배설물에 의한 2차 오염된 물 등이 주요 감염원이다. 여시니아 엔테로 콜리티카는 주로 돼지가 주 오염원으로 도살과정에서 전파되며 도축장에서 쥐 등의 동물에 의해서도 오염과 감염이 일어난다. 도축장에서 나오는 오염된 하수는 하천을 거쳐 식수 오염도 유발할 수 있다. 원인식품으로는 오염된 우유와 식육, 식수 등이 있다. 이 세균에 의한 식중독은 저온 증식이 가능하다는 특성으로 연중 발생하는데, 특히 늦가을과 겨울철에 식중독 원인이 될 수 있다.

④ **예방**: 여시니아 콜리티카에 대한 예방으로는 돼지 등의 식육 도살과정과 도축장 위생관리가 철저히 이루어져야 한다. 쥐 등의 위생동물 출입이 되지 않도록 방서 대책도 마련되어야 한다. 여시니아 세균은 저온 저장과 저온 유통이 보편적으로 사용되는 현대 사회의 식품 소비 과정에서 증식과 오염이 유발되므로 주의가 필요하다. 저지방우유(skim milk)는 60~65℃ 정도에서 30분 가열로 사멸한다. 돼지고기를 비롯한 식품류는 조리 시에 75℃ 이상에서 3분 이상 충분한 열처리로 식중독 예방에 만전을 기해야 한다.

(7) 캄필로박터균 식중독

① **세균의 특성**: 캄필로박터균은 주로 서구에서 문제가 되는 식중독균이며 다른 식중독 세균에 비하여 최근 발생 건수가 가장 많은 식중독으로 알려져 있다. 주된 원인균은 캄필로박터 제주니(*Campylobacter jejuni*)와 캄필로박터 콜리(*C. coli*)인데 주로 캄필로박터 제주니에 의한 식중독이 심각하게 발생한다(그림 4.8). 캄필로박터 제주니는 그람음성의 무포자 간균으로 한쪽(단극모) 또는 양쪽(양극모) 말단에 가늘고 긴 편모가 있고 특유의 screw 운동성을 가진다. 크기는 0.2~0.5μm이고 극성 세포막을 가진다. 캄필로박터균은 미호기성 환경인 3~5% 산소 농도에서 생육하는 특징도 보인다. 최적 생육온도

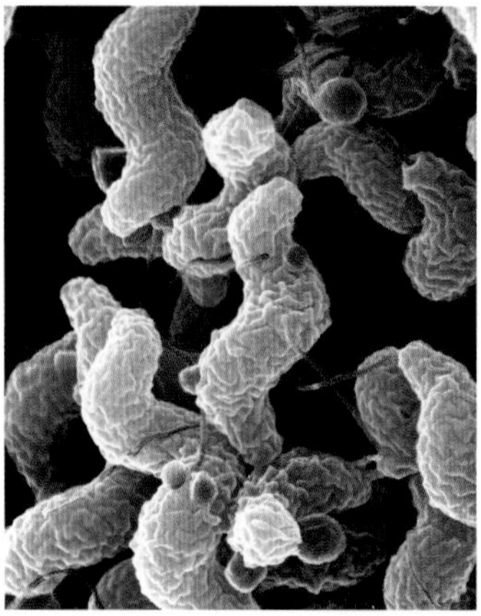

그림 4.8 캄필로박터 제주니

는 42℃이고 25~45℃에서 주로 생육하는데 25℃ 이하에서는 생육이 저해되는 고온성 세균이다. 공기에 노출되면 캄필로박터 제주니는 나선형에서 빠르게 원형으로 바뀌는 특성이 있다. 열에 민감하여 60℃, 30분 가열로 쉽게 사멸이 가능하고 이외에도 건조한 환경과 산성 조건, 염도의 농도에 약한 편이다. 캄필로박터 제주니는 염소용액으로도 쉽게 사멸이 가능하다. 캄필로박터균은 소, 염소, 돼지, 개, 고양이 등의 가축과 닭 등의 가금류 등이 보균하고 있는 세균으로 야생동물과 어패류에서 발견이 되며 하천에서도 관찰된다. 가축의 경우 보균율은 소가 5~20%, 돼지가 30~70%, 닭이 20~50% 정도로 살모넬라보다 높게 관찰된다. 소나 염소의 전염성 유산과 가축의 태반염, 설사증의 원인균이기도 하다. 면역력이 저하된 사람에게 감염되기도 하고 신생아의 경우 심각한 뇌수막염을 일으킨다.

② **주요 증상**: 캄필로박터 식중독의 잠복기는 2~7일 사이로 다른 식중독에 비해 조금 긴 편이고, 5~7월 사이에 많이 발생한다. 식중독 증상으로는 하루에 수차례에서 수십차례 수양성 설사를 하거나 이 증상이 일주일 정도 지속되고, 점액이나 고름이 혈액과 섞이는 경우도 있다. 어린이의 경우 2~4일 사이에 설사변 중 혈액이 섞여 나오기도 한다. 복통, 두통, 발열(38~39℃) 등을 동반하고 경우에 따라서 메스꺼움, 구토, 탈수 증상도 캄필로박터 식중독의 특징이다. 복통은 주로 배꼽 주위 혹은 하복부에서 일어나는데 복통과 발열은 3~4일 정도 경과하면 회복되는 경향이 있다.

③ **감염경로**: 캄필로박터 제주니 식중독의 원인 식품으로는 식육과 그 가공품, 소독되지 않은 물, 축산식품 등을 경구 섭취하여 발생한다. 감염균량은 10^3CFU/g 정도인데 다른 감염형 식중독보다 미량에서 감염증을 유발한다. 가축이나 가금류의 도살과 해체과정에서 생육에 오염된다. 가금류는 도체 표면에서 캄필로박터 제주니의 오염률이 40% 가까이 되며 생육에서 주

변 환경으로 오염될 수 있는 확률도 높다. 쥐, 바퀴 등에 의한 오염과 개와 고양이 등의 애완동물과의 접촉에 의한 감염 등도 주된 감염경로이다. 사람에게 전파되는 경로는 오염된 식육류, 생우유, 햄버거, 닭고기 등이고 배설물에 의한 2차 오염으로 집단 발병이 일어나기도 한다. 이외에도 버섯, 날생선, 덜 익힌 생선, 조개, 굴, 채소 등의 식품류가 캄필로박터 오염에 의해서 발생한다.

④ **예방**: 캄필로박터 식중독 예방법으로는 식품을 충분히 가열하여 섭취하면 가능하다. 특히 오염량이 많은 생고기는 중심부 온도를 75℃에서 1분 이상 가열하여야 한다. 대부분의 오염이 가금류를 비롯한 식육류 제조과정에서 발생하기 때문에 제조 가공 시설의 위생관리에 만전을 기해야 한다. 상수원과 급수의 관리 또한 중요하므로 살균이 충분히 이루어져야 한다. 우유도 반드시 살균한 후 음용해야 하고 기타 식품도 60℃ 이상 가열해야 하며 설익은 상태로 섭취하면 안 된다.

지금까지 살펴본 감염형 세균성 식중독을 정리하면 다음과 같다(표 4.2).

표 4.2 감염형 세균성 식중독의 일반적인 특징

	세균성 식중독					
	감염형					
종류	살모넬라	장염비브리오	병원성 대장균	리스테리아	여시니아	캄필로박터 제주니
원인균	*S.enteritidis* *S. Typhimurium* ▼ 아래균은 전염병 *S. Typhi* (장티프스) *S. paratyphi* (파라티푸스)	*Vibrio parahaemoly-ticus*	*Escherichia coli* Pathogenic escherichia	*Listeria monocytogenes*	*Yersinia enterocolitica*	*Campylobacter jejuni* *Campylobacter coli*
그람염색	그람음성/간균/무아포/편모	그람음성/간균/무포자/편모	그람음성/간균/무아포	그람양성/간균/무아포/편모	그람음성/간균/무아포/편모	그람음성/간균/무아포
산소	통성혐기성	통성혐기성	통성혐기성	통성혐기성, 미호기성	통성혐기성	미호기성
온도	중온균 (37℃)	30~37℃ (해수 16℃ 이상부터 생육)	중온균 (37℃)	30~37℃	호냉균 (4℃에서도 생육)	42~43℃
pH	7~7.5	7.6~8.0		내염성		6.5~7.5
원인물질	가금류, 돼지, 우유, 달걀	생어패류	햄, 치즈, 햄버거	자연환경, 냉동식품	냉장식품, 식육류, 돼지	식육, 닭고기
주요 증상	설사, 고열 (38~40℃)	발열(37~38.5℃), (물 같은)설사, 복통	발열, 설사, 복통	수막염, 뇌수막염, 전염성 단백증, 패혈증, 유산, 폐렴	수막염, 패혈증, 복통, 발열, 녹색 물설사, 관절염	살모넬라와 비슷 하반신마비
특징	잠복기 24시간 (8~48시간)	증식시간 11분 잠복기 12시간 (6~24시간) 병원성 호염균 (3% 소금농도에서 생육)	유당, 포도당을 분해하여 산과 가스 생성. 장관출혈성 대장균 (O157:H7) → 체내 Verotoxin 생성 → 요독증후군, 출혈 → 5~10%	1,000개 이하의 세균으로 발병, 저온에서 증식	냉장농도에서 생육 진공포장상태에서 증식	냉장온도에서 증식 동결조건에서 1개월 이상 생존가능 감염균량(400개/g)소량이어도 발병
예방	가열 (60~65℃ 20분) 중심온도 75℃ 1분 이상	가열 (60~65℃ 20분) 담수에 세척 냉장온도보관 (10℃ 이하 독소 생산불가능) 중심온도 65℃ 1분~5분	가열 (60~65℃ 30분) 중심온도 75℃ 1분 이상	HACCP, 냉동, 냉장식품에 대한 저장온도 관리	중심온도 75℃ 3분 이상	중심온도 75℃ 1분 이상 생닭은 3분 이상

2) 독소형 식중독

독소형 식중독(toxic food poisoning)은 식품 내 식중독균 증식에 의하여 분비된 해로운 독(toxin)이 포함된 식품을 섭취하여 발생한다. 원인 세균으로는 포도상구균, 클로스트리듐 보툴리늄, 바실러스 세레우스(독소형) 등이 있다. 독소형 식중독의 발병 패턴은 감염형 식중독보다 잠복기가 짧고 발열 증상이 거의 없으나 다른 증상은 감염형과 유사하다.

(1) 포도상구균 식중독

① **세균의 특성**: 포도상구균 식중독은 자연계의 포도상구균 중에서 황색포도상구균(*Staphylococcus aureus*)이 원인균이다. 이 세균이 식품에 증식하여 생산한 대사산물인 장독소(enterotoxin)를 경구 섭취함으로써 발생하는 대표적인 독소형 식중독이다. 그람양성의 구균으로 통성혐기성, 무포자성이며 편모는 없다(그림 4.9). 운동성이 없고 카탈레이스 양성이며 대부분 내염성(halotolerant)을 가진다. 세균의 크기는 1μm 정도이고 군락을 이루어 주황색 혹은 노란색을 띠게 된다. 7.5% NaCl 정도의 높은 염도 조건에서도 증식하고 생육최적온도는 30~37℃이며 보통 80℃에서 10분간 가열하면 사멸된다. 그러나 포도상구균이 생성하는 장독소는 내열성이 매우 강하다고 알려져 있다. 황색 포도상구균의 장독소는 분자량이 27,000~34,000 정도인 단백질들이다. 항원특이성에 의하여 A~E의 5종이 있고 A, B, C1, C2, D, E로 구분한다. 이 세균의 장독소는 120℃에서 20분간 열처리를 가하거나 단백질 가수분해효소에 의해서도 실활이 불가능하므로 210℃에서 10~40분, pH 6.8~7.2에서 증식을 억제하거나 10% 이상의 식염 처리로 독소 생산을 불활성화 해야 한다. 식품 내에 독소가 생성되고 나면 일반적인 조리 방법으로는 제거할 수 없다. 이 세균은 자연계에 널리 분포하며 사람과

그림 4.9 황색 포도상구균

동물의 인후, 비강, 피부 등에서도 흔하게 관찰된다.

② **주요 증상**: 포도상구균 식중독의 잠복기는 1~6시간으로 평균 3시간 정도인데 다른 세균성 식중독에 비해 매우 짧다. 식중독 증상으로는 구토, 메스꺼움, 구역질을 동반한 급성 위장염, 복통, 심한 통증, 탈진, 수양성 설사, 중증 시 혈변, 점액변 등이 관찰된다. 심한 경우 근육경련, 탈수, 의식장애, 혈압강하 등 증세가 나타나는데 발열은 거의 없는 편이다. 식중독 증상은 8~12시간 정도 지속되나 경과가 빠르게 호전되어 1~3일 정도면 회복되며 예후가 좋다. 포도상구균 식중독의 치사율은 낮으나 개인의 민감성이나 고령자, 유아, 환자 등 경우에 따라 다르다. 계절과 상관없이 발병하고 특히 5~9월에 집중적으로 발생한다.

③ **감염경로**: 많은 식품군에서 증식이 가능하기 때문에 원인 식품이 매우 다양하다. 미국과 유럽의 경우는 주로 우유와 그 가공품, 식육제품, 난제품, 어육가공품 등의 단백질 함유 식품이 주된 원인 식품이 된다. 우리나라에서는 김밥, 도시락, 떡, 빵, 샌드위치, 과자류 등의 곡류와 그 가공품이 주된 원인 식품으로 제조과정 중 사람에 의한 직접적인 접촉이 가능한 식품군에서 많이 관찰된다. 이외에도 어패류와 그 가공품, 두부 등도 원인 식품이 된다.

④ **예방**: 소량의 균을 섭취하는 것으로는 식중독이 발생하지는 않으나 원료의 오염을 방지하고 음식을 충분히 열처리하여 신속하게 섭취하여야 한다. 음식을 조리한 후 보관하는 경우 5℃ 이하의 저온에서 보관하여 균 증식을 최소로 해야 한다. 주변환경을 위생적으로 관리하여 감염원을 제거하고 식품 제조시설과 식품 제조용 기구의 위생, 조리종사자의 청결과 위생을 철저히 감독해야 한다. 조리 시에는 마스크와 위생복을 반드시 착용하여 조리자의 개인위생을 철저히 점검한다. 사람의 거의 모든 조직과 기관에 침투할 수 있고 감염 시 괴사 혹은 농양을 일으키는 화농성 질환의 원인균이기도 하다. 사람의 화농성 상처 등에는 포도상구균이 많이 분포하므로 화농성 상처와 인후염을 가진 사람은 조리에 참여시키면 안 된다. 화농성 질환이나 유방염이 있는 젖소로부터 감염될 수 있고, 손이나 조리기구를 통해서도 2차 오염이 일어난다. 원인균이 식품에 오염되면 세균이 식품에서 증식하여 장독소

를 생산하고 분비하므로 이를 섭취한 경우 발병하는 것이다. 포도상구균은 건강한 사람의 30~50% 정도가 피부에 황색 포도상구균을 가진 보균자이므로 완전한 예방은 어려운 편이다.

(2) 클로스트리듐 보툴리늄 식중독

① **세균의 특성**: 클로스트리듐 보툴리늄(*Clostridium botulinum*) 식중독은 화학적 유기물 친화성 박테리아(chemoorganotrophic)인 클로스트리듐 보툴리늄이 원인균이다. 이 세균은 그람양성(때로는 그람음성), 편성혐기성, 주모성 편모를 가지고 극히 일부를 제외하면 카탈레이스 음성(catalase-negative)이다. 크기는 0.3~1.9×2~10μm 정도의 간균이지만 구형, 나선형, 섬유상 형태를 보이기도 한다(그림 4.10). 신경독소(neurotoxin)를 생성하고 내생포자를 형성하므로 내열성이 강하다. 주편모는 운동성을 나타내는 기관이고 일부는 비운동성이 관찰된다. 클로스트리듐 보툴리늄이 혐기성 조건에서 증식할 때 생성하는 신경독소는 식중독을 발생시키며 치사율이 높게 관찰되는데, 사람에 대한 경구치사량은 수 μg 정도이다. 클로스트리듐 보툴리늄은 항원 특이성에 의해 서로 다른 A~G형(C형은 1, 2형)의 7종으로 나누며, 보툴리늄 독소(botulinum toxin)를 생산한다. 보툴리늄 독소는 분자량이 150,000 정도의 유독성 1분자와 분자량이 다른 무독성 1분자 간의 결합에 의한 단순단백질이다. 보툴리늄 독소는 80℃에서 30분 혹은 100℃에서 2~3분간 가열하면 무독화되는 이열성 독소이다. 경구 섭취된 클로스트리듐 보툴리늄의 독소는 신경독소로 소장 상부에서 흡수되어 림프관으로 들어가 말초신경의 콜린(choline) 작동성의 신경접합부에서 아세틸콜린(acetylcholine)의 유리를 저해하여 신경을 마비시킨다. 저온균으로서 최적 생육온도는 A, B, F형이 37~39℃, 최저 생육온도는 10℃이지

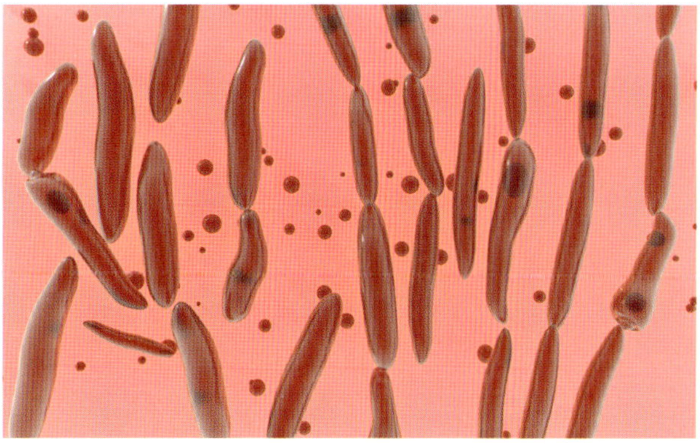

그림 4.10 클로스트리듐 보툴리늄

만 내열성이 강한 내생포자를 형성한다. 반면에, E형의 최적 생육온도는 28~32℃, 최저 생육온도는 3.3℃로 내열성이 약한 포자를 형성한다. 내열성이 강한 A, B, F형은 100℃에서 6시간 이상을 가열해야 파괴되지만, 내열성이 약한 E형의 균주 포자는 100℃에서 5분, 80℃에서 10분 정도 가열하면 파괴된다. 최적 pH는 A형과 B형이 4.6, E형은 5.0으로 관찰된다. 7종의 항원 특이성을 가진 균주 중 B, C, D형은 주로 동물에게 식중독을 일으킨다. 사람에게 식중독을 유발하는 것은 주로 A, B, E형이며 간혹 F형 균주도 식중독을 유발한다.

② **주요 증상**: 클로스트리듐 보툴리늄 식중독의 잠복기는 18~72시간이지만, 빠르면 2~4시간 내에 신경증상이 관찰되고 늦으면 2~3일 후에 증세가 나타난다. 식중독 증상으로 심한 통증, 설사, 구토 등의 위장장애와 권태감, 현기증 등의 신경증상이 나타난다. 이밖에도 복시, 시력저하, 동공확대, 안검하수, 언어장애, 실성, 타액 분비 저하, 연하곤란, 호흡곤란 등의 증세를 보이지만 발열은 관찰되지 않는다. 신경증상 전에는 구역, 구토, 복통, 설사 등의 위장장애 증세가 나타나는 경우도 있다. 또한, 탈력감, 권태감, 현기증 등을 경험하게 되며 호흡부전에 의해 사망하는 경우도 발생한다.

③ **감염경로**: 클로스트리듐 보툴리늄의 주된 오염원은 토양과 동물 분변이다. 이 세균의 내생포자가 흙, 바다, 하천, 연못 바닥, 동물 장관 등에 분포되어 있다가 농작물, 어패류, 육류 등의 식품에 노출되어 오염된다. 특히 이 식품들이 혐기 상태가 되면 쉽게 내생포자가 발아하고 증식함으로써 식중독을 유발한다. 클로스트리듐 보툴리늄 식중독은 포자가 식품에 오염되어 적절한 온도에서 장기간 식품이 보관되는 경우 나타난다. A형 균은 채소, 과일, B형 균은 육류, 사료, E형 균은 어패류, F형 균은 육류와 관계가 크다. 남미, 유럽, 미국에서는 A형과 B형 균주에 의한 식중독 발생이 높고 북위 40도 이북의 일본, 캐나다, 러시아, 스칸디나비아 반도 등에서는 E형 균에 의한 발생이 많다. 원인식품도 식생활 습관에 의해 차이가 나므로 나라마다 차이가 있다. 미국의 경우 채소와 과일의 병 또는 통조림류가 많고 일본은 각종 어류와 소금 절임 식품이 원인이 되는 경우가 많다. E형 균에 의한 식중독은 가열이

불충분한 채소나 과일, 어육, 쇠고기 등의 병조림과 통조림 식품군 및 햄, 소시지 등의 진공포장 식품과 관계가 있다.

④ **예방**: 클로스트리듐 보툴리늄 식중독은 가열에 의한 포자의 완전 살균, 물리적 방법(pH 4.5 이하, 수분활성도 0.94 이하, 온도 3.3℃ 이하 등), 화학적 방법(아질산나트륨 등의 항균제)을 통해 포자 발아와 균의 증식을 억제시킨다. 식품 중에 생산된 독소의 섭취전 불활성화(80℃에서 20분 또는 100℃에서 수분 가열)하여 예방이 가능하다. 채소, 과일 등은 잘 씻고, 어류의 조리 시 장관 내용물이 육질에 오염되지 않도록 해야 한다. 통조림과 소시지 등의 식품은 위생적으로 가공해야 하며 4℃ 이하에서 냉장 보관해야 한다.

3) 중간형(생체내 독소형) 식중독

중간형 식중독의 특징으로는 잠복기가 짧고 가열조리가 유효적으로 효과가 있는데, 생체내 독소형이라고도 부른다. 원인 세균은 바실러스 세레우스(*Bacillus cereus*), 클로스트리듐 퍼프린젠스(*Clostridium perfringens*) 등이 있다.

(1) 바실러스 세레우스균 식중독

① **세균의 특성**: 바실러스 세레우스균(*Bacillus cereus*)은 0.5~1.5×2.0~6.0μm 정도 크기로 자연계에서 흔히 관찰된다. 그람양성, 절대호기성 혹은 통성혐기성의 간균이다. 카탈레이스 음성으로 주모성 편모를 가지고 내열성 포자를 형성한다(그림 4.11). 일부 균종의 경우 사람과 포유동물에 병원성을 가지고 있고 색소를 형성하기도 한다. 멸균 온도인 121℃에서 20분 가열로 살균이 가능하지만, pH 5.7 혹은 7% 이상의 염분 농도에서도 생장이 관찰된다. 식중독 증상은 두 개의 서

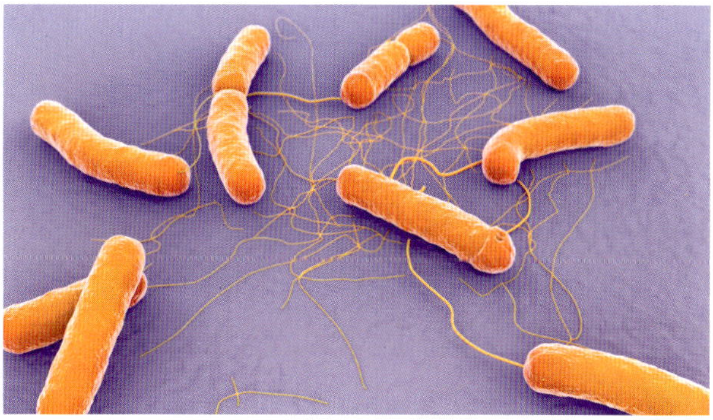

그림 4.11 바실러스 세레우스균

로 다른 2차 대사산물에 의해 발생하는 설사형과 구토형이 있다. 설사형은 고분자 단백질에 의해 발생하고 구토형은 열에 안정한 저분자 펩티드에 의해 발병하게 된다. 설사형의 주된 원인은 생체 내 세균 증식 과정에서 분자량 45,000~50,000의 단순단백질인 장독소(enterotoxin) 생산에 의한 것이다. 장독소는 pH, 트립신 또는 펩신 등의 소화효소에 의해 쉽게 가수분해되어 활성이 소실되는데, 60℃에서 5분간 열처리에 의해 독성이 불활성화되는 이열성 독소이다. 구토형의 발병 원인이 명확히 규명된 것은 아니지만 대체로 분자량 5,000 이하의 펩티드인 구토독소(enteric toxin)에 의해 발생하는 것으로 관찰된다. 구토독소는 물리화학적인 강한 처리에도 매우 안정하다. pH 2 이하와 11 이상, 120℃에서 90분 이상 가열하여도 실활되지 않고 유지된다. 소화효소에 의해서도 분해되지 않기 때문에 이 독소에 대한 대단한 주의가 요구된다.

이열성 독소
60℃, 30분 가열로 실활되는 것

② **주요 증상**: 설사형의 잠복기는 8~16시간으로 평균 12시간이며 구토형은 1~6시간으로 평균 3시간 정도이다. 설사형은 강한 복통과 수양성 설사가 특징적으로 나타나며 오심, 두통, 발열을 동반하지만 구역질이나 구토는 거의 없다. 구토형의 경우는 메스꺼움과 구토가 특징이고 복통, 두통, 발열이 관찰되고 설사는 드물게 나타난다.

③ **감염경로**: 원인균과 포자가 토양, 오수, 식물 등의 자연계에 분포되어 있어 식품의 오염 기회가 많다. 조리과정에서 식품의 실온에 의한 오염과 함께 조리환경과 조리기구에 의한 2차 오염도 흔하게 관찰된다. 설사형은 향신료를 사용한 식품이나 요리로 육류, 소시지, 채소수프, 바닐라소스, 푸딩 등이 있다. 구토형은 쌀밥, 볶음밥 등이 원인으로 꼽힌다. 바실러스 세레우스균은 포자 형성균이며 불완전한 열처리에 의해 포자가 활성을 가지고 식품과 섭취되면 생채내에서 포자 발아와 독소의 생산이 생체내 독소형 식중독으로 발생하므로 많은 주의가 필요하다. 바실러스 세레우스균은 계절에 상관없이 발병하나 5~10월 발생률이 높다.

④ **예방**: 바실러스 세레우스에 의한 생체내 독소형 식중독을 예방하기 위해서는 식품 내의 바실러스균 혹은 내생포자를 사멸시키거나 증식과 발아를 억

제하는 방법이 효과적이다. 쌀밥의 조리 시에 소량 내생포자가 잔존하지만 바실러스 세레우스균에 의한 식중독은 거의 대부분 2차 오염에 의해 발생하므로 조리환경 등에서의 오염을 원천적으로 차단하는 것이 중요하다. 오염되기 쉬운 식품은 조리 후에 최대한 신속히 섭취하고 남은 음식은 10℃ 이하 온도로 급속히 냉각하여 보관하고 재섭취 시 재가열하는 것이 좋다. 그러나, 바실러스 세레우스 식중독은 식재료 단계에서부터 오염된 것에 의한 것이 많으므로 오염 자체를 완전 차단하기는 현실적으로 불가능하다.

(2) 클로스트리듐 퍼프린젠스 식중독

① **세균의 특성**: 클로스트리듐 퍼프린젠스균(*Clostrdium perfringens*)은 클로스트리듐 웰치(*Clostrdium welchii*)라고도 한다. 그람양성, 편성혐기성, 내열성 포자를 형성하는 간균이다. 운동성이 없으며, 혈액배지에서 용혈환(hemolytic zone)을 형성하는 특징이 있다(그림 4.12). 생육에 요구되는 최적온도는 43~47℃이고, pH 5.5~8.0에서 생육이 가능하다. 사람과 동물 장관 내에서 상재하며 가스괴저균으로 알려져 있다. 웰치균은 단백질 및 탄수화물을 분해하고 젤라틴을 가수분해한다. 이 과정에서 포도당, 맥아당, 젖당, 설탕 등의 발효능이 있어서 산소와 함께 가스를 생성하고 아세트산과 뷰티르산을 생산한다. 클로스트리듐 퍼프린젠스균은 장관 내에서 증식하며 포자를 형성하고 균체 내부의 독소로 장독소를 생산한다. 독소 종류와 면역학적 특성에 의해 A~F의 6형으로 분류한다. 식중독을 유발하는 대표적인 A형 세균은 100℃에서 4시간 이상 열을 가해도 내생포자가 완전하게 파괴되지 않는 내열성 포자를 형성하면서 균체 내 독소(enterotoxin)를 생산한다. 독소는 pH 4.5~11.0에서 안정하지만 열에는 불안정하여 60℃에서 5분 미만으로 가열하면 파괴된다. B, C, D 및 E형은 90℃에서 30분 또는 100℃에서 5분 정도면 사멸

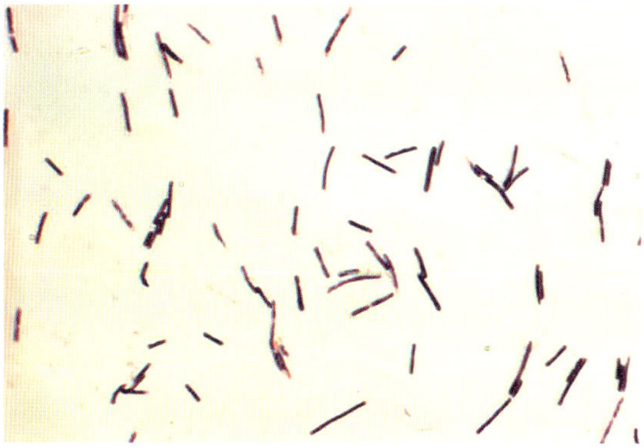

그림 4.12 클로스트리듐 퍼프린젠스균

하는 특징이 있다.

② **주요 증상**: A형 균이 원인이 되어 발병하는 식중독의 잠복기는 8~20시간으로 평균 12시간 정도이다. 주된 증상으로는 복통과 설사, 복부팽만감이 관찰된다. 구토와 발열은 잘 일어나지 않지만, 설사는 1일 1~3회 수양성 설사로 대개 1~2일 내에 회복이 가능하다. F형 균에 의한 식중독은 A형과 달리 2~3시간 잠복기 이후 구역질, 구토를 유발한다. 시간이 지나면 점혈이 섞인 심한 설사와 복통이 주로 나타나게 되는데 설사가 심한 경우 탈수도 동반한다. 연중 발생이 가능하고 계절적 편중 현상이 거의 없다. 웰치균에 의한 식중독 발병률이 비교적 다른 식중독에 비하여 낮은 수준이다. 하지만 단체급식소에서 발병이 되는 경우가 많아서 대규모 집단 식중독 발생의 원인이 되기도 하므로 '집단 조리 식중독'으로 불리기도 한다.

③ **감염경로**: 클로스트리듐 퍼프린젠스균은 사람과 동물의 분변이 오염원이 된다. 하수나 오수 등 자연계에도 분포하여 식품 오염을 2차적으로 일으키게 되면 발병할 수 있다. 식중독 발생은 $10^{7\sim9}$CFU/g의 생균을 포함하는 식품 섭취 시 발생하며 장관에서 균이 생산한 장독소에 의해 설사 등 증세가 나타난다. 원인 식품은 가축과 가금류인데 주로 수육과 관련 가공품, 어패류와 관련 가공품 등의 동물성 고단백질 식품이 원인이 된다. 식물성 단백질 식품인 수프, 국, 카레 등도 원인 식품이 되기도 한다. 이들 식품을 용액에 담가 장시간 실온에 방치하는 경우 식중독 발생의 원인이 되기도 한다.

④ **예방**: 이 세균에 의한 식중독을 차단하기 위해서는 분변과 하수에서 옮겨질 수 있는 오염원을 차단해야 한다. 식품의 가열조리 후에는 즉시 섭취하거나 저장 시에는 냉장고에서 급랭 및 저장하여 포자 발아와 증식을 억제시켜야 한다. 식품을 섭취하기 전 재가열하거나 증식된 균을 살균하여 혐기 상태가 되는 상황을 피하여 세균이 생육하는 생장 조건을 피하도록 한다.

표 4.3 독소형 및 중간형(생체내 독소형) 세균성 식중독의 일반적인 특징

	세균성 식중독			
	독소형		중간형	
종류	황색포도상구균(독소형)	클로스트리듐 보툴리눔 (독소형)	바실러스 세레우스 (중간형, 생체내 독소형)	클로스트리듐 퍼프린젠스 (중간형, 생체내 독소형)
원인균	*Staphylococcus aureus* 포도송이 모양	*Clostridium botulinum*	*Bacillus cereus*	*Clostridium perfringens*
그람염색	그람양성/간균/포자	그람양성/간균/내열성포자	그람양성/간균/내열성포자	그람양성/간균/아포형성
산소	통성혐기성	편성혐기성	통성혐기성	편성혐기성 (산소 약간 有 가능)
온도	37~40℃	• 단백질분해성: 10~50℃ • E형균: 3~42℃	• 5~50℃ 생육가능 • 28~35℃ 최적온도	• 43~46℃ 생육최적온도 • 37℃ 전후: 포자형성 가능 온도
pH	6.5~7.5			5.5~8.0
원인물질	도시락, 식혜, 곡류가공품, 피부, 비강, 점막 (떡, 과자류, 빵)	햄, 소시지, 통조림, 레토르트식품	• 구토형: 곡류, 곡류가공품 • 설사형: 볶음밥, 파스타, 오믈렛, 도시락, 우유, 야채스프	동물성 단백질, 어패류 (탄수화물식품 거의 발생 X)
주요 증상	구토, 설사, 메스꺼움	시력저하, 동공확대, 광선에 대한 무반응, 사지의 운동마비, 근육수축, 이완마비(아세틸콜린의 유리억제=아세티콜린 축적)	• 구토형: 구토, 복통, 설사 • 설사형: 설사, 복통	설사, 복통, 구토
특징	• 균체외독소 • 배가시간 30분 • 잠복기 3시간(1~6시간) • 218~248℃에서 30분 가열로 활성 잃음	• 균체외독소: 100℃, 1~2분 80℃, 30분 • 단백질 분해성 A,B,F형: 120℃, 4분 • 단백질 비분해성 B,E,F형: 80℃, 30분	• 구토형: 열에 안정, 구토독, 내열성 126℃ 90분 파괴 안 됨, 잠복기 3시간(1~6시간) • 설사형: 소장 내에 증식 엔테로톡신 생성(고분자 단백질-열에 약함) 잠복기 12시간(8~16시간)	• 내열성이 강해 100℃ 4시간 가열해도 사멸되지 않고 세대시간이 10~12분 정도로 짧음 • 잠복기: 12시간(8~20시간) • 섭취 후 8시간 이후 장내에 포자형성하면서 엔테로톡신 형성(열, 산에 약함) • 65℃ 10분 가열로 파괴
예방	• 손을 잘 씻음 • 화농성 질환 환자 조리 금지 • 가열하면 균 자체는 사멸/엔테로톡신은 파괴 어려움	• 흙제거철저, 어패류 내장 제거 • 4℃ 이하 저장 • pH 4.5 이하, A_w 0.94 이하	• 채소는 흐르는 물에 소독 • 가열조리 후 즉시섭취	• 먼저 조리한 식품 즉시섭취 • 가열조리 후 빨리 냉각 • 소량씩 냉장보관 • 섭취 진 완진재가열 • 클로스트리듐 퍼프린젠스 10^2 CFU/g 이하

4) 기타 세균성 식중독

세균성 식중독 원인균에 의한 식중독 외에도 에어로모나스, 슈도모나스, 알레르기 등에 의한 식중독이 있다. 이들은 감염형과 독소형에 속하지 않지만 식중독을 유발하는 세균으로 구분하고 있다.

(1) 에어로모나스 식중독

에어로모나스(*Aeromonas*)는 0.3~1.0×1.0~3.5μm 정도 크기로 비브리오과에서 분리한 균주이다. 그람음성, 통성혐기성의 간균 혹은 구균의 형태를 가지고 있으며 단일 혹은 쌍을 이루거나 체인 형태로 존재한다(그림 4.13). 에어로모나스는 단모성 편모를 가지는 운동성의 중온성균과 비운동성의 저온성균으로 구분된다. 운동성 세균의 경우 극성 극편모를 가지고 있다. 최적 생육온도는 28℃ 정도이며 최고 38~41℃와 5℃에서도 생육이 가능하다. 에어로모나스 식중독의 대표 원인균은 에어로모나스 하이드로필라(*A. hydrophila*)인데 이외에 에어로모나스 소브리아(*A. sobria*)도 식중독의 원인이 된다. 에어로모나스에 의한 식중독의 잠복기는 5~6시간 정도이다. 생성하는 독은 용혈성 독소와 장독소(enterotoxin)로 구역질과 구토, 복통, 2~3회의 설사, 급성 위장염, 발열 등의 원인이 된다. 예후는 비교적 양호하지만 때로는 콜레라 양상의 설사, 점액이 섞인 혈변이나 복통, 발열을 수반하는 중증의 위장염 증세도 나타난다. 에어로모나스 하이드로필라는 하수, 개천 등 담수 상재균이며, 해산 생물 등에도 널리 퍼져 있다. 이 세균은 어패류, 양서류, 파충류, 가축, 사람에게 골고루 식중독 발병의 원인이 된다. 에어로모나스 식중독은 음식의 오염 방지, 균의 증식 억제, 식품의 섭취 전 가열처리 시에 어느 정도 예방이 가능하다. 이 세균에 의한 식중독이 설사원성 위장염으로 발병이 가능하다고 주목받은 것은 최근의 이슈이다. 근육이나 연조직 등의 창상감염을 일으키기도 하여 면역질환자나 간경변 등의 환자에게서 괴저, 복막염, 골수염, 폐렴,

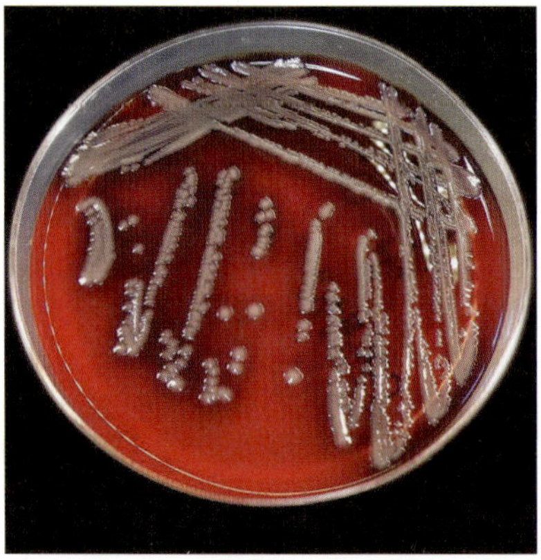

그림 4.13 혈액 배지에서 관찰한 에어로모나스 하이드로필라

패혈증 등으로 이환되기도 한다.

(2) 슈도모나스 식중독

슈도모나스(*Pseudomonas*)는 화학유기영양균(chemoorganotrophic) 혹은 화학무기독립영양균(chemolithoautotrophic)으로, 그람음성의 호기성 세균이다(그림 4.14). 자연계의 수질 환경과 토양 등에 흔히 존재하고 동물과 식물에서 병원성을 보인다. 이 세균은 일반적으로 한 개 이상의 극성 편모를 가지므로 운동성이 있다. 직선형이나 구부러진 간균으로 0.5~1.0×1.5~5.0μm 정도의 크기이다. 슈도모나스의 최적생장온도는 28~30℃이지만 저온 증식이 가능하고 pH 4.5 이하에서의 생육은 하지 않는다. 슈도모나스 아에루기노사(*Ps. aeruginosa*)는 슈도모나스 속의 주된 식중독 원인균으로 담수와 토양에 다량 존재하고 공기, 화상, 상처, 요로 등을 통해 감염되어 균체 독소(enterotoxin A)를 생산한다.

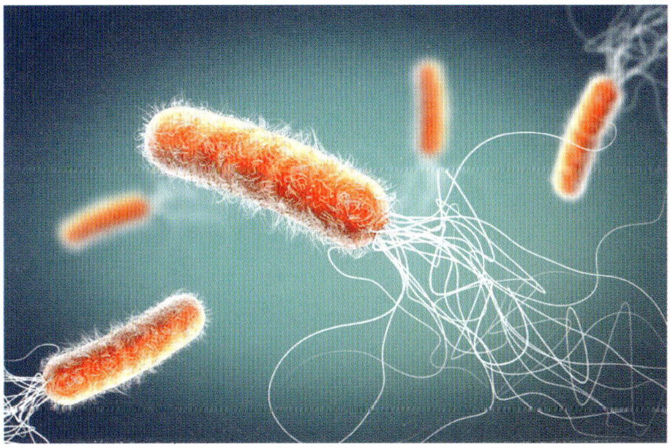

그림 **4.14** 슈도모나스 아에루기노사

(3) 알레르기성 식중독

알레르기성 식중독이란 식품의 부패 세균이 생산하는 히스타민(histamine)과 같은 유해성 아민류에 의하여 발생하는 식중독을 뜻한다. 알레르기성 식중독의 대표 원인균은 그람음성의 통성혐기성 간균으로 편모를 가진 모르가넬라 모가니(*Morganella morganii*)에 의한 것이다. 이 균주는 과거에 프로테우스 속(*Proteus* genus)으로 분류되었던 세균이다(그림 4.15). 유해성 아민이 식품 내에 70~100mg/100g 이상 히스타민으로 축적되면서 식중독을 일으키게 된다. 이외에도 히스티딘탈탄산효소를 생성하는 세균으로 폐렴간균(*Klebsiella pneumoniae*), 하프니아 알베이(*Hafnia alvei*), 시트로박터 프룬디(*Citrobacter freundii*), 프로테우스 속(*Proteus genus*) 등의 세균들이 있다. 히스티딘 함량이 특히 많이 함유되어 있는 붉은살 생선 등에 오염되어 히스타민을 생산하게 된다. 히스타민은 유

그림 4.15 혈액 배지에서 생장시킨 모르가넬라 모가니

해성 아민류인 아그마틴(agmatine)과 메틸아그마틴(methylagmatine) 등에 의해 독성을 띠게 된다. 히스타민에 의한 식중독 발생 기작은 모르가넬라 모가니와 같은 히스타민 생성 세균이 식품 내에서 히스티딘탈탄산효소(histidine decarboylase) 생산으로 아미노산인 히스티딘을 히스타민으로 전환하여 유해성 아민을 축적하여 식중독이 유발된다. 그러므로 모가넬라균에 오염된 히스티딘 함유량이 많은 식품 섭취는 알레르기성 식중독의 발생 원인이 된다. 참치, 꽁치, 정어리, 전갱이, 고등어 등 표피는 푸르고 살색은 적색인 생선과 이들의 가공품 등을 섭취할 때 알레르기를 일으킬 수 있다. 5분~1시간 정도 안면 홍조와 두드러기, 발진, 두통 등의 알레르기 증상과 구토나 설사 등의 증상도 수반하게 된다. 대체로 몇 시간 내에 회복되는 편으로 예후가 좋고 식이성 알레르기와 비슷하여 항히스타민제의 복용으로 치료가 가능하다. 경우에 따라 대규모 집단 알레르기 식중독으로 나타나기도 한다. 알레르기성 식중독의 일반적인 예방책으로는 붉은살 생선의 부패가 빠르므로 선도 유지가 중요하다. 건조 어류의 경우도 습도가 높은 경우 부패가 진행될 수 있으므로 보관 시 주의해야 한다. 특히 표면에 거품이 발생한 생선의 경우 이러한 알레르기성 식중독을 발생시킬 수 있으므로 섭취를 피하는 것이 좋다.

5) 바이러스에 의한 식중독

(1) 노로바이러스

① **바이러스의 특성**: 노로바이러스(Norovirus)는 미국 오하이오주 노웍(Norwalk) 지역 초등학교에서 1968년 발생한 비세균성 위장관염의 원인체이다. 급성 위장염 환자 분변에서 투과전자현미경으로 관찰하면서 발견된 바이러스이다(그림 4.16). 노웍 바이러스가 최초 보고된 이후 발생하는 비세균성 위

장관염 환자의 검사대상물에서 확인한 바이러스 병원체 중에서 노로바이러스의 특징이 유사한 병원체를 Nowalk-like virus(NLVs) 혹은 소형 구형 바이러스(SRSV, small round structure virus)로 명명하였다. 대규모 식중독 사고와 관련된 바이러스 분리주는 Nowalk virus, Hawaii virus, Southhampton virus, Snow Mountain virus로 명명하기도 한다. 그러나 ICTVs(International committee for taxonomy of viruses)에서 물리화학적·분자생물학적 특징으로 분석한 2003년에는 모두 동일한 바이러스로 동일하여 최초 바이러스가 발견된 지역명에 의해 노웍바이러스로 명명하였다. 그러나 공식 명칭으로는 노로바이러스로 명명이 확정되었다. 노로바이러스는 칼시바이러스(Calciviridae family) 노로바이러스 속(Norovirus genus)에 속한다. 겨울에 집중적으로 발병하는 특징으로 겨울철 설사병(winter diarrhea, winter dysentery)으로도 알려져 왔다. 노로바이러스의 크기는 27~35nm 정도로 정이십면체 바이러스로 구분하며 바이러스 입자 표면에 컵 모양의 함몰구조

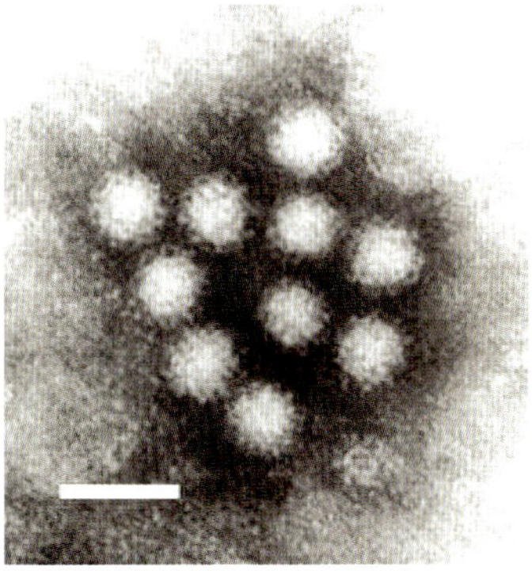

그림 **4.16** 노로바이러스의 전자현미경 사진, 하얀 막대가 50 나노미터

알아두기

칼시바이러스과는 분류학적으로 노로바이러스 속, 사람에게 위장관염을 유발하는 사포바이러스(Sapovirus) 속, 토끼에게 출혈열을 일으키는 라고바이러스(Lagovirus) 속, 돼지수포병 바이러스, 고양이 칼시바이러스가 포함된 베지바이러스(Vesivirus) 속 등을 포함한 4개의 속이 있다. 사포바이러스 속에 포함된 사포바이러스는 일본의 삿포로 지역에서 최초 보고되었는데, 비세균성 위장관질환의 원인체로 구분한다. 사포바이러스의 특징이 알려지기 전에는 Sapporo virus 혹은 Sapporo like virus 등으로 명명되었는데 노로바이러스와 같이 사포바이러스로 명칭이 통일되었다. 왜냐하면 사포바이러스 형태나 감염 특성 등의 임상 증세가 노로바이러스와 매우 유사하지만 사포바이러스의 경우 유전자 구성이 노로바이러스와 달라서 다른 종류의 바이러스로 구분해야 했기 때문이다.

가 있어서 Calci(라틴어로 컵이라는 뜻)로 명명되기도 한다. 노로바이러스는 건조 상태에서 4℃에서 8주, 20℃에서 3~4주간 생존하고 60℃에서 30분간 가열을 해도 감염성은 유지된다. 노로바이러스는 85℃ 이상에서 1분 이상 가열해야 병원성을 소실한다. 현재까지 노로바이러스의 유전자 그룹은 총 6개(GI~GVI)로 보고되었고, 그중 유전자 그룹 GI, GII, GIV는 사람에게 특이적으로 위장관염을 일으키는 것으로 알려져 있다. 노로바이러스의 GI는 9개의 유전자형을 가지고, GII는 22개의 유전자형을 포함하며, Bovine norovirus는 GII에 속하고 murine norovirus는 GV로 분류한다. 노로바이러스는 RNA 바이러스로 숙주세포에서 복제과정 중에 염기서열의 변이가 매우 쉽게 나타나는 바이러스로 강한 면역반응의 유도가 용이하지 않다. 면역력의 지속기간도 매우 짧아서 감염 수개월 후에 노로바이러스에 재감염되는 경우가 많다.

② **주요 증상**: 노로바이러스에 감염된 환자는 2~3일간 발병기간 이후의 구토, 설사, 복통 등 대부분의 임상 증후가 사라진다. 임상증상이 사라진 노로바이러스의 감염자가 분변을 통하여 다량의 노로바이러스를 2~3주간 배출하므로 이러한 상태를 무증상 감염으로 분류한다. 무증상 감염은 분변을 통해 바이러스 배출량이 많기 때문에 최소 1주일 이상 조리과정에 참여하는 등의 활동을 제한하는 것이 바람직하다. 잠복기는 24~48시간 정도로 개인차가 있다. 감염되면 메스꺼움, 구역질, 수양성 설사, 복통, 오한, 발열 및 위장 팽만감 등의 증세가 수반된다. 노로바이러스 감염 이후 12~60시간이 경과하면 대체로 회복되며 후유증은 보고된 바 없다. 면역능이 저하된 노인과 유아는 노로바이러스 감염에 의한 증세가 호전되지 않는 경우 사망 사례도 빈번하다.

③ **감염경로**: 미국의 FDA와 CDC의 통계에 의하면 다양한 종류의 식품이 노로바이러스 식중독의 원인 식품이 된다. 주로 굴, 홍합, 모시조개 등의 패류를 포함한 이매패류, 샐러드, 딸기, 라즈베리, 빵, 샌드위치, 케이크, 오염된 식수 등이 원인 식품이다. 대표적인 노로바이러스의 감염경로는 경구감염(fecal-oral transmission)이며 오염된 식수와 물로 재배되거나 가공한 채소, 과일, 식

품 등의 경구 섭취 시 발생한다. 접촉감염(person-to-person transmission)으로 노로바이러스에 감염된 환자에서 구토물이나 분변 1g당 10^8~10^9개의 바이러스가 배출된다. 노로바이러스 감염환자의 검사대상물을 위생적으로 처리하지 못한 경우 다수의 바이러스가 체표면이나 조리기구 표면에 부착되어 오염된 후 후접촉으로 감염이 될 수 있다.

노로바이러스는 열, 산, 유기용매, 염소 등에 큰 저항성이 있어 60℃의 열처리나 5ppm 정도의 염소 처리로는 감염력이 저하되지 않는다. 공기감염(airborne transmission)은 노로바이러스 감염 경로 중 대부분이 경구감염이나 접촉감염을 통해 일어나는 것과 달리 감염 사례가 일본에서 발생한 적이 있어 분류되는 감염 형식이다. 이 경우는 구토물이나 설사분변으로 배출이 된 다량의 노로바이러스가 소독이 되지 않아 처리가 안 된 상태에서 바이러스 입자 자체가 비말(droplet) 형태로 감염의 원인이 된다.

굴 등의 어패류에 의한 노로바이러스 감염이 식중독의 원인이 되고 감염된 사람의 분변과 구토물에서 노로바이러스가 발생한다. 모든 연령대의 사람에게 감염이 가능하고 바이러스에 오염된 식품이나 물에 의해 감염이 발생하기도 하지만, 사람 간의 접촉에 의해서도 감염이 발생한다. 세계적으로 매년 노로바이러스에 의한 감염 발생 빈도는 110만 명 정도로 그중 20만 명 이상이 사망하는 것으로 보고된다.

④ **예방**: 노로바이러스에 특이적인 백신 자체가 없으므로 개인위생 관리와 식음료 관리를 통해 예방하는 방법이 최선이다. 오염된 지하수 등의 사용을 제한하고 사용이 불가피한 경우는 반드시 끓이는 과정을 거쳐야 한다. 가열 조리한 식품을 맨손으로 만지는 행위는 삼가고 과일과 채소는 흐르는 물에 씻어서 섭취하는 것이 바람직하다. 오염 지역에서 채취한 어패류 등이 85℃에서 1분 이상 가열하여 섭취하는 것을 권장하고 있으며 환자 분변과 구토물에 접촉하지 않아야 감염을 방지할 수 있다. 조리기구도 역시 85℃에서 1분 이상 가열하고 바닥과 조리대 등도 염소계 소독제를 이용하여 철저히 세척하도록 한다.

(2) 로타바이러스

① **바이러스의 특성**: 로타바이러스(Rotavirus)에 의한 감염증은 상시 발생하는 급성 위장관염을 일으키는 원인 바이러스로 영아와 어린 소아에게 특히 많이 발병한다. 로타바이러스는 호주의 비숍(Bishop) 등이 1973년에 급성설사증 환자의 십이지장 생검조직에서 전자현미경으로 확인하였다(그림 4.17). 로타바이러스는 바퀴를 의미하는 라틴어인 rota를 따서 명명한 것으로 수레바퀴 모양을 가지는 소화기 바이러스이다. 로타바이러스는 레오바이러스과(Reoviridae family)에 속하며, 직경 65~75nm 크기의 외피(envelope)를 가지지 않는 정이십면체(icosahedral)의 형태이다. 로타바이러스는 외각 단백질인 VP6의 특이항원형에 의해 A~G 그룹으로 분류하고 사람, 원숭이, 소, 돼지, 개, 고양이, 말, 양, 토끼, 쥐, 새 등을 숙주로 삼는다. 사람에게 발생하는 로타바이러스는 A, B, C형이 있는데, 이 중 주로 A형 로타바이러스의 감염빈도는 상대적으로 높게 관찰된다.

② **주요 증상**: 로타바이러스 감염이 유아, 2세 이하 소아설사 환자의 30~50% 정도에서 발생하는데 드물게 성인에게도 발생한다. 잠복기는 1~3일 정도로 평균 2일 정도이고 구토와 설사, 복통, 미열 등의 증세를 동반하고 장염증상은 3~8일간 지속될 수 있다. 유아와 2세 이하 소아의 로타바이러스 감염은 수양성 설사로 수분 손실이 일어날 수 있는데, 개발도상국의 유아사망률과도 밀접한 연관성이 있다. 성인의 감염은 노인요양시설, 병원 등에서 폭넓게 나타나며, 특히 면역력이 저하된 성인에게 집단 발병하기도 한다. 로타바이러스에 감염되면 점막 장상피세포(mucosal enterocytes)에서 증식하고 다시 장관 내에 배출되는데 이때 장융모(enteric villi)의 위축감을 느낄 수 있다. 이 과정에서 점막 고유층(lamia propria)에 혈액이나 조직 안을 돌아다니면서 세균이

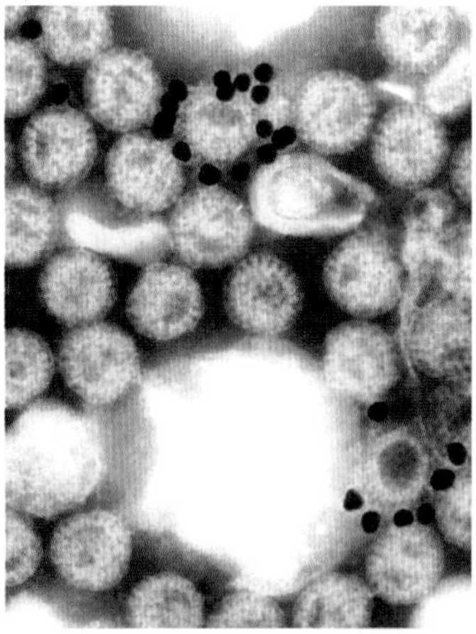

그림 **4.17** 로타바이러스의 전자현미경 사진, 작고 어두운 원형 물체는 로타바이러스 단백질 VPv6에 특정한 모노 클론 항체로 코팅된 금색 나노 입자

나 이물질을 소화하고 분해하는, 거대한 백혈구인 단핵세포가 침윤되는 염증 반응이 관찰된다.

③ **감염경로**: 주된 감염경로는 경구감염(fecal-oral transmission)과 접촉감염(person-to-person transmission)으로 구분한다. 이 중 경구감염은 오염된 식수나 오염 식품의 경구 섭취로 감염되는 경우로 가장 일반적인 경로가 된다. 접촉감염은 로타바이러스의 적응력과 안정성에 의하여 오염된 기계 및 기구의 표면 접촉이나 감염 환자와의 접촉에 의한 감염경로이다.

원인 식품으로 생채소, 이매패류, 냉장 꽃게, 딸기쇼트케이크, 햄버거, 브라우니 등이 있다. 이외에도 다양한 종류의 식품과 오염된 물 등이 로타바이러스 감염의 원인 식품이다.

④ **예방 및 치료**: 예방과 치료법으로는 식재료 취급의 전과 후, 식사 전과 후 등 손을 잘 씻는 생활습관이 중요하다. 현재 로타바이러스에 대한 백신은 일부 제약회사가 백신 개발에 착수하여 승인을 받음으로써 유아와 소아용 백신을 제공하고 있다. 따라서 백신 접종을 통하여 일부 예방이 가능한 것으로 알려져 있다. 로타바이러스에 의한 감염증 치료는 비특이적 대증요법으로 수행된다. 어린이의 경우 심각한 탈수로 사망에 이를 수 있기 때문에 소량 염분과 당분을 포함한 음용수를 경구로 보충하고 혈관을 통한 수분 보충이 필수적이다. 바이러스의 불활성을 유도하기 위해 동결과 융해, 페놀, 포르말린, 염소, 에탄올 등을 이용하여 외각단백질을 손상시켜 병원성을 소실시키는 방법이 사용된다.

(3) A형 간염바이러스

① **바이러스의 특성**: A형 간염바이러스(HAV, hepatitis A virus)는 7.5kb의 단일가닥 사슬을 가진 RNA 바이러스(single-stranded positive-sense RNA visurs)이다. 외피(envelope)를 가지고 있지 않고 정이십면체 구조를 가진다. A형 간염바이러스는 피코르나바이러스과(Picornaviridae family)의 엔테로바이러스 속(enterovirus genus)으로 분류되었지만, 현재는 헤파토바이러스 속(hepatovirus genus)으로 구분한다. A형 간염바이러스의 4개 유전자형은 구조단백질과 비

구조단백질을 공통적으로 이루는 유전자로 구성되어 있고 1개의 혈청형이 있다. A형 간염바이러스의 크기는 27~30nm 정도인데 외피가 없어 산과 열, 건조 등에 강하다. 특히, pH 1의 강산에서 8시간, 60℃ 온도에서 10시간 처리에도 감염성을 소실하지 않기 때문에 오랜 시간 생존을 유지한다. 따라서, 조리기구 표면의 부착, 오염수, 식품, 패류 등을 통하여 감염이 가능하다.

② **주요 증상**: A형 간염바이러스에 의한 감염으로 2~6주 정도로 평균 3주의 잠복기를 거쳐 간장 중에 A형 간염바이러스가 증식하게 되고, 이후 바이러스성 혈증과 분변 중에서 바이러스가 배출된다. 즉, A형 간염바이러스는 간장에서 소화관으로 배출되는 담즙을 통하여 분변 배출이 일어나게 된다. 5세 이하 어린이의 경우 50~90% 정도는 무증상 경과가 일반적이다. 성인의 경우는 70~90% 정도가 발열, 전신의 권태감, 무력감, 근육통, 복통 등의 감기와 유사한 증세가 나타나게 된다. 특히, 성인에서 혈청 트랜스아미나제(transaminase)가 상승하고 황달이 나타나는 등 간염의 증세가 나타난다. 그러나 1~2개월 사이에 회복이 가능하며 A형 간염에 발병하는 경우 영구면역이 획득된다. 다만, A형 간염이 만성화하는 경우는 드물고 면역력이 약한 노약자는 중증화되는 경향성도 일부 관찰된다. A형 간염바이러스로 인한 원인 식품으로는 굴, 홍합, 모시조개 등 이매패류와 상추, 딸기, 라즈베리, 샐러드, 스파게티, 햄버거, 샌드위치 햄, 패스트리, 빵, 파 등이다.

③ **감염경로**: A형 간염바이러스의 감염경로는 주로 경구감염(fecal-oral transmission)에 의해 발생하며 감염자와의 접촉감염(person-to-person contact)도 한 원인이 된다. 신생아실, 노인요양시설, 군대, 병원, 레스토랑과 같은 공동 시설물 등에서 A형 간염바이러스에 오염된 물 혹은 오염 식품을 섭취한 경우에 집단 발생이 종종 일어난다. 최근 발생하는 A형 간염은 깨끗한 환경 조건에서 성장하고 A형 간염바이러스에 대한 항체를 가지지 않고 있는 20~30대 성인층에서 발생률이 유의적으로 높은 특징이 있다.

④ **예방**: A형 간염바이러스에 의한 경구감염을 예방하는 방법으로 손 씻기가 권장되며, A형 간염바이러스 유행지역의 생수는 가급적 피한다. A형 간염바이러스에 대한 백신이 상용화되어 있으므로 예방접종을 통해 예방이 충분

히 가능하다.

(4) E형 간염바이러스

① **바이러스의 특성**: 1983년에 바라얀(Balayan) 등에 의해 A형과 B형 간염바이러스가 아닌 환자를 대상으로 분리한 간염바이러스가 E형 간염바이러스(HEV, Hepatitis E virus)이다. 외피(envelope)가 없고 A형 간염바이러스와 유사한 단일가닥 사슬을 가진 7.2kb의 RNA 바이러스(single-stranded positive-sense RNA visurs)이다. 직선형 RNA유전자를 가지고 있으며 직경이 32~34nm 정도이다. 이 바이러스의 혈청형은 한 종류만이 보고되었고 유전자 염기서열을 바탕으로 보면 4개의 유전자형으로 분류가 된다. E형 간염바이러스의 유전형은 발생지역 혹은 발생국가와 밀접한 연관성이 있으므로 역학조사를 할 때 중요한 지표로서의 의미가 있다. 감염은 주로 식수 사정이 열악한 중국이나 인도와 같은 개발도상국에서 HEV에 오염된 물을 섭취하는 경우 경구감염(fecal-oral transmission)이 주된 요인이다. 최근에는 미국, 일본, 독일, 네덜란드 등 북미와 유럽의 선진국에서도 E형 간염의 발생빈도가 높아지는 추세이다. 이러한 이면에는 E형 바이러스에 감염된 육류를 섭취했기 때문인 것으로 보인다. E형 간염바이러스는 경구감염을 통해 전파되는 non-A, non-B hepatitis의 주요한 병원체로 아시아, 북아프리카, 라틴아메리카 개발도상국에서 수인성 감염을 일으키는 것으로 보고되어 왔다.

② **주요 증상**: E형 간염바이러스에 감염되면 약 2주간 바이러스 혈증(viremia)을 수반한다. 주된 증상으로 황달이 나타난 후 39~112일 정도까지 임상증상을 보인다. E형 간염바이러스는 중증도의 경우에 따라 담즙 정체성 황달이 동반될 수 있고 혈장 빌리루빈 상승과 복부통증, 식욕부진, 간장 증대, 구토, 발열 등의 증상도 동반할 수 있다. 발병 후에 40일이 경과하게 되면 보통 자가 회복을 하며 치사율은 3% 정도로 낮은 편이다. 하지만 임산부의 경우에 E형 간염바이러스에 감염되면 치사율은 25%까지 높아지게 된다.

③ **감염경로**: E형 간염바이러스 감염의 주된 원인 식품으로는 오염된 물에 의한 감염이 가장 잘 알려져 있다. 따라서 HEV에 오염되지 않은 식수를 공급받

는 것이 중요하다. HEV로 오염된 물로 세척한 식품이나 가공식품은 E형 간염바이러스에 의한 간염의 발병원인이 될 수 있기 때문에 주의가 필요하다. HEV가 오염된 물에서 채취된 패류 등을 부적절하게 조리하여 섭취하는 경우 E형 간염바이러스에 감염될 수 있다. 사람뿐 아니라 돼지, 닭, 사슴 등과 같이 식용으로 사육되는 가축도 E형 간염바이러스 감염이 확인되어 인수공통감염병으로의 재분류가 논의중에 있다.

④ **예방 및 치료**: E형 간염바이러스 감염에 대한 예방과 치료법으로는 2007년 Glaxo-Smith-Kline에서 개발한 재조합 HEV 백신이 있다. 임상시험에서 매우 효과적으로 결과가 도출되었지만 사람에 대한 HEV 백신의 경우 아직 실용화되지는 않았다. HEV 백신이 없는 상황이므로 청결한 생활 유지, 깨끗한 식수 확보, 돼지 간 생식 지양 등의 생활습관이 HEV 감염률을 낮추는 예방책이라고 할 수 있다. E형 간염바이러스의 사멸의 경우, 돼지 HEV에 감염된 돼지 간을 56℃ 온도에서 1시간, 191℃ 기름에서 5분, 끓는 물에서 5분간 가열 처리하면 병원성을 상실하여 감염력이 소실된다. 즉, 일반적인 가열조리 과정을 충분히 숙지한다면 돼지 HEV를 불활화할 수 있다.

(5) 장관 아데노바이러스

① **바이러스의 특성**: 아데노바이러스(Adenovirus)는 90~100nm 정도의 직경을 가진 바이러스로 외피를 가지지 않는 정이십면체의 구조를 가지고 있다(그림 4.18). 아데노바이러스는 이중나선의 선형 DNA(double-stranded linear DNA)를 유전물질로 가지고 있으며 7개종의 57개 혈청형이 보고되었다. 각각의 혈청형은 호흡기, 비뇨기, 위장관 질병과 결막염 등과 관련성이 있다. 이 중에서 위장염과 밀접한 연관성이 있는 혈청형은 40, 41, 52형이다. 아데노바이러스 유전체는 26~45kbp의 크기를 가지는 선형 비분절(non-segmented) 이중나선 DNA 형태를 보이고 22~40개 정도의 유전자를 가진다. 선형 이중나선 DNA의 5'말단 부위에 아데노바이러스 복제에 매우 중요한 55kDa크기의 단백질을 가지고 있는 것이 특징이다.

② **주요 증상**: 아데노바이러스에 감염되면 3~10일 정도의 잠복기(평균 일주일)를

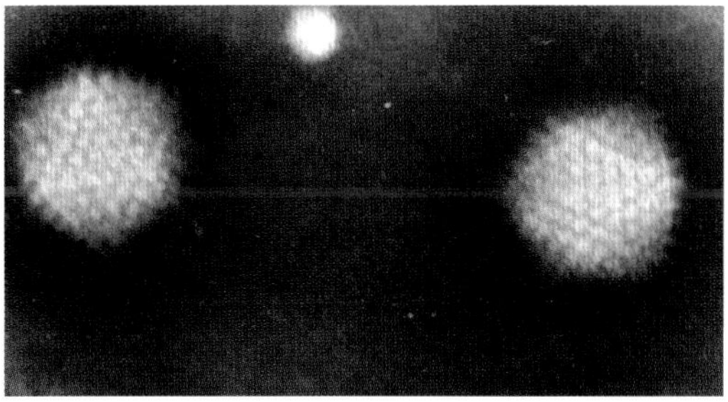

그림 4.18 두 개의 아데노바이러스 입자의 투과전자현미경 사진

거치게 된다. 다른 바이러스와 비교해 볼 때 비교적 잠복기가 긴 것이 특징이다. 증상으로는 설사, 발열, 구토, 상기도 염증 유발 등이 있다.

③ **감염경로**: 아데노바이러스의 전염경로는 호흡기 비말(dropletes)을 통해 전파되며 위장관염을 유발하는 혈청형은 분변을 매개로 배출되므로 경구감염이 가능하다. 아데노바이러스는 화학적·물리적 처리에 매우 안정적이기 때문에 외부 환경에서 장기간 생존이 가능하다. 장관형 아데노바이러스 40형과 41형의 경우 3세 이하 영유아의 바이러스성 장염을 일으키는 원인이 된다. 아데노바이러스는 영유아 설사증의 3~14% 비율을 차지하는 것으로 보고되었다.

④ **예방**: 아데노바이러스에 대한 예방과 치료로는 손씻기를 통한 생활습관이 유일하다. 이는 아직까지 아데노바이러스에 대한 항바이러스제는 개발되고 있지 않기 때문이다.

(6) 아스트로바이러스

아스트로바이러스(Astrovirus)는 별모양으로 관찰되기 때문에 'astro-'라는 별을 의미하는 접두어로 명명된 RNA 바이러스이다(그림 4.19). 아스트로바이러스는 총 8개 혈청형이 있는데 1형과 2형이 면역력이 상대적으로 약한 어린이에게 위장관염을 일으키는 원인이 된다. 아스트로바이러스는 2~3일간의 잠복기 후에 설사, 오한, 두통, 구토, 복통, 발열 등의 증상이 3~4일간 지속된다. 가을부터 겨울까지 우리나라에서 유행하는 영유아 장염의 2~8% 정도의 원인이 된다. 이 바이러스 역시 아직 예방 차원에서의 백신이 개발되지 않았으므로 올바른 생활습관을 가지는 것이 최선이다.

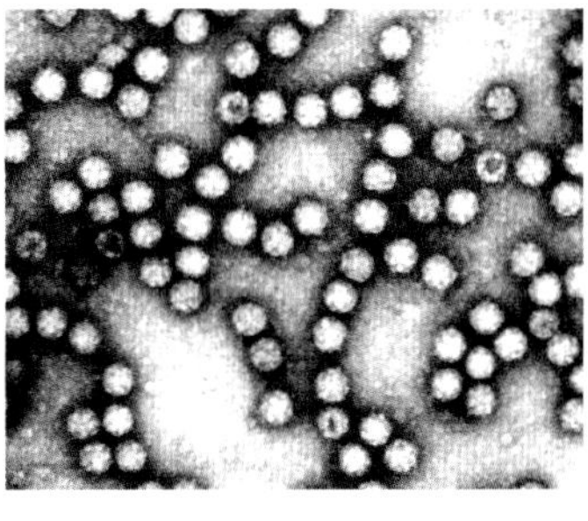

그림 4.19 아스트로바이러스의 투과전자현미경 사진

참고문헌

그림 출처

[그림 4.2] (좌) CC0. https://commons.wikimedia.org/wiki/File:Salmonella_enteritidis_in_color.jpg#/media/File:Salmonella_enteritidis_in_color.jpg
(우) https://doi.org/10.1371/journal.pbio.0030166.g001

[그림 4.5] CC0. https://en.wikipedia.org/wiki/Escherichia_coli_O157:H7

[그림 4.12] CC0. https://commons.wikimedia.org/wiki/File:Clostridium_perfringens.jpg

[그림 4.13] © Stefan Walkowski. https://commons.wikimedia.org/wiki/File:Aeromonas_hydrophila_colonies_01.jpg

[그림 4.15] CC0. https://commons.wikimedia.org/wiki/File:Morganella_morganii_on_blood_agar.jpg

[그림 4.16] CC0. https://ko.wikipedia.org/wiki/%EB%85%B8%EB%A1%9C%EB%B0%94%EC%9D%B4%EB%9F%AC%EC%8A%A4#/media/%ED%8C%8C%EC%9D%BC:Norwalk.jpg

[그림 4.17] © Graham Beards. https://ko.wikipedia.org/wiki/%EB%A1%9C%ED%83%80%EB%B0%94%EC%9D%B4%EB%9F%AC%EC%8A%A4#/media/%ED%8C%8C%EC%9D%BC:Rotavirus_with_gold-_labelled_monoclonal_antibody.jpg

[그림 4.18] © GrahamColm. https://ko.wikipedia.org/wiki/%EC%95%84%EB%8D%B0%EB%85%B8%EB%B0%94%EC%9D%B4%EB%9F%AC%EC%8A%A4#/media/%ED%8C%8C%EC%9D%BC:Adenovirus_4.jpg

[그림 4.19] © Graham Beards. https://ko.wikipedia.org/wiki/%EC%95%84%EC%8A%A4%ED%8A%B8%EB%A1%9C%EB%B0%94%EC%9D%B4%EB%9F%AC%EC%8A%A4#/media/%ED%8C%8C%EC%9D%BC:Astrovirus_4.jpg

CHAPTER

5

자연독 식중독

1. 식물성 자연독
2. 동물성 자연독
3. 곰팡이독
4. 식품 알레르기

CHAPTER

5 자연독 식중독

식물성, 동물성 등의 자연식품은 종류에 따라 성장 과정에서 자연적으로 생성 또는 축적되는 유해물질이 있다. 이들 성분은 부위나 계절에 따라 함량의 차이가 있으며, 먹이 연쇄 과정에서 더해지기도 한다. 유해물질을 함유한 식품을 섭취한 후 발생하는 식중독을 자연독 식중독이라 한다.

자연독 식중독의 원인이 되는 유독성분은 〈표 5.1〉과 같은 동·식물 자체에 내재하는 유독성분과 식품의 저장·가공 중에 곰팡이에 의해 생성되는 곰팡이독 등이 있다.

1. 식물성 자연독

식물은 세균, 해충 등으로부터 자신을 보호하기 위해 살균, 살충 효과를 지니는 유독물질을 생성한다. 이러한 유독물질을 소량 섭취했을 때는 별 문제가 없

표 5.1 식물성 자연독의 유독성분

종류	함유식품	유독성분
식물성 자연독	독버섯	아마톡신(amatoxin), 지로미트린(gyromitrine), 코프린(coprrine), 무스카린(muscarine), 이보텐산(ibotenic acid), 무시몰(mucimol), 사일로시빈(psilocybin), 사일로신(psilocin) 등
	감자	솔라닌(solanine)
	청매, 쓴 아몬드, 살구씨 등	아미그달린(amygdalin, 시안배당체)
	수수	듀린(dhurrin, 시안배당체)
	카사바, 리마콩, 아마씨	리나마린(linamarin, 시안배당체)
	목화씨	고시폴(gossypol)
	콩류	단백질가수분해효소 저해제
	피마자씨	리신(ricin), 리시닌(ricinine)
	고사리	프타퀼로사이드(ptaquiloside)
동물성 자연독	복어	테트로도톡신(tetrodotoxine)
	생선	시구아톡신(ciguatoxine), 마이토톡신(maitotoxine)
	마비성 조개	삭시톡신(saxitoxine), 고니아톡신(gonyatoxine)
	신경성 조개	브레베톡신(brevetoxine)
	설사성 조개	오카다산(oksdaic acid), 다이노피시스톡신(dinophysis toxine)
	기억상실성 조개	돔산(domic acid)
	패류	베네루핀(venerupin), 테트라민(tetramine)

을 수 있으나, 다량 섭취하면 식중독이 발생한다. 식물성 자연독에 의한 식중독은 식용 식물과 비슷한 유해 식물을 오인하여 섭취하여 발생하는 경우가 가장 많고, 다음으로 특정 시기에 유독화된 것을 모르고 섭취 또는 식물에 함유된 유독물질을 제대로 제거하지 않거나 생산, 유통, 조리 과정에서 혼입되어 발생하게 된다. 식물성 식중독을 일으키는 물질로는 〈표 5.2〉와 같이 배당체(Glucosides), 알카로이드(Alkaloid), 페놀성 화합물(Phenolic compounds)과 영양저해물질로 크게 4가지로 구분할 수 있다. 그 종류로는 독버섯에 함유된 무스카린과 무스카리딘, 감자의 솔라닌, 청매, 복숭아씨의 시안배당체, 목화씨의 고시폴, 피마자의 리신과 리시닌, 고사리의 프타퀼로사이드, 대두, 강낭콩의 트립신 저해제 등이 있다.

표 5.2 식물성 식품에 존재하는 유독성분의 분류

구분	특성
배당체	• 함황배당체(glucosinolate)와 시안배당체(cyanogenic glycoside)가 있음 • 함황배당체: 겨자, 고추냉이의 향, 순무, 양배추 등의 채소류의 특수한 냄새와 관련한 성분, 갑상선기능을 방해하여 갑상선종을 유발 • 시안배당체: 청매, 수수, 살구씨, 은행 등에 함유됨. 효소에 의해 유독성분인 시안화수소(HCN)를 생성함. 물에 담그어 수용성 배당체를 용출시키거나, 오래 끓여 휘발시키면 예방됨
알카로이드	• 질소를 포함한 염기성 유기화합물로 크게 문제되는 독성물질은 아님[솔라닌, 피롤리지딘(pyrrolizidine)]
페놀성 화합물	• 고시폴(gossypol), 카테콜아민(catecholamine), 플로리진(phlorizine) 등: 강한 독성과 약리작용 있음 • 하이퍼리신(hypericin), 사프롤(safrole), 카바(kava) 등: 흥분, 경련 등의 신경반응을 나타냄
영양저해물질 (잠정적 독소물질)	• 영양소의 이용과 기능을 억제시키는 물질로 영양부족 상태, 다량 섭취하면 독성이 나타남 • 비타민 저해제, 콩의 트립신 저해제, 옥살산, 피틴산, 탄닌 등

1) 독버섯

버섯은 맛과 향 및 영양 등 건강에 좋다고 하여 예로부터 식용 또는 약용으로 널리 이용되어 온 식품이다. 농촌진흥청에 의하면 국내의 야생버섯은 현재까지 1,900여 종이 알려져 있고, 이 중 식용 가능한 것은 약 400여 종이며 독버섯은 160여 종에 이른다고 한다. 식물성 자연독에 의한 식중독 중 가장 많이 발생하는 것이 독버섯에 의한 중독사고이고 최근 건강에 관한 관심이 높아지면서 야생버섯에 대한 이용이 증가하고 있어 독버섯에 대한 주의가 요구된다.

독버섯에 의한 중독은 섭취 후 1시간에서 수 시간 이내에 나타나며 버섯의 종류에 따라 증상이 다르게 나타나는데 구토, 복통, 설사 등의 증상을 보이는 위장장애형, 심한 위장증상과 경련, 허탈, 청색증을 나타내는 콜레라증상형, 일시적 흥분, 환각, 발한, 서맥 등의 뇌증형, 위장장애와 황달, 빈혈, 혈뇨 등을 일으키는 혈액독형, 심한 위장장애와 환각, 경련, 혼수 등의 중추신경증상을 나타내는 신경계 장애형 등으로 구분된다.

(1) 독버섯의 종류

독버섯은 160여 종으로 종류에 따라 유독 성분이 각기 다르며 맹독성을 가지는 것도 있다. 식중독을 일으키는 대표적인 독버섯은 알광대버섯, 광대버섯, 화경버섯, 외대버섯, 미치광이버섯, 독깔대기버섯, 땀버섯 등이 있다.

① **화경버섯**: 화경버섯(*Lampteromyces japonicus*)은 송이과 화경버섯속에 속하며 느타리버섯과 비슷하여 오인으로 인한 식중독이 발생한다. 형태는 갓은 반원형이고 자루와 독은 자색 또는 흑갈색이며 밤에는 발광한다. 독성분은 일루딘[illuden S, illuden M: 예전에는 람테롤(lampterol)로 알려졌음]이며 중독 증상은 식후 30분~3시간 후에 발생하고 복통, 설사, 구토, 오한과 같은 위장장애를 일으킨다.

② **광대버섯**: 광대버섯(*Amanita muscaria*)은 광대버섯속에 속하는 버섯으로 붉은 갓에 흰색 사마귀 모양의 장식이 있는 외형을 하고 있으며, 여름과 가을 숲속에서 발생한다. 광대버섯은 식용인 달걀버섯과 비슷하게 생겼다.

광대버섯

달걀버섯
자료: 국립산림과학원

유독성분은 이보텐산과 그 분해물인 무시몰, 무스카린 등이고, 중독되면 구토에 이어 현기증, 술에 취한 것 같은 흥분상태가 되고 환각, 시력장애 등의 뇌증형과 신경계장애를 일으킨다.

③ **알광대버섯**: 알광대버섯(*Amanita phalloides*)은 광대버섯속으로 분류되며 턱받이가 있는 것이 특징이다. 맹독성이어서 '죽음의 천사'로 불리기도 한다. 독성분은 아마니타톡신(Amanitatoxin)계로 아마톡신(Amatoxin)과 팔로톡신(Phallotoxin)으로 구분된다. 아마톡신은 팔로톡신에 비해 10배 이상 강하지만 지효성(遲效性)이어서 치사량을 먹으면 2~4일 후에 사망하고, 팔로톡신은 속효성이어서 치사량을 먹으면 1~2시간 이내에 사망한다.

중독 증상은 위장장애와 콜레라 증상을 수반하면서 간장, 신장의 파괴를 일으켜 사망에 이르게 한다.

④ **미치광이버섯**: 미치광이버섯(*Gymnopilus spectabilis*)은 미치광이버섯속에 속하며 갈색미치광이버섯, 좀환각버섯, 환각버섯, 말똥버섯 등의 종류가 있다. 독성분은 사일로시빈(Psilocybin)과 사일로신(Psilocin)이며, 중추신경계를 자극하여 전형적인 환각증상을 보인다.

⑤ **굽은 외대버섯**: 굽은 외대버섯(Rhodophyllus sinuatus)은 여름에서 가을에 너도밤나무 등에서 무더기로 자란다. 독성분은 콜린(Cholin)과 콜린이 부패할 때 발생하는 뉴린(Neurine) 등이다. 독성은 약하고 위장장애가 나타난다. 뉴린은 신경장애를 초래한다.

(2) 독버섯의 유독성분

독버섯에 함유된 유독성분은 아마니타톡신계, 지로미트린(Gyromitrine), 코프린(Coprrine), 무스카린(Muscarine), 이보텐산(Ibotenic acid)과 무시몰(Mucimol)과 환각증상을 일으키는 사일로시빈과 사일로신, 위장관을 자극하는 독소(Gastrointestinal toxin) 등이 있다.

① **아마니타톡신(Amanitatoxin)계**: 아마톡신계에 해당하는 버섯에는 광대버섯속(*Amanita spp.*)의 독우산광대버섯, 흰알광대버섯, 개나리광대버섯 등과 에밀종버섯속(*Galerina spp.*) 등이 속한다. 독성분은 아마톡신(Amatoxine), 팔로톡신(Phallotoxins), 비로톡신(Virotoxins) 등으로 버섯류의 독성분 중 가장 맹독이다. 독소물질은 단백질 합성을 방해하여 팔로이딘은 간을 부풀게 하고, 칼륨이온과 리소소옴 효소를 방출하여 세포를 파괴시킨다. 이러한 독소가 완전

독우산광대버섯 흰알광대버섯 개나리광대버섯 갈잎에밀종버섯

그림 5.1 아마톡신류 함유 버섯

자료: 국립산림과학원

히 몸속으로 흡수되기 전에 제거해야 한다.

중독 증상으로 식후 평균 10~12시간 후에 메스꺼움, 복통, 오심, 구토, 출혈성 설사가 나타난다. 12~24시간의 잠복기가 있으며, 2~4일 경에 복통, 오심, 경련, 간부전, 신부전, 혼수상태를 동반한다. 4~7일 사이에 사망할 수 있으며 사망률은 10~20% 정도이고, 회복하려면 2주일에서 수개월이 소요된다.

② **지로미트린**(Gyromitrine): 지로미트린은 마귀곰보버섯과 안장버섯속(Helvella)의 곰보버섯, 마귀곰보버섯, 안장버섯 등에 존재하며, 독성분은 모노메틸하이드라진(MMH, Monomethylhydrazine)이다. MMH는 조리할 때, 독소의 일부는 파괴된다. 휘발성이 있어 조리과정 중에 흡입하여 중독증상이 나타날 수 있다. 곰보버섯은 생으로 먹으면 독버섯 증상을 보이므로 반드시 조리해서 먹도록 한다. 중독 증상은 섭취 후 6~8시간 후에 메스꺼움, 두통, 구토, 복통, 설사 등의 위장관 증세와 실신, 근육실조, 발열이 나타난다.

대개 1~2일 사이에 회복되지만 심하면 간손상, 황달, 고열, 혼수상태가 나타나고 5~7일 후에 사망한다. 사망률은 2~4%에 해당된다.

곰보버섯 마귀곰보버섯 안장버섯

그림 5.2 지로미트린 함유 버섯
자료: 국립산림과학원

③ **코프린**(Coprrine): 코프린은 알코올 분해효소인 아세트 알데히드탈수소효소의 작용을 저해하여 아세트알데히드를 축적시켜 중독이 발생한다. 두엄먹물버섯, 갈색먹물버섯, 배불뚝이깔때기버섯 등에 함유되어 있다. 중독 증상은 섭취 후 30분~5일 이내에 알코올을 섭취하면 1시간 내에 구토와 두통 등의 증상이 나타난다. 얼굴과 목에 홍조가 나타나고, 손발이 빨갛게 부어오르

고, 가슴이 뛰고 사지가 저린 증세, 메스꺼움, 구토 등의 증상이 나타나는데, 대부분 치료된다.

두엄먹물버섯 갈색먹물버섯 배불뚝이깔때기버섯

그림 5.3 코프린 함유 버섯
자료: 국립산림과학원

④ **무스카린**(Muscarine): 무스카린은 광대버섯, 땀버섯속(*Inocybe spp.*), 깔때기버섯류, 맑은애주름버섯, 외대버섯류, 그물버섯류 등에 함유되어 있는 유독성분이다. 자율신경계에 작용하는 알카로이드 화합물로 치사율이 높다. 독소는 조리과정에서 파괴되지 않으며 장에서 혈관으로 독소가 침투된다. 중독증상은 섭취한 후 30분~2시간에 발한, 침, 눈물, 동공축소, 근육경련, 설사, 서맥증, 저혈압 및 심정지가 일어날 수도 있다. 땀이 나고 침과 눈물이 나오는 증상을 PSL(Perspiration, Salivation, Lacrimation)증후군이라고 한다.

PSL증후군
독버섯 섭취 후 발한, 타액, 눈물 분비 등의 증상이 나타나는 것

삿갓땀버섯 솔땀버섯 흰땀버섯 독깔때기버섯

그림 5.4 무스카린 함유 버섯
자료: 국립산림과학원

⑤ **이보텐산**(Ibotenic acid)**과 무시몰**(Mucimol): 이보텐산과 무시몰은 광대버섯, 마귀광대버섯, 파리버섯, 말똥버섯속(*Panaeolus spp.*) 등에 함유되어 있으며, 중추신경계에 작용하여 환각작용을 일으킨다. 이러한 환각작용을 에스키모, 시베리안족 등은 3,000여 년 전부터 이용해 왔다.

중독증상은 섭취 후 30분~수 시간 내에 나타나며 메스꺼움, 구토, 복통, 설사, 저혈압, 근육연축 및 실조, 흥분, 환각증상 등이 나타난다. 다량 섭취하면 시각장애, 발열, 혼수, 경련 등이 나타나며 심하면 사망한다.

마귀광대버섯 파리버섯 말똥버섯

그림 5.5 이보텐산과 무시몰 함유 버섯
자료: 국립산림과학원

⑥ **사일로시빈**(Psilocybin)**과 사일로신**(Psilocin): 말똥버섯속(*Panaeoulus spp.*), 환각버섯속(*Psilocybe spp.*), 미치광이버섯속(*Gymnopilus spp.*), 검은쓴맛그물버섯, 계란모자버섯 등에 존재하는 향정신성 유독성분이다. 중추신경계에 작용하여 환각증상을 일으킨다. 멕시코 아즈텍인들이 2,000년 이전부터 종교나 주술적인 용도로 사용했다.

검은쓴맛그물버섯 좀환각버섯 갈황색미치광이버섯 계란모자버섯

그림 5.6 환각을 일으키는 독소 버섯
자료: 국립산림과학원

중독 증상은 섭취 후 30분~1시간 사이에 즐겁거나 불안한 상태, 갑작스런 웃음, 환각증상, 시각장애, 빈맥, 인지장애, 실조, 공격적인 행동이 나타난다. 이러한 증상은 2~4시간 정도 지속되고 환각은 1시간 이상 지속되지만 대부분의 증상은 6시간 이내에 사라진다.

⑦ **위장관을 자극하는 독소**: 위장관을 자극하는 독버섯은 위에서 설명하지 않은 대부분의 독버섯이 해당된다. 대표적인 독버섯으로 화경버섯, 붉은사슴뿔버섯, 삿갓외대버섯, 붉은싸리버섯, 황금싸리버섯, 땅비늘버섯, 비늘버섯, 노란개암버섯, 흰갈대버섯, 독큰갓버섯 등이 있다.

독성분으로 화경버섯은 일루딘, 독깔때기버섯은 아크로멜산 A(acromelic acid A), 사이티딘(cytidine)이고, 삿갓외대버섯은 용혈성 단백질, 콜린, 무스카린, 흰독깔때기 버섯은 글리지신(glyzicin) 등이 있다. 증상으로 메스꺼움, 복통, 구토, 심한 설사 등이 나타나고 대부분은 회복되지만 일부 버섯은 위험하다. 대개 생으로 먹을 경우 많이 발생한다.

화경버섯 붉은사슴뿔버섯 붉은싸리버섯 땅비늘버섯

그림 5.7 위장관을 자극하는 독소 버섯
자료: 국립산림과학원

알아두기

독버섯의 독성분과 특징 및 증상

<table>
<tr><th colspan="2">독성분</th><th colspan="2">버섯 종류</th><th>특징 및 증상</th></tr>
<tr><td>Group I</td><td>아마니타톡신</td><td colspan="2">흰알광대버섯, 독우산광대버섯, 개나리광대버섯, 갈잎에밀종버섯, 밤색갓버섯 등</td><td>• 강한 맹독성(간장, 간, 신장 조직 파괴)
• 내열성
• 아마톡신: 독성강함, 지효성
• 팔로톡신: 독성약함, 속효성</td></tr>
<tr><td>Group II</td><td>지로미트린</td><td colspan="2">곰보버섯, 마귀곰보버섯, 안장마귀곰보버섯, 게딱지버섯 등</td><td>• 황달, 경련, 빈혈</td></tr>
<tr><td>Group III</td><td>코프린</td><td colspan="2">갈색먹물버섯, 두엄먹물버섯, 배불뚝이깔때기버섯 등</td><td>• 버섯 섭취 후 알코올을 섭취하면 나타남
• 대부분 치료됨</td></tr>
<tr><td rowspan="2">Group IV</td><td>무스카린</td><td colspan="2">비늘땀버섯, 삿갓땀버섯, 솔땀버섯, 흰땀버섯 등</td><td>• 맹독성
• 부교감신경흥분: PSL증후군</td></tr>
<tr><td>무스카리딘</td><td colspan="2">광대버섯, 삿갓외대버섯</td><td>• 아트로핀과 비슷한 뇌증상</td></tr>
<tr><td>Group V</td><td>이보텐산
-무시몰</td><td colspan="2">마귀광대버섯, 파리버섯 등</td><td>• 파리 살충성분으로 이용</td></tr>
<tr><td>Group VI</td><td>사일로시빈, 사일로신</td><td colspan="2">계란모자버섯, 갈황색미치광이버섯, 검은쓴맛그물버섯, 좀환각버섯, 목장말똥버섯 등</td><td>• 환각작용</td></tr>
<tr><td rowspan="3">Group VII</td><td rowspan="3">위장관자극</td><td>일루딘</td><td>화경버섯</td><td>• 심한 구토, 심한 위장장해</td></tr>
<tr><td>콜린</td><td>삿갓외대버섯</td><td>• 독성이 약함
• 무스카린과 비슷</td></tr>
<tr><td>트리코테신</td><td>붉은사슴뿔버섯</td><td>• 위장관, 신경계, 피부중독증상
• 영지버섯과 유사하여 오인</td></tr>
</table>

(3) 식용버섯과 독버섯의 구분

식용버섯과 유사하여 식용버섯으로 오인되기 쉬운 독버섯의 종류와 그 특성은 〈표 5.3〉과 같다.

표 5.3 식용버섯과 독버섯의 종류와 특징

식용버섯	독버섯	
	종류	특징
 흰우산버섯	 독우산 광대버섯	• 늦여름~가을, 소나무와 참나무의 혼합림에서 발생 • 우리나라 독버섯 중독사고의 가장 많은 원인 • 독성분: 아마톡신 • 알광대버섯, 개나리광대버섯 등과 유사 • 조금만 먹어도 내부 장기 파괴, 며칠 내 사망도 가능
 느타리	 화경버섯	• 여름과 가을 사이 발생 • 서어나무 고목에 무리 지어 발생 • 독성분: 람테롤(일루딘) • 발광물질이 있어 빛을 발산 • 위장장애 중독증상
 개암버섯	 미치광이버섯	• 여름~가을, 침엽수와 활엽수의 고목에서 발생 • 심한 복통과 구토에 이어 환각현상 • 독성분: 사일로빈, 사일로신
 영지버섯	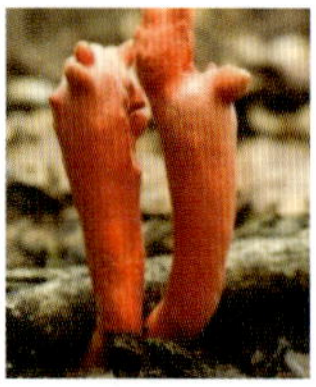 붉은사슴뿔버섯	• 여름~가을, 썩은 고목 근처 • 독성분: 트리코테센 • 맹독성, 혀만 갖다 대도 마비 • 어린 영지버섯과 유사하므로 주의 필요함
 달걀버섯	 개나리광대버섯	• 가을, 참나무숲 • 독성분: 아마톡신(맹독성) • 독우산광대버섯과 유사 증상
 싸리버섯	 붉은 싸리버섯	• 늦여름~가을, 활엽수림 지상에 무리 지어 발생 • 섭취 후 3~4일간 설사

자료: 국립산림과학원

(4) 독버섯에 의한 식중독 예방

독버섯을 식용 버섯으로 오인하여 매년 독버섯으로 인한 식중독 사고가 증가하고 있다. 버섯은 서식 장소나 영양 상태에 따라서 크기, 모양, 색이 달라지므로,

표 5.4 독버섯에 대해 잘못 알려진 판별법

독버섯에 대해 잘못 알려진 판별법	실제	독버섯에 대해 잘못 알려진 판별법	실제
독버섯은 색깔이 화려하거나 원색이다.	식용인 달걀버섯은 화려한 붉은 빛깔을 띠고 있는 반면, 독버섯인 독우산광대버섯은 순백의 소박한 모습이다.  달걀버섯(식용)  독우산광대버섯(독)  개나리광대버섯(독)  파리버섯(독)	대에 띠가 있으면 식용 버섯이다.	독버섯을 포함한 대부분의 버섯에는 띠가 있다.  개나리광대버섯(독)  갈황색미치광이버섯(독)
독버섯은 세로로 잘 찢어지지 않는다.	버섯은 빨리 자라는 균류로, 세로로 팽창하며 성장하므로 대부분 세로로 찢어진다.  독우산광대버섯(독)	독버섯이 들어간 요리에 은수저를 넣으면 변색된다.	독우산광대버섯은 은수저를 변색시키지 않으며, 표고버섯은 변색시킨다.
		가열하거나 기름에 볶으면 독성이 없어진다.	독버섯의 독소는 가열·조리에 의해 없어지지 않는다.
곤충이나 벌레가 먹으면 식용 버섯이다.	달팽이, 개미, 파리 등의 벌레나 곤충은 버섯의 독성과 무관하게 모든 버섯을 즐겨 먹는다.  광대버섯(독)을 먹는 달팽이  곤충이 기와버섯(독)을 먹은 흔적	나무에서 자라는 것은 식용이다.	화경버섯과 붉은사슴뿔버섯은 나무에서 자생한다.  화경버섯(독)  붉은사슴뿔버섯(독)

자료: 식품의약품안전처

독버섯에 대한 일반적인 상식이나 인터넷 검색을 통한 독버섯 판별법은 완전하지 않으므로 매우 위험하다. 그러므로 안전이 검증되지 않은 야생에서 채취한 것은 섭취하지 않는 것이 가장 좋다.

2) 감자

감자의 유독성분은 솔라닌(Solanine)이다. 솔라닌은 알카로이드인 솔라니딘에 포도당, 갈락토오스, 람노스가 결합된 배당체로 자신의 보호를 위해 자연적으로 존재하는 물질이다. 감자 외에도 가지과 식물인 고추, 토마토에도 포함되어 있다. 중추신경계에 독성을 나타내는 물질로, 콜린에스터라제(Cholinesterase)의 활성을 저해하여 신경전달 물질인 아세틸콜린의 분해를 방해하여 신경전달 방해를 유발한다. 이외에도 소화기 장애 등을 일으켜 복통, 설사, 구토, 발열, 현기증, 언어장애, 마비증 등의 중독증상이 나타난다.

솔라닌은 신선한 감자에는 2~3mg 정도로 소량 함유되어 있지만, 햇빛을 받거나 상처 또는 발아를 하게 되면 함량이 증가하게 된다(80~100mg/100g). 보통 200~400mg 정도를 섭취하게 되면 식중독이 발생한다고 알려져 있다. 물에 녹지 않고 가열해도 없어지지 않으므로 조리할 때 싹이 난 부분과 녹색으로 변한 껍질은 반드시 제거하고 이용하도록 한다.

감자의 싹과 솔라닌

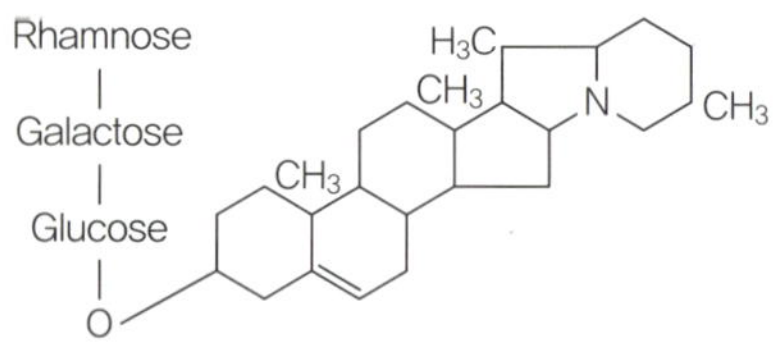

솔라닌 구조

그림 5.8 솔라닌

3) 시안 배당체 함유 식품

시안 배당체(Cyanogenic glycoside)는 미숙한 매실(청매), 살구씨(행인: 杏仁), 복숭아씨(도인: 桃仁), 쓴 아몬드, 수수, 카사바 등에 존재하는 물질로, 효소에 의해 가수분해되면 청산(HCN, Hydrogen cyanide)이라는 독성물질이 생성된다. HCN은 호흡효소인 시토크롬 산화효소(Cytochrome oxidase)와 결합하여 그 작용을 억제하여 세포 호흡을 중지시킨다. 이로 인해 두통, 위장관 증상, 호흡곤란, 긴장성 경련 등이 일어나고 심하면 사망에 이르게 되며, 치사량은 체중 1kg당 0.5~3.5mg이다.

시안 배당체 자체는 인체에 해가 없지만, 식물 자체의 효소나 인체의 장내 미생물에 의해서 가수분해되어 독성을 나타낼 가능성이 있으므로 시안 배당체를 함유하는 청매실, 살구씨, 복숭아씨, 은행, 아몬드, 죽순, 수수 등을 한번에 많이 섭취하는 것은 피하는 것이 좋다.

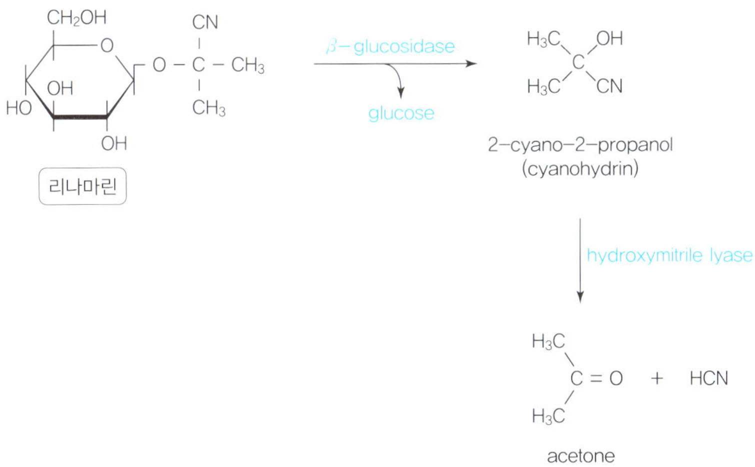

그림 **5.9** 리나마린의 가수분해와 청산의 생성

식용 식물 중에 존재하는 대표적인 시안 배당체는 살구씨, 미숙한 매실의 아미그달린(Amigdalin), 카사바의 리나마린(Linamarin), 수수의 듀린(Dhurrin) 등이 있다.

4) 목화씨

목화씨에는 고시폴(Gossypol)이라는 노란색 독성물질이 존재한다. 목화씨로 면실유를 만들 때 상당량이 혼입되는데, 정제과정에서 거의 제거되기는 하지만 정제과정을 거치지 않으면 중독이 발생될 수 있다. 면실유를 짜고 남은 면실유박은 단백질 함량이 60% 정도의 고단백 식품이지만, 고시폴이 남아 있으므로 식용이나 사료로 이용하려면 고시폴을 제거한 후 이용하여야 한다. 고시폴은 아미노산인 라이신(lysin)과 결합하여 라이신의 이용도를 감소시키고 철과 불용성 염을 형성하여 흡수를 방해시킨다. 중독증상으로 피로, 위장장애, 식욕감퇴, 현기증 등이 나타난다.

면실유박(綿實油粕)

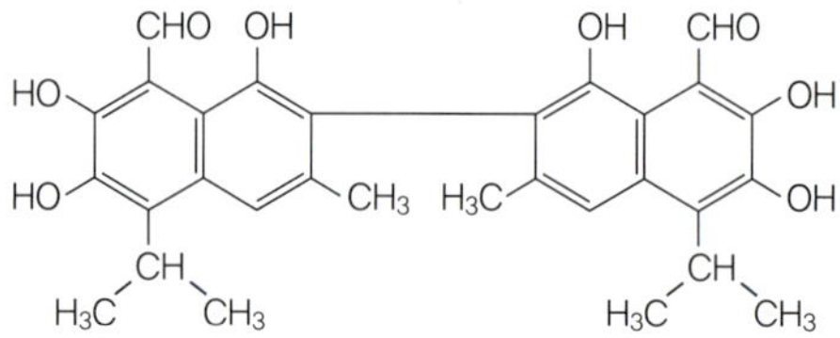

고시폴의 구조

그림 5.10 고시폴

5) 피마자씨

피마자 기름을 만드는 데 이용하는 피마자씨에는 유독성분인 리신(Ricin)과 리시닌(Ricinine)이 존재한다. 리신은 적혈구를 응집시키는 단백질이다. 피마자기름 추출에 이용된 용매를 제거하는 과정에서 보통은 없어지지만, 피마자박에 의해 중독되어 복통, 설사, 알레르기와 같은 증상이 나타난다. 또한, 피마자씨에는 알레르겐이 함유되어 있어 알레르기가 나타나기도 한다.

피마자씨

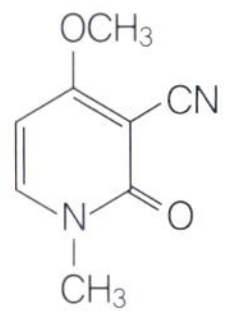

리시닌의 구조

그림 **5.11** 피마자씨

6) 고사리

고사리에는 발암물질인 프타퀼로사이드(Ptaquiloside)가 함유되어 있다. 비타민 B_1 결핍증을 유발할 수 있으며, 위암, 방광암 등의 발암물질로도 알려져 있다. 영국, 터키 등에서 고사리를 사료로 먹은 소에서 장관 출혈로 사망한 예가 보고되기도 하였다. 줄기보다는 뿌리 부분에 더 많이 존재한다. 이 성분은 고사리의 떫고 쓴맛을 제거하기 위해 물에 우려내는 과정에서 분해되어 발암성이 없어지므로 충분히 우려내어 조리에 이용하면 된다.

7) 콩류

대두, 강낭콩, 완두콩 등의 콩류에는 단백질 가수분해를 저해하는 트립신 저해제(Trypsin inhibitor)가 함유되어 있다. 콩 이외에 감자, 옥수수, 호박씨 등에도 소량 함유되어 있다. 이 물질은 100℃에서 30분 정도의 가열로 파괴되므로 날로 먹지 않고 조리해서 먹으면 된다.

8) 기타

독초를 식용으로 오인하거나 약용으로 잘못 섭취하여 발생하는 식중독도 있으므로 이에 대한 주의가 필요하다. 미나리와 유사한 독미나리의 시쿠톡신(Cicutoxin)은 신경중추에 작용하는 유독성분으로, 위통, 구토, 현기증 등의 증상을 일으키며, 심한 경우 호흡곤란으로 인한 사망을 초래하는 맹독성분이다. 미치광이풀에는 아트로핀(Atropine), 히오시아민(Hyoscyamine), 스코폴라민(Scopolamine) 등의 유독성분이 함유되어 있어 동공확대, 신경 마비 등의 증상을 보이며 다량 섭취 시 호흡 정지가 일어날 수도 있다. 이밖에도 꽃무릇에 리코린(Lycorine), 붓순나무 열매에 시키민(Shikimin), 애니사틴(Anisatin) 등의 유독성분이 함유되어 있다.

표 5.5 산나물과 독초 구분법

산나물과 독초	구분법
 산마늘과 박새	산마늘과 유사하게 생긴 박새는 옛날에 사약으로 이용될 정도로 독성이 강하다. 산마늘은 마늘냄새가 강하고, 뿌리는 파뿌리와 비슷하며, 넓은 잎이 2~3장이 달려있는 반면, 박새는 여러 장이 촘촘히 어긋나 있고, 잎의 아랫부분이 줄기를 감싸고 있으며 잎 가장자리에 털이 많고 주름이 뚜렷하다.
 비비추와 은방울 꽃	은방울 꽃은 뿌리에 독이 있는 독초이지만 식용인 비비추와 비슷하여 오인하기 쉽다. 잎이 곧고 튼튼하게 뻗어 있으며, 융기가 있는 것이 특징이다. 비비추는 잎이 가장자리로 가늘게 잎 주름이 져 있고 은방울 꽃 보다 잎의 색이 옅다.
 원추리와 여로	여로는 식용인 원추리와 비슷하고 뿌리를 약용으로 이용할 수 있으나 독성이 강해 바르는 용도로만 사용된다. 원추리는 지표와 맞닿는 부분에 섬유로 싸여있지 않고 잎에는 털과 주름이 없으며, 여로는 지표와 맞닿는 부분에 그물과 같은 섬유로 싸여 있고, 잎에는 털이 많으며, 잎맥이 많고 주름이 깊게 져 있다.
 곰취와 동의나물	동의나물은 곰취와 매우 비슷하게 생겼으나 독성이 강하므로 주의해야 한다. 곰취는 잎이 부드럽고 가는 털이 있지만, 동의나물은 잎이 두껍고 털이 없다.

(계속)

산나물과 독초	구분법
 참당귀와 개당귀	참당귀는 잎이 길고 뾰족해 보이며 잎과 잎 사이 연결부가 붙어 있고, 개당귀는 잎이 하나씩 입줄기에 달려 있다. 잎의 뒷면은 참당귀는 녹색이고 광택이 있으며, 개당귀는 흰빛을 띠고 광택이 없다.
 머위와 털머위	머위의 잎은 연녹색이고 부드러운 털이 나 있고, 털머위는 짙은 녹색을 띠며, 표면은 광택이 나고 뒷면은 갈색 털이 빽빽하다.

자료: 산림청

2. 동물성 자연독

동물성 자연독에는 내인성과 외인성이 있다. 내인성은 복어의 테트로도톡신(Tetrodotoxin)과 같이 동물 자체가 독을 생산하는 것이고, 외인성은 조개류의 삭시톡신(Saxitoxin), 시구아테라(Ciguatera)와 같이 외부에서 유입되어 동물의 체내에 독성을 띠게 되는 것이다. 동물성 자연독으로 인한 식중독은 어류와 조개류에 의한 것이 대부분이다.

1) 어류

(1) 복어 독

복어로 인한 식중독은 동물성 식중독 중에서 가장 많이 발생한다. 복어의 유독 성분은 테트로도톡신(Tetrodotoxin)으로 청산가리의 약 10배의 독성을 갖는 맹독성 물질이다. 헤미아세탈(Hemiacetal)고리 구조를 갖는 약 염기성물질(그림 5.12)로 물에 불용성이고 열에 강하여 120℃에서 1시간 이상 가열해도 파괴되지 않으므로 일반적인 조리를 통해서는 없어지지 않는다. 복어의 알, 난소, 간 등에 많고 껍질에는 소량 존재하며, 산란기인 봄에서 여름 사이인 5~6월에 가장 많이 생성된다. 치사량은 성인은 1~2mg, 피하주사로는 0.013~0.014mg/kg, 쥐에게는 LD_{50}은 180mg/kg이다. 복어의 독성은 종류, 계절과 서식지에 따라 차이가 있으며, 독성이 강한 복어는 검복, 황복, 매리복 등이고 밀복, 까치복, 양식 복어는 약하다. 복어의 독은 세균에 의해 합성이 되므로 양식한 복어에는 그 함량이 낮은 편이다.

복어 독은 신경 전달을 억제하는 전형적인 신경독으로, 섭취한 후 30분~5시간 정도의 잠복기를 거쳐 증상이 나타난다. 복어에 중독되면 4단계의 증상이 나타나는데, 초기에는 입술, 혀끝이 마비되며 차츰 사지로 확산되어 운동능력이 상실되어 보행이 어렵게 된다. 증상이 더욱 심해지면 목이 마비되어 음식 삼키기, 언어 발성 등이 어려워지고 결국 혈압 저하와 호흡 마비로 사망하게 된다. 복어 중독은 빠르게 진행되므로 발병 즉시 구토, 설사를 유도하여 독소를 체외로 배출시키도록 하는 것이 중요하다. 복어 독의 해독제는 따로 없다.

식용이 가능한 복어와 맹독성 복어를 전문가가 아니면 구별하기 어려울 뿐 아니라 테트로도톡신은 소금에 절이거나 건조 및 가열 조리에도 파괴되지 않으며, 식용 복어라도 난소, 간, 껍질 등에는 함유되어 있으므로, 복어 중독을 예방하려면 복어조리 자격증을 취득한 전문가가 조리한 전문식당에서 먹어야 한다.

알아두기

복어독 중독 단계

- 1단계: 2~3시간 이내 입술, 혀끝, 손끝이 저림, 두통, 복통, 구토 증세
- 2단계: 지각마비, 언어장애, 혈압강하
- 3단계: 운동 불능의 상태인 호흡 곤란
- 4단계: 전신마비 증세. 의식을 잃고 호흡과 심장박동 정지

그림 5.12 복어의 독이 존재하는 부분과 테트로도톡신의 구조

(2) 시구아테라(Ciguatera) 중독

시구아테라 중독은 카리브해에서 서식하는 조개류인 시구아(Cigua)를 섭취한 후 발생한 식중독을 뜻하였지만, 지금은 열대와 아열대의 따뜻한 바다의 산호초와 해조류 표면에 부착하여 자라는 플랑크톤(*Gambierdiscus toxicus*)을 섭취한 생선에 의한 식중독을 총칭한다. 시구아테라 중독은 작은 물고기가 플랑크톤을 먹어 독화(毒化)되고, 그 독화된 물고기를 큰 물고기가 먹고, 사람이 독화된 생선을 먹게 되는 먹이사슬을 통해서 유발된다. 우리나라에서는 최근 지구 온난화로 인해 해수 온도가 높아져 남해안의 어류에서 발생할 가능성도 있고, 원양 어패류의 수입이 증가하고 있어 주의할 필요가 있다.

시구아테라의 유독성분은 시구아톡신(Siguatoxin), 시가테린(Siguaterin), 스카리토톡신(Scaritoxin) 등이 있으며, 이 중 대표적인 독성분은 시구아톡신이다. 시구아톡신은 열에 강하여 가열조리 후에도 파괴되지 않는다. 식중독 증상은 소화기와 신경계 증상 중 하나가 먼저 나타난다. 소화기계 증상으로 구토, 설사, 메스꺼움 및 복통 등이 24~48시간 정도 지속되며, 신경계 증상으로는 시구아테라 중독 특유의 증상인 입술, 손발의 따끔거림, 온도 감각의 이상과 같은 '드라이 아이스감각(Dry ice sensation)'이 나타나며, 몇 주에서 수개월까지 지속되기도 한다. 심하면 호흡곤란 및 마비로 인해 사망에 이르기도 하지만 치사율은 1% 이하이다.

2) 조개류(패류독소)

홍합, 가리비, 모시조개, 바지락, 굴과 같이 껍데기가 2장인 조개류(이매패)는 수온이 올라가면 유독화되는 플랑크톤을 섭취하여 생성되는 독소가 축적되어 이로 인한 식중독이 발생된다. 이들 조개류에 유독성분이 함유되는 것은 계절의 영향을 받으며, 특정 지역에 국한한다는 특징이 있다. 조개류의 독소는 마비성 패류독(PSP, Paralytic Shellfish Posion), 설사성 패류독(DSP, Diarrhetic Shellfish Poison), 기억상실성 패류독(ASP, Amnesic Shellfish Poison), 신경성 패류독(NSP, Neurotoxic Shellfish Poison), 베네루핀(Venerupin), 테트라민(Tetramine) 등 여러 종류가 있다.

(1) 마비성 패류독(PSP, Paralytic shellfish poison)

마비성 조개에 의한 식중독은 홍합, 굴, 바지락, 가리비 등의 이매패류와 멍게, 미더덕 등의 피낭류를 섭취했을 때 발생한다. 와편모조류(dinoflagellates)에 속하는 해양 식물성 유독 플랑크톤를 섭취하고 이들이 생산하는 독소가 축적된 패류를 섭취함으로써 발생하는 식중독이다. 플랑크톤 농도가 20,000~50,000/mL 정도일 때 나타나는 적조가 지속될 때 독성이 증가한다.

와편모조류

와편모조류는 편모를 이용하여 운동하는 단세포 생물이다. 허리부분의 횡편모에 의해 빙빙 돌며 운동하며 편모생물 중 운동성이 가장 빠르다.

처음에는 '섭조개중독'이라고 하였으나 중독되었을 때 마비 증세가 나타나기 때문에 '마비성 조개중독'이라고 하며, 조개류 독 중에서 가장 흔하고 무서운 중독이다.

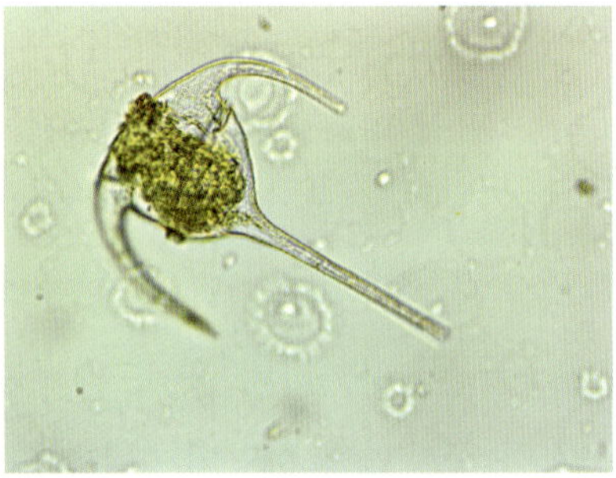

그림 **5.13** 와편모조류

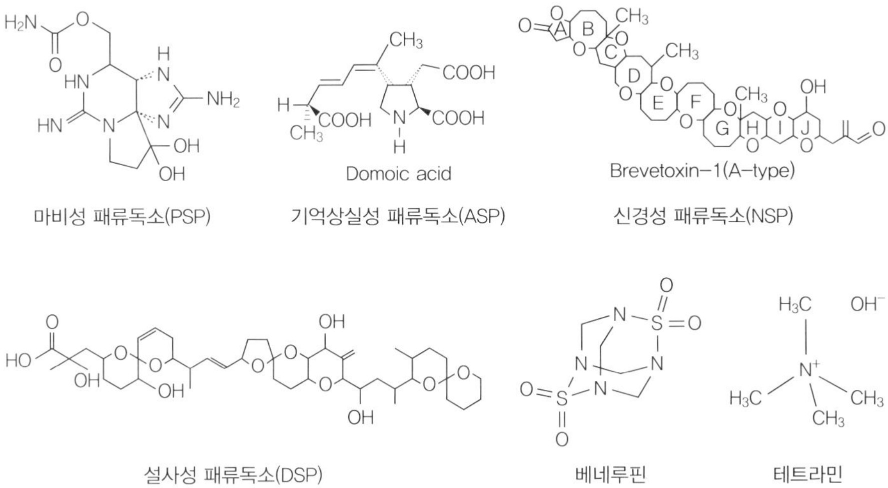

그림 5.14 조개류의 독소 종류
자료: 국립수산과학원

마비성 조개중독의 원인물질로는 삭시톡신(Saxitoxin), 고니오톡신(Gonyautoxin), 프로토고니오톡신(Protogonyautoxin) 등 20여 종이 있는데, 삭시톡신이 대표적이다. 삭시톡신은 신경독소이며, 열과 산에 안정하고 일반적인 가열조리, 세척, 냉동으로는 파괴되지 않는다. 수용성 물질이어서 조리하는 과정에서 물에 녹아 나와서 다른 식품을 오염시킬 수 있으므로 조심해야 한다.

중독 증상은 독소를 섭취한 양에 따라 다르지만 보통, 섭취 후 30분 정도 지나서 입술 주위, 얼굴, 목, 손, 발끝이 따끔거리고 감각이 없어지고, 두통, 메스꺼움, 구토가 나타나며, 중증이 되면 마비 증상이 팔과 다리로 확대된다. 현기증과 어눌한 발성, 가벼운 호흡곤란이 나타나고, 심하면 보행장애와 호흡곤란 및 질식이 발생한다. 약하면 1~2일 이내에 회복되지만 심하면 12시간 이내에 사망하기도 하며, 치사율은 10% 정도이다.

조개류의 독성은 대부분 간에 축적되므로 이 부분을 제거한 후 섭취하고, 독성이 강해지는 여름에는 섭취를 자제하는 것이 이들 식중독을 예방할 수 있는 방법이다.

(2) 신경성 패류독(NSP, Neurotoxic shellfish poison)

신경성 조개중독은 편모조류인 카렌니아 브레비스(*Karenia brevis*)를 생성하는 독소가 축적된 굴, 대합 등을 섭취하였을 때 발생한다.

섭취하고 약 30분에서 3시간 이후 얼굴, 입술 및 사지의 감각 이상, 메스꺼움, 설사, 현기증, 구토, 목의 따끔거림, 혈압 저하 등의 증상이 나타난다. 대개 24시간 이내에 회복된다.

(3) 설사성 패류독(DSP, Diarrhetic shellfish poison)

설사성 조개중독은 식물성 플랑크톤인 디노피시스포티(Dinophysisfortii) 등이 생성하는 독소에 의해 독화된 홍합, 모시조개, 바지락, 가리비 등을 섭취하여 발생하며, 이들 조개류의 독화 정도는 계절, 지역에 따라 달라지고 동일 지역에서도 수심에 따라 차이가 있다. 우리나라에서는 3~8월에 남해안에서 많이 발생한다. 주된 독성물질은 디노피시스톡신(Dinophysistoxin), 오카다산(Okadaic acid), 펙테노톡신(Pectenotoxin) 등이며 열에 강해 일반적인 조리로는 파괴되지 않는다.

설사성 조개독은 중독증상이 비교적 가벼운 소화기계 장해가 나타나며 비교적 경증이다. 특별한 치료를 하지 않아도 거의 3일 이내에 회복한다.

(4) 기억상실성 패류독(ASP, Amnesic shellfish poison)

기억상실성 조개중독은 유독 규조류인 슈도니쯔시아 멀티시리즈(*Pseudonitzschia multiseries*) 등을 섭취하여 독화된 홍합, 가리비 등의 조개류와 멸치, 고등어 등의 어류를 섭취하여 발생한다. 독성분은 돔산(Domoic acid)으로 신경독성을 지닌 신경흥분성 아미노산이다.

독화된 식품을 섭취한 후 24시간 내에 구토, 설사, 복통 등 장관계 질환이 나타나고, 48시간 이내에 착란, 단기 기억상실, 혼돈, 방향감각 상실 등과 같은 신경계 이상이 나타난다. 중독되었을 때 반드시 기억상실증이 동반되는 것은 아니며 돔산 식중독(Domic acid poisoning)이라고 하기도 한다. 우리나라에서 발생한 예가 아직은 없지만, 남해안에 기억상실성 조개중독의 원인인 플랑크톤이 존재하므로 주의가 필요하다.

(5) 베네루핀(Venerupin)

베네루핀은 바지락의 속명인 'Venerupis'에서 유래된 이름이다. 모시조개, 굴 등의 중장선(中腸線)에 고농도로 함유되며, 계절에 따라 독성이 달라서 1~4월에 중독이 발생하기 쉽다. 열에 안정하여 장시간 가열해도 파괴되지 않아 일반 조리로는 제거되지 않는다. pH 5~8에서는 열에 안정하나 pH 9 이상에서 오래 끓이면 파괴된다.

베네루핀 중독의 잠복기는 대개 1~2일이다. 초기에는 불쾌감, 권태감, 식욕부진, 복통, 오심, 구토, 변비 등의 증상이 있으며, 피하에 출혈 반점이 나타나고, 간장 비대, 황달 등과 같은 간 기능 저하가 나타날 수 있다. 중증일 경우 의식의 혼탁, 토혈, 혈변이 나타나고 7일 이내에 사망할 수 있다. 치사율은 45~50% 정도로 높은 편이다.

조개가 독화되는 시기(봄, 여름철)에는 조개류를 섭취하지 않는 것이 예방하는 방법이다.

(6) 테트라민(Tetramine)

테트라민은 무색무취의 유독한 아민으로, Tetramethylene disulfotetramine을 줄여 부르는 이름이다. 소라고둥, 관절매물고둥, 조각매물고둥, 갈색띠매물고둥 등의 육식성 권패에 함유되어 있다. 몸 전체에 고루 분포되지 않고 타액선에 집중되어 있으므로 조리할 때에 타액선을 제거하면 안전하다.

테트라민 식중독의 잠복기는 약 30분~1시간 정도로, 안구 통증, 두통, 현기증, 복통, 메스꺼움, 얼굴 발열, 배멀미감 등의 증상이 나타난다. 보통 2~3시간이면 회복된다.

그림 **5.15** 소라의 타액선에 있는 테트라민

3. 곰팡이독

곰팡이독(Mycotoxin)은 곰팡이가 생성하는 유독물질로 과일이나 채소, 곡류 등의 저장·유통과정에서 생성되는데, 이러한 2차 대사산물을 진균독(Mycotoxin)이라 하며, 인체에 급·만성의 장애를 유발한다. 곰팡이독은 곰팡이 감염에 의한 진균증(Mycosis)과는 구별되는 것이며, 전염성은 없지만, 발암성, 돌연변이성, 기형발생을 유발하는 독성을 가진다.

곰팡이독을 생산하는 곰팡이로는 아스퍼길러스(*Aspergillus*)속, 페니실리움(*Penicillium*)속, 푸사리움(*Fusarium*)속 등의 곰팡이가 있으며 100여 종 이상의 독소가 알려져 있다. 균에 따른 곰팡이독의 종류와 그 원인 식품은 〈표 5.6〉과 같다.

곰팡이 독소는 인체에 장애를 발생하는 부위에 따라 간장독, 신장독, 신경독, 과민성 피부염 물질 등으로 구분할 수 있다. 아플라톡신, 오크라톡신류, 루브라톡신류 등은 간경변, 간암을 유발하는 간장독에 해당하고, 시트리닌, 코지산 등은 신장에 급·만성의 장애를 일으키는 신장독에 해당하며, 파튤린, 말토리진 등은 신경독에 해당한다. 이외에도 섭취한 후 햇빛을 쬐면 피부염을 일으키는 독소, 식도암과 관련있는 푸모니신 방사선 장애성 병변을 일으키는 푸사리움 독소 등이 있다. 특히 아플라톡신은 발암성인 'Group 1군'에 속하고, 푸모니신, 오크라톡신 A, 스테리그마토시스틴은 발암 가능성이 높은 'Group 2군'에 속한다.

표 5.6 곰팡이독의 종류와 오염 식품

원인	곰팡이독	오염 식품
*Aspergillus*속	아플라톡신	쌀, 보리, 땅콩, 수수, 면실 등
	오크라톡신 A	곡류, 콩류, 향신료 등
*Penicillium*속	파튤린	사과주스 등
	시트리닌	덜 건조된 곡류, 밀, 호밀, 귀리, 옥수수 등
*Fusarium*속	푸모니신	옥수수, 옥수수 가공식품 및 사료
	제랄레논	옥수수, 보리, 귀리, 밀, 쌀 등

곰팡이독의 원인 식품은 탄수화물이 풍부한 곡류, 콩류와 그 가공식품이다. 땅콩의 아플라톡신, 콩류의 오크라톡신, 곡류의 푸모니신류, 유아식과 과일주스의 파툴린 등이다.

곰팡이 독소는 열에 강하여 일반적인 조리로는 제거할 수 없으므로 오염이 의심되면 폐기 처분하는 것이 가장 좋다. 곰팡이독을 방지하기 위해서는 습기 제거가 필수이다. 그러므로 곡류를 저장할 때는 수분 활성도를 0.6 이하로 낮게 유지하는 것이 필요하며, 곰팡이가 생기면 전체 곡물로 쉽게 퍼지므로 빨리 제거하여야 한다. 특히 우리나라는 여름에 고온다습하여 곰팡이로 인한 위험성이 크므로 주의해야 한다.

1) Aspergillus속 곰팡이 독소

아스퍼길러스속 곰팡이에 의해 생성되는 독소는 아플라톡신, 오크라톡신, 스테리그마토시스틴 등이 있다.

(1) 아플라톡신(Aflatoxin)

아플라톡신은 Aspergillus속의 곰팡이에 의해 생성되며, 열대, 아열대 지역에 많이 분포되어 있다. 1960년 영국의 칠면조 X 질병(turkey X-disease)이 브라질산 땅콩 사료에 아스퍼길러스 플라부스(*Aspergillus flavus*)가 오염되어 생성된 독성분에 의한 것임이 밝혀지면서 아플라톡신이라 명명되었다. 아플라톡신은 수분 16% 이상, 상대습도 80% 이상, 25~35℃의 온도에서 가장 잘 생성되며, 탄수화물 함량이 높은 쌀, 옥수수, 보리와 같은 곡류가 주 오염 식품이어서 전 세계의 농작물에 문제를 일으키는 독소이다. 특히 습한 지역에서 저장한 견과류와 두류, 가축 사료 등에서 쉽게 생성된다. 또한, 흙 속에 많이 서식하므로 땅콩도 대표적인 오염 식품에 속한다.

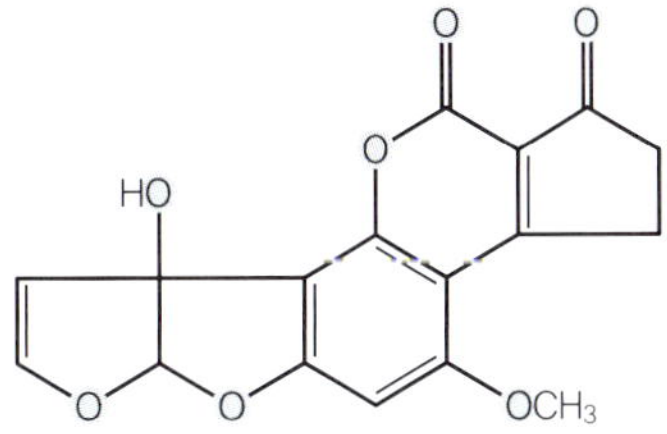

아플라톡신 M_1

그림 5.16 아플라톡신의 구조

아플라톡신의 종류는 18종 이상이 알려져

표 5.7 아플라톡신의 허용기준(「식품의 기준 및 규격」)

종류	대상 식품	허용기준
아플라톡신 (B_1, B_2, G_1, G_2)	곡류, 콩류, 땅콩, 견과류 및 그 단순가공품(분쇄, 절단 등)	15μg/kg 이하 (단, B_1은 10μg/kg 이하)
	곡류가공품 및 콩류 가공품(규격외 일반가공식품)	
	장류(메주 제외) 및 고춧가루, 카레가루	
	육두구, 심황(강황), 건조고추, 건조파프리카 및 이를 함유한 천연 향신료	
	밀가루	
	건조과실류	
	영아용 조제식, 성장기용 조제식, 영·유아용 곡류 조제식, 기타 영·유아식	
아플라톡신 M_1	제조, 가공 직전의 원유 및 우유류	0.5μg/kg 이하
	조제유류(조제분유, 조제우유, 성장기용 조제분유, 성장기용 조제우유, 기타 조제분유, 기타 조제우유), 특수용도식품(영아용 조제식, 성장기용 조제식, 영·유아용 곡류 조제식, 기타 영·유아용 특수조제식품) 중 유성분 함유제품	0.025μg/kg 이하

있으며, 그중 인체에 유해한 독소는 아플라톡신 B_1, B_2, G_1, G_2, M_1 등이고 그 구조는 〈그림 5.16〉과 같다. 이 중 B_1의 독성이 가장 강하다. B_1은 강력한 발암물질로 강산과 강 알카리에서는 분해되지만 열에는 안정하여 일반적인 조리로는 파괴되지 않는다. 자외선을 조사하면 B_1, B_2는 청색을, G_1, G_2는 녹색의 형광색을 띠므로 오염된 식품의 검출법으로 자외선 조사를 이용할 수 있다.

아플라톡신은 발암성이 강하므로 아플라톡신 B_1, B_2, G_1, G_2의 합이 15μg/kg 이하, 아플라톡신 M_1은 0.5μg/kg 이하로 엄격히 규제하고 있다(표 5.7).

(2) 오크라톡신(Ochratoxin)

오크라톡신은 아스퍼길러스 오크라세우스(*Aspergillus ochraceus*), 페니실리움 베루코숨(*Penicillum verrucosum*) 등이 생성하는 독소이다. 훈연, 염장한 건조 어류와 과일, 고춧가루 등의 건조 저장식품과 건포도, 커피원두, 인스턴트 커피가루, 포도 주스 등을 습도와 온도가 높은 곳에서 저장할 때 많이 발생한다.

(3) 스테리그마토시스틴(Sterigmatocystin)

스테리그마토시스틴은 아스퍼길러스 베르시콜라(*Aspergillus versicolar*), 아스퍼길러스 니듈란스(*Aspergillus nidulans*)에 의해 생산되는 유독 성분으로 아플라톡신 합성 전 단계에서 합성된다. 이렇듯 생성과정과 구조가 아플라톡신과 유사하지만 용해성이 낮으므로 독성은 아플라톡신의 1/200, 발암성은 1/250로 약한 편이다. 스테리그마토시스틴을 생성하는 곰팡이는 81% 이상의 습도와 저온에서 생육할 수 있으므로 곡류와 사료의 저장단계에서 오염된다.

2) Penicillium속 곰팡이 독소

페니실리움속 곰팡이에 의해 생성되는 곰팡이 독소는 황변미독, 파툴린, 루브라톡신 등이 있다.

(1) 황변미독

황변미(Yellow rice)는 쌀을 고온다습한 곳에서 장기간 보관할 때 습도 조절이 되지 않아 페니실리움속의 곰팡이가 성장하게 되어 적홍색 또는 황색의 색소로 착색된 것이다. 이러한 쌀에 함유된 독소를 황변미독이라고 하는데, 원인균에 따라 톡시카리움 황변미, 태국 황변미, 아이슬란디아 황변미의 3종류가 있다.

① **톡시카리움 황변미**(Citreoviridin): 톡시카리움 황변미의 독소는 페니실리움 시트레오비리드(*Penicillium citreoviride*)에 의해 생성되는 시트레오비리딘(Citreoviridin)이다. 이 독소는 쌀에 황색의 반점을 생기게 하고 자외선을 조사하면 황색 형광을 띤다. 1937년 대만에서 일본으로 수출된 쌀에서 처음 발견되었다. 15% 이상의 수분, 12~18℃의 온도에서 저장할 때 잘 발생되며 백미보다 현미에서 잘 발생한다. 이 독소는 중추신경에 작용하는 신경독으로 호흡 장애, 신경 마비, 경련 등을 유발하고 심하면 혈액 순환장애, 호흡 마비로 사망하기도 한다.

② **태국 황변미**(Citrinin): 태국 황변미의 독소는 페니실리움 시트리늄(*Penicillium citrinum*)이 생성하는 시트리닌이다. 1951년 태국산 쌀에서 최초로 발견되었다. 이 독소는 강한 신장독으로 신장에서의 수분 재흡수를 저해하여 소변의

양을 증가시키며 급·만성의 신장 장애를 유발한다. 오염 원인이 되는 식품은 대부분 백미이지만 옥수수, 맥류 등의 곡류와 땅콩 등도 해당된다.

③ **아일란디아 황변미**(Islanditoxin): 아일란디아 황변미 독소는 페니실리움 아이슬란디쿰(*Penicillium islandicum*)에 의해서 생성되는 아일란디톡신이다. 1948년 이집트산 쌀에서 발견되었으며, 동남아시아 및 미국산 곡류에서 오염되어 문제를 야기하였다. 간경변, 간암 등을 유발하는 독소로 쌀, 보리, 밀, 수수 등이 주된 원인 식품이다. 이 곰팡이에 오염되면 회색에서 황색을 거쳐 적갈색으로 변하여 진한 갈색을 띠게 된다.

(2) 파툴린

파툴린(Patulin)은 1954년 일본에서 맥아 뿌리를 사료로 먹은 젖소 집단 폐사의 원인물질로 알려졌다. 페니실리움 패튤럼(*Penicillium patulum*), 페니실리움 엑스팬슘(*P. expansum*), 페니실리움 멜리니(*P. melinii*), 아스퍼길러스 클라바투스(*Aspergillus clavatus*) 등에 의해 생성되며 부패한 과일이나 과일 주스 등의 가공품에서 많이 발견된다. 파툴린은 특히 상처가 있거나 부패한 사과에 부패균인 페니실리움 엑스팬슘에 의해 대량 생산되어 배, 포도 등으로 만든 주스 가공품 등에서 문제가 되므로 과일 주스의 수·출입에 반드시 규제하는 물질이다. 허용 기준치는 50ppb 이하이며, 열에 안정하여 가열해도 파괴되지 않으므로 통조림, 병조림 등의 가공식품을 오염시킬 수 있다. 비타민 C를 첨가하면 독성이 활성을 잃으며 알코올 발효에 의해 파괴되므로 알코올 음료에는 없다. 파툴린은 신경독으로 출혈성 폐부종, 간·비장·신장의 모세혈관 손상, 뇌수종, 뇌와 중추신경에 출혈반 등의 증상이 나타난다.

(3) 루브라톡신

루브라톡신(Rubratoxin)은 페니실리움 루브룸(*Penicillium rubrum*)이 생산하는 독소로, 오염된 옥수수 사료를 먹은 소와 면양의 중독사고를 통해 알려졌다. A와 B의 두 종류가 있는데 B가 더 많다. 수용성이며 열에 강하다. 중독이 되면 정상적인 간 기능이 저해되며 신장, 폐의 장애가 나타난다. 만성으로 진행되면 간염과 간 출혈, 간과 비장의 세포 변성 등이 나타난다.

3) 푸사리움속 곰팡이독

붉은 곰팡이로도 불리는 푸사리움속 곰팡이는 따뜻한 지역과 한랭한 지역 모두에서 발생하며, 푸모니신, 제랄레논, 트리코테신 등 다양한 곰팡이 독소를 생산한다.

(1) 푸모니신(Fumonisin)

푸모니신은 푸사리움 모니리포르메(*Fusarium moniliforme*), 푸사리움 프로리페라툼(*Fusarium prolyteratum*), 푸사리움 베딜리오데스(*Fusarium vetillioides*)가 생산하는 독소의 총칭으로 B_1, B_2, B_3 등의 종류가 있는데 이 중 B_1에 의한 오염이 가장 많이 발생하며 독성도 가장 강하다. 1904년 미국에서 푸사리움 모니리포르메에 오염된 옥수수 사료로 키운 가축에서 중독이 보고되었으며, 옥수수를 비롯한 밀, 보리, 쌀 등의 곡류 등에 오염된다. 중독 증상으로 동물 실험 결과 쥐에서는 간경화, 돼지에서는 폐부종, 호흡 장애 등이 나타나고 말, 당나귀, 노새는 뇌세포괴사와 같은 신경독성이 나타나는 등 다양한 증상이 보고되고 있으며, 사람에게는 간암과 간독성을 나타낸다.

우리나라와 유럽연합의 허용기준은 옥수수 4mg/kg, 옥수수 가공품 2mg/kg, 영유아식품에는 200μg/kg으로 엄격하게 관리되고 있다.

(2) 제랄레논(Zearalenone)

제랄레논은 푸사리움 그라미네아룸(*Fusarium graminearum*)이 생산하는 독소로 F-2톡신, FES(Fermentation estrogenic substance)라고도 한다. 옥수수가 충분히 건조되지 않았을 때 많이 발생하며 농장의 가축, 특히 돼지에게 피해가 크다. 1928년 미국 중서부에서 오염된 사료를 먹은 돼지와 어린 양의 암컷에게서 중독이 보고되었다.

이 독소는 내분비계 장애 물질로 여성 호르몬인 에스트로겐과 유사한 작용을 하여 돼지에게 불임증, 유산 및 사산 증가, 허약한 새끼 출산, 배란 억제 등의 중독현상이 나타난다.

제랄레논은 습하고 더운 환경에서 건조가 불충분한 옥수수, 맥류 등에서 생성되며, 우리나라의 허용기준치는 곡류 및 그 단순가공품은 200μg/kg 이하, 과자와 시리얼은 50μg/kg 이하, 영·유아용 조제식은 20μg/kg 이하이다.

(3) 트리코테신(Tricothecene)

트리코테신은 푸사리움속과 트리코데르마속 곰팡이가 생성하는 대표적인 독소로 50여 종의 이성체가 알려져 있다. 푸사리움 트리신튬(*Fusarium tricinctum*), 푸사리움 니발레(*Fusarium nivale*), 푸사리움 로세움(*Fusarium roseum*)과 같은 푸사리움속 곰팡이와 트리코데르마 비리데(*Tricoderma viride*), 트리코데르마 로세움(*Tricodema roseum*)과 같은 트리코데르마속의 곰팡이가 있는데, 곰팡이 독소 중 가장 다양하고 복잡하다. 주로 러시아, 독일, 미국, 캐나다 등에서 많이 발견되며 우리나라의 곡류에도 상당량이 오염되어 있어 문제가 된다. 이 중 푸사리움 트리신튬에서는 트리코텐신과는 구조가 다른 부테놀리드가 생산되는데 이 물질은 미국과 호주에서 오염된 사료를 먹은 소가 다리를 저는 병의 원인물질이기도 하다.

이들 독소는 맹독성이며 피부를 통해서도 흡수되는 것이 다른 독소와는 다르다. 중독 증상은 피부에 접촉되면 타는 듯한 느낌과 함께 붉어지고 물집이 생기며 허물이 벗겨진다. 호흡기에 노출되면 인후통, 가려움, 재채기, 콧물 등이 유발되고, 소화기 증상으로는 구토, 복통, 혈변 등이 나타나며 심하면 기력상실, 심장질환 등으로 인한 사망이 나타나기도 한다.

4) 맥각독

맥각독은 보리, 호밀 등의 꽃에 맥각균인 클라비셉스 푸에푸레아(*Claviceps puepurea*)가 기생하여 생성되는 흑자색의 균핵 독소로 곰팡이 독소 중에서 가장 먼저 발견되었다. 맥각 중독은 중세 유럽에서도 발생하였다는 기록이 있으며, 최근에도 개발도상국에서 가끔 발생하고 있다.

맥각에는 에르고톡신(Ergotoxin), 에르고타민(Ergotamin), 에르고메트린(Ergometrin) 등 5종의 유독 알카로이드가 있으며 열에 안정하여 일반적인 조리나 가공에 의해서 파괴되지 않는다. 곡류 중에 0.5% 이상이 혼입되면 구토, 설사, 복통과 환각, 경련 등과 혈압상승 등의 증상이 나타난다. 환각 증상은 유도체인 리제르그산(Lysergic acid)에 의한 것이다. 7% 이상 혼입되면 치명적이어서 미국, 캐나다, 러시아 등의 혼입 허용치는 각각 0.3%, 0.2%, 0.15%이다.

4. 식품 알레르기

알레르기란 '과민반응'이란 뜻으로 보통 사람들에게는 별 영향이 없는 물질에 대해 과도한 면역반응을 보여 두드러기, 가려움 등의 증상이 나타나는 병증을 의미한다. 햇빛, 온도, 식품 등에 의해 발생하는데, 이 중 식품이 원인이 되어 발생하는 알레르기를 식품 알레르기(Food allergy)라고 한다.

1) 알레르기의 이해

알레르기는 과도한 면역 이상 반응이다. 면역(Immunity)이란 이물질인 항원(Antigen)이 체내에 들어오면 그 항원에 대항하는 항체(Antibody)를 만들어 항원을 파괴하여 이물질에 대한 장애를 방어하는 생체작용이다. 이에 반하여 몸에 해가 되지 않은 물질에 대해 면역시스템이 오작동하여 인체 내에 상해작용이 일어나는 것을 면역 이상 반응 곧, 알레르기라 한다. 알레르기는 유전적으로 항원에 특이적인 항체를 가지고 태어나거나 알레르기 발생이 높은 항원에 노출되거나 예방 접종 등의 환경적인 요인에 의해 나타난다.

알레르기는 작용기전에 따라 5가지로 구분할 수 있는데, 음식물에 의한 알레르기는 항원(알레르겐)이 호염기구나 비만세포 IgE와 결합하여 염증매개 물질을 유리하여 발생하게 되는 즉시형(Anaphylaxis)에 해당한다. 그 기전은 〈그림 5.17〉과 같다. 즉, 체내에 항원이 들어오면 B 림프구가 항체를 만들고 이 항체가 비만세포에 결합되어 있다가, 항원이 다시 침입하면 비만세포의 항체와 결합하여 히스타민과 같은 화학전달물질을 방출하여 알레르기를 유발하게 되는 것이다.

알레르기를 일으키는 물질을 알레르겐(Allergen)이라 하며 달걀, 새우 등과 같은 식이성 항원, 먼지, 곰팡이와 같이 호흡을 통한 흡입 항원, 옻나무, 화장품과 같은 접촉 항원 등이 있으며 대부분 단백질로 구성되어 있다.

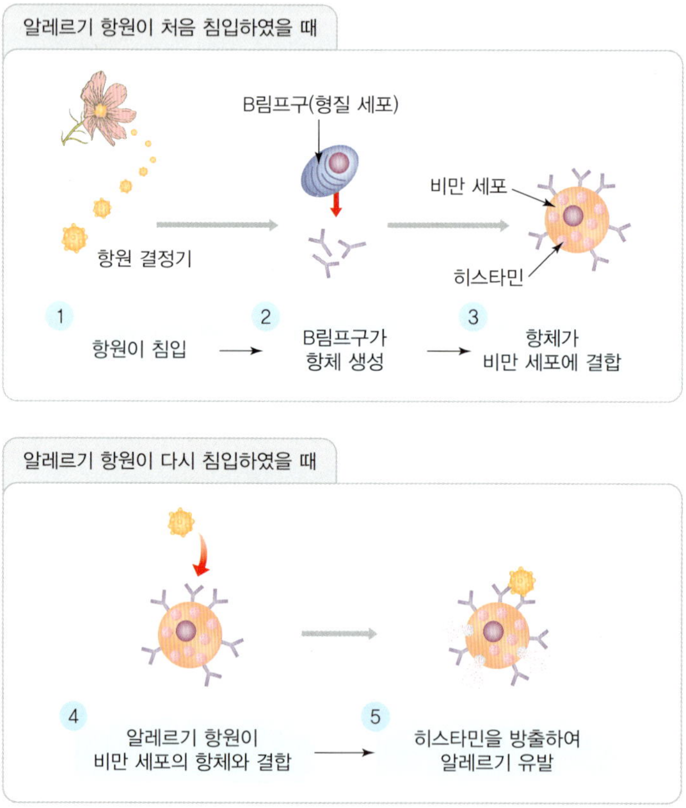

그림 **5.17** 알레르기 발생의 기전

2) 식품 알레르기

식품 알레르기(식이성 allergy)란 음식물을 병원체로 인식하여 특이 항체를 생성하고 체내에 퍼져 과민상태가 되는 우리 몸의 면역 이상반응으로, 음식을 섭취 후 즉각적인 특이 반응이 일어나는 것을 의미한다. 원인이 되는 식품으로는 계란, 우유, 고등어, 갑각류, 굴 등의 동물성식품과 밀, 메밀, 사과, 딸기, 토마토 등의 식물성식품과 식품첨가물, 영양보충제, 음료 등 사람이 섭취하는 모든 것이 가능하다. 식품 알레르기는 섭취량에 따라 다르게 나타나고, 극미량만으로도 나타날 수 있으며, 먹지 않고 노출만 되어도 반응이 나타날 수 있다. 심하면 생명에 위협이 되기도 한다.

식품으로 인한 알레르기는 나이와 성별에 따라 발생 정도가 다르다. 성별로는 여성 53%, 남성 47% 정도이고 연령별로는 10세 미만이 가장 많다. 생후 1~2년 사이의 소아의 유병률은 5~8% 정도, 3~6세는 3.7~6%이고 이후 점차 감소하여 성인기에서는 2% 정도로 보고된다. 소아의 발병률이 높은 이유는 소장의 점막 세포가 성숙하지 못해 단백질이 미처 소화되지 않고 그대로 흡수되기 때문이다. 아이가 성장하면서 소화 기능이 강화되고 해당 식품에 대한 면역체계가 변화하면서 점차 감소된다. 나이가 들면 달걀·우유·밀·대두에 의한 알레르기는 잘 일어나지 않게 되지만, 견과류 알레르기는 한번 생기면 잘 없어지지 않으며, 갑각류나 조개류는 나이가 들어서 발생하는 경우가 많고, 일단 생기면 잘 없어지지 않는다.

또한, 꽃가루 알레르기가 있는 사람이 과일과 채소 등에서도 알레르기 반응이 나타날 수가 있다. 이는 사과, 키위, 체리, 자두 등의 과일이나 당근, 셀러리 등의 채소 중의 성분이 꽃가루 단백질의 분자 구조와 비슷하기 때문이다. 이러한 반응을 '교차반응'이라 한다(표 5.8).

표 5.8 알레르기 식품의 교차반응

원인 물질	교차반응으로 문제가 될 수 있는 식품	교차 반응률
땅콩	완두콩, 렌즈콩, 대두 등의 콩류	5%
밀	보리, 호밀 등의 곡류	20%
라텍스 장갑	키위, 아보카도, 바나나 등	35%
호두	브라질너트, 캐슈너트, 헤이즐너트 등의 견과류	37%
연어	황새치, 가자미 등의 생선	50%
자작나무, 돼지풀	사과, 배 등 과일과 채소	55%
복숭아	사과, 자두, 체리, 배 등의 장미과 과일	55%
새우	게, 바닷가재 등의 갑각류	75%
우유	염소젖, 산양유 등	92%

자료: 한영신, 이윤나, 2016

(1) 식품 알레르겐과 원인 식품

알레르기를 일으키는 원인물질인 식품 알레르겐은 단백질이며, 160개 이상의 식품이 알레르기를 유발하는 것으로 알려져 있다. 알레르기를 유발하는 식품은 연령, 국가별로 차이가 있다. 우리나라에서 유아들에게 알레르기를 유발하는 원인 식품군은 달걀과 우유가 가장 많으며 다음으로 견과류, 밀, 과일, 땅콩, 갑각류의 순이다. 성인에게서는 밀과 새우가 가장 많으며 다음으로 게, 돼지고기와 복숭아, 땅콩과 사과 순으로 많이 나타난다. 이외에도 메밀, 소고기, 우유, 닭고기, 오징어, 고등어, 전복, 아몬드, 키위 등 다양한 식품이 원인인 것으로 나타났다.

식약처에서 알레르기 유발식품으로 제시한 식품은 다음과 같다.

① **우유**: 유아의 약 2%에서 우유 알레르기가 나타난다. 이런 경우 두유나 단백질 가수분해 우유로 대체할 수 있다. 2~4세가 되면 대부분 치유된다. 치즈의 티라민 성분이 알레르기를 유발하므로 치즈를 먹은 후 편두통이 나타나기도 한다.

② **달걀**: 주로 영·유아에게서 나타난다. 알레르기원은 주로 달걀 흰자에 포함되어 있으나 노른자의 단백질에 있는 IgE 항체에 의해 상호작용이 일어나므로 흰자와 노른자를 모두 주의해야 한다.

③ **밀**: 밀의 글루텐 단백질에 의해 유발되므로 보리, 귀리, 호밀에서도 나타날 수 있다. 영·유아에게서 문제가 되지만 나이가 들면 자연 치유되기도 한다.

④ **콩**: 콩 알레르기가 있으면 두부, 유부, 된장, 간장, 콩나물, 콩기름으로 조리한 음식 등에서도 알레르기 증상이 유발될 수 있다. 식품 라벨에 '식물성단백질'이라고 적혀 있으면 콩이 포함되어 있는 것이므로 제외해야 한다. 땅콩 알레르기가 있는 경우 콩 알레르기도 함께 나타난다.

⑤ **견과류**: 땅콩, 호두, 아몬드 등의 견과류도 알레르기를 유발하며 성인이 되어도 지속되는 경우가 많다.

⑥ **과일류**: 사과, 살구, 복숭아, 파인애플, 자두, 토마토 등의 과일도 알레르기를 유발한다. 알레르기 유발 성분이 대개 껍질에 존재하므로 껍질을 벗겨 먹는 것이 좋다.

⑦ **해산물**: 성인에게서 가장 흔한 알레르기 식품이 생선을 비롯한 해산물이다. 조개, 게, 새우, 랍스터, 문어, 오징어, 고등어 등 갑각류, 패류, 연체류, 어류에서 알레르기가 유발된다. 생선의 경우 흰살생선보다 등푸른생선을 섭취할 때에 더 잘 유발된다.

알아두기

식품 알레르기와 식중독의 차이점

식품 알레르기는 특정 식품 단백질과 관련된 면역 이상반응으로 식품의 위생상태와 무관하고, 식중독은 독소나 세균에 오염된 안전하지 못한 식품을 섭취하여 발생하는 질환이다. 또한, 식품 알레르기는 소인이 있는 개인에게만 나타나지만, 식중독은 집단으로 발생한다.

(2) 식품 알레르기의 증상

식품 알레르기는 증상과 나타나는 시간이 다양하다. 즉각적인 반응의 경우 2시간 이내로 나타나지만, 사람마다 다르며 같은 사람이라도 컨디션이나 섭취량, 형태, 약물 복용 여부에 따라 다르다. 특히 반응을 일으키는 식품의 양은 사람마다 차이가 있어 아주 적은 양을 섭취하거나 식품에 노출되는 것만으로도 반응이 나타날 수 있다. 또한, 여러 식품에 대해 동시에 알레르기 증상을 보이기도 한다.

증상은 피부에 두드러기가 나타나는 것이 가장 흔하며, 그 외 호흡기, 소화기, 순환기 등에서 다양하게 나타나며 여러 증상이 중복되어 나타나기도 한다. 특히 쇼크를 일으켜 사망에 이를 수도 있는 전신 증상으로 나타나는 것을 '아나필락시스'라 한다.

① **소화기 증상:** 알레르기 증상으로 흔히 발생한다. 메스꺼움, 복통, 설사 등이 나타나는데 식중독과 비슷하므로 세심하게 구별할 필요가 있다. 우유를 비롯한 달걀, 고등어, 죽순, 국수 등을 먹었을 때 잘 나타난다.

② **피부 증상:** 두드러기와 아토피성 피부염과 같은 습진 등이 나타난다. 식품 항원이 피부조직의 비만세포에 부착한 항체와 반응하여 히스타민이 유리되어 나타난다. 식후 30분에서 수 시간 내에 발생하며 복통과 설사를 동반하는 경우가 많다.

③ **호흡기 증상:** 알레르기성 비염과 천식이 있지만, 식품에 의해서 천식이 발생하는 경우는 드물다. 콧물, 기침, 코막힘, 인후부종 등의 증상이 일반적이다.

쉬어가기

아나필락시스(Anaphylactic shock)

전신에 증상이 나타나는 심각하고 치명적인 알레르기 과민반응이다. 알레르겐에 노출된 후 빠르게 진행되어 사망에 이를 수 있다. 심각한 비만세포나 호염기구에서 분비되는 화학물질이 갑작스럽게 많이 분비되어 피부, 호흡곤란, 불규칙한 심장박동, 저혈압 등의 증상이 나타나는데 쇼크, 사망으로 이어질 수 있다. 보통 식품 섭취 후 수 분~2시간 이내에 발생하고 원인이 되는 식품은 나라, 인종과 연령에 따라 차이가 많다. 에피네프린 주사 등으로 신속하게 응급조치가 필요하다.

(3) 식품 알레르기의 예방과 치료

현재까지 알려진 식품 알레르기의 치료 방법은 없으므로 예방할 수 있는 유일한 방법은 해당 식품을 먹지 않는 것이다. 식품 알레르기를 예방하기 위해서는 자신이 어떤 식품에 민감한지를 사전 검사를 통해 확인한 후, 원인 식품을 피하는 것이 필요하다. 식품을 구매할 때는 라벨을 확인하여 알레르기를 유발하는 성분의 포함 여부를 확인하며 외식이나 급식 시에도 식품의 선택에 있어 주의해야 한다. 가급적 자연의 신선한 식품을 선택하는 것이 좋다.

알레르기 증상이 나타나면 피부 진정용 크림을 바르거나 항히스타민제를 복용한다. 또한, 아나필락시스가 발생한 경우에는 에피네프린 주사로 치료한다. 스테로이드제를 이용하기도 하지만 장기간 또는 다량 사용 시 부작용이 생길 수 있으므로 수의해야 한다.

(4) 식품 알레르기 관련 제도

현대 사회에서는 다양한 가공식품, 급식 등에서 식품 알레르기 발생이 증가하고 있다. 학교, 캠프, 모임 등 다양한 상황에서 식품 알레르기로 인한 안전사고가 증가하는 데 반해, 특별한 치료법은 없어 최근 식품 알레르기에 의한 사회적 부담이 증가하고 있으므로 이들 식품에 대한 감시와 관리 체계 구축이 필요하다.

식품 알레르기는 극소량만 섭취해도 나타나고 여러 식품에 동시에 알레르기 증상을 보이기도 하며 식품 간 교차반응의 가능성이 있을 뿐 아니라 유발식품을 직접 먹지 않아도 제조공정과 조리과정을 공유한 식품을 먹었을 때도 발생할 수 있다. 그러므로 이를 예방하기 위해서 알레르기 유발식품을 관리하는 법적인 제도가 필요하게 된다. 이에 부응하여 우리나라에서는 2003년부터 '알레르기 유발식품 표시제'가 법제화되어 시행되고 있다. 즉, 공산품에 알레르기를 유발하는 식품을 재료로 사용 또는 함유하거나 이들 식품으로부터 추출 등의 방법으로 얻은 성분과 이들 식품 및 성분을 함유한 식품을 원료로 사용하였을 경우 함유된 양과 관계없이 원재료명을 표시하도록 하였다.

알레르기 유발 의무표시 대상 식품은 난류(가금류에 한함), 우유, 메밀, 땅콩, 대두, 잣, 밀, 고등어, 게, 새우, 돼지고기, 복숭아, 토마토, 아황산류(이를 첨가하여 최종제품에 SO_2로 10mg/kg 이상 함유된 경우에 한함), 호두, 닭고기, 쇠고기, 오징어, 조개류(굴, 전복, 홍합 포함)의 19가지 항목, 22가지 식품이 해당된다.

이 표시기준에 따르면 알레르기를 유발하는 물질을 표시하는 것 외에도 유발 물질을 원재료로 사용하는 제품과 사용하지 않은 제품을 같은 제조과정(작업자, 기구, 제조라인, 원재료보관 등 모든 제조과정)에서 생산하여 불가피하게 혼입될 가능성이 있는 경우에는 주의·환기 표시를 해야 한다(그림 5.18).

알레르기 유발식품 표시제가 법제화되어 식품 알레르기의 예방 및 관리에 도움이 되고 있지만 비포장식품에 의한 유발가능성이 있다. 실제로 2010년 한국소비자원의 발표에 따르면 3년간 신고된 식품알레르기 위해사례의 70% 이상이 외식업체 등의 비포장식품에서 발생하였다. 이에 따라 우리나라에서는 2017년 5월부터 5개의 어린이 기호식품(제과·제빵류, 아이스크림류, 햄버거, 피자)을 판매하는 대형 프랜차이즈업체(점포 수 100개 이상 가맹점)에서 알레르기 유발식품 표시제를 시행하도록 하고 있다(어린이 식생활 안전관리 특별법 제11조의 2항에 따라). 또한 학교급식을 먹은 후 발생한 치명적인 아나필락시스 사례가 보도되면서 2012년 9월부터 급식 전에 알레르기 유발물질 포함 여부를 학생에게 알리고 식단에 표시하고 있으며(학교급식법 제16조 제3항 및 제4항), 가정통신문을 통해 학부모에게 고지하고 있다.

그림 5.18 알레르기 유발 의무표시 대상 식품과 표시방법
자료: 식품의약품안전처

알레르기 식품표시제도의 내용과 소비자의 이해가 낮은 단점을 보완하기 위해 2015년 표시방법에 대한 지침을 수정하였다. 즉, 원재료명 표시란 근처에 바탕색과 구분되도록 별도의 알레르기 표시란을 마련하여 알레르기 표시대상 원재료명을 나타내게 하였다. 또한 최근 식품 중 알레르기 유발물질이 불가피하게 혼입될 가능성이 있는 경우 의무적으로 기재하고 있는 주의·환기 표시가 오히려 사업자가 품질관리의 책임을 소홀하게 하거나 위해제품 회수의 면책 목적으로 활용될 수 있어 개선이 필요하다.

밀·호밀·보리·귀리와 이들의 교배종을 원재료로 사용하지 않으면서 총 글루텐 함량이 20mg/kg 이하인 식품 또는 밀·호밀·보리·귀리와 이들의 교배종에서 글루텐을 제거한 원재료를 사용해 총 글루텐 함량이 20mg/kg 이하인 식품은 무글루텐(Gluten Free) 표시를 할 수 있으므로 주의해야 한다.

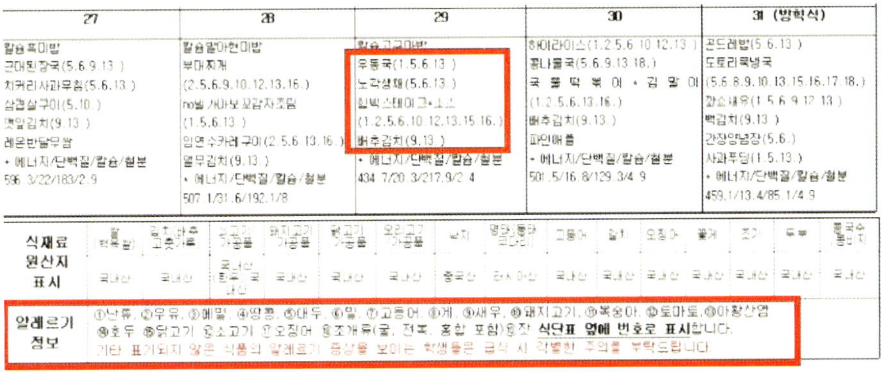

그림 5.19 학교급식 알레르기 유발성분 표시 예시
자료: 식품의약품안전처

표 5.9 어린이 기호식품 조리·판매업소의 알레르기 유발식품 표시방법

구분	표시방법
매장 내	'메뉴 등'의 제품명이나 가격표시 주변에 표시하거나, 책자 및 포스터 등에 별도로 일괄 표시
온라인 주문	배달앱, 홈페이지 등 온라인상에 식품명이나 가격표시 주변에 표시
전화 주문	알레르기 유발식품을 표시한 리플릿, 스티커 등 제공

자료: 식약처 고시 제2019-99호(2019.10.28.)/어린이 기호식품 조리·판매 식품접객업소 영양성분 표시 등 점검 결과 발표, 식약처, 2019.11.28.

참고문헌

곽동경, 강영재, 류경, 장혜자, 문혜경, 이경은, 최정화. 식품위생학 원리와 실제. 교문사. 2014
구난숙, 김완수, 이경애, 김미정. 이해하기 쉬운 식품위생학. 파워북. 2015
국립산림과학원 연구자료 제 546호. 숲속의 독버섯. 2014
권훈정, 김정원, 유화춘, 정현경. 식품위생학. 교문사. 2011
김덕웅, 정수현, 염동민, 신성균, 여생규, 조원대. 21C 식품위생학. 수학사. 2011
서울대학교 농업생명과학대학, 농생명공학부 식품위생공학실. 생각이 필요한 식품위생학. 수학사. 2012
석순자, 김양선, 김완규, 서장선, 정미혜. 농촌진흥청. 독버섯도감. 푸른행복. 2011
윤기선, 엄애선, 정윤경, 김경일, 이종경, 구옥경. 식품위생학. 파워북. 2018
이수영 외. 식품알레르기 예방을 위한 연구. 2015
전유훈 외. 국내 알레르기 유발식품 표시제의 현황과 문제점. 2019
조영, 김영아, 김미정. 식품학. 한국방송대학출판부. 2009
황순욱 외 6인. 식품의 알레르기 표시제도 개선에 관한 연구. 2002

표 출처

[표 5.5]

- 한국임업진흥원 공식 블로그 숲드림
- 국립수목원 소식지 웹진, 2011.05, https://www.forest.go.kr/kna/webzine/2011/5/sub_04_3.html
- 머위, © Dalgial, https://ko.wikipedia.org
- 털머위, 농사로, https://nongsaro.go.kr

CHAPTER

6

화학적 식중독

1. 제조·가공 과정 중에 혼입되는 유해물질
2. 기구 또는 용기·포장재 등에서 기인하는 유해물질
3. 식품의 제조·가공·저장 중에 생성되는 유해물질
4. 조리과정 중에 생성되는 유해물질

CHAPTER

6 화학적 식중독

화학적 식중독(Chemical food poisoning)은 원인에 따라 식품을 제조, 가공할 때 허가받지 않은 식품첨가물을 첨가, 부주의나 무지로 인해 유독물질을 첨가 또는 잔류, 혼입되는 유해물질에 의한 식중독, 음식용 기구, 용기, 포장재에서 생성되는 유해물질에 의한 식중독, 식품의 제조·가공, 조리 중에 생성되는 유해물질에 의한 식중독과 기타 화학 물질에 의한 식중독으로 구분할 수 있다.

화학적 식중독은 음식에 존재하는 유독한 화학물질에 의해 발생하는 식중독을 의미한다. 유독한 화학물질로는 식품의 제조·가공에 사용되는 중금속, 잔류농약, 식품첨가물로 허용되지 않는 성분 등과 조리, 보존에 이용되는 기구와 용기 및 포장재료에서 용출되어 나오는 유독물질(외인성, Exogenous)과 조리, 유통 중에 생성되는 유독물질(유인성, Inductive) 등으로 구분할 수 있다. 이들 물질은 일단 체내에 들어오면 흡수가 빠를 뿐 아니라 분해나 배설이 쉽지 않고 축적된다. 섭취한 물질의 양에 따라 급·만성 중독이 발생한다. 화학적 식중독은 자연독 식중독과는 달리 계절과 무관하며 발생 건수는 적지만, 일상생활 중에서 여러 가지 문제를 유발한다.

화학적 식중독의 영역과 원인이 되는 독성물질은 〈표 6.1〉과 같다.

표 6.1 화학적 식중독의 영역과 독성물질

원인			독성물질
제조·가공 중 고의 또는 오용	의도적 첨가	식품첨가물	유해 보존료, 착색료, 감미료, 표백제 등
		기타 유독물질	메탄올, 니트로화합물 등
	우연에 의한 혼입	제조과정 중 혼입	PCB, 비소 등
		용기, 포장재 용출	각종 식기류, 합성수지
		잔류농약	유기인제, 유기수은제, 유기염소제 등
		환경 또는 수질 오염	중금속, 유해 유기염소, 농약
제조·가공 중 생성			니트로사민, 포름알데히드, 트랜스지방산 등
기구/용기 및 포장재에서 용출			합성수지, 금속제, 종이 및 가공지 등
조리 중 생성			벤조피렌(PAH), 아크릴아미드, 아크롤레인 등
저장(발효, 유통) 중 생성			과산화물, 메틸 카바메이트

1. 제조·가공 과정 중에 혼입되는 유해물질

식품을 제조, 가공, 유통하는 과정에서 허용되지 않은 첨가물을 의도적으로 사용하거나 또는 의도는 없었으나 우연히 혼입되는 유독물질에 의해 화학적 식중독이 발생하게 된다.

1) 의도적인 첨가에 의한 식중독

「식품위생법」에서 허용하지 않는 식품첨가물을 고의로 첨가하여 발생하는 식중독이다. 허용되지 않는 식품첨가물로는 유해 보존료, 유해 착색료, 유해 감미료, 유해 표백제 등의 유해 식품첨가물과 메탄올, 니트로화합물과 같은 물질 등이 있다.

(1) 유해 보존료

보존료는 미생물의 발육을 억제하여 식품의 보존 기간을 연장하기 위해 사용한다. 유해 보존료에 해당하는 물질은 포름알데히드, 붕산, 승홍, 말라카이트그린, 불소화합물, 유트로핀 등이 있다.

① **포름알데히드(Formaldehyde, HCHO)**: 포름알데히드는 무색의 기체로 주로 37~50% 농도의 포르말린 수용액으로 만들어 이용한다. 단백질을 변성시키는 작용이 있어서 0.002% 용액에서는 세균억제, 0.1% 용액에서는 포자억제와 같은 살균효과를 가지며, 방부력이 있어 주로 장류, 주류, 유제품, 육제품에 부정하게 사용된다. 치사량은 10~20mL로 현기증, 두통, 구토, 소화불량, 식도나 위의 괴사를 일으킨다. 체내에서 개미산(HCOOH)으로 산화되어 배설되는데, 신장에 염증을 일으키기도 한다. 국제 암연구소(IARC)에서는 포름알데히드를 발암성이 있는 'Group1'에 속하는 물질로 분류하고 있다.

대구, 명태, 표고버섯 등의 식품에는 천연으로 함유되어 있기도 하지만, 포름알데히드는 페놀, 요소, 멜라민과 같은 열경화성수지와 열가소성수지인 폴리아세탈(Polyacetal)을 제조하는 데 사용되어, 기구와 그릇 등의 용기에서 용출되기도 하므로 이에 대한 주의가 필요하다.

② **붕산(Boric acid, H_3BO_3), 붕사($Na_2B_4O_7$), 과붕산나트륨($NaBO_3 \cdot H_2O$)**: 정균작용이 있어 어육연제품, 햄, 베이컨과 같은 육제품과 마가린, 버터 등에 사용하는데, 방부작용이 약하고 독성이 있음이 인정되어 현재는 사용이 금지되었다. 체내에 축적되면 소화 효소 작용을 저해하여 소화불량, 체중감소, 설사, 구토 등의 위장 증세를 일으킨다. 그 외 영양소의 대사를 저해하고 산독증과 같은 대사장애를 유발한다.

붕산의 독성은 사람의 경우, 1~3g이면 증상이 나타나고 8~17g이면 사망한다. 다량 섭취하면 2~3시간 이내에 구토, 설사, 허탈, 혼수상태가 되고 3~5일 이내에 사망한다.

③ **승홍(Mercuric chloride, 염화 제2 수은, $HgCl_2$)**: 승홍은 주로 주류에 이용되었다. 강력한 살균작용이 있고 방부력도 강해서 사용된다. 하지만, 독성이 강해 사

람에게 있어 0.2~0.4g이면 경구 치사량에 해당한다. 섭취하게 되면 티올기(thiol group, -SH)와 결합하여 세포의 대사 기능을 억제하고, 사구체, 세뇨관의 변성을 유발한다. 급성 중독 증상으로 구토, 복통, 요독증 등이 나타나고, 만성중독 증상으로 구내염, 신장 장애 등이 발생한다.

④ **말라카이트 그린**(Malachite green): 말라카이트 그린은 트리페닐메탄계의 염기성 염료로 수용성의 밝은 청록색의 결정성 물질이다. 염색제, 살균제로 사용되며, 아닐린그린, 벤즈알데히드그린, 빅토리아그린 B, 차이나그린이라고도 한다. 수산 양식업에서 물곰팡이 제거를 위한 항생제로 사용되었는데, 1990년대 동물실험에서 발암성이 알려져 사용이 금지되었다. 2005년 중국산 장어 제품에서 검출되어 전량 폐기 조치한 사례가 있다.

(2) 유해 착색료

착색료 중 타르(Tar)색소는 값이 싸고 색이 선명할 뿐 아니라 소량으로도 원하는 색을 낼 수 있어서 많이 이용된다. 타르색소 중 불법으로 이용되는 것은 대부분 염기성이다. 이들 색소는 사용량이 적어서 급성보다는 만성중독이 발생하게 된다. 우리나라에서는 사용이 금지되었지만, 중국, 영국과 EU에서는 유해 착색료를 사용하는 경우가 있으므로 수입식품의 경우 그 사용 여부를 확인하는 것이 필요하다.

① **아우라민**(Auramine): 아우라민은 황색의 염기성 타르색소이다. 과자, 단무지, 카레가루, 팥앙금류 등에 이용될 가능성이 있다. 섭취하고 20~30분 후 피부에 흑자색 반점, 구토와 두통, 맥박감소, 사지마비, 심계항진, 의식불명, 액포의 지방변성, 간조직의 혈관 확장 등의 증상이 나타난다. 쥐에게 있어 경구 독성 LD_{50}은 0.48mg/kg, body wt.이다.

② **로다민 B**(Rhodimine B): 로다민 B는 분홍색의 염기성 타르색소로 형광성이 있다. 어묵, 과자, 토마토케첩, 얼음과자 등에 오용될 가능성이 있다. 과거 일본에서 분홍색 어묵인 카마보코, 우메보시, 과자 등에 사용하였다. 과다하게 섭취하면 색소뇨, 전신착색 등이 나타나며 심하면 구토, 오심, 복통, 설사 등

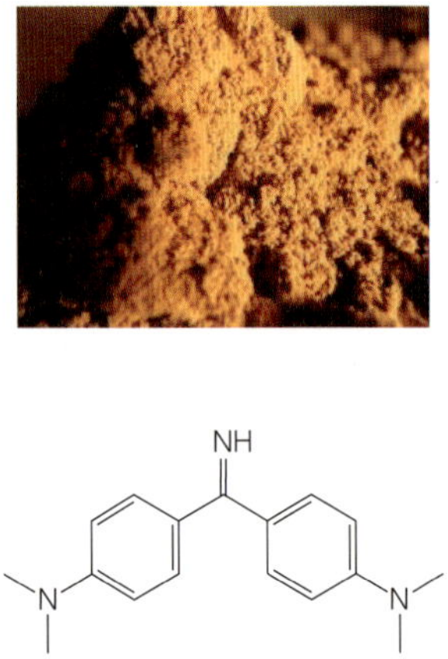

아우라민

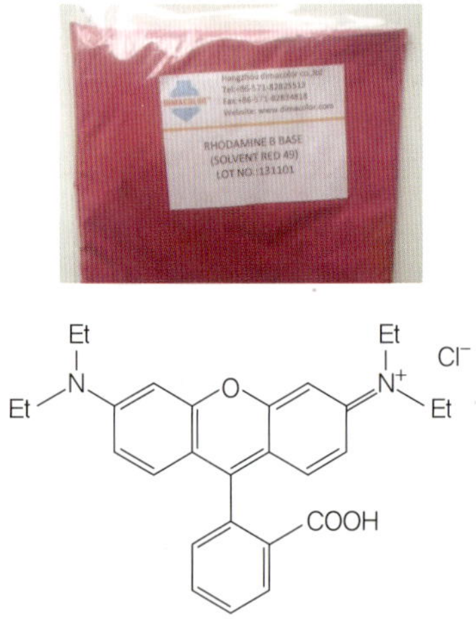

로다민 B

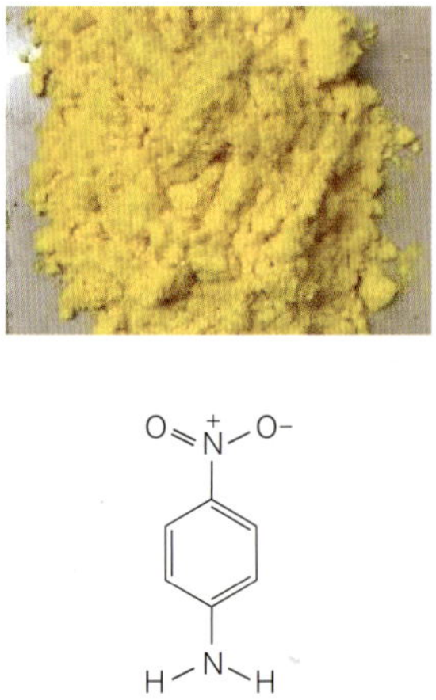

파라-니트로아닐린

그림 6.1 유해 착색료

의 증세가 나타난다. 쥐의 LD_{50}은 0.1~0.2mg/kg body wt., 사람의 경우는 0.1g/kg body wt.이다.

③ **파라-니트로아닐린**(ρ-nitroaniline): 파라 니트로아닐린은 황색의 유해성 합성 착색료로, 지용성이며 방향족 화합물이다. 섭취하면 혈액독과 신경독을 나타낸다. 니트로기(Nitro group, $-NO_2$)로 인해 청색증이 나타나며, 혼수, 맥박감소, 심계항진, 황색뇨 등의 증상이 나타난다. 예전에 일본에서 과자에 첨가하였다.

④ **실크 스칼렛**(Silk scarlet): 실크 스칼렛은 산성의 타르색소로, 대구알젓에 첨가하면 구토, 복통, 두통, 오한, 마비 등의 중독증상이 나타난다.

(3) 유해 감미료

인공 감미료는 단맛이 천연 감미료보다 높아 식품 산업에서 널리 이용되지만 독성과 안전성에 대한 문제가 있어 사용이 금지되는 것이 있다. 대표적인 유해 감미료로 둘신, 사이클라메이트 등이 있다. 또한 허가 받은 감미료라도 다량을 섭취하면 중독이 될 수 있으니 주의가 필요하다.

① **둘신**(Dulcin): 둘신은 설탕의 약 200~250배 정도의 단맛을 내는 흰색의 결정 분말이다. 사카린을 만드는 과정에서 부산물로 생성된다. 청량음료수, 과자류, 절임류 등의 식품에 단맛을 부여하기 위해 사용된다. 쥐에게 둘신 0.1% 용액을 투여했을 때 간 종양이 발생하는 독성 때문에 우리나라에서는 1966년에 사용이 금지되었다. 분해되면 파라-아미노페놀(ρ-aminophenol)이 생성되어 혈액독이 나타나며, 간장과 신장에 장애가 나타나고 중추 신경계의 자극, 소화 효소의 작용이 억제된다.

② **사이클라메이트**(Cyclamate): 사이클라메이트는 설탕의 약 40~60배 정도의 단맛을 지니는 흰색의 결정성 분말로 나트륨염(Sodium cyclomate)과 칼슘염(Calcium cyclamate)이 있다. 열, 빛에 안정하고 청량한 단맛이 있다. pH 2~10 범위의 여러 식품에 사용된다. 만성 독성으로 쥐에게서 방광암이 발생하였으며, 체내 장내 세균에 의해 발암물질인 시클로헥산(Cyclohexane)이 생성되어 발암의 우려가 있어서 WHO에서는 카페인, 콜레스테롤 등과 같이 'Group3'에 해당하는 물질로 분류하고 있다. 우리나라(1970년)를 비롯하여 미국, 일본에서는 사용이 금지되었지만 중국, EU, 호주 등에서는 허용이 되고 있으므로 수입식품을 구매할 때 주의가 필요하다. 실제로 2007년 중국에서 수입된 주류에서 검출되어 반송 조치한 예가 있다.

③ **파라-니트로-올소-톨루이딘**(ρ-nitro-o-toluidine): 설탕의 200배의 감미를 지닌 황색의 결정으로 독성이 강해 살인당, 원폭당으로도 불린다. 2차 세계대전 이후 일본에서의 중독사고의 원인이 되었기에 붙여진 이름이다. 섭취하고 2~3일 후, 위통, 식욕부진, 오심, 미열, 권태, 황달의 증상이 나타나고 심하면 혼수상태를 지나 사망에 이른다. 니트로기와 아미노기를 가지고 있어 혈액독과 신경독이 나타나며, 만성 섭취 시 간, 신장의 장애가 발생한다.

④ **페릴라틴**(Perillatine): 차조기(자소)의 씨에서 추출한 기름(紫蘇油)의 성분인 페릴알데하이드(Perillaldehyde)를 원료로 만드는 흰색의 결정체로, 자소당(紫蘇糖)이라고도 한다. 단맛은 설탕의 2,000배 정도이나, 자극성이 있고 불쾌감을 준다. 열, 침 등에 의해 알데히드로 분해되어 신장을 자극하므로 사용이 금지되었다. 우메보시, 김치, 나물 등에 이용되기도 하였다.

그림 6.2 유해 감미료

⑤ **에틸렌 글리콜**(Ethylene glycol): 자동차 부동액으로 널리 쓰이며, 약한 단맛을 지니는 무색의 액체이다. 신경에 독성이 있어 다량 섭취 시 중추신경이 억제되어 두통, 피로감, 지각능력손실, 호흡곤란 등의 증상을 일으킨다. 체내에서 대사되어 글리콜산, 옥살산, 수산 등으로 분해되는데 이것이 축적되면 신장의 장애를 초래한다.

(4) 유해 표백제

표백제는 산화 또는 환원 반응을 통한 탈색작용을 이용하는 것으로 유해하므로 사용기준이 정해져있다. 과산화수소수는 완제품에 잔류되지 않도록 완전히 제거되어야 하며, 아황산계 표백제는 최대 잔존량이 규정되어 있으므로 허용량에 대한 주의가 필요하다.

① **롱가리트**(Rongalite): 무색 또는 흰색의 결정으로 포름알데히드에 산성 아황산 나트륨을 축합하여 만든다. 물에 녹으면 아황산이 유리되어 표백제의 역할을 하여 연근, 우엉, 물엿 등에 사용한다. 롱가리트는 약 65℃에 녹는데 이때 미량의 포름알데히드가 나온다. 포름알데히드나 포름알데히드를 생성할 수 있는 식품을 가공할 때는 물론 최종 제품에 아황산이나 포름알데히드가 잔존하지 않아야 한다. 미국, 일본 등에서는 사용이 금지되고 있다. 쥐에게 치사량은 피하주사로 3g/kg이다. 독성은 상당량의 포름알데히드가 유리되어 신장을 자극하여 나타난다.

② **삼염화질소**(Nitrogen trichloride, NCl_3): 자극성이 있는 황색의 휘발성 액체로, 밀가루의 표백제로 이용되었으나 사용이 금지되었다. 이 물질을 함유한 밀가루로 만든 음식을 먹은 동물에서서 히스테리 증상이 나타난 일이 있다.

(5) 유해 증량제

① **감미료, 조미료, 곡분 등의 증량을 목적으로 하는 증량제**: 곡분, 설탕, 어분 등의 분말 식품의 양을 증가시키기 위해 산성 백토, 벤토나이트, 카올린(kaolin) 등을 증량제로 이용한다. 「식품첨가물공전」에 사용이 허가되어 있지만 제조 시 꼭 필요한 경우에만 첨가하게 되어 있으며, 잔존량이 0.5% 이하이어야 한다.

② **멜라민**(Melamine)**의 단백질 양의 증가를 목적으로 하는 증량제**: 멜라민은 질소 함유량이 67%로 높아 조금만 넣어도 우유의 단백질이 많은 것처럼 속일 수 있다. 2008년 중국에서 멜라민을 섞어 가공한 분유를 유통시킨 저질 분유 사건이 사회문제가 되기도 하였다(2008 chinese milk scandal). 질소를 포함하는 백색 결정체로 질소비료의 원료, 멜라민 용기의 원료 등으로 많이 이용된다. 멜라민의 독성이 강하지는 않지만, 신장기능이 약한 영·유아에게는 치명적일 수 있다.

(6) 메탄올

메탄올(Methanol)은 알코올 발효 시에 자연적으로 생성되는 물질로 포도주, 사과주 등의 과일 발효주나 정체가 불분명한 청주 및 증류주에 함유된다. 허용량은 주류 0.5mg/mL, 과일주 1.0mg/mL이다. 과일주에 허용량이 높은 이유는 과일의 펙틴으로 인한 메탄올의 생성량을 고려하기 때문이다. 5~10mL면 중독, 30~100mL면 치사량에 해당한다. 가짜 술 또는 에탄올 대신 메탄올을 마시면 중독사고가 발생한다. 메탄올이 분해되면 포름알데히드, 포름산으로 전환되는데, 이들에 의해 실명, 산독증 등의 증세가 발생한다. 중독증상으로 두통, 구통, 설사 등이 나타나고 심해지면 실명, 호흡장애로 인해 사망할 수 있다.

2) 우연으로 혼입되는 유해물질

(1) PCB

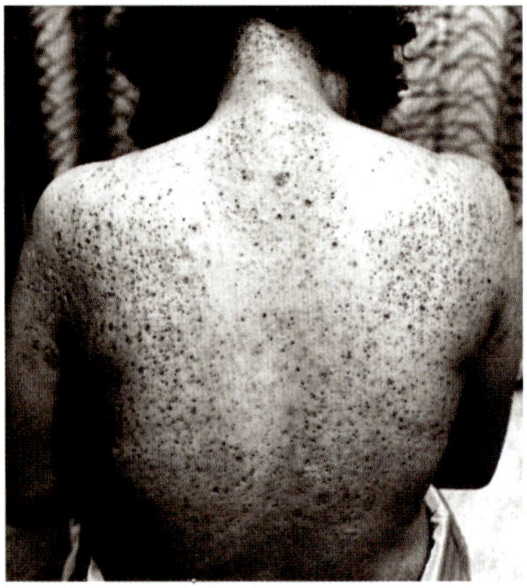

그림 6.3 1968년 일본 가네미 지방에서 PCB로 인해 발병한 피부병
자료: http://gensun.org

PCB(Polychlorinated biphenyl)는 화학적으로 안정하고 불연성이고 절연성이 좋아 공업용으로 널리 이용되는 물질이다. 섭취하면 인체의 지방조직에 축적되어 쉽게 배설되지 않아 중독이 된다. 뿐만 아니라 환경호르몬으로도 작용하므로 주의가 필요하다.

식품 제조에 우연히 혼입된 경우로, 1968년 일본에서 미강유 제조 시 파이프가 부식되어 PCB가 식용유에 혼입되었고 이를 이용하여 조리한 식품을 먹은 사람들에게서 중독증상이 나타났다. 피해자의 수는 14,000명이 넘었고, 손·발톱과 피부의 착색, 피부발진, 식욕부진, 구토, 설사, 체중감소, 관절통, 생리이상 등의 중독증상이 나타났다. 대만에서도 PCB가 혼입된 기름을 먹은 산모가 낳은 아이에게서 성장지연, 미약한 ADHD 등의 증상이 보고되기도 하였다. 1973년 미국에서도 오염된 사료를 먹은 젖소에서 젖의 분비량 감소, 식욕감퇴, 지방조직에 다량의 PCB 축적으로 인한 사망 등이 있었다.

(2) 비소

비소(As, Arsenic)는 중금속의 일종으로 인체 구성성분으로 소량 존재하며, 어패류와 같은 수산물에도 함유되어 있다. 지하수와 토양 등에 널리 분포되어 있어 쉽게 노출될 수 있다. 그 자체로는 독성이 거의 없지만 산화하거나 황산 등과 결합하여 무기비소로 변하면 유독해진다. 비소 중독은 무기비소가 섞인 공장의 폐수, 폐광의 침출수 등 환경이 오염된 경우 발생하며, 일부 농약이나 살균제, 살충제 등에도 무기비소가 함유된다.

비소는 머리카락, 손·발톱에 쉽게 축적되므로 머리카락이나 소변의 분석을 통해 중독 여부를 판단할 수 있으며, 중독 증상은 급성일 경우 구토, 설사를 유발하고 다량 섭취하면 심장마비로 인해 사망하게 된다. 장기간 축적되면 만성 중독이 일어나 식욕, 체중이 줄며 구토증세, 신경계 이상 및 피부질환을 유발할 수 있다.

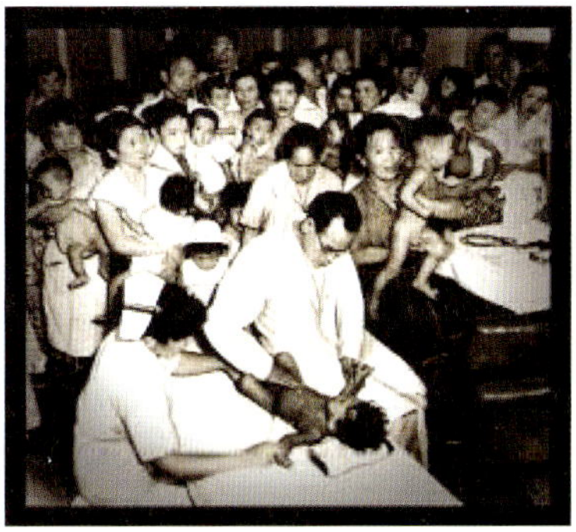

그림 6.4 일본의 비소우유 중독사건

간장, 분유, 맥주의 제조과정에 비소가 불순물로 혼입되어 중독이 발생하게 되는데, 1955년 비소가 혼입된 분유를 섭취한 영·유아에게서 중독이 발생한 일본의 모리나가 비소우유 중독사건이 대표적이다. 유제품의 응고를 막기 위한 안정제로 사용하는 제2인산나트륨(Disodium phosphate, Na_2HPO_4)에 불순물인 비소(As_2O_3)가 섞여 있었기 때문에 발생하였다. 이외에도 방글라데시에서의 비소로 오염된 식수에 의한 중독, 우리나라의 폐광 근처의 강이나 하천에서 비소 오염사건 등이 있다.

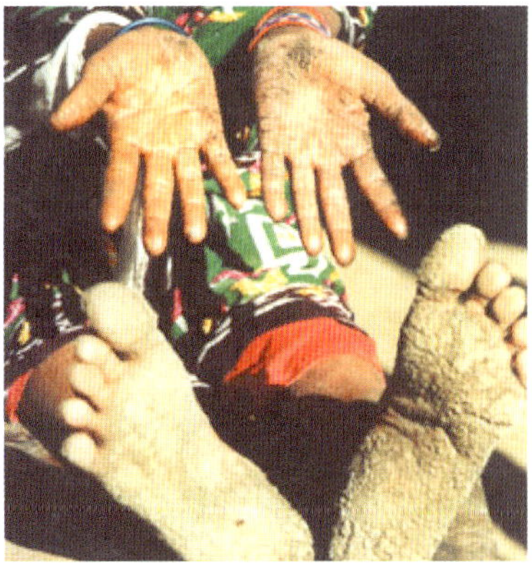

그림 6.5 방글라데시의 식수 오염사건

2. 기구 또는 용기·포장재 등에서 기인하는 유해물질

기구는 식품을 제조할 때 재료와 직접 닿는 기계, 그릇 등의 물건을 의미하며, 용기·포장재는 식품이나 식품 첨가물을 주고받을 때 건네는 물품을 의미한다. 이러한 기구 또는 용기나 포장 재료에서 유독하거나 유해한 물질이 용출되어 식품으로 전이되면 문제가 발생할 수 있다. 그러므로 식품 포장에 사용되는 포장재료에서 인체에 유해한 성분이 용출되어 나와 식품에 오염되지 않도록 「식품위생법」에 규정이 마련되어 있다. 즉, 「식품위생법」 제9조에서는 기구나 용기·포장의 제조 방법에 기준과 규격이 고시되어 있고, 그 기준에 맞지 않으면 판매 또는 판매 목적으로 사용하지 못한다고 규정되어 있다. 기구, 용기 포장의 재료로는 「식품용 기구 및 용기 포장 공전」(2014)에 합성수지제, 셀로판제, 고무제, 종이제 또는 가공지제, 금속제, 목재류, 유리·도자기, 법랑 및 전분제 등의 8종으로 구분하여 기준 규격이 제시되어 있으며, 이 중 합성수지제, 금속제, 고무제 등에서 문제가 야기될 수 있다. 현재 사용하고 있는 포장재료에서 용출되어 나올 수 있는 물질은 〈표 6.2〉와 같다.

또한, 식품용 기구, 용기, 포장재는 포장재의 성분과 식품의 상호작용이 발생하면 안 되며, 규정량 이상으로 중금속, 환경호르몬, 첨가제 등에 의한 오염이 되지 않도록 주의가 필요하다.

표 6.2 포장재료에서 용출될 수 있는 물질

포장재료	용출되는 물질
합성수지	잔류 단량체(비닐 클로라이드, 스티렌, 아크릴로니트릴 등), 첨가제(안정제, 가소제, 산화방지제), 잔류 촉매(금속, 과산화물 등)
종이류(셀로판지류 포함)	착색제(형광염료 포함), 충전제, 사이징제, 펄프용 방부제
금속제품	납(땜납), 도료성분(단량체, 첨가제), 주석(도금)
도자기, 법랑기구, 유리제품	납(유약, 크리스털글라스 등), 그 밖의 금속(유약, 안료 등)

1) 합성수지

합성수지(Synthetic resins)는 가소성을 가지는 고분자 화합물로 일반적으로 플라스틱을 의미한다. 무미, 무취하며 가공성이 좋고, 방습성, 내수성, 전기 절연성, 유연성, 경제성 등의 장점이 있어 널리 이용된다. 하지만 쉽게 분해되지 않아 환경오염의 원인이 되기도 한다.

열에 대한 성질에 따라 열경화성수지(Thermosetting resin)와 열가소성수지(Thermoplastic resin)로 구분되며 이들의 종류와 용도는 〈표 6.3〉과 같다.

(1) 열경화성수지

열경화성수지는 열을 가하면 유동성을 잃고 단단해지며 냉각하여도 연화되시 않는 수지이다. 강도나 열 경화점이 높은 장점이 있지만 포름알데히드가 용출되는 것이 단점이다. 열경화성 수지의 종류로 페놀수지, 요소수지, 멜라민수지 등이 있다.

표 6.3 합성수지의 용도

수지명		용도
열경화성 수지	페놀(PF)수지	주발, 찬합, 냄비 손잡이
	요소(UF)수지	쟁반
	멜라민수지	급식용 식기, 젓가락 쟁반 등
	구아나민(guanamine)수지	급식용 식기, 젓가락 쟁반 등
	불포화(polyester silicon)수지	우유병꼭지, 관, 프라이팬 등
	에폭시(epoxy)수지	통조림통, 내면도장 등
열가소성 수지	폴리에틸렌(PE)	병, 용기, 물통, 바구니 등
	폴리프로필렌(PP)	밀봉용기, 쓰레기통, 전기기기 부품 등
	폴리비닐클로라이드(polyvinyl chloride)	병, 호스, 뚜껑, 포대
	스티렌 수지(PS)	컵, 주발, 용기, 요구르트 용기 등
	폴리카보네이트(PC)	우유병, 급식용 식기 등
	폴리에틸렌 테레프탈레이트(PET)	컵라면 용기, 청량음료수 용기 등

① **페놀 수지**[phenol-formaldehyde(PF) resin]: 페놀과 포름알데히드를 축합하여 만든다. 접시, 컵, 식판, 반찬통 등의 재료로 사용된다. 내열성, 내수성, 내산성 등이 강하지만 알칼리에는 약하다. 페놀과 포름알데히드가 용출되면 문제가 된다.

요소수지

② **요소 수지**(urea resin): 요소와 포름알데히드를 축합하여 만든다. 페놀수지와 유사하다. PF에 비해 착색이 용이하지만 내수성은 약하고 열에도 약해서 오래 사용하면 변질된다. 식기로는 부적합하고 화장품용기, 쟁반 등의 재료로 이용된다. 포름알데히드의 용출이 문제가 된다.

멜라민수지

③ **멜라민 수지**(melamine resin): 멜라민과 포름알데히드를 축합하여 만드는 단단한 플라스틱의 한 종류로 매끈하고 단단한 질감이 도자기와 비슷하다. 내구성이 좋고 가격이 저렴하여 식판, 접시, 밥, 국그릇, 조리기구 등 다양한 주방용품에 이용된다. 멜라민수지로 만든 주방용품이 고온에 직접 또는 반복적으로 노출되면 균열이 생겨 멜라민과 포름알데히드가 용출될 수 있으므로 주의가 필요하다. 용기를 구매할 때는 '식품용'으로 표시가 되어 있는 것을 선택하도록 한다. 또, 오븐의 열이나 전자레인지의 고주파에 의해서도 파손되어 유독물질이 용출되므로 담는 용도 외에 직접 조리하는 용도로는 사용하지 않아야 한다. 그리고 식초를 장기간 보관할 때 유독물질이 용출되므로 산성식품을 오래 보관하지 않도록 해야한다. 또한 자외선이 강한 환경에 자주 노출되면 변색이나 균열이 생기므로 자외선 소독기를 이용할 때는 3시간 이내의 짧은 시간으로 이용하고 오래 방치하지 않는 등의 주의를 요한다.

멜라민 식기에 대한 국내 규격(납 1ppm 이하, 멜라민 30ppm 이하, 포름알데히드 4ppm 이하 등)은 유럽연합(EU)이나 일본보다 더욱 엄격하게 관리되고 있다.

HDPE

(2) 열가소성수지

열가소성수지는 가열하거나 용제에 녹여 가공한다. 몇 번이라도 가열하면 녹아서 부드러워지므로 어떤 모양으로도 만들 수 있으며, 화학변화가 거의 일어나지 않아 다양한 용도로 이용된다. 포름알데히드는 용출되지 않지만 열안정제와 가소제로 첨가하는 약제가 잔류하여 용출되면 독성을 보인다.

① **폴리에틸렌(PE) 수지**: 에틸렌(Ethylene) 중합체로 물보다 가볍고 유연하며 내약품성, 절연성, 내수성이 좋으나 내열성은 떨어진다. 용도에 따라 일회용 장갑, 케첩 용기 등에 사용되는 LDPE와 우유 용기, 레토르트용으로 이용되는 HDPE로 분류할 수 있으며, 재활용이 가능하다.

LDPE

알아두기

플라스틱의 종류와 특징

코드	명칭	특징	용도	재사용 기능 여부
1 PETE	PET(PETE) 폴리에틸렌 테레프탈레이트	• 투명하고 가볍다. • 가장 많이 재활용되며 독성이 적어 안전하다. • 재사용 시 박테리아 번식 가능성이 높다.	생수병, 주스병, 이온 음료병 등	○
2 HDPE	HDPE 고밀도 폴리에틸렌	• 화학성분 배출이 없고 독성이 적어 매우 안전하다. • 전자레인지 사용이 가능하다.	우유병, 영·유아 장난감 등	○
3 V	PVC 폴리비닐 클로라이드	• 평소에는 안정적인 물질이나 열에 약해 소각 시 독성가스와 환경호르몬, 다이옥신을 방출한다.	랩, 시트, 필름, 고무대야, 호스 등	×
4 LDPE	LDPE 저밀도 폴리에틸렌	• 고밀도보다 덜 단단하고 투명하다. • 일상생활에 사용해도 안전하지만 재활용이 불가능하므로 가급적 사용하지 않는 것이 좋다.	비닐봉투, 필름, 포장재 등	×
5 PP	PP 폴리프로필렌	• PP는 플라스틱 중 질량이 가장 가볍고 내구성이 강하다. • 고온에도 변형되거나 환경호르몬 배출이 없다.	밀폐용기, 도시락, 컵 등	○
6 PS	PS 폴리스티렌	• 성형이 용이하나 내열성이 약해 가열 시 환경호르몬 및 발암물질이 배출된다.	일회용 컵, 컵라면용기, 테이크아웃 커피 뚜껑 외	×
7 OTHER	PC (기타 모든) 폴리카보네이트	• PC는 가공과 내충격성이 우수해 건축 외장재로 주로 쓰인다. • 환경호르몬이 배출되어 식품용기로는 사용할 수 없다.	물통, 밀폐용기, 건축 외장재 등	×

PET

② **폴리에틸렌 테레프탈레이트(PET, Polyethylene terephthalate)**: 에틸렌글리콜과 테레프탈산의 중합체로 투명도가 높고 가벼우며 맛과 냄새가 없다. 페트병의 원료이며 재활용이 가능하다. 안전성이 높아 100여 개국 이상에서 식품 포장재로 허용되어 있으며 생수나 탄산음료의 병으로 많이 이용된다. 또한 내열성이 있어 레토르트 식품의 바깥 포장재로도 이용된다.

PP

③ **폴리프로필렌(PP) 수지**: 프로필렌(Propylene)의 중합체로 무독하며 재활용이 가능하다. 내열성이 있어 밀폐용기나 전자레인지 용기로 이용되며 투명성이 있어 과자나 빵의 포장재로도 이용된다.

④ **폴리스티렌(PS) 수지**: 스티렌(styrene)의 중합체로 플라스틱 중에서 표준이 되는 수지이며 무색 투명하다. 용해 시 열안정성, 유동성 등이 우수하여 가공이 용이하다. 특히 사출성형이 용이하여 컵라면, 테이크아웃 커피 뚜껑 등의 식품 용기제조에 이용된다.

PC

⑤ **폴리카보네이트(PC, Polycarbonate) 수지**: PC수지는 비스페놀 A와 포스겐이 반응하여 생성되는 폴리탄산에스테르이다. 녹는 점이 높고(230℃) 기계적 강도가 크며 내한성·내구성·내산성 등도 좋고 식기 세척기에도 변성이 적다. 음식 냄새나 색이 배지 않아 식기, 젖병, 생수통 등 식품 기구에 많이 이용되었지만 비스페놀 A가 환경호르몬으로 알려지면서 사용이 제한되고 있다. 「식품용 기구 및 용기포장 공전」상 용출규격은 2.5mg/kg 이하이다.

PVC

⑥ **염화비닐(PVC) 수지**: 염화비닐의 중합체로 독성이 수지 중에서 가장 강한 맹독성이며 발암성이 있다. 제조 시 사용하는 가소제와 안정제가 유해한 물질로 작용하므로 잔류 규격(mg/kg)이 정해져 있다(「식품용 기구 및 용기포장 공전」). 즉, 가소제인 크레졸 인산에스테르는 1,000mg 이하/kg, 안정제인 디부틸주석화합물은 50mg 이하/kg로 규정되어 있다. 사용처는 식육제품의 플라스틱 랩에 이용된다.

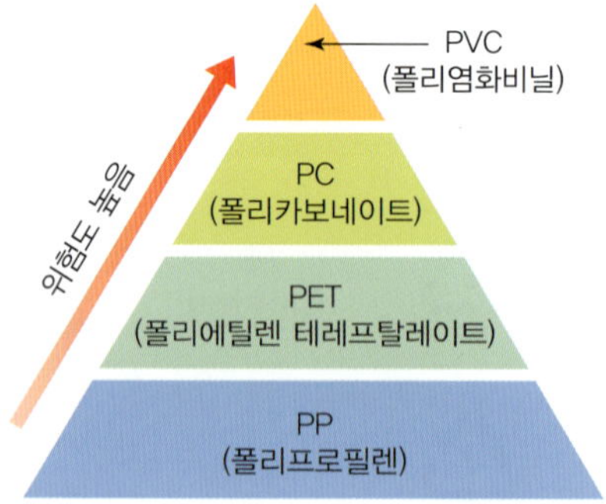

⑦ **폴리염화비닐라덴(PVDC) 수지**: 기본 중합체(Base polymer) 중 염화비닐리

수분 및 산소 차단성이 우수하여 냉장·냉동 육가공 포장재 등의
Barrier Film*에 사용되는 소재

*Barrier Film: 수분 및 산소 등의 이동을 차단하여 미생물의 성장방지, 내용물의 산화방지, 향기성분 및 용제 등의 유출방지를 통해 식품, 음료, 약제, 산업 부품 등의 내용물을 보호하는 목적의 필름

그림 6.6 PVDC 적용사례
자료: SK 이노베이션

덴의 함유율이 50% 이상인 합성수지로, PVC 다음 가는 맹독성을 지니고 있다. 제조할 때 필요한 가소제의 유해성이 문제가 된다. 필름으로 이용되며 소시지, 햄 등 식육 제품의 랩 필름으로 많이 사용된다(그림 6.6).

(3) 테프론

테프론(Teflon)은 미국 듀폰사가 1950년 개발한 물질로, 260℃의 열에도 안전하다. 이외에도 내수성, 내유성, 알칼리 저항성 등이 좋아 프라이팬, 오븐용 조리기구 등의 코팅재로 이용된다. 그 자체로는 독이 없지만, 특수코팅제로 사용하는 PFOA(Perfluorooctanoic acid, 과불화옥탄산)가 발암 또는 유산, 기형과 관련이 있는 것으로 밝혀졌다. 일반적인 조리온도에서는 문제되지 않지만, 흠집이 나거나 코팅이 벗겨진 채로 조리하면 용출되므로 주의가 필요하다. 또한, 산과 염기성 물질이 있으면 용출될 수 있으므로 신맛이나 짠맛이 강한 음식은 조리 후 팬에 그대로 두지 말고 다른 용기에 옮기는 것이 좋다.

그림 6.7 테프론이 코팅된 프라이팬

그림 6.8 코팅이 벗겨진 프라이팬

2) 종이 및 가공지

종이는 식품 포장재로 가장 널리 이용되는 재료이다. 식품 포장에 사용하는 종이는 펄프를 주원료로 하여 표백제, 충전제, 사이징제(Sizing agent), 착색료 등을 첨가하여 제조한다. 또한, 방습을 목적으로 종이에 왁스나 합성수지를 도장하여 가공하거나, 알루미늄과 폴리에틸렌을 접합시킨 다층의 포장 가공 용지 등도 있다. 이러한 종이 및 가공지가 문제가 되는 것은 신선한 펄프에 오래된 종이를 혼합하거나, 비위생적인 폐지로 만든 재생지가 오용되는 경우이다. 또는 제조과정에서 형광증백제를 첨가할 때 디아미노스틸벤(Diaminostilbene), 디설폰산유도체 등의 발암성 물질이 용출되는 경우도 문제가 되고 있다. 이외에도 종이에 힘을 주기 위해 요소수지, 멜라민수지를 첨가할 경우 포름알데히드가 용출될 수 있다. 또한 음료수나 주류의 컵에 파라핀을 도포한 경우 그 안전성이 논란이 되고 있다.

(1) 폴리에틸렌(PE)가공지

종이의 강도, 내수성, 방습성이 약한 점을 보완하기 위해 파라핀, 왁스, 플라스틱 수지, 알루미늄 등을 코팅하거나 접합·가공하여 만든다.

표 6.4 종이, 가공지의 가공 첨가제

목적		가공 첨가제
건조강도		멜라민수지, CMC, 비스코스
내수성	습윤강도	멜라민수지, 요소수지, 페놀수지, 초산비닐수지, 염화비닐수지, 아크릴, 부타디엔중합물, CMC, 비스코스
	발수성	로진사이즈, 파라핀 왁스, 실리콘수지
	방습성	염화비닐수지, 염화비닐리딘수지, 아스팔트, 파라핀왁스, 고무, 금속박, PS, PE
내유지성		CMC, 합성고무, 비스코스, PVA
인쇄적성, 외관적성, 접착성		전분, 카제인, 안료($CaCO_3$, TiO_2, ZnS), 염료, 형광염료, 멜라민수지, 폴리아크릴산수지

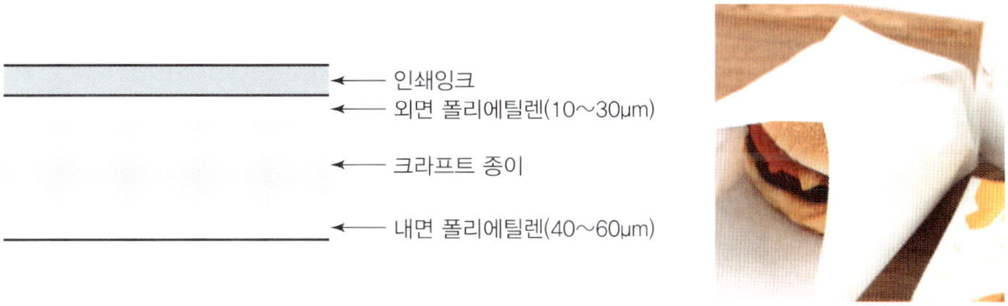

그림 **6.9** PE 가공지의 단면도와 사례

쉬어가기

종이컵에 뜨거운 커피를 마셔도 될까요?

종이컵은 물이나 커피를 담았을 때 새는 것을 방지하기 위해 종이 원지에 폴리에틸렌(PE)늘 코팅해서 만든다. 폴리에틸렌의 녹는 점은 105~110℃로 물보다 높기 때문에 뜨거운 물이나 커피를 부어도 녹아 나오지 않으며, 혹시 미량이 녹아 나오더라도 고분자물질이어서 체내에 흡수되지는 않으므로 건강에 위해요소가 되지는 않는다. 하지만 튀김, 피자 등 기름이 많은 음식을 종이컵에 담아 전자레인지로 가열하면 PE가 녹거나 벗겨질 수 있으므로 사용하지 않는 것이 좋다. 또한 여러 번 사용하여 코팅이 느슨해지면 환경호르몬이 용출될 수 있으므로 주의가 필요하다.

(2) 셀로판

셀로판(Cellophane)은 재생 셀룰로오스이다. 펄프에 18% 수산화나트륨 용액을 첨가하여 셀룰로오스 프레이크로 만든 후 감압시켜 황화탄소와 반응시켜 필름으로 성형한 것이다. 투명하고 인쇄가 잘 되며 먼지가 잘 묻지 않는 특성이 있으나 방습성이 좋지 않고 내산성, 내알칼리성이 낮다. 열 접착이 안 되어 플라스틱 필름과 접합시켜 결점을 보완하여 이용된다. 2015년 이후 필름과 섬유 형태 모두를 포함하여 기준이 제시되고 있다. 셀로판에 폴리에틸렌을 접합하여 만든 '폴리셀로'는 인스턴트 면류와 알사탕류의 포장지로 이용된다. 셀로판에 파라핀을 도포한 경우 파라핀이 용출되면 안 되므로 규제를 하고 있다. 우리나라에서는 60℃에서 침출했을 경우 비소, 중금속, 타르색소, 증발 잔류물이 검출되면 안 된다.

표 6.5 금속의 용도와 용출원인

금속의 종류	용도	용출원인
구리(Cu)	놋쇠, 청동, 양은	산성식품
납(Pb)	옹기의 유약	산성식품
주석(Sn)	통조림	질산, 아질산이온, 산성식품
아연(Zn)	물통, 용기	산성식품
안티몬(Sb)	법랑제 식기, 도자기 착색료	산성식품
카드뮴(Cd)	식품용 기계, 용기, 식기도금	산성식품
알루미늄(Al)	식기, 용기	염장식품

3) 금속재료

금속은 강도가 크고 수분, 산소 등의 외부환경에 대해 차단성이 높아 조리용 기구, 식기류에 널리 사용되고 있다. 조리용 기구와 식기에 철, 알루미늄, 스테인레스 스틸과 구리(동)를 재료로 하는 것이 일반적이다. 식기류에 사용하는 금속의 종류와 용도 및 이들 금속이 용출되어 나오는 원인은 〈표 6.5〉와 같다.

통조림은 철판을 얇게 하여 주석을 도금한 것이며 주석 도금 대신 산화크롬으로 피막을 입혀서 만든 TFS(Tin Free Steel can)는 음료 제품에 많이 사용된다. 알루미늄은 냄비, 호일에 이용된다. 알류미늄박은 재질이 약하므로 플라스틱 필름을 입혀서 만든다. 산, 알칼리에 부식되므로 주의가 필요하다. 스테인레스 스틸은 가공방법이 부적절하면 크롬이 용출될 위험이 있다. 구리는 산에 녹아 녹청이 생길 수 있으므로 주의해야 한다.

4) 도자기, 옹기, 유리

도자기

도자기는 고온에서 구워 독성은 없지만 색, 그림, 모양 등을 내기 위해 전사지를 사용할 경우 연단(Pb_3O_4), 붕산, 붕사 등의 물질이 산과 접촉하면 쉽게 용출될 수 있으므로 주의해야 한다.

쉬어가기

모든 식품용기는 전자레인지에 사용이 가능한가요?

일반적으로 종이, 유리, 도자기, 폴리프로필렌(PP) 등의 재질은 사용이 가능하지만, 제품의 '전자레인지용' 표시를 반드시 확인 후 사용해야 한다.

전자레인지에 사용이 가능한 재질	전자레인지에 부적절한 재질
종이제, 유리제, 도자기제, 폴리프로필렌(PP), 고밀도폴리에틸렌(HDPE) 등	멜라민수지, 페놀수지, 요소수지, PET, 알루미늄 호일 등

자료: 식품의약품안전처

옹기는 김치 및 장류의 용기로 사용된다. 제조할 때 납이 다량 함유되어 있는 연단을 사용하며, 비교적 낮은 온도인 800℃에서 굽게 되므로 산성 물질과 장기간 접촉하면 납이 용출된다. 그러므로 납을 함유하는 유약의 사용을 금지하고 있다.

옹기

유리는 위생성, 방습성, 방수성 및 가스 차단성이 좋아 식품의 포장에 적합하며 내용물 관찰과 가열이 가능하여 장지 저장에도 적합하다. 하지만 파손되기 쉽고 무거워 이동과 취급이 불편하다.

유리

3. 식품의 제조·가공·저장 중에 생성되는 유해물질

식품의 제조·가공·저장과정에 생성되어 잔류하는 유해물질은 미량이라도 안전성에 대한 문제가 발생하게 되므로 주의가 필요하다. 식품을 제조·가공하는 과정이나 저장 중에 발생할 수 있는 유해물로는 니트로사민, 3-MCPD, 포름 알데히드, 에틸 카바메이트, 바이오제닉 아민 등의 물질이 있다.

1) 니트로사민

니트로사민(Nitrosamine)은 아질산염이 아민과 아마이드와 같은 이차 아민(Secondary amine)과 산성 조건에서 반응하면 생성되는 니트로소(N-nitroso) 화합물로 발암성이 판명된 유해물질이다. 니트로사민은 간암, 식도암, 방광암을, 니트로사미드는 위암, 신장암, 폐암, 백혈병을 유발하는 것으로 알려져 있다.

아질산염은 햄, 소시지, 베이컨 등의 육류 가공품 및 어묵과 같은 어육 가공품에 발색제 및 보툴리누스균(*Cl. botulinum*)과 같은 식중독균의 증식억제를 목적으로 첨가되는 화합물이다. 아질산염은 반응성이 높아서 식품의 가공·저장 중에 식품의 성분이나 첨가물과 쉽게 반응한다. 또한, 아민은 동물성 식품에 많이 함유되어 있으므로 아질산염을 첨가한 육류 가공식품에서 니트로사민(nitrosamine)이 형성되어 발암의 위험성 등 문제가 될 수 있다.

식품첨가물로 사용된 아질산염 외에도 식품 자체에 함유되어 있는 질산염은 채소에도 자연적으로 존재하는데, 토마토, 오이, 아스파라거스에는 몇 ppm 정도, 무, 시금치, 상추 등에는 몇 백 ppm, 절임 채소에는 몇 천 ppm으로도 존재한다. 질산염은 체내에서 자연적으로 아질산염으로 환원되며, 가공이나 저장 중에 아질산염으로 환원된다. 또한, 동물성 단백질을 많이 함유하는 어패류를 직화로 조리할 때 연소되는 가스 중의 질소화합물과 반응하여 니트로사민을 생성하므로 육가공품의 섭취 외에도 여러모로 주의가 필요하다. 직화 조리를 최소화하는 등의 식품 내에서 발생가능한 니트로화반응을 최소화하는 것이 바람직하다고 할 것이다. 아질산염이 일산화질소로 산화하는 과정을 억제할 수 있는 항산화제를 이용하는 것도 니트로사민의 생성을 저해할 수 있다. 비타민 C, 폴리페놀류, 토코페롤과 같은 항산화제가 있으면 니트로사민의 생성이 억제되므로 제품 가공 시 비타민 C를 첨가하면 그 위험성이 감소한다. 식품의약품안전처에서는 청소년의 아질산염의 안전섭취량은 2.7g 이하/체중 kg body wt.으로 제시하였으며, 현재의 제품규격은 아질산이온(g/kg)으로 식육 가공품은 0.07 이하, 어육 가공품은 0.05 이하로 정하고 있다.

쉬어가기

아민(amine)

암모니아(NH_3)에서 질소(N)에 연결된 H가 R-로 바뀐 유기화합물

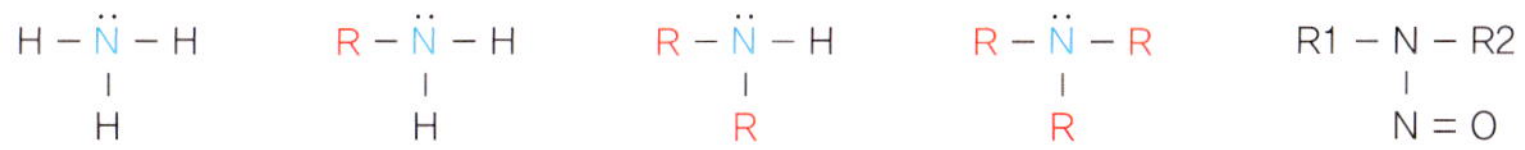

암모니아 1차 아민 2차 아민 3차 아민 니트로사민

그림 6.10 아민의 구조

2) 3-MCPD

3-MCPD(3-monochloropropane-1,2-diol)는 유지성분을 함유한 단백질을 염산으로 분해할 때 글리세롤(Glycerol) 및 그 지방산 에스터(ester)와 염산과의 반응에서 형성되는 물질로서, 1,3-DCP(1,3-Dichloropran-2-ol) 등과 함께 총칭하여 클로로하이드린(Chlorohydrin)이라 한다. 산분해 간장과 산분해식물성단백질(HVP, Hydrolyzed Vegetable Protein)을 만드는 과정에서 생성되는 물질로 간장이나 스프, 소스류 등의 식품에서 검출된다.

알아두기

HVP란 무엇인가?

HVP(식물성 단백질 가수분해물)는 콩, 밀, 옥수수 등 식물성 단백질을 염산 또는 황산으로 가수분해하여 얻는 아미노산과 저분자 펩타이드이다. 식물성 식품을 원료로 하므로 안전하며 식품으로서의 영양성과 맛, 향, 색에 좋은 영향을 끼치므로 식품 산업에 널리 이용되고 있다. 식품 공전에 HVP는 조미료와 같은 식품첨가물이 아닌 '식품'으로 간주하고 있어서 'MSG 무첨가 마케팅'에 이용되었다는 논쟁이 있었다.

자료: 식품음료신문(http://www.thinkfood.co.kr)

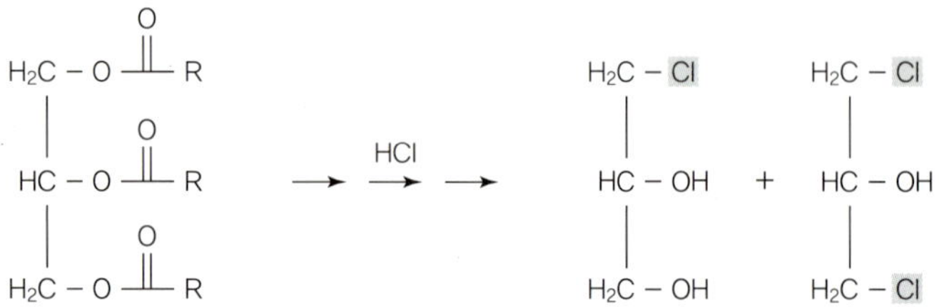

3-MCPD 1,3-DCP

그림 6.11 중성지방과 염산 반응에 의한 3-MCPD 및 1,3-DCP의 생성

탈지대두를 염산을 이용하여 가수분해하면 단백질은 아미노산으로, 지방은 지방산과 글리세롤로 가수분해되는데, 글리세롤이 염산과 만나면 3-MCPD, 2-MCPD, 1,3-DCP 등이 생성된다. 이들의 독성 정도는 3-MCPD 〈 2-MCPD 〈 1,3-DCP 순으로 강하다. 1996년 산분해간장에서 3-MCPD가 검출된 '간장 파동'은 우리나라에서 사회적인 문제가 되었으며, 국제적으로도 이슈화가 되었다. 우리나라에서는 산분해간장에서 0.3mg 이하/kg, 식물성단백가수분해물은 1.0mg 이하/kg 이하로 규정되어 있다.

산분해간장 외에도 도넛, 빵, 비스킷 등과 곡류 및 맥아 등을 열처리하여 만드는 시리얼 제품에서도 발생할 수 있다.

JECFA(FAO/WHO합동 식품첨가물전문가위원회)의 식품첨가물 및 오염물질분과 위원회에서 3-MCPD의 유해성에 대해 초기에는(1993년) 불임 유발 가능성이 있다고 하였으나, 2001년에는 유전독성이 없음이 밝혀져 1일 최대 허용섭취량을 2μg/kg으로 설정하였고, 유럽에서는 0.2ppm, CODEX에서는 0.4ppm으로 설정하였다. 1,3-DCP는 3-MCPD가 고농도로 존재할 때 함께 함유되어 있으므로 간장의 3-MCPD의 농도를 규제하여야 한다. 또한, 1,3-DCP는 동물실험에서 정자의 운동성이 감소하는 증상을 나타내었다.

3) 에틸 카바메이트

에틸 카바메이트(Ethylcarbamate, 우레탄)는 식품저장 및 숙성과정 중 자연 발생하는 독성물질로 포도주, 청주, 위스키 등의 주류와 된장, 청국장, 요구르트, 치즈, 김치, 간장과 같은 발효식품에 함유되어 있다. 식품의 제조과정 중 시안화수소산, 요소, 시트룰린, 시안 배당체, N-carbamyl 화합물 등의 여러 전구체 물질이 에탄올과 반응하여 생성된다. 핵과류의 종자에 함유된 시안 배당체는 효소반응에 의해 시안화수소산으로 분해되고 산화되면 cyanate를 형성하게 되고 여기에 에탄올과 반응하여 생성되고 발효과정 중에는 아르기닌이 효모에 의해 분해된 요소와 에탄올이 결합하여 에틸 카바메이트가 생성된다.

국제암연구기관(IARC)에서는 에틸 카바메이트를 'Group 2A'로 상향 조정하였다. 캐나다에서 1985년 유통 중인 주류에서 에틸 카바메이트 함량을 조사한 결과, 자두, 복숭아, 체리 등과 같은 씨가 있는 과실을 원료로 한 과실주에서 에틸 카바메이트가 높게 검출됨을 언론에 발표하면서 국제적 이슈화가 되었으며, 1986년 캐나다에서 처음으로 여러 알코올음료에 에틸 카바메이트 최대 잔류기준을 설정하였고, 미국 FDA에서는 1997년 포도주 제조 시 에틸 카바메이트 저감화를 위한 매뉴얼을 만들어 양조업자들의 자발적 참여를 권고하였다. 우리나

알아두기

국제암연구소(IARC)가 지정한 등급별 발암물질

등급		구분	해당 물질
Group 1 (1등급)		인체 발암물질 (사람에게 발암한다는 충분한 증거)	(118종) 아플라톡신, 흡연, 주류, 석면, PCB, 방사선, 비소, 카드뮴, 다이옥신, 벤조피렌 등
Group 2 (2등급)	A	인체 발암 추정 물질 (사람 자료 제한+동물자료 충분)	(66종) 아크릴아마이드, 고온에서 튀김, 납화합물, 코발트 등
	B	인체 발암 가능 물질 (사람 자료 제한+동물자료 부족)	(290종) 커피, 절임 채소, 전자기장(라디오, 휴대폰), 납, 톨루엔 등
Group 3 (3등급)		인체 발암 비분류 물질 (사람 + 동물자료 모두 부족)	(501종) 카페인, 멜라민, 클로르퀸 등
Group 4 (4등급)		인체 비발암성 추정물질 (사람 발암 가능성 없음+동물자료 부족)	(1종) 카프로락탐(나일론 원료)

라 식품의약품안전처에서는 포도주의 에틸 카바메이트 함량은 30μg 이하/kg로 규제하고 있다.

4) 바이오제닉아민

단백질을 함유하는 식품이 발효되거나 부패하는 과정에서 단백질 분해효소에 의해 바이오제닉아민(Biogenic amine)이 생성된다. 이 물질은 1960년대 유럽에서 치즈를 먹은 후 편두통과 고혈압이 나타나는 '치즈반응(Cheese reaction)' 증상이 보고된 이후 알려졌다. 이러한 현상은 치즈 외에도 초콜릿, 맥주, 와인, 요구르트 등에서도 발생한다. 바이오제닉아민의 대표적인 물질은 히스타민(Histamin)으로 대표적인 알레르기 유발물질이다. 식품의약품안전처에서는 우리의 전통 장류식품의 히스타민 규격을 500ppm 이하로 규정하고 있다. 유해 바이오제닉아민을 저감화하기 위해서 식품의 제조과정에서 위생관리를 철저히 해야 할 것이다.

4. 조리과정 중에 생성되는 유해물질

식품을 고온에서 오랜 시간 가열하면 탄수화물에서는 아크릴아마이드, 지방에서는 아크롤레인, 단백질에서는 벤조피렌과 같은 다환 방향족 화합물이 생성된다. 이들 물질은 인체에 매우 유해하다.

1) 다환 방향족 탄화수소(PAH)

PAH(Polycyclic Aromatic Hydrocarbons)는 2개 이상의 벤젠고리가 선형 또는 밀집된 구조를 갖는 유기화합물인데, 〈그림 6.12〉와 같이 벤조피렌, 벤조안드라센 등 여러 종류가 있으며, 담배, 숯불에 구운 육류 등의 유기물이 산소가 부족한 상태에서 불완전 연소될 때 부산물로 발생한다. 이들 대부분은 체내에서 대사되어 암을 유발하는 것으로 알려져 있으며 3,4-벤조피렌(Benzopyrene)이 가장 강력한 발암물질이다.

벤조피렌은 식품을 굽거나, 튀기기, 볶기 등의 제조·조리 과정에서 탄수화물, 지방 및 단백질의 탄화에 의해 생성되는데, 특히 불꽃과 직접 접촉할 때 가장 많이 생성된다. 숯불로 구운 고기의 탄 부분에 많이 존재하며, 훈제 식품, 가열 처리한 유지류, 볶은 견과류 등에서도 많이 발견된다. 국제암연구소에서는 벤조피렌을 'Group 1'으로 분류하고 있다. 직화로 고기를 구워 먹는 식습관이 있거나 훈제가공육을 많이 섭취하는 경우 대장암, 유방암 등의 발생 위험이 높은 것으로 알려져 있다. 또한 환경호르몬으로 내분비계 장애를 유발하여 생리통, 성조숙증 등의 원인이 될 수 있다.

국내에서는 모든 식용유지에 2.0μg/kg, 훈제건조어육(가쓰오부시)에 10μg 이하/kg의 기준을 적용하고 있다.

벤조피렌의 섭취를 줄이기 위해서는 지방이 많은 부위보다는 살코기 부위를 선택하고 조리법은 숯불구이, 팬, 오븐에 의한 직접 가열보다는 찌기, 삶기 등의 간접 조리법을 활용하는 것이 좋다. 상추, 마늘, 양파 등의 채소는 벤조피렌의 독성을 감소시키므로 채소, 과일과 함께 먹으면 좋다.

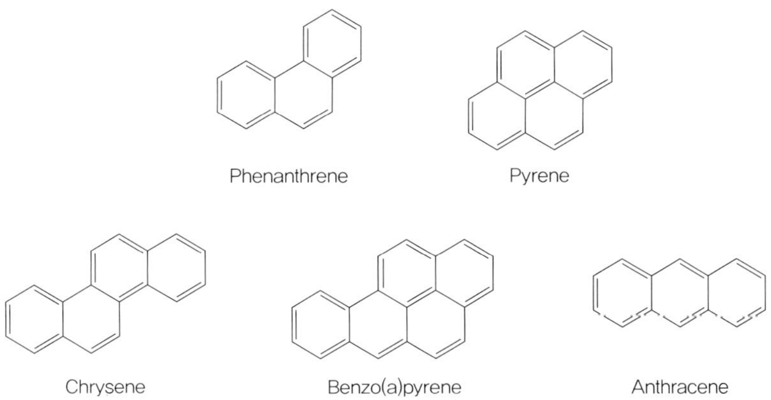

그림 **6.12** 다환 방향족 탄화수소

2) 이환 방향족 아민

이환 방향족 아민(HCA, Heterocyclic Amine, 헤테고리아민류)은 단백질 식품을 가열 조리할 때 아미노산과 크레아틴이 반응하여 생성되는 물질로 17여 종이 있다. 이들 물질은 돌연변이성이 강하고 동물에서 암을 유발하지만 식품에서 생성되는 양은 매우 적어, 국제암연구소에서는 발암가능물질인 'Group 2B'로 분류하고 있다. 적색육과 가공육을 많이 섭취하는 경우 특히, 이를 고온으로 석쇠에 굽거나 바비큐로 조리하면 발암 위험이 더 높아지는데, 이는 다환 방향족 수소(PAH)와 이환 방향족 아민(HCA)이 생성되기 때문이다. HCA가 생성되는 정도는 고온일수록 조리 시간이 길수록 더 많고, 100℃ 이하에서는 생성되지 않고 바비큐, 튀김요리에서 많이 생성되므로 굽기, 튀기기 등의 높은 온도로 조리하는 경우에 주의가 필요하다. 또한, 이 물질은 메일러드(Maillard)반응에 의해서도 생성된다.

3) 아크롤레인

음식을 고온으로 기름에 튀기거나 불에 구우면 식품에 들어 있던 성분들이 열분해되면서 미세한 입자형태의 에어로졸로 되어 공기 중으로 방출된다. 기도의 점막이나 폐조직을 자극하고, 기형 및 암, 특히 폐암을 유발하는 독성물질인 아크롤레인(acrolein)이 대표적이다.

아크롤레인은 자극적인 냄새가 나는 무색의 휘발성 기체로, 식용유를 180℃ 이상의 고온에서 가열할 때 많이 발생하며 튀김 음식을 공기 중에 오랫동안 두어 기름이 산패하는 과정에서도 생긴다. 기도를 자극하고 궁극적으로 발암물질로 작용한다. 아크롤레인은 담배에 들어 있는 여타 발암물질들보다 독성이 더 강한 것으로 알려졌다.

튀김요리를 많이 하는 지역의 비흡연 여성에게 폐암 발생이 많은 것에 아크롤레인이 연관이 있으므로 아크롤레인에 의한 피해를 줄이기 위해서는 환기에 유의해야 한다.

4) 아크릴아마이드

아크릴아마이드(Aacrylamide)는 식품을 고온에서 조리할 때 아미노산과 당의 메일러드반응(Maillard reaction)에 의해 생성되며 온도와 시간이 증가할수록 생성량도 많아진다. 주로 탄수화물이 풍부한 감자스낵(포테이토칩, 프렌치프라이 등)과 시리얼, 빵류, 비스킷 등의 식품에서 검출되는데, 120℃ 이하의 습열 조리에서는 생성되지 않는다.

2002년 4월, 스웨덴 식품 규격청(Swedish National Food Authority)에서 특정 식품을 고온에서 튀기거나 굽는 경우 생기는 것으로 처음 발표하였다. 국제암연구소에서 발암유력물질인 'Group 2A'로 분류하고 있다.

아크릴아마이드를 최소화하기 위해서는 조리온도를 낮주고, 시간을 되도록 줄이는 것이 좋다. 튀김은 160℃ 이하에서 오븐구이에서는 200℃가 넘지 않도록 하며, 120℃보다 낮은 온도에서 삶거나 찌는 조리법을 이용하는 것을 권장한다. 또한, 감자 등을 냉장보관하게 되면 환원당이 증가하여 아크릴아마이드의 생성량도 증가하게 되므로 실온에서 보관하는 것이 좋다. 조리과정에서는 감자를 60℃ 물에 45분간 정도 침지하면 아크릴아마이드를 85%까지 감소시킬 수 있다. 고기를 구울 때 후추를 뿌리면 10배 이상 증가하므로 조리 후에 뿌리는 것이 좋다.

5) 지질 과산화물

불포화지방산이 산소, 효소 또는 미생물로 인해 산화되면 과산화물, 분해산물, 중합체 등이 생성되어 변패 또는 산패된다. 지질이 산화되면 생성되는 말론디알데히드(MDA, Malondialdehyde), 4-hydroxy 2-alkenal 등의 알데히드류는 반응성이 높아 체내에서 단백질과 같은 고분자물질과 결합하여 독성을 나타내므로 유지의 산패 정도를 나타내는 지표로 삼는다. 또한 이들 물질은 DNA와 반응하여 발암성과 돌연변이를 유발한다. 산패된 지방을 섭취하면 급성으로는 식욕감퇴, 구토, 설사 등의 증상이 나타나고 만성이 되면 동맥경화, 간장 장애 등이 나타난다. 과산화지질은 세포막의 투과성을 저하시키고, 혈관내피를 손상시키며 콜레스테롤을 침착시켜 동맥경화를 유발한다.

불포화지방산이 많은 식물성기름은 빛, 산소에 의해 산화되기 쉬우므로 산화를 방지하기 위한 주의가 필요하다. 즉, 산소나 빛으로부터 보호할 수 있는 용기를 선택하고 저온에서 보관하는 것 등이다. 또한, 올리브유는 기름 외에도 다른 물질을 포함하고 있어 산화에 더욱 취약하므로 세심한 주의가 요구된다.

참고문헌

곽동경, 강영재, 류경, 정혜자, 문혜경, 이경은, 최정화. 식품위생학 원리와 실제. 교문사. 2020

권훈정, 김정원, 유화춘, 정현정. 식품위생학. 교문사. 2011

김덕웅, 정수현, 염동민, 신성균, 여생규, 조원대. 21C 식품 위생학. 수학사. 2018

서울대학교 농업생명과학대학 농생명공학부 식품위생공학실. 생각이 필요한 식품위생학. 수학사. 2019

윤기선, 엄애선, 정윤경, 김경임, 이종경, 구옥경. 식품위생학. 파워북. 2018

사이트

식품영양위키(https://nutri.fandom.com/ko/wiki/%EB%91%98%EC%8B%A0)

의협신문(http://www.doctorsnews.co.kr)

CHAPTER

7

환경유해 물질

1. 내분비계 교란물질의 특성
2. 내분비계 교란물질의 종류

CHAPTER

7 환경유해 물질

산업화에 따른 환경오염은 시간이 갈수록 심해지고 있고, 환경유해 물질의 국가 간 이동도 점차 쉬워지고 있다. 환경유해 물질은 환경성 질환을 일으킬 수 있고, 화학적, 물리적, 생체역학적 자극, 생물학적 독성과 관련이 있으며 건강요인에 대한 영향이 매우 크다. 이에 우리나라도 2009년 환경부가 「환경보건법」을 제정하고, 환경성 질환을 일으키는 여러 환경 유해인자를 범주화하면서 단계별 노출량에 의한 유해성 평가를 실시하고 이를 관리하고 있다.

환경유해 물질은 그 종류가 다양하며 동물이나 사람의 체내에 흡수되어 정상적인 대사과정을 방해하거나 혼란을 야기하는 물질로 내분비계 교란(장애)물질이라 정의할 수 있다. 통상 환경호르몬(Environmental hormone)으로 잘 알려진 화학물질들이라 말할 수 있다. 미국의 EPA(Environmental Protection Agency)에서는 동물 및 인간의 생체 항상성(Homeostasis)의 유지, 성장 및 발달 등을 조절하기 위한 다양한 정상 호르몬의 생산, 이동, 대사, 작용, 방출 등의 기능을 간섭하여 부적절한 결과를 초래하는 체외물질로 정의하고 있다. OECD(Organization of Economic and Community Development)의 경우 사람이나 동물 생식기에 건강상 장해를 일으키는 외인성 물질이며, 환경에 축적되어 야생 생물의 생태계 또는 인체건강을 심각하게 교란시키는 물질로 정의하고 있다. 우리나라의 경우 다른 내분비 기능에 교란을 일으켜 생체 또는 그 자손의 건강에 위해한 영향을 나타내는 외인성 물질로 정의하고 있다.

1. 내분비계 교란물질의 특성

내분비계 교란물질(환경호르몬)은 환경을 고려하지 않고 성장위주의 산업 활동으로 환경에 방출되는 유해물질이라 할 수 있다. 매우 적은 양으로도 생체 호르몬 분비를 교란시켜 생식, 성장, 기형 및 암 발생 위험성 증가 등 건강상의 문제를 야기시키는 외인성 물질로, 체외로 배출되기 쉬운 형태가 아닌 지방세포 등에 축적되는 특성을 갖고 있는 것이 대부분이다. 내분비계 교란물질의 특성은 아래와 같다.

- 인체의 내분비 호르몬과 같이 매우 극미량으로도 생식기능 등 장애 유발
- 먹이사슬을 통해 동물이나 사람의 체내 축적
- 정상적인 생체호르몬과는 달리 쉽게 분해되지 않고, 지용성으로 지방조직에 축적
- 긴 반감기(DDT 반감기: 2~15년, 다이옥신류 반감기: 7~8년)

내분비계 교란물질이 동물이나 인체에 혼입될 경우 생체 항상성을 유지하도록 하는 호르몬을 방해하는데, 다음과 같은 4가지 기전으로 설명할 수 있다. 첫째, 정상적인 호르몬인 것처럼 작용, 둘째, 정상 호르몬 수용체 봉쇄작용, 셋째, 촉발작용, 넷째, 간접작용 등의 방법으로 내분비계를 교란시키고 비정상적인 생체반응을 유도하는 것으로 알려져 있다(표 7.1). 현재 내분비계 장애를 일으킬 수 있다고 추정되는 물질로는 각종 산업용 화학물질(원료 포함), 살충제 및 제초제 등의 농약류, 유기중금속류, 다이옥신류 또는 에스트로겐 호르몬과 유사한 작용을 하는 호르몬유사물질 등이 있다.

표 7.1 내분비계 교란물질 작용 특성

작용기전	내용	대표적인 환경호르몬
모방작용	생체 내 호르몬처럼 표적세포의 수용체에 결합하여 비정상적인 반응 유도	비스페놀A, PCB(polychlorinated biphenyl), DES 등
봉쇄작용	호르몬 수용체의 결합부위를 봉쇄함으로써 정상호르몬이 결합하지 못하도록 차단	DDE(DDT의 분해산물)
촉발작용	정상호르몬과 화학적 구조가 유사하여 호르몬 수용체에 결합하여 비정상적인 생리작용 야기	유기주석화합물, 다이옥신류, PCB 등
간접작용	정상호르몬의 대사 및 합성을 변화시켜 비정상 반응 유발	컵라면용기(스티렌 다이머, 스티렌 트리머) 등

2. 내분비계 교란물질의 종류

세계야생동물보전기금(WWF, World Wildlife Fund) 목록에는 67종의 화합물이 내분비계 장애물질로 등재되어 있고, 일본 후생성에서는 산업용 화학물질, 의약품, 식품첨가물 등 140여 종, 미국 환경청(EPA)은 73종, 미국 질병관리 통제센터(CDC)는 43종의 물질을 내분비계 장애물질로 분류하고 있다. 이와 같이 국가별 또는 기구별 관리 목록이 다른 이유는 주요관리 대상과 산업의 특성에 따라 차이가 있기 때문이다. 우리나라의 경우 세계야생동물보전기금(WWF)의 분류에 따라 67종의 내분비 장애물질에 대한 관리를 시행하고 있다. 가장 대표적인 내분비계 장애물질의 종류는 아래와 같다.

1) 다이옥신(Dioxin)류

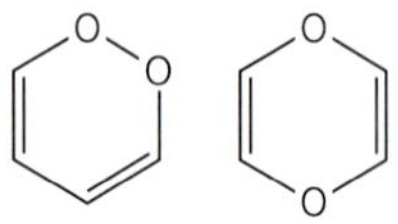

그림 7.1 1,2-다이옥신(좌), 1,4-다이옥신(우)

다이옥신은 2개의 이중 결합을 갖는 벤젠(고리 불포화 에테르)으로 물에 녹지 않는 지용성 물질로 기본구조는 〈그림 7.1〉과 같다. 우리나라에서도 베트남 전쟁 때 사용된 고엽제로 인해 참전용사들의 고통과 건강

이상으로 이슈가 된 사례가 있다. 다이옥신은 인류가 만든(산업 활동으로 인한 비의도적 발생) 최악의 물질로 1g으로도 성인 2만 명을 죽일 수 있으며 그 독성이 청산가리의 1만 배 이상으로 알려져 있다.

다이옥신의 전구체로 가장 잘 알려진 것은 2,3,5-trichlorophenol(TCP)인데, TCP의 경우 제초제를 생산할 때 핵심물질의 합성에 쓰이는 중간체이다. 따라서 다이옥신은 제초제와 소독살균제의 제조과정에서 필연적으로 생성되는 부산물이다. 또한 다이옥신은 열분해(연소)에 의해서도 생성되는데, 산업적으로 목재를 효율적으로 이용하기 위하여 사용하는 목재방부제인 pentachlorophenol(PCP)와 같은 염화페놀류나 염화비페닐류 등이 연소할 때 다량의 다이옥신이 생성된다. 이외에도 석유, 석탄 등을 연료로 사용하는 자동차, 화력발전소나 각종 플라스틱을 포함한 쓰레기 소각과정에서도 미량이지만 생성된다. 이처럼 발생된 다이옥신은 대기로 확산되어 강우나 바람에 의해 토양을 오염시키고 하천, 강 또는 지하수에 용존 상태로 생물이나 퇴적물에 흡착된다. 다이옥신은 700℃의 고온에서도 안정하고, 산·알칼리 등에도 쉽게 분해가 되지 않아 지속적으로 오염될 경우 환경에 잔류하는 양이 비례적으로 증가하게 된다. 더욱이 다이옥신은 하등 생물에 농축되고 이를 먹이로 하는 고등생물 역시 지방조직에 농축되어 배설되지 않고 축적되게 된다. 먹이사슬 최상위인 인간 신체에 다이옥신이 지속적으로 노출될 경우 각종 암 등의 질병을 유발한다.

인체에 나타나는 가장 대표적인 증상은 피부질환(염소여드름)이며 피로, 쇠약, 말초신경계 이상, 간 손상 등이 보고된 바 있다. 미국 환경보호청은 다이옥신을 인체발암물질(Group 1)로 분류하며, 우리나라의 경우 1일 섭취허용량은 4 pgTEQ/kg 이하로 설정하여 관리하고 있지만 미국, 일본 등 선진국의 경우 식품에 따라 1~5pgTEQ/kg로 1일 섭취허용량을 정하여 시행하고 있다. 우리나라의 경우 아직까지 베트남 참전 용사를 제외하고 다이옥신 오염사건으로 이슈화된 사건은 없지만, 일반 및 특정 폐기물의 소각과정에서 발생할 수 있어 식품에 오염되고 국민들에게 피해를 입힐 가능성이 충분하기 때문에 지속적인 관리가 필요하다.

다이옥신 단위

다이옥신의 환경기준 단위는 pgTEQ/g으로 pg는 피코그램을 뜻하며 TEQ는 독성등가치(Toxicity EQuivalency)를 의미한다. 즉 다이옥신 종류는 200가지가 넘는데 이 가운데 독성이 높은 것을 1로 보고 나머지 다이옥신 물질의 독성 값을 환산해 독성을 계산한 것이다.

2) 폴리염화비페닐(PCBs)

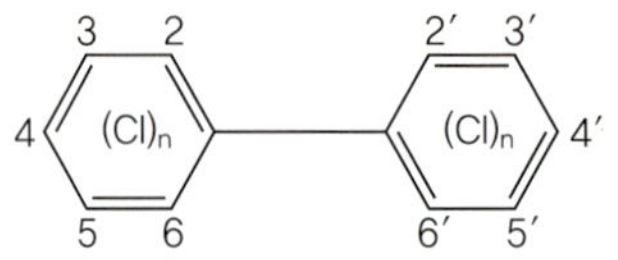

그림 7.2 폴리염화비페닐의 기본구조

폴리염화비페닐은 다이옥신 유사화합물의 한 종류로 209개의 이성질체가 있으며, 이 중 다이옥신과 비슷한 독성을 보이는 이성질체 수는 12개인 것으로 알려져 있다. PCB는 무색·무취의 점성 액체로 화학적 안전성, 높은 내열성, 높은 불연성, 효과적인 전기저항성, 금속에 대한 낮은 부식성, 물에 불용성과 같은 특징이 있어 19세기 후반부터 광범위하게 사용되어 왔다. 이러한 특성으로 인해 방화제, 가소제, 시멘트 첨가제, 인쇄잉크, 합성접착제, 차량브레이크 오일, 변압기나 전기제품 등 무수히 많은 곳에 사용되어 왔다.

폴리염화비페닐에 의한 대표적인 식품오염 사건은 1968년 일본의 나가사키현, 후쿠오카현 및 키타큐슈 일대의 소비자들이 오염된 식용유를 지속적으로 섭취한 결과, 약 14,000명이 중독사건을 일으킨 전대미문의 사건(미강유 중독)이 있었다. 처음에는 여드름과 비슷한 피부병환자가 대부분이었으나 간장장애, 성장지연, 내분비교란, 말초신경장애, 탈모 등 다양한 증상이 나타나 그 심각성을 보여주었다. 뿐만 아니라 어린 시절 섭취했던 사람의 경우 20여 년이 흘러 성인이 되어 임신하고 출산한 2세에게도 모체와 동일한 증상이 관찰되어 2차 피해 규모가 상당하다고 알려져 있다.

1999년 벨기에산 돼지고기에서 다량의 폴리염화비페닐이 검출되어 오염된 사료의 섭취가 근육 및 지방조직에 저장되어 분해되지 않고 잔류하여 국가 간 교역에 문제를 일으킨 사건이 있었다. 이때 폴리염화비페닐에 대한 사용금지가 국제적으로 본격화 되었으며 2004년 스톡홀름협약을 통해 2025년까지 폴리염화비페닐을 함유한 각종 재료를 퇴출시키고 이미 상용되어지고 있는 경우에도 제거하도록 하였으며 우리나라를 포함한 151개국이 참여하였다.

이러한 국제적 노력에도 불구하고 그 특유의 안정성 때문에 이미 오염된 토양, 지하수, 생물, 나아가 인체에 대한 지속적인 모니터링이 필요하다. 폴리염화비페닐은 에스트로겐 수용체가 에스트로겐으로 인식하여 이와 결합하여 세포활성을 과하게 작용하여 생체에 유해한 결과를 초래한다. 우리나라에서도 광범위하게 오염되었을 것으로 추정하고 있으며 실제로 출산한 산모의 모유에서 검출되었다고 보고된 바 있다. 식품공전(2014)에서는 어류의 폴리염화비페닐 농도를 0.3mg/kg 이하로 규정하였으며, 공장 폐수나 방류수의 경우 0.003ppm(mg/L) 이하로 관리하고 있다. 또한 전국에 있는 노후 변압기를 2015년 이미 완전히 폐기함으로써 폴리염화비페닐 근절에 대한 노력을 해왔다.

3) 비스페놀 A(Bisphenol A)

비스페놀류는 폴리카보네이트와 에폭시수지 등 플라스틱 세품을 만드는 데 주로 사용되는 유기화합물이다. 비스페놀 A는 다양한 비스페놀류 중에서도 중독을 일으키는 대표적인 물질로 알려져 있다. 비스페놀 A는 1891년 러시아 화학자에 의해 처음 합성되었으며 견고성, 투명성 및 내열성 등의 특성으로 다양한 플라스틱 제품에 이용되어 왔다.

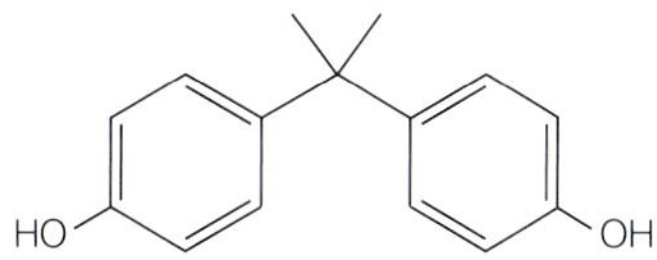

그림 7.3 비스페놀 A의 기본구조

1938년 도드 등이 난소를 제거한 쥐에게 비스페놀 A를 주입한 결과 에스트로겐 활성과 유사한 반응이 나타나 내분비계 장애물질일 가능성을 제시하였다. 즉, 비스페놀 A에 노출된 생체는 에스트로겐의 비정상적인 활성화로 인해 내분비 교란을 일으킬 수 있다는 것(모방 기전)이다. 이외에도 여러 동물실험에서 초기 단계의 유방암과 전립선암 유발, 수컷의 암컷화, 성조숙증 등 유발 등의 결과가 보고되었다.

유럽, 캐나다, 미국 등은 비스페놀 A를 사용한 폴리카보네이트를 유아용 젖병 등에 사용하는 것을 금지하고 있다. 2012년 우리나라에서도 유아용 젖병에 비스페놀 A의 사용을 금지하였으며, 2019년에는 유아용 기구 및 용기·포장에도 사용을 금지하도록 강화하였다. 미국의 경우 1일 섭취허용량을 0.05ppm으로 정하였고 유럽의 경우 용기로부터 용출되는 양을 3ppm 이하로 정하고 있다. 우리나라의 경우 음식을 데워 먹는 문화가 있어 다른 나라보다 조금 더 엄격한

2.5ppm 이하의 용출 허용기준을 따르고 있다.

4) 알킬페놀(Alkylphenol)류

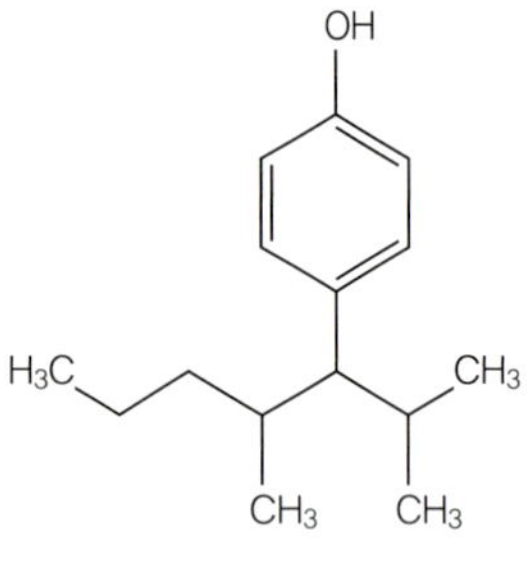

그림 7.4 노닐페닐의 기본구조

알킬페놀은 알킬페놀폴리에스톡실레이트의 분해산물로 페놀의 벤젠고리에 알킬그룹이 결합되어 있는 안정한 화합물의 총칭이다. 알킬페놀류의 종류는 다양하나 특히 문제가 되는 것은 노닐페놀(Nonylphenol)이다.

노닐페놀은 산화방지제, 세탁세제, 유화제 등의 제조에 사용되는 유기화합물로 에스트로겐과 유사활성을 지닌 내분비 장애물질로 알려져 있다. 1930년 생체 내에서 에스트로겐과 유사하게 작용한다는 것이 최초로 보고된 이래 다양한 연구에서 실험동물의 정자 수 감소, 기형아 출산, 성조숙증 등의 생식 독성을 유발됨이 보고되었다.

유럽의 경우 2003년부터 노닐페놀의 사용을 제한하고 있으며, 중량대비 0.1% 이상 농도의 세척제, 유화제에 사용을 금지하고 있다. 우리나라의 경우 「유해화학물질관리법」에 노닐페놀을 유독물질로 지정하여 관리하고 있다. 즉, 노닐페놀을 0.1% 이상 함유한 혼합물질을 취급제한물질로 2006년 지정하여, 가정용 세척제, 잉크, 페인트의 용도로 제조, 수입, 판매, 보관·저장, 운반, 사용을 금지하고 있다. 2020년 코로나19로 인한 마스크 사용량이 증가되면서 마스크 제조 시 접착부위에 사용된 접착제의 노닐페놀로 인한 허용 기준치를 초과하여 시중에 유통되어 논란이 된 바 있다.

5) 디디티(DDT)

디디티(DDT, dichloro diphenyl trichloroethane)는 1930년대 후반 독일의 폰 헤르만 뮐러에 의해 살충제로 개발되어 벼룩, 모기, 장티푸스, 페스트 및 말라리아 등

유해곤충에 사용되었다. 강력한 살충효과로 작물의 생산량 증가 및 인간의 전염병 예방에 대한 공로로 그는 1948년 노벨 생리학상을 수상하기도 하였다.

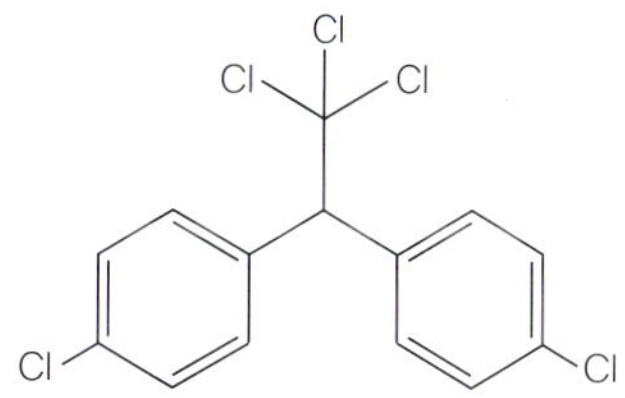

그림 7.5 디디티의 기본구조

1950년대 디디티는 현대 과학의 기적으로 받아들일 정도로 전 세계적으로 많은 양이 사용되었다. 그러나 1970년대 디디티가 경구적으로 인체에 지속적으로 유입될 경우 만성독성을 유발함을 확인하였다. 만성중독으로는 생식기 이상, 사지의 지각과 평행감각 이상, 경련, 뇌출혈 및 뇌종양을 유발한다. 한 번에 많은 양에 노출될 경우 급성중독 증세를 일으키는데, 특히 신경계에 영향을 미쳐 흥분, 발작, 발진 및 눈, 코, 입에 작열감이 나타난다.

디디티는 안정한 물질로 반감기가 약 15년 내외로 상당히 길고 토양, 물, 생태계에 잔류하다가 플랑크톤이나 조류에 흡수된다. 그 후 먹이사슬에 의한 생물농축으로 고등 동물 생체 내에서 배설되지 못하고 축적되며 생체 내 생물학적 반감기가 100년에 이른다.

미국의 환경청은 1972년 디디티 농약살포를 전면 금지하였고, 우리나라의 경우 1976년 생산 및 수입 금지, 1979년부터 전면적 사용을 금지하였다. 1980년 이후 세계적으로 디디티 사용을 금지하고 있다.

6) 티비티(TBT)

유기주석화합물인 티비티(Tributyltin)는 주석에 3개의 부틸기가 결합된 무색 또는 황색의 액체인 화합물로 독성이 강하다. 티비티는 주로 부착방지용 페인트로 선박이나 해양구조물, 가두리 제품 및 항만시설 등에 주로 사용되는데, 화학적으로 결합되어 있다가 수화에 의해 서서히 용출되면서 해양을 오염시킨다.

1980년대 초, 영국과 프랑스에서 참굴(*Crassostrea gigas*)의 패각기형과 개체군의 감소가 확인되면서 처음 문제가 대두되었는데 그 원인은 요트 정박지 및 조선소에서 유입된 티비티때문인 것이 밝혀졌다.

TBT는 굴 성장의 억제, 홍합의 성장 속도 감소, 고둥류(소라, 대수리)의 임포섹스(Imposex) 유발 등의 기능을 하는 내분비 장애물질이다. 임포섹스란 암컷에 수컷의 생식기관이 생겨나는 현상을 말한다.

이매패류 체내의 TBT 농도는 그 해역의 오염수준을 간접적으로 나타내며 생태계에 악영향을 미치는 환경호르몬이다. 이미 전 세계적으로 TBT 사용을 금지하고 있으며 우리나라의 경우 2002년부터 연안을 항해하는 모든 선박에 TBT 사용을 금지하였다.

7) 디에틸스틸베스테롤(Diethyl stilbesterol)

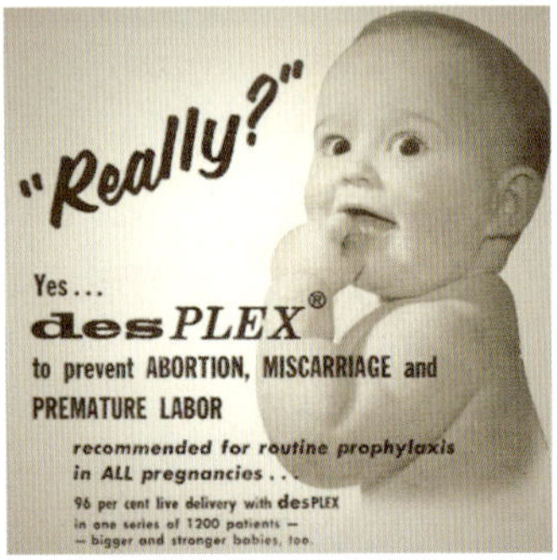

그림 **7.6** 1940~1970년대 초 디에틸스틸베스테롤(DES)의 광고

디에틸스틸베스테롤(DES)은 인간이 인위적으로 만든 강력한 합성 여성호르몬으로, 여성호르몬인 에스트로겐과 유사한 작용을 나타낸다. 디에틸스틸베스테롤은 1948~1972년경 유산이나 조산방지 목적으로 임산부에게 처방되었다. 최초에는 가축들의 유산방지 목적으로 사용되었다가 그 효과가 매우 뛰어나 임신한 여성들에게 처방이 되었던 것이다.

그러나, 디에틸스틸베스테롤을 복용한 산모에게서 태어난 여아들의 사춘기에 자궁경부암 증세가 나타났고 유방암 발병률 역시 정상인에 비해 2배 정도 높았다. 또한 남아의 경우 성기 기형이 나타나 디에틸스틸베스테롤의 심각성이 알려지게 되었다. 1972년 이후 우리나라를 비롯한 다수의 국가에서 산모뿐만 아니라 가축에게도 사용을 금지하였다.

8) 스티렌(다이머, 트리머)

스티렌(styrene)은 인화성이 매우 큰 방향족 탄화수소로 지용성 액체로 특유한 냄새를 가진다. 비극성으로 물에는 거의 녹지 않으며 에테르나 벤젠과 같은 비극성 용매에 잘 녹는 특징을 갖고 있다. 비닐기 구조가 있어 쉽게 중합할 수 있으므로 폴리스틸렌수지, 폴리에스테르수지 및 스티렌부타디엔처럼 고무원료인 단량체 성분이나 도료 등으로 합성품으로 제조되어 사용되고 있다. 이 중 폴리스티렌은 도시락, 두부포장, 요구르트병 제조에 사용되고, 일회용품(일회용 식기, 컵라면 용기, 일회용 도시락 용기)에도 널리 사용되고 있다. 우리나라의 경우 즉석라면에 끓는 물을 부어 익히는 과정에 지용성 물질인 스티렌다이머나 스티렌트리머가 용출되어 식품에 전이되는 문제가 사회적 이슈가 되어 종이재질로 포장을 바꾸고 있다.

미국의 국립질병예방센터(CDC)가 1998년 스티렌을 내분비계 장애추정물질로 인정함으로써 그 사용이 큰 폭으로 감소되었으며, 우리나라의 경우 폴리스티렌 컵라면 용기와 멜라민수지 식기류를 전자레인지에 사용하지 말 것을 권장하고 있다. 스티렌에 노출 시 신경계 이상으로 근육 이완이나 피로, 구역질 등 증상이 나타나며, 간에 심각한 손상을 야기한다.

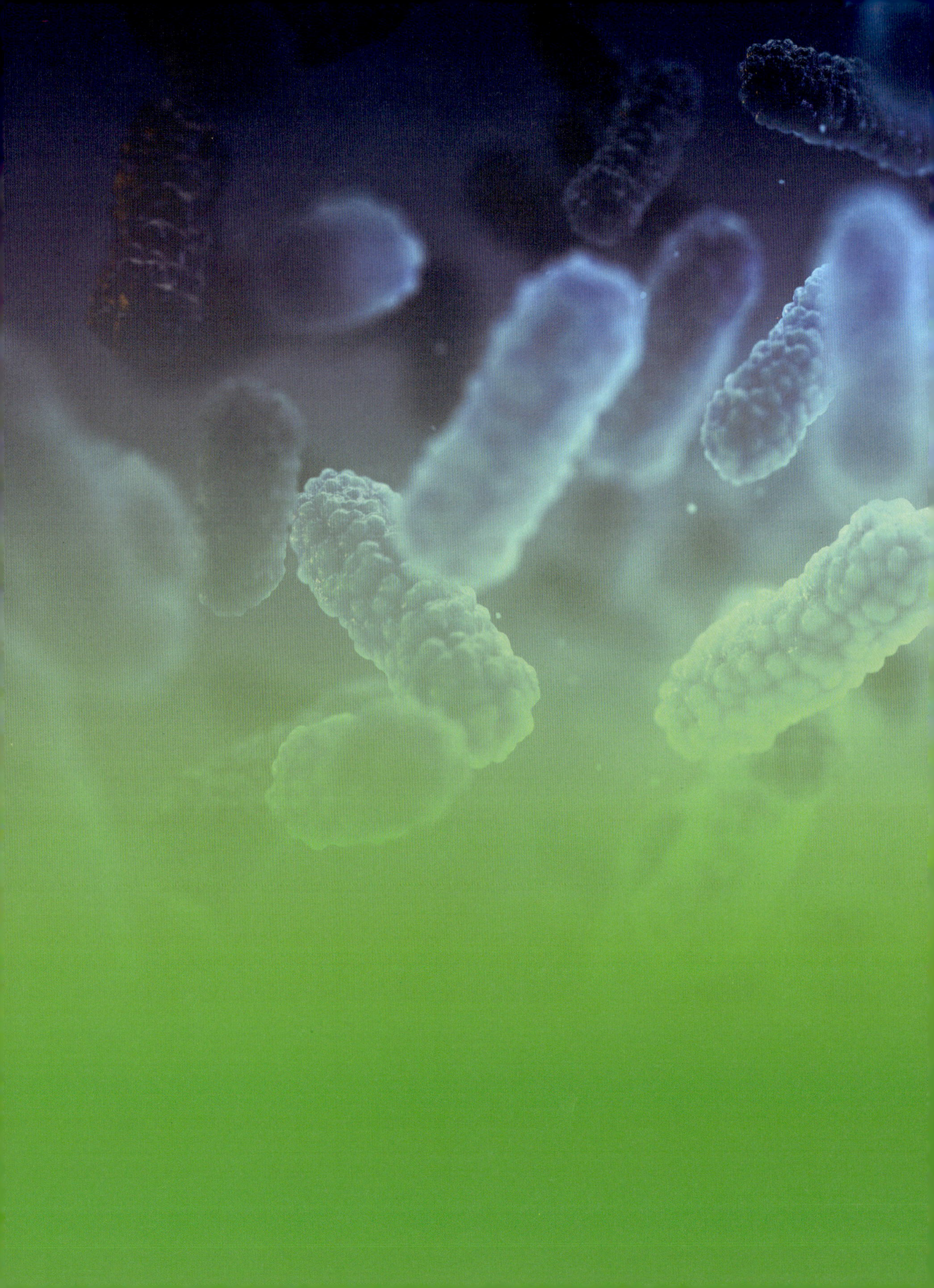

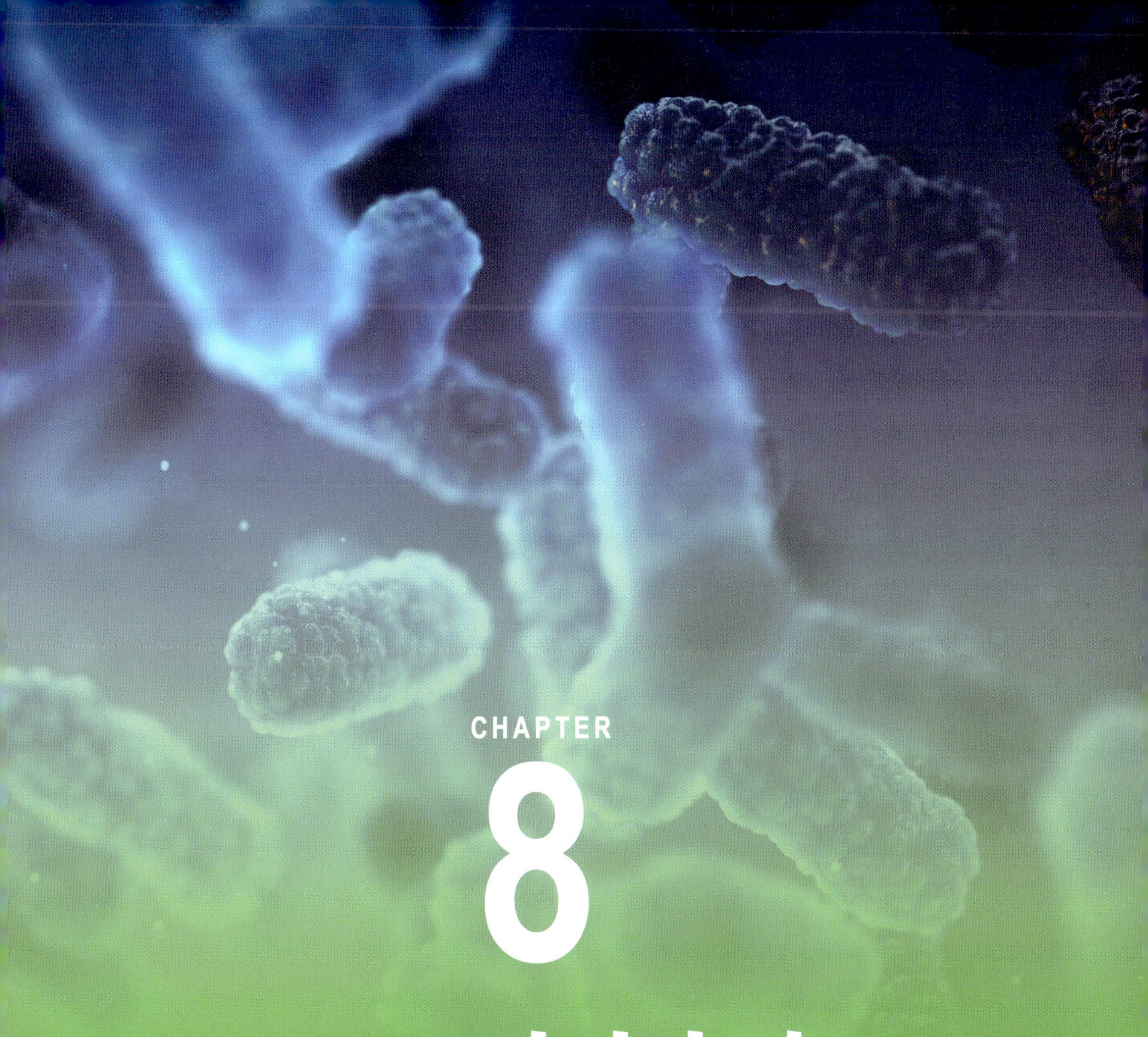

CHAPTER

8

감염병 및 기생충

1. 감염병
2. 경구감염병의 종류
3. 인수공통감염병
4. 기생충 질환
5. 채소류에 의한 기생충감염
6. 육류에 의한 기생충감염
7. 어패류에 의한 기생충감염

CHAPTER

8 감염병 및 기생충

감염병이란 병원성 미생물이 생물체에 감염을 일으키고, 감염이 전파되는 질병을 말한다. 병원체가 물, 음식물, 식기, 손 등을 통하여 경구적으로 침입하여 감염을 일으키므로 경구전염병 또는 소화기계 전염병이라고도 한다. 감염병은 사람과 사람 사이에 전파되는 것과 다른 생물 사이에 전파되는 것이 있다. 기생충은 주로 식품을 매개로 인체에 경구감염되어 소화기 등에 기생한다. 질병관리본부에서는 기생충감염병을 제4급감염병으로 지정하여 국내감염증의 경우 6종을 관리하고 있다.

1. 감염병

1) 감염병의 분류

감염병이란 병원성 미생물이 생물체에 감염을 일으키고, 감염이 전파되는 질병을 말한다. 병원체가 물, 음식물, 식기, 손 등을 통하여 경구적으로 침입하여 감염을 일으키므로 경구전염병 또는 소화기계 전염병이라고도 한다. 감염병은 사람과 사람 사이에 전파되는 것과 다른 생물 사이에 전파되는 것이 있다. 우리나라에서는 과거 법정감염병을 질환별 특성(물/식품매개, 예방접종대상 등)에 따라 군(群)별로 분류하였으나, 지난 2020년 질병관리청에서는 감염병의 심각도·전파력·격리수준을 고려하여 급(級)별 분류로 개편하였다.

개정 전	제1군~제5군감염병 및 지정감염병 총 80종
개정 후	제1급~제4급감염병 총 86종
변경내용	① 바이러스성 출혈열(1종)을 개별 감염병(에볼라바이러스병, 마버그열, 라싸열, 크리미안콩고 출혈열, 남아메리카 출혈열, 리프트밸리열)으로 분리·열거 ② 인플루엔자 및 매독을 제4급감염병(표본감시대상)으로 변경 ③ 사람유두종바이러스감염증을 제4급감염병에 신규 추가

자료: 질병관리청

표 8.1 대한민국의 법정감염병

구분	제1급감염병(17종)	제2급감염병(21종)	제3급감염병(26종)	제4급감염병(23종)
유형	생물테러감염병 또는 치명률이 높거나 집단 발생 우려가 커서 발생 또는 유행 즉시 신고하고 음압격리가 필요한 감염병	전파가능성을 고려하여 발생 또는 유행 시 24시간 이내에 신고하고 격리가 필요한 간염병	발생 또는 유행 시 24시간 이내에 신고하고 발생을 계속 감시할 필요가 있는 감염병	제1급~제3급 감염병 외에 유행 여부를 조사하기 위해 표본감시 활동이 필요한 감염병
종류	1. 에볼라바이러스병 2. 마버그열 3. 라싸열 4. 크리미안콩고 출혈열 5. 남아메리카 출혈열 6. 리프트밸리열 7. 두창 8. 페스트 9. 탄저 10. 보툴리눔독소증 11. 야토병 12. 신종감염병증후군 13. 중증급성호흡기증후군(SARS) 14. 중동호흡기증후군 15. 동물인플루엔자 인체감염증 16. 신종인플루엔자 17. 디프테리아	1. 결핵 2. 수두 3. 홍역 4. 콜레라 5. 장티푸스 6. 파라티푸스 7. 세균성이질 8. 장출혈성대장균 감염증 9. A형간염 10. 백일해 11. 유행성이하선염 12. 풍진 13. 폴리오 14. 수막구균 감염증 15. b형 헤모필루스 인플루엔자 16. 폐렴구균 감염증 17. 한센병 18. 성홍열 19. 반코마이신내성황색포도알균(VRSA) 감염증 20. 카바페넴내성장내세균속균종(CRE) 감염증 21. E형 감염	1. 파상풍 2. B형간염 3. 일본뇌염 4. C형간염 5. 말라리아 6. 레지오넬라증 7. 비브리오패혈증 8. 발진티푸스 9. 발진열 10. 쯔쯔가무시증 11. 렙토스피라증 12. 브루셀라증 13. 공수병 14. 신증후군출혈열 15. 후천성면역결핍증(AIDS) 16. 크로이츠펠트-야콥병(CJD) 및 변종크로이츠펠트-야콥병(vCJD) 17. 황열 18. 뎅기열 19. 큐열 20. 웨스트나일열 21. 라임병 22. 진드기매개뇌염 23. 유비저 24. 치쿤구니야열 25. 중증열성혈소판감소증후군(SFTS) 26. 지카바이러스 감염증	1. 인플루엔자 2. 매독 3. 회충증 4. 편충증 5. 요충증 6. 간흡충증 7. 폐흡충증 8. 장흡충증 9. 수족구병 10. 임질 11. 클라미디아감염증 12. 연성하감 13. 성기단순포진 14. 첨규콘딜롬 15. 반코마이신내성장알균(VRE) 감염증 16. 메티실린내성황색포도알균(MRSA) 감염증 17. 다제내성녹농균(MRPA) 감염증 18. 다제내성아시네토박터바우마니균(MRAB) 감염증 19. 장관감염증 20. 급성호흡기감염증 21. 해외유입기생충 감염증 22. 엔테로바이러스 감염증 23. 사람유두종바이러스 감염증

자료: 질병관리청

이외에도 '지정감염병'은 유행 여부의 조사를 위하여 감시활동이 필요하다고 인정될 경우 지정하는 감염병이다. '생물테러감염병'은 고의 또는 테러 등을 목적으로 이용된 병원체에 의하여 발생된 감염병이며, '인수공통감염병'은 동물과 사람 간에 상호 전파되는 병원체에 의하여 발생되는 감염병을 말한다.

2) 감염병의 발생

감염병이 집단적으로 발생하는 과정에는 감염원, 감염경로, 감수성의 3요소 및 발생 6요소가 관여하며 이 요소들이 연쇄적으로 이루어지면 감염병이 발생한다(표 8.2, 그림 8.1). 이 중 특히 병원체가 음식물과 물, 식기구, 손가락 등을 통해 입으로 들어가 소화기를 경유하여 감염을 일으켜서 설사 등의 증상을 나타내는 것을 경구감염병이라고 한다.

표 8.2 감염병 발생의 6요소

감염병의 3요소	발생의 6요소	요건
감염원	병원체	양적으로나 질적으로 질병을 일으킬 수 있을 만큼 충분해야 함
	병원소	
감염경로	병원소로부터 병원체 탈출	병원체에 감염될 수 있는 환경조건이 구비되어야 함
	전파	
	새로운 숙주로의 침입	
감수성	숙주의 감수성	병원체에 대한 면역성이 없어야 하며 감수성이 있어야 함

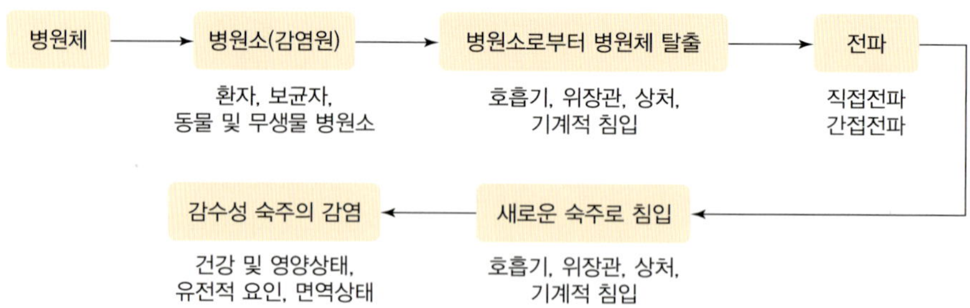

그림 8.1 감염병 발생과정

한편, 경구감염병을 감염원과 감염경로에 따라 〈표 8.3〉과 같이 분류할 수도 있다.

표 8.3 경구감염병의 분류

기준	분류	종류 및 특징
감염원	세균성	장티푸스, 파라티푸스, 콜레라, 세균성 이질, 파상풍
	바이러스	폴리오, A형간염
	리케치아	큐열
	원충류	아메바성이질 등
감염경로	직접감염	환자-보균자의 직접 접촉
	간접감염	식품이나 물을 통해 병원체가 입으로 들어감

알아두기

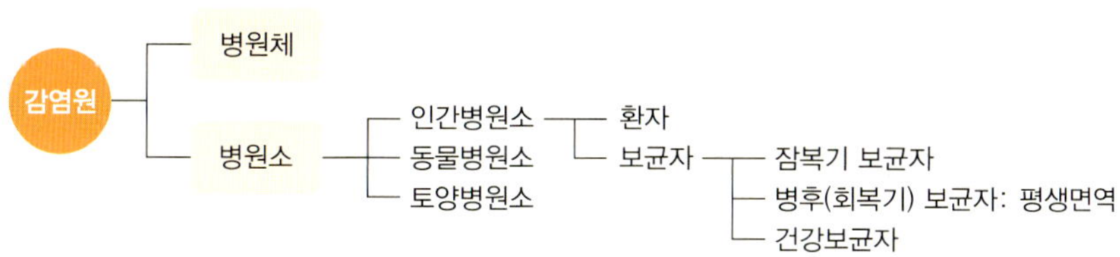

3) 경구감염병과 세균성 식중독의 차이

경구감염병은 병원체와 고유숙주 사이에 감염환(Infection cycle)이 있어서 병원체가 고유숙주에서 다른 고유숙주로 감염을 일으키지만, 세균성 식중독은 병원체가 이 고유숙주 간의 감염환에서 이탈하여 그 이후에는 더 이상 감염이 일어나지 않는 종말감염이다. 즉, 경구감염병은 2차 감염이 일어나고 세균성 식중독은 2차 감염이 거의 일어나지 않는다.

숙주(Host)
기생체가 기생하는 대상

고유숙주(Definitive host)=종말숙주(Final host)
기생충 등이 성숙해서 생활사를 완수할 수 있는 숙주

경구감염병과 세균성 식중독은 숙주가 얼마나 민감하게 병원체에 반응하는지에 대한 감수성 차이도 있다. 경구감염병에서는 극히 미량의 균량으로도 감

표 8.4 경구감염병과 세균성 식중독의 차이

특성	경구감염병	세균성 식중독
감염 정도	2차 감염	종말감염
필요한 균량	미량	다량
잠복기	긴 편	짧은 편
면역성	있음	없음
예방조치	거의 불가능	균의 증식을 억제하면 가능
음용수	음용수로 인해 감염됨	음용수로 인한 중독은 거의 없음

중간숙주
종말숙주에 이르기 전에 거쳐 가는 중간 매개체

염이 일어나고 비교적 잠복기가 긴 반면, 세균성 식중독에서는 다량의 균이 있어야 감염되고 잠복기는 비교적 짧은 편이다(표 8.4).

4) 감염병에 대한 예방접종

우리나라는 감염병의 예방을 위해 여러 가지로 접종대상을 구분하여 지정하고 있는데, 〈표 8.5〉와 같이 생후 0개월부터 각 시기별로 국가필수예방접종 등을 실시하도록 하고 있다.

표 8.5 감염병에 대한 예방접종의 종류

종류	내용
국가예방접종	국가가 권장하는 예방접종
기타예방접종	국가예방접종 이외 민간의료기관에서 접종가능한 예방접종
기초접종	단기간 내에 방어면역 형성을 위해 시행하는 접종
추가접종	기초접종 후 형성된 방어면역을 장기간 유지하기 위해 기초접종 후 일정기간이 지난 다음 추가로 시행하는 접종

2. 경구감염병의 종류

1) 세균성 이질(Bacillary dysentery)

이질에는 세균성 이질과 아메바성 이질이 있는데 일반적으로 이질은 제2급감염병인 세균성 이질(Shigellosis)을 말한다.

(1) 병원체

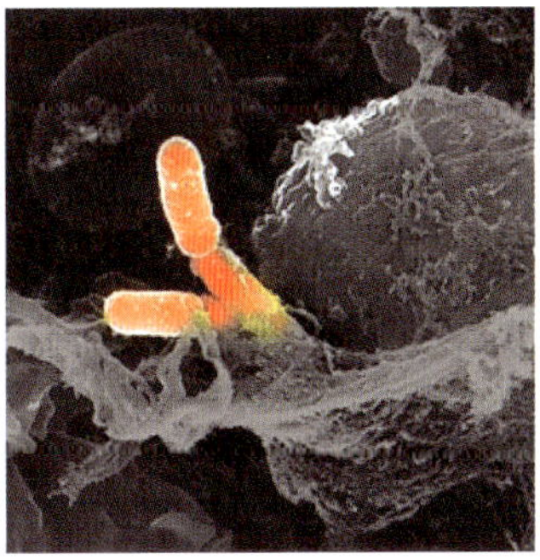

그림 8.2 이질균

세균성 이질은 이질균 감염에 의해 발생하는 급성 염증성 장염 질환으로 이질균(*Shigella* spp.)은 1898년 처음 발견되었다. 그람음성, 비아포성 간균, 통성혐기성이며 편모가 없어서 운동성도 없다. 저항력은 비교적 약하여 일광이나 열(60℃에서 10~15분)을 가열하면 사멸되고 대변 내에서도 2~3일이면 죽는다. 생화학적 성상 및 혈청학적 성상에 의해 많은 이형균이 발견되어 A아군(*S. dysenteriae*: 저개발국가에 많음), B아군(*S. flexneri*: 개발도상국가에 많음), C아군(*S. boydii*), D아군(*S. sonnei*: 개발국가에 많음) 등의 4군으로 분류된다. 이질균은 온혈동물의 장관과 변에 존재하며 수분을 인체로 흡수시키는 독소를 생산하여 물이 장과 변으로 들어가 물 같은 설사를 만든다.

(2) 감염경로

이질균은 저항력이 비교적 약하여 매개체에 의한 감염보다는 환자와의 직접 접촉이 주된 감염원이다. 또한 이질균은 장관내에 서식하여 분변과 배출되므로 환자 및 보균자의 분변이 원인이 된다. 경구적으로는 물, 우유 및 유제품(2차오염), 생채소, 가금류 등에 의해서도 감염위험이 크고, 환경위생이 불량한 지역에서는 파리에 의하여 매개될 수도 있다. 적은 양의 균으로도 오염되며 대개 온대와 열대지방의 비위생적인 환경에서 유행한다. 특히, 10세 이하의 어린이에게 많이 발병하고, 4세 이하의 유아에게 최고의 이환률을 보이며 치명률은 약 1.9 ~19.4%로 알려져 있다.

(3) 잠복기 및 증상

잠복기는 보통 2~7일이며, 급격히 발병한다. 어린이의 경우 전신증상으로 고열과 경련을 일으키기도 한다. 이질형은 물 같은 설사, 점액성 혈변, 39℃의 고열과 탈수 증상을 나타낸다. 콜레라형은 심한 탈수로 쇼크 상태가 나타나기도 하며, 설사형은 몇 번의 가벼운 설사로 지나가기도 한다.

(4) 예방 및 치료

이질균은 열에 약하므로 물은 끓이고, 음식은 60℃ 이상으로 충분히 가열해야 하며, -18℃ 이하로 완전 냉동 시 균의 성장을 멈출 수 있다. 식품의 교차오염을 막고, 손의 소독을 철저히 하는 것도 중요하다. 환자를 격리하고 환자가 식품에 접촉하는 것을 방지해야 한다.

이질의 예방에서 어려운 점 중의 하나는 경증 이질환자이다. 경증 이질환자는 1일 2~3회의 가벼운 설사를 하기 때문에 스스로 배탈 정도로 간주하고 건강인과 동일한 생활을 한다. 따라서 본인도 모르게 이질균의 감염원이 되고 있다. 치료에는 설파제가 효과가 크고, 예후는 일반적으로 양호하며 합병증은 나타나지 않는다.

2) 아메바성 이질(Amoebic dysentery; Amebiasis)

(1) 병원체

지정감염병인 아메바성 이질은 이질아메바 감염에 의한 위장관염 질환이다. 병원체는 세균이 아니라 이질아메바(*Entameba histolytica*)라는 원충이다. 분변에서 아메바 충체가 발견되면 아메바성 이질로 확정한다. 크기가 20~30μm인 이질 아메바는 영양형과 포자형의 두 가지 형태가 있다. 영양형은 외부의 저항력도 낮고, 위액에 쉽게 파괴되나, 포자형은 외부의 저항에 매우 강하며, 물속에서 1개월까지도 생존할 수 있다. 다만 건조하거나 온도가 높으면 저항력이 감소하여 90℃의 가열에서 사멸한다.

(2) 감염경로

이질 아메바가 인체에 전염되는 주된 경로는 오염된 음료수나 음식에 의한 경구감염이다. 그러나 곤충 및 동물에 의해 전파되기도 하여 원숭이, 쥐, 파리, 바퀴벌레 등에 의해서도 감염될 수 있다. 아메바성 이질은 위생 환경이 좋지 않은 개발도상국에서 흔히 볼 수 있다.

(3) 잠복기 및 증상

잠복기는 수 일에서 수 주일인데, 설사는 세균성 이질만큼 심하지 않다. 아메바성 이질은 변이 약간 묽어지는 정도의 가벼운 증상만 일으키는 경우부터, 배가 아프고, 피 섞인 설사를 하며, 대변을 보고 나서도 시원치 않아 자주 화장실을 들락거리게 되는 등의 전형적인 이질 증상을 일으키는 경우까지 다양한 양상을 보인다. 대개 열은 없고, 복통도 가볍다.

(4) 예방 및 치료

음용수의 위생에 특히 유의해야 하며 인분 비료를 사용한 경우 채소 감염에 주의해야 한다. 항생제는 효과가 없다.

3) 장티푸스(Typhoid fever)

장티푸스는 우리나라 제2급감염병 중 가장 높은 발병률을 보이는 급성 전신성 발열성 질환이다. 주로 8~9월에 발병률이 높고, 청장년층 및 남성에게 많이 발생한다.

(1) 병원체

장티푸스는 티푸스균(*Salmonella typhi, S. typhosa* 등)에 의해 발생한다. 그람 음성간균으로 협막, 아포가 없고, 편모가 있어서 운동성이 있다. 저항력이 비교적 강하여 토양, 수중, 얼음 속에서도 생존가능하며, 직사광선에서도 수 시간 견디나, 0.1% 승홍수, 5% 석탄산수에 의해 30분이면 사멸한다. 인간이 유일한 병원소이고 자연숙주이며 동물에게는 감염되지 않는다.

협막(Capsule)
세균의 세포막 바깥쪽을 덮고 있는 두꺼운 보호층으로 주성분은 다당체이다.

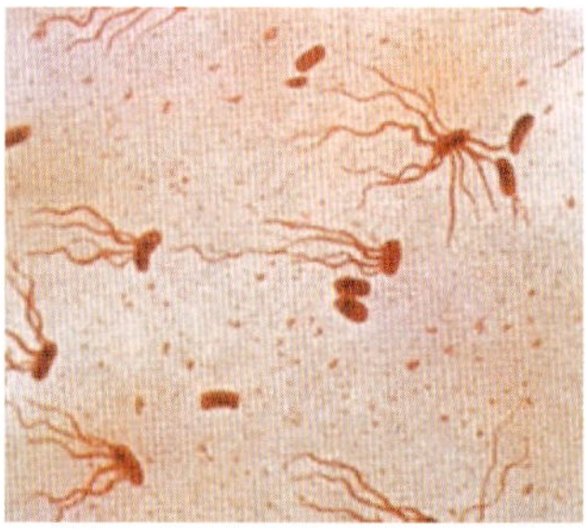

그림 **8.3** 티푸스균

(2) 감염경로

주된 감염원은 환자와 보균자의 분뇨이다. 드물게 타액을 통해 감염되기도 한다. 병후보균자와 건강보균자도 감염원으로 주의해야 한다. 감염 경로는 두 가지 방식이 있는데, 환자와의 직접 접촉에 의한 직접 감염과 음식물을 매개로 한 간접 감염이 있다. 환자의 균 배출은 잠복기부터 시작되며 2~3주에 최고가 된다. 간접 감염은 물, 파리 등에 의한 전파로 이루어진다. 오염된 손에 의한 식품을 통한 전파와 오염된 조개류를 날것으로 섭취할 경우에도 감염되기 쉽다.

(3) 잠복기 및 증상

장티푸스는 감염 후 평균 8~14일의 잠복기를 거쳐 초기에는 마치 감기몸살처럼 오한과 동시에 발열이 일어나는 것이 특징이다. 발열은 단계적으로 상승하여 1주 후에 40℃의 고열에 달한 후 1~2주 정도 지속되다 점차 내려간다. 이와 같은 특징 때문에 장티푸스는 일종의 열병으로 인식되며 급성일 경우 보통 수일에서 수 주일간 계속된다. 치료하지 않을 경우 4주~8주 동안 발열이 지속될 수 있다. 이외의 다른 증상으로 비장이 붓거나 백혈구 감소, 느린 맥박 및 작고 붉은 반점(장미진, roseola)이 생기기도 한다. 감염자의 2~5%는 대·소변으로 균을 배출하는 만성보균자가 되며, 치사율은 10~15%에 달한다.

(4) 예방 및 치료

장티푸스의 예방은 이질에 준하지만, 소변으로도 균이 배출될 수 있음을 고려해야 한다. 음식물과 물은 반드시 끓여 먹고, 얼음, 어패류 등의 위생적 관리, 파리 구제 등 환경위생 관리 등을 철저히 한다. 여름철에 발생빈도가 높으며, 환자와 달리 보균자는 아무 증상도 자각하지 못하면서 균을 계속 배출하기 때문에 장티푸스가 유행하는 지역으로 여행하는 사람은 예방접종이 필수적으로 필요하다. 또한 집단 급식 종사자, 급수 시설 종사자, 환자발생 지역주민 등도 예방접종을 실시한다. 만 2세 이후 예방접종이 가능하며, 접종 면역력은 3년간 유효하다. 치료는 항생물질을 사용할 수 있으며 유행하는 시기에 백신을 접종하는 것도 유효하다.

4) 파라티푸스(Paratyphoid fever)

(1) 병원체

제2급감염병인 파라티푸스는 파라티푸스균에 의해 발병되는 급성 전신성 발열성 질환이다. 파라티푸스균은 그람 음성 혐기성 막대균이며, A형(*Salmonella paratyphi A*), B형(*S. paratyphi B*), C형(*S. paratyphi C*)이 있다. 장티푸스와 유사하며, 남성에게 많이 발병하여 A형은 청장년, B형은 청소년 등에게 잘 발생하고, C형은 국내에서는 거의 드물다. 우리나라에서는 거의 B형이다. 병원체는 소장의 상피세포층을 통과하여 림프절을 통해 전신으로 퍼진다.

(2) 감염경로와 예방 및 치료

감염경로는 주로 환자나 보균자의 대변이나 소변에 오염된 물이나 음식물에 의해 전파된다. 여름철에 많이 발생하고, 예방 및 치료는 장티푸스에 준한다. 음용수, 우유, 식품 등을 철저히 살균처리하고 유행지역에서는 물을 반드시 끓여 먹어야 한다. 보균자는 식품을 다루는 업무나 환자의 간호에 종사하여서는 안 된다.

(3) 잠복기 및 증상

잠복기는 3~6일로 장티푸스와 거의 같으며 24시간 정도의 급성일 때도 있다. 일반적으로 장티푸스와 거의 동일하지만, 장티푸스보다 경과기간이 짧고, 비교적 가벼운 증세를 나타낸다. 경증인 경우 가벼운 설사와 미열로 끝나는 경우가 많아 치료를 받지 않는 경우도 많으며, 치사율도 낮다.

5) 콜레라(Cholera)

제2급감염병인 콜레라는 콜레라균 감염에 의한 급성 장관질환으로, 수인성 외래 감염병 중 가장 급성이다. 동남아 풍토병 중의 하나이며 국내에는 1976년에 대유행으로 많은 사망자가 발생하였다.

(1) 병원체

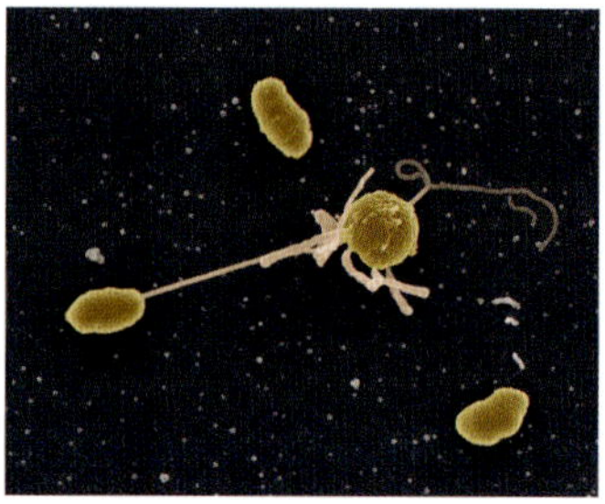
그림 8.4 콜레라균

콜레라균(*Vibrio cholerae O1* 또는 *V. cholerae O139*)은 1885년 로베르트 코흐가 처음 발견하였으며 인도의 갠지스강 삼각주 유역이 원발지로 알려져 있다. 그람 음성 간균으로 통성혐기성이며 편모가 있어 활발히 운동한다. 협막이나 아포는 없고, 작은 콤마 또는 바나나 모양으로 생긴 균이다. 저항력이 약하여 60℃, 30분이면 사멸하고 끓이면 순간적으로 죽는다. 상대적으로 저온에 약하여 겨울철에는 잘 발생하지 않는다. 건조한 상태에서는 일광에 1시간 정도면 사멸한다. pH 8.4의 강알칼리에도 견디나 반대로 산에는 매우 약하다. 콜레라균은 외독소인 엔테로톡신(Enterotoxin)을 생성하여 콜레라의 주증상인 분비성 설사를 유발한다.

(2) 감염경로

콜레라는 초여름에 시작하여 7~9월에 가장 많이 발생한다. 주로 환자의 토물 및 분변, 보균자의 분변으로 오염된 음식물, 음료수 등을 통하여 전염된다. 오염된 바다에서 잡힌 어패류를 생식할 때 감염되기도 한다.

(3) 잠복기 및 증상

콜레라의 잠복기는 수 시간~5일이며 보통은 2~3일 정도이다. 전형적인 증상으로 복통 및 발열 없이 수양성 설사가 갑자기 나타나는 것이 특징이며 구토를 동반한다. 이러한 설사, 구토 및 급속한 탈수에 의해 갈증, 근육통, 피부건조, 무뇨 등 격심한 위장증세와 전신증상을 보인다. 경과가 매우 빠르고 사망률은 50% 이상이며 3일 이내에 사망하기도 한다. 콜레라균이 소장상부에서 생산하는 엔테로톡신 독소는 소장 점막 상피세포에 결합하여 전해질과 물의 수송을 증가시키기 때문에 콜레라의 특징적인 쌀뜨물 같은 설사가 나타나게 된다.

(4) 예방 및 치료

일반적인 경구감염병 관리원칙에 따라 예방한다. 즉, 수인성 전염병이므로 물은 반드시 끓여 먹고, 식품, 식기, 기구 등도 철저히 위생관리를 하며, 인분처리, 파리구제 등 환경적인 위생관리도 필수이다. 사균 백신에 의한 예방접종도 유효하다. 환자에게는 전해질 용액을 보급하여 탈수를 막는 것이 중요하다.

6) 디프테리아(Diphtheria)

제1급감염병인 디프테리아는 독소형 디프테리아균 감염에 의한 급성 호흡기 감염병이다.

(1) 병원체

디프테리아의 원인균은 코리네박테리움(*Corynebacterium diphtheriae*)이다. 그람 양성 간균으로 아포와 편모는 없다. 열, 일광, 화학약품 등에 저항력이 비교적 약하여 100℃에서 1분이면 사멸한다.

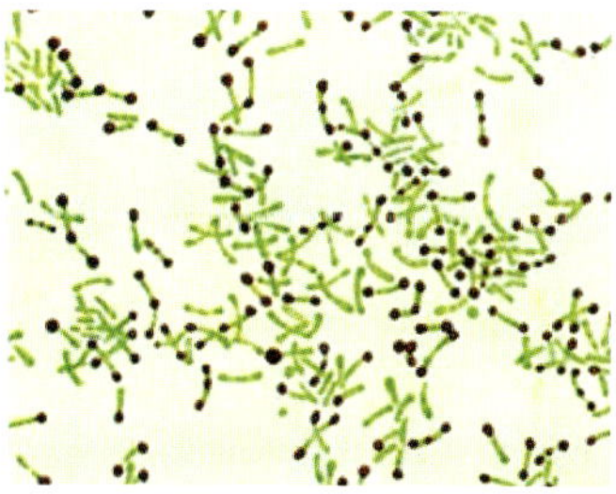

그림 **8.5** 코리네박테리움

(2) 감염경로

주로 호흡기로 배출되는 균과의 접촉에 의해 전염되는 것으로 환자나 보균자의 기침, 재채기 등에 의한 비말감염으로 전파된다. 환자와의 직접 접촉, 환자의 배설물에 의해 2차 오염된 물을 섭취한 경구적 감염 등도 발생 원인이다. 아이스크림 등에 의한 집단 감염 사례도 보고된 바 있다. 대개 10세 이하 특히 1~4세의 어린이 환자가 전체의 60%를 차지한다. 계절적으로는 이른 봄 또는 늦은 가을에 많이 발생하며 사망률은 5~32.8% 정도이다.

(3) 잠복기 및 증상

잠복기는 2~5일이며 편도선이 붓고, 인후두부위에 흰 막이 생기며 38℃ 내외의 발열이 있다. 인두염, 후두염, 권태감, 인후통 등의 증상이 있다. 인두에 감염된 균이 증식하여 체외독소를 생성한다. 독소가 체내에 순환하면서 눈, 코, 귀, 피부 등 신체 각 부위로 이동하여 근육마비를 야기한다. 심장에 침입할 경우 심장마비를 일으키고, 기도폐쇄에 의해 호흡곤란을 일으키기도 한다.

인두(Pharynx)
혀의 뒷부분에서 식도 사이에 위치한 짧은 관. 구강과 비강이 합쳐졌다가 다시 후두와 식도로 나뉘는 부분으로 림프절이 매우 발달해 있어 이를 편도라고 한다. 인두의 가장 중요한 기능은 음식물을 삼키는 것이다.

(4) 예방 및 치료

예방에는 조기 진단이 중요하며 음식물의 오염방지, 환자나 보균자의 격리가 필요하다. 예방접종이 효과적이므로 모든 영·유아 및 소아는 생후 2, 4, 6개월에 기초접종을 하고, 이후 생후 15~18개월, 4~6세, 11~12세에 추가접종을 한다.

7) 급성회백수염(Poliomyelitis)

제2급감염병인 급성회백수염은 폴리오바이러스에 의해 급성 이완성 마비를 일으키는 질환으로 폴리오 또는 소아마비로도 불린다.

(1) 병원체

폴리오바이러스(Poliomyelitis virus)에 의한 급성회백수염은 바이러스성 질환 중에서도 생명을 위협하는 무서운 질환 중의 하나이다. 중추신경계의 손상을 일으켜 영구적인 마비를 초래한다. 폴리오바이러스는 약품에 대한 저항성이 강하나 열에는 쉽게 파괴된다. 또한 자외선, 과산화수소 등에 의해서도 파괴된다. 유일하게 인간에게 발현한다.

(2) 감염경로

감염은 주로 경구 및 비말감염에 의한다. 감염자의 분변, 특히 소아의 인후분비액 및 오염된 우유나 물에 의해 감염된다.

(3) 잠복기 및 증상

잠복기는 7~12일이고 2~3일간의 발열 후 두통, 구토, 설사, 복통 등이 나타나며 갑자기 사지마비가 일어난다. 즉 제1기 발열기에는 구토, 두통, 설사 등의 위장증상이 있고, 제2기 발열기에 뇌증상, 근육통, 강직, 사지마비 등이 나타나며 가끔 뇌증상만으로 회복되기도 한다. 환자는 주로 15세 이하, 특히 1~3세의 소아에서 많이 발생하며 사망률은 1~5%이다. 이 바이러스는 널리 분포되어 있어 많은 인구가 어릴 때 감염되는데, 불현성 감염이 많아서 본인도 모르는 사이에 감염되었다가 가볍게 앓고 난 후 회복되어 면역이 형성되기도 한다. 마비형은 감기처럼 시작되어 발열 증상이 나타나고, 이때 바이러스가 운동신경 중추에 침입하여 운동신경이 마비된다. 1~2주 지나면 회복되기도 하나, 6개월이 지나도 계속 마비상태가 되면 영구마비가 되기 쉽다. 감염된 사람 중 마비형인 임상증세를 나타내는 비율은 0.2~0.5% 정도이다.

(4) 예방 및 치료

급성회백수염은 치료보다 예방접종이 최선이다. 경구용 약독화 생백신(Salk vaccine; OPV, Oral Polio Vaccine)은 경구 투여로 접종방법이 간편하며 값이 저렴한 장점이 있다. 사백신(Sabin vaccine)은 주사형 불활성화 백신(IPV, Inactivated Poliovirus Vaccine)으로 OPV보다 훨씬 안정된 백신이며 가족 내 면역 결핍자가 있어도 안전하게 사용할 수 있다. 폴리오 백신은 태어나는 모든 영유아를 대상으로 접종하며 생후 2, 4, 6개월에 3회의 기초 접종을 하고, 생후 6~18개월에

3차 접종을 권장하며, 4~6세에 추가 접종을 한다.

8) 성홍열(Scarlet fever)

제2급감염병인 성홍열은 연쇄구균의 발열성 외독소에 의한 급성 발열성 질환이다.

(1) 병원체

용혈(Hemolysis)
적혈구가 손상되어 혈구 밖으로 헤모글로빈이 빠져나오는 현상

발적
피부나 점막에 염증이 생겼을 때 모세 혈관이 확장되어 이상 부위가 빨갛게 부어오르는 현상

성홍열은 용혈성 연쇄구균(*Streptococcus pyogenes*)의 감염에 의해 발생하며 발적독소(Erythrogenic toxin)를 생산한다. 그람 양성구균이며 아포를 형성하지는 않는다. 일반적인 소독법으로 쉽게 파괴된다.

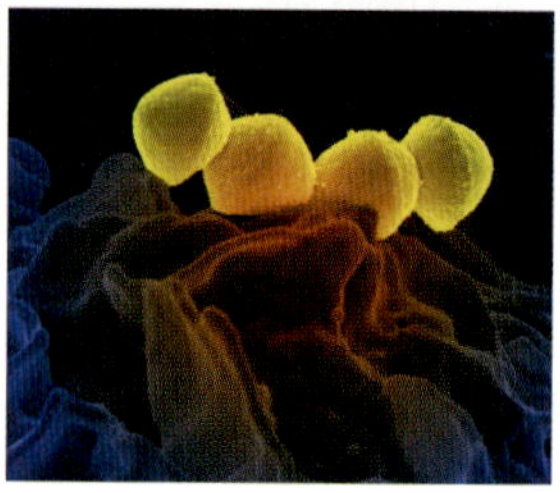

그림 8.6 연쇄구균

(2) 감염경로

주로 환자 또는 보균자의 호흡기 분비물과 직접 접촉에 의하여 감염된다. 또는 환자나 보균자의 호흡기 분비물이 손이나 물건 및 음식물에 오염되어 간접 접촉될 때도 전파될 수 있다. 연중 발생하지만 대개 5월경의 이른 봄 또는 이른 겨울에 많이 발생하고 주로 6~7세의 어린이에게 많다. 사망률은 나라에 따라 다르며 과거 우리나라에서는 34%의 치사율을 나타내기도 하였다.

(3) 잠복기 및 증상

잠복기는 1~7일(평균 3일)이며 갑자기 40℃ 내외의 발열을 일으키는 급성 전염병이다. 두통과 인후통이 주된 증상으로 편도선이 붓고 혀도 빨갛게 된다. 독소에 의해 발열이 되고 즉시 또는 12시간 이내에 빨간 발진이 생긴다. 이러한 발진은 성홍열의 첫 징후로 나타나기도 하며 작은 좁쌀 크기로 입 주위 등에서 시작하여 시간이 지날수록 얼굴 외에 전신으로 확대된다. 발진은 3~4일 뒤 사라지기 시작하며, 수 일 후 점차 열이 내리고 경과가 좋아지나 합병증에 유의해

야 한다. 성홍열의 또 다른 특징으로 붉은 얼굴 및 딸기혀(Strawberry tongue) 증상이 있다. 즉, 입 주위는 창백하나 얼굴이 붉어지며, 혀는 돌기가 붓고 딸기 모양으로 새빨간 혀가 된다.

(4) 예방 및 치료

성홍열의 예방 백신은 없다. 일반적인 예방으로 환자와의 접촉을 피하고 환자가 식품을 취급하는 일을 해서는 안 된다. 치료를 위해 설폰아마이드, 항생제 등을 투여한다.

9) 바이러스성 간염(Viral hepatitis)

(1) 병원체

병원체는 상당히 저항성이 강한 바이러스(Hapatitis virus)이며 A, B, C, D, E형이 발견되었다. 제2급감염병에 속하는 A형 간염과 E형 간염은 경구감염에 의한 유행성 간염이고, 제3급감염병으로 분류되어 있는 B형 간염과 C형 간염은 수혈 등에 의한 혈액감염이다. 간염바이러스는 염소를 함유한 물에서도 사멸되지 않고, 알코올이나 일반적인 소독약품에도 쉽게 사멸되지 않는다.

(2) 감염경로

① **A형 간염:** 과거 '유행성간염'이라 불리었으며 감염자의 분변, 혈액 등이 주 감염원으로 '분변-경구'의 경로로 직접 전파된다. 환자의 분변에 오염된 음식물 섭취 시에도 감염된다. 대개 물, 우유 등이 주요 매개 식품이며 오염된 굴, 조개, 새우 등을 생식할 때도 감염될 수 있다. 습관성 약물 중독자 등의 주사기를 통한 감염이나 혈액제제를 통한 감염 및 성 접촉을 통한 감염으로도 전파된다.

② **B형 간염:** 주로 환자의 혈액, 침, 소변 및 정액 등이 피부나 점막의 상처를 통하여 감염된다. 오염된 주사바늘, 환자의 수건, 성 접촉, 직접 접촉 등이 원인이 되기도 한다. B형 바이러스는 모든 체액 분비물에서 발견된다. 급성 간염

의 90% 이상은 B형이고 이 중 10%는 만성 간염으로 이행된다. 산모와 태아의 수직 감염도 중요한 전파 경로 중 하나이다.

③ **C형 간염:** 혈액의 수혈이나 혈액제에 의한 전파, 주사침 사고, 장기 이식 및 성 접촉 등이 주된 경로이다.

④ **D형 간염**도 혈액으로 감염되며 B형과 비슷하고, **E형 간염**은 A형과 비슷하다.

(3) 잠복기 및 증상

① **A형 간염:** 잠복기는 15~50일(평균 28일)이고, 성인의 경우 38℃ 이상의 발열, 오심, 구토, 식욕부진, 복부팽만감, 피로감, 근육통 등이 나타난다. 후기에는 황달이 나타나고 간이 비대해진다. 예후가 좋을 경우 1~2개월 내에 회복되어 간 기능이 정상화된다. 6세 미만 소아에서는 대개 무증상(70%)이고, 연령이 높아질수록 황달이 동반되고 증상이 심해진다. A형은 전염성은 강하지만 잘 낫는 편이며 만성화되지는 않는다.

② **B형 간염:** A형에 비해 잠복기가 길어 60~150일(평균 90일) 정도이며 증세가 심하여 회복기까지 오래 걸린다. 초기에는 오심, 구토, 설사 등으로 시작하여 오한과 발열 증상이 나타나고, 2~4주 후에는 간비대와 황달기가 있으며 2~6주 후 회복기에 접어든다. 간에 상처를 남겨서 후유증을 남기며 증세가 6개월 이상 지속되는 만성형이 되기 쉽고, 간경변이나 간암으로 발전할 수도 있다.

③ **C형 간염:** 잠복기는 약 2주~6개월(평균 6~10주)이다. 급성 C형 간염은 약 70~80%의 환자에서 무증상이나 서서히 시작되는 감기 몸살 증세, 전신 권태감, 오심, 구역질, 식욕부진 등의 증상이 나타난다. 보통 황달에 이어 만성화되기 쉽다. 만성 C형 간염이 되면 만성 피로감, 간부전 및 간경변증 등이 발생한다. 사망률은 1~2% 정도이다.

④ **D형 간염:** 급성이며 식욕부진, 황달, 만성간질환, 간경변 등의 증상을 나타낸다.

⑤ **E형 간염:** 발진, 관절통증, 황달 등의 증상이 있다.

(4) 예방 및 치료

간염바이러스는 분변, 침, 눈물, 혈액 등의 분비물 외에 열악한 위생환경에서도 잘 전파된다. 따라서 바이러스의 경구감염을 일으키는 환경을 철저히 차단해야 한다. 올바른 손 씻기 및 안전한 음식 섭취 등의 일반적인 예방수칙 외에 적절한 예방접종이 효과적이다. A형 간염은 12~23개월의 모든 소아, A형 간염에 대한 면역력이 없는 고위험군 소아청소년이나 성인, 환자의 밀접접촉자, 고위험군 등에 대해 근육주사로 접종한다. B형 간염은 모든 신생아 및 영유아, 과거 B형 간염 백신 접종력이 없는 소아청소년 및 성인 등에게 3차에 걸쳐 백신을 접종한다. C형과 E형은 백신이 없고, D형은 B형 백신으로도 예방이 가능하다.

10) 천열(Izumi fever)

(1) 병원체

이즈미열이라고도 하는 천열은 바이러스(Izumi fever virus)에 의한 것으로 어린이에게 집단적으로 발생되는 바이러스성 급성 발진성 질환이다. 성홍열과 유사하며, 주로 5월에 많이 발생한다. 1927년 일본의 '천'이란 사람이 처음으로 보고하였다.

(2) 감염경로

물과 음식에 의한 경구감염으로 집단적으로 발생한다. 2~10세의 연령층에 많이 발생하고 20세 이상의 성인에게는 거의 없다.

(3) 잠복기 및 증상

잠복기는 2~18일 정도이며 두통과 39℃ 이상의 발열 증상이 있다. 열은 일시에 또는 2~3회 반복적으로 나타나기도 하며 발병 후 발진도 나타난다. 또한 오심, 구토, 설사, 복통 등의 소화기 증상이 나타나기도 한다. 임상적으로 경증의 성홍열과 비슷하여 이성성홍열이라고도 한다.

(4) 예방 및 치료

음용수의 소독, 음식의 오염 주의 등 통상적인 경구감염병 예방에 준한다.

3. 인수공통감염병

식품을 매개로 일어나는 감염병으로 사람과 동물이 같은 병원체에 의하여 발생하는 질병을 인수공통감염병(Zoonoses)이라 한다. 병에 걸린 동물의 고기나 우유 등을 섭취하거나 감염동물을 접촉하거나 취급할 때 또는 감염동물의 배설물에 오염된 음식물을 섭취할 경우 감염된다. 예방을 위해서는 동물간의 감염병 유행을 방지하는 것이 가장 중요하고, 감염된 동물의 조기 발견과 격리, 소독 및 도살과 예방접종 등 가축의 위생관리를 철저히 해야 한다. 또한 병에 걸린 동물의 고기 및 우유 등이 시중에 식품으로 유통되어서는 안 되며, 도살장이나 우유처리장에서는 철저한 위생관리와 검사가 실시되어야 한다.

1) 탄저(Anthrax)

제1급감염병인 탄저는 비탈저라고도 하며, 탄저균 감염에 의한 인수공통감염병이다. 소, 말, 양 등의 반추동물에 급성패혈증을 일으키며 동물의 치사율은 매우 높다. 생물학적 무기로 사용할 수 있을 정도로 인간에게도 치명적이어서 생물테러감염병으로도 지정되어 있다.

(1) 병원체

병원체는 탄저균(*Bacillus anthracis*)으로 호기성인 그람 양성 간균이며 아포를 형성하므로 열에 대한 저항력이 강하다. 아포는 습열에서 100℃, 2~5분에 파괴되고 건열에서는 150℃, 30~60분간 생존할 수 있으나 10% 포르말린에 15

분 처리 시 사멸된다. 1877년 '세균학의 아버지'라 불리우는 로베르트 코흐(Robert Koch, 독일)에 의해 처음 발견되었다. 1881년 파스퇴르(Louis Pasteur, 프랑스)가 탄저균을 약독화시켜 양을 대상으로 한 예방접종 실험에서 성공하였으며 이는 세균학 역사상 빛나는 업적 중의 하나로 알려져 있다. 동물에게 일어나는 탄저의 원인인 탄저균과 식물 탄저병의 원인인 탄저병균은 별개다. 즉, 식물 탄저병은 고추, 벼, 콩 등의 작물과 복숭아나무, 감귤나무 등의 과수에서 각각 종류가 다른 탄저병균이 기생하여 생기는 식물의 병해이다.

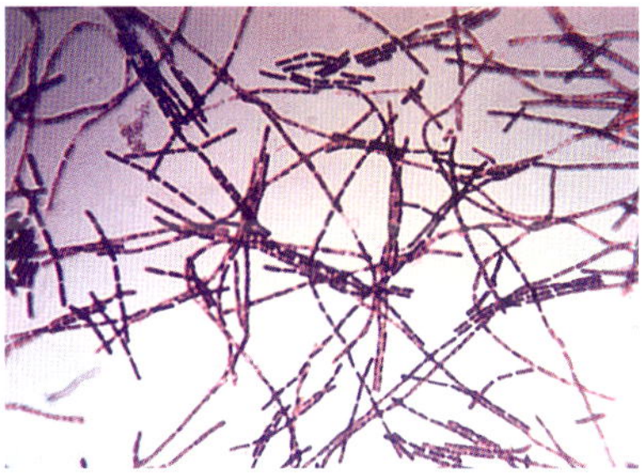

그림 8.7 탄저균 박테리아의 그람염색 사진
자료: CDC and PHIL, ID#2226.

(2) 감염경로

탄저균은 전 세계에 널리 퍼져 있고 주로 초식동물 사이에서 유행한다. 주로 오염된 풀이나 사료를 먹기 때문인 것으로 보이며 동물과 동물 사이의 접촉에 의한 감염은 드물다. 인체 감염경로는 매우 다양하고 예후도 다르나, 주로 감염된 동물에 의해 피부를 통하여 감염되는 피부탄저가 대부분이다. 감염된 동물의 고기를 부적절하게 조리하여 섭취한 경우 경구감염된다. 목축업자, 낙농업자, 농부, 도살업자, 피혁업자, 양모 취급자 및 수의사 등 감염된 동물 또는 동물 제품을 취급하는 경우 공기 중에 있는 탄저균의 아포를 흡입하여 호흡기 탄저가 발생하기도 하고, 작업자의 피부상처 등을 통해 피부탄저가 발생하기도 한다. 사람과 사람 사이의 감염은 없다.

(3) 잠복기 및 증상

① **피부탄저:** 사람에게 감염되는 탄저의 95%가 피부 탄저로 탄저균에 감염된 가축으로 만들어진 울, 가죽, 털 제품 등을 다루다가 탄저균이 피부의 상처를 통해 침입하면서 발생한다. 처음엔 벌레에 물린 것처럼 작은 물집 또는 발진으로 인해 가려운 증상이 나타나고, 점점 크기가 1~3cm 정도의 종기

로 발전하는데, 가운데가 검은색이고 아프지는 않다. 주위에 부종이 생기기도 하며, 항생체 치료를 하지 않으면 20% 정도가 사망한다.

② **호흡기탄저:** 폐탄저 또는 흡입탄저라고도 하며 아포를 흡입하여 일어난다. 초기 증상은 보통 감기와 비슷하여 발열과 오한이 있고, 흠뻑 젖을 정도의 땀이 나며, 시간이 경과할수록 심각한 호흡곤란과 쇼크로 이어진다. 호흡기를 통한 탄저균 감염은 자주 일어나지는 않으나 치명률이 높아 항생제로 치료하지 않으면 약 97%가 사망한다.

③ **소화기탄저:** 장탄저라고도 한다. 소화기를 통한 탄저균의 감염은 감염된 고기를 섭취하면서 발생하고 장내 염증으로 이어진다. 처음엔 구역질을 느끼고 식욕이 떨어지며 구토와 열이 난다. 더 진행되면 복통이 심해지고 구토와 심한 설사를 한다. 소화기를 통한 감염자의 25~60% 정도가 치명적이다.

(4) 예방 및 치료

탄저에 대한 국내의 유효 백신은 없고, 항생제로 치료한다. 병에 걸린 동물의 조기 발견, 격리 및 치료를 실시하는 것이 중요하다. 병에 걸린 동물의 사체는 철저히 소독하고 분비물, 혈액 등에 의해 토양이 오염되지 않도록 해야 하며, 사육하는 동물의 예방접종을 철저히 실시해야 한다. 포자는 내열성이므로 소독방법은 소각 또는 가열증기법으로 해야 한다.

2) 결핵(TB, Tuberculosis)

결핵은 제2급감염병으로 결핵균에 감염되어 생기는 질환으로 대부분 폐에서 발생하지만 신장, 신경, 뼈 등 인체의 모든 조직이나 장기에서 발병할 수 있고 사망에 이를 수도 있는 심각한 질병이다.

(1) 병원체

결핵균(*Mycobacterium tuberculosis*)은 그람양성, 호기성 간균으로 포자는 형성하지 않으며 편모가 없어서 비운동성이다. 매우 천천히 증식하는 특성이 있어서

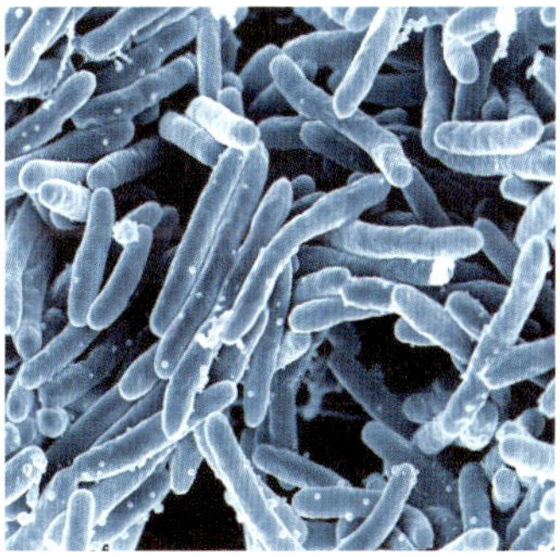

그림 8.8 결핵균

보통 1시간 내에 분열하는 다른 균과 달리 결핵균은 한 개에서 두 개로 분열하는 데 18~24시간이 소요된다. 결핵균은 지방 성분이 많은 세포벽에 둘러싸여 있어서 건조한 상태에서도 오랫동안(수 주일) 살 수 있고, 강한 산이나 알칼리에도 잘 견디며, 약한 살균제에 사멸되지 않는다.

결핵균의 종류에는 사람에게 감염되는 인형(*Human type*: *M. tuberculosis*), 소에 감염되는 우형(*Bovine type*: *M. bovis*) 및 조류에 감염되는 조형(*Avine type*: *M. avium*) 등이 있다.

(2) 감염경로

결핵은 주로 사람에서 사람으로 공기를 통하여 전파된다. 즉, 전염성 결핵 환자가 대화, 기침 또는 재채기를 할 때 결핵균이 포함된 지름 0.5~5μm의 미세한 방울이 튀어나와 일시적으로 공기 중에 떠 있게 되는데, 주위 사람들이 이 공기를 호흡할 때 균이 함께 폐 속으로 들어가 감염된다. 환자의 재채기 한 번에 약 4만 개의 작은 방울들이 발생하며, 결핵은 10개 미만의 균으로도 감염될 수 있기 때문에 결핵균이 포함된 이 작은 방울들이 감염을 유발하는 것이다.

결핵이 만연한 지역의 거주자, 저소득층, 감염위험성이 큰 인종·민족적 소수집단, HIV/AIDS 등으로 면역이 결핍된 환자들 및 이러한 고위험군의 사람들을

쉬어가기

세균학의 아버지-로베르트 코흐

결핵균은 1882년 미생물학자인 로베르트 코흐(Heinrich Hermann Robert Koch, 1843~1910, 독일)에 의해 발견되었고 이 발견으로 1905년 노벨 생리학·의학상을 수상했다. 코흐는 이외에도 탄저(1877년), 콜레라(1885년)의 구체적인 원인물질이 병원균인 탄저균과 콜레라균임을 명확히 규명하여 '세균학의 아버지'라는 평가를 받고 있다.

상대하는 의료 서비스 종사자들이 결핵에 감염되기 쉽다. 지속적으로 환자와 잦은 접촉이 있는 사람들은 감염률이 22%에 이르고, 치료받지 않은 환자는 매년 10~15명의 다른 사람들을 감염시킬 수 있다. 결핵의 전파는 결핵이 활성화된 환자에게서만 발생한다. 따라서 환자를 격리하고 효과적인 치료를 2주간 진행하면 추가적인 연쇄전파를 막을 수 있다.

결핵의 감염은 결핵균이 폐포에 도달하고 폐에서 증식한 후 혈류를 타고 신체의 다른 부분으로 전파되면서 발생한다. 감염된 조직의 내부는 섬유조직이 만들어져 작고 흰 결절처럼 보인다. 이러한 심각한 형태의 결핵은 어린이나 고령자에게서 가장 많이 발견되며, 치료하지 않으면 사망률이 거의 100%에 가까우나 조기에 치료되면 사망률은 10% 정도로 줄어든다.

(3) 잠복기 및 증상

결핵균에 감염되었어도 모두 결핵환자는 아니다. 감염자 중 약 90%는 증상이 없으며, 약 10%만이 평생 동안 결핵으로 진행된다. 이와 같이 결핵균이 체내에 있지만 면역기전에 의해 억제되어 있어 증상도 없고, 다른 사람에게 결핵균을 전파하지도 않는 것을 잠복결핵감염이라 한다. 흉부 X-선 검사도 정상이며, 단지 투베르쿨린(Tuberculin) 피부 반응 검사만 양성으로 나타나는 건강한 상태를 의미한다.

결핵은 발병하는 부위에 따라 증상이 여러 가지로 나타나며 일반적으로 폐결핵일 경우 기침, 객혈, 발열, 호흡곤란 등의 증상이 나타난다. 폐결핵의 초기에는 가래 없는 마른 기침을 하다가 점차 진행되면 가래 섞인 기침이 나온다. 2주 이상 계속되는 기침은 반드시 결핵 여부를 의심해야 한다. 객혈이란 폐에서 피가 나는 것을 뜻하는데, 다량의 피를 토하는 폐암 환자와 달리 결핵 환자는 가래에 소량의 피가 섞여 나오는 정도이다. 결핵은 일반적인 감기몸살과 달리 고열은 잘 나타나지 않고, 미열이 있고, 많은 식은땀을 흘리는 증상이 반복된다.

(4) 예방 및 치료

결핵은 난치병은 아니지만, 치료에는 오랜 기간이 필요하다. 결핵균은 특징적으로 아주 서서히 증식하기 때문에 항결핵제를 1~2가지만 사용하면 내성이 빨리 생겨서 치료에 실패할 수 있어 3~4가지의 약제를 동시에 복용한다. 항결핵제를 1~2개월 복용하면 대부분의 결핵균이 죽고 기침, 가래와 같은 증상이 호전되기 때문에 병이 완치된 것으로 알고 조기에 치료를 중단하는 경우가 있지만, 이때 투약을 중단하면 다시 재발된다. 또한 약을 중단하거나 불규칙하게 복용할 경우 결핵균이 약제에 대해 내성이 생겨 치료에 실패한다. 따라서 최소 6개월 이상 장기치료를 받아야 완치될 수 있다.

결핵 예방과 통제는 두 가지 방법을 병행한다. 첫 번째는 정기적인 투베르쿨린 반응을 실시하여 결핵감염 여부 진단을 통해 환자를 확인하고 치료하는 것이다. 두 번째 방법은 어린이에게 백신을 접종하여 결핵으로부터 보호하는 것이다. 결핵에 대한 성공적인 백신은 1906년 알베르 갈메드(Léon Charles Albert Calmette, 1863~1933, 프랑스)와 카미유 게랭(Jean-Marie Camille Guérin, 1872~1961, 프랑스)이 약화된 소의 결핵으로부터 개발한 것이 최초이다. 이는 'BCG'(Bacillus Calmette-Guérin, 칼메트와 게랭의 간균)로 불렸고, 1921년 프랑스에서 처음으로 사람에게 사용되었으나, 제2차 세계대전 후에야 미국, 영국, 독일 등에 널리 채택되었다. 현재는 전 세계적으로 가장 많이 쓰이는 백신으로 특히 어린이들에게 사용한다. 우리나라에서는 금기사항이 없는 모든 신생아에게 생후 4주 이내에 BCG 백신을 접종한다.

쉬어가기

우리나라 법정감염병 중 사망자가 가장 많은 결핵

- WHO에 의하면 2019년 현재, 세계적으로 결핵 환자는 약 1,000만 명(인구 10만 명당 130명)에 이르고, 해마다 약 150만 명이 결핵으로 사망하는 것으로 보고되어 있으며, OECD 가입국 중 우리나라의 결핵 발생률은 1위, 사망률은 2위로 가장 높은 수준을 나타내는 것으로 보고되어 있다.
- 우리나라에서 지난 2018년 새로 발견되어 신고된 결핵 환자수는 26,433명(인구 10만 명당 51.5명)이며, 결핵에 의한 사망자수는 1,800명으로 집계되어 우리나라 법정감염병 중 사망자가 가장 많았다.

3) 브루셀라증(Brucellosis)

제3급감염병인 브루셀라증은 파상열, 몰타열, 지중해열 등으로도 불리는 인수공통감염병이다. 이 병의 원인균을 1886년 제일 먼저 분리해 낸 영국 군의관 데이비드 브루스(David Bruce)의 이름에서 병명이 유래했다. 연간 평균 약 5백만 명에서 1,250만 명이 감염되는 것으로 추정되며 인수공통감염병 중에서는 가장 흔한 병이다.

(1) 병원체

브루셀라증을 일으키는 것은 3종의 브루셀라균으로 산양형균(*Brucella melitensis*), 우형균(*B. abortus*), 돈형균(*B. suis*) 등이다. 그람 음성 구간균으로 포자를 형성하지 않는다. 내성이 강하나 열에 약하여 우유를 살균하면 파괴된다.

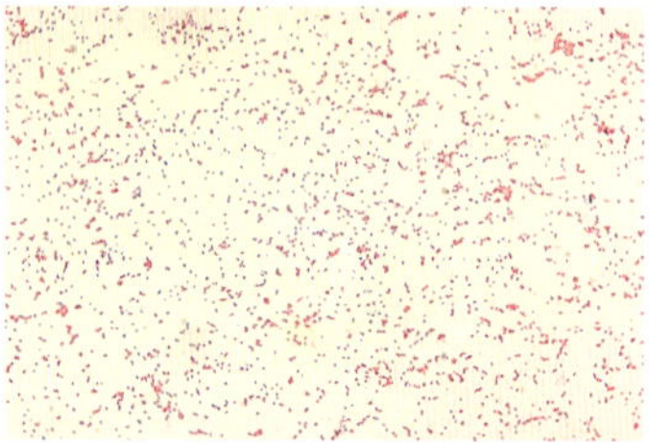

그림 8.9 브루셀라균의 그람염색 사진
자료: CDC and PHIL, ID#1901

① **산양형균(*Brucella melitensis*)**: 염소, 산양, 소, 돼지 등에 감염된다. 가축의 젖이나 오줌으로 배출되어 전파시킨다. 불현성 감염이 많고 암컷의 경우 유산을 일으킨다.

② **우형균(*Brucella abortus*)**: 주로 소에 감염된다. 우유나 분뇨로 균이 배출되며, 이러한 배설물에 오염된 사료를 먹고 경구적으로 감염되기도 한다. 암소 감염 시 유산을 유발하며, 유럽, 미국 등에서 많이 발생한다.

③ **돈형균(*Brucella suis*)**: 주로 돼지에 많다. 생식기를 통해 감염되고 돼지의 수컷이 걸리기 쉽다.

(2) 감염경로

브루셀라증은 염소, 양, 돼지, 소 등 가축에 의해 전염된다. 보통 동물들 사이의 감염은 상처부위로 균이 침투하거나 오염된 사료 등에 의해 이루어진다. 브루셀라증은 전파속도가 매우 빨라 보통 가축 사이에 감염되면 피해가 매우 심하다. 돼지의 경우 수퇘지의 생식기가 감염되면 돼지 떼 전체가 감염되고, 소, 양, 염소 등은 오염된 젖을 통해 브루셀라균을 배출할 수 있다. 사람은 보통 브루셀라에 감염된 동물과 접촉하여 감염되지만, 사람 사이의 전파는 드물다.

(3) 잠복기 및 증상

사람의 경우 3주 정도의 잠복기를 거친 후 발열, 오한, 전신무력, 몸살증세 등이 서서히 나타나는데, 대개는 치료에 의해 쉽게 회복된다. 열성질환이어서 장티푸스와 같이 열이 단계적으로 올라가서 38~40℃의 고열이 나고, 이 상태가 2~3주 계속되다가 차차 내려간다. 이러한 열의 오르내림이 주기적으로 반복되는데 이 때문에 파상열이라고도 한다.

보통 어린아이들이 저항성이 강하다. 치료하지 않아도 치사율은 낮은 편이나 골수염 등의 합병증이 동반될 수 있다.

(4) 예방 및 치료

가축 브루셀라는 감염 시 일단 도살하는 것이 철칙이다. 가장 효과적인 구제방법은 감염원을 제거하는 것이기 때문이다. 효과적인 치료약은 없으나 브루셀라 예방 백신은 있다. 사람의 경우 테트라시클린, 스트렙토마이신 등으로 치료하는데, 급성기에 항생제를 즉시 투여하면 효과가 있다. 그러나 약물복용을 중단하면 재발이나 내성 등을 나타내어 치료가 어렵다. 재발률이 높으므로 치료를 철저히 해야만 한다.

4) 야토병(Tularemia)

제1급감염병인 야토병(산토끼병, 툴레어증)은 설치류(산토끼, 들쥐, 다람쥐 등) 사이에 자연 감염되는 일종의 유행병이다. 1911년 캘리포니아주의 툴레어 지방에서 처음 보고되어 툴레어증이라는 이름이 유래되었다. 1970년대에서 2015년 사이에 미국에서만 매년 200건의 발병 사례가 보고되었다. 남성이 여성보다 많이 감염되며, 중년 이하에서 더 자주 감염된다.

(1) 병원체

야토병은 야토균(*Franisella tularensis*) 때문이다. 그람 음성 구간균으로 호기성이다. 야토균은 동물의 세포 내부에서도 생존할 수 있어 세포 내 기생세균으로 분류한다. 60℃, 10분이면 사멸한다. 백혈구의 일종인 대식세포에 처음 감염되어 면역계에 침투한 후 폐, 간, 비장, 림프 계통 등 다양한 장기에 전파된다.

(2) 감염경로

토끼류와 설치류가 야토균에 대한 감수성이 높다. 대유행이 발생할 경우 집단 폐사되기도 한다. 사람은 다양한 경로로 감염되지만 주된 감염경로는 다음과 같다. 첫째, 야토균의 매개충에 물려서 감염된다. 감염된 동물에 기생하는 진드기, 벼룩 등에 의해 전파되는 것이다. 둘째, 감염동물에 물리거나 감염동물을 피부나 점막으로 직접 접촉한 경우이다. 야토균은 피부에 난 상처, 점막, 흡입 등을 통해 체내로 들어온다. 셋째, 불충분하게 조리된 감염동물을 섭취하거나 오염된 식수 등을 섭취할 경우 감염된다. 넷째, 병원체에 오염된 에어로졸이나 먼지를 흡입하여 감염되는 경우이다. 감염된 토끼를 통해 땅으로 들어간 야토균이 잔디 깎는 기계에서 발생하는 분진을 흡입한 사람에게 전파되기도 한다. 이외에도 생화학 무기로 감염될 수도 있다. 야토균은 사람과 사람 사이에서 직접 전염되지는 않는다.

(3) 잠복기 및 증상

잠복기는 1~14일 정도로, 대부분의 사람은 감염 후 3~5일이 지나면 증상을 보이기 시작한다. 발열, 기면증, 거식증, 패혈증 증상 등을 보이며, 심한 경우 사망에 이르기까지 한다. 일부 동물들은 사람처럼 피부궤양이 나타나기도 한다. 그러나 별다른 증상이 나타나지 않고 넘어가는 경우도 많다. 경미한 정도에서 매우 심각한 고열까지 다양한 정도로 열이 나타날 수 있다. 얼굴과 눈이 빨개지며 염증이 나타난다. 염증이 림프절에 퍼지면 화농이 발생하기도 하며 이 경우 고열이 동반된다. 때때로 목에 감염되거나 폐렴이 나타날 수도 있다.

(4) 예방 및 치료

야외활동 시 피부가 노출되지 않도록 하고, 곤충기피제를 바르거나 방충제를 사용하는 것이 좋다. 동물의 사체를 다룰 때는 장갑이나 마스크 등의 보호장비를 착용한다. 특히 산토끼를 취급하는 사람들은 주의가 필요하다. 스트렙토마이신 등의 항생제를 통해 치료할 수 있다.

5) 돈단독(Swine erysipelas)

돈단독증은 돼지에게 급성 패혈증을 일으키는 질병으로 폐사율이 높은 돼지의 제2종 법정전염병이며, 전 세계적으로 발생되고 있다. 우리나라에서도 1912년 처음 발생이 된 이래, 1947년에 최초로 균 분리가 되었고, 1963년부터 이 질병의 예방을 위해서 생균백신이 개발되어 접종되고 있다.

(1) 병원체

돈단독균(*Erysipelothrix rhusiopathiae*)은 그람 양성 단간균으로 통성 혐기성이며 운동성이 없고 55℃에서 15분이면 사멸된다. 석탄산에는 저항성이 강하다.

(2) 감염경로

돈단독은 건강한 돼지의 편도선에 잠재하고 있다가 영양상태 불량 및 면역 저하 시에 균이 쉽게 체내로 침입하여 병을 일으킨다. 돼지의 연령에 관계없이 발생하지만, 주로 3~6개월령이 감수성이 높고, 연중 발생하지만 특히 여름철에 발병이 많다.

(3) 잠복기 및 증상

돼지의 임상증상은 급성 패혈증과 다이아몬드형의 피부병변, 관절염 등이다. 대부분의 경우 예방접종을 하지 않은 양돈장에서 패혈증으로 시작되어 유산,

피부형 단독, 만성관절염 등으로 진행되어 막대한 손실을 입힌다. 급성 패혈증에서는 특별한 증상없이 갑자기 폐사하거나 식욕감퇴를 나타내며 심한 경우는 50% 이상이 폐사한다.

사람의 경우에는 주로 경피감염이며 잠복기는 10~20일이다. 증상으로 국소에 적자색의 홍반을 나타내고 부으면서 강한 통증이 동반된다. 때로는 임파선염, 관절염을 수반하며 중증일 때는 패혈증으로 사망한다.

(4) 예방 및 치료

돼지축사 주위의 소독, 축사의 철저한 청소, 외부차량과 기구 등의 소독, 외부인 출입제한, 신선한 사료급여 및 충분한 영양관리로써 발병요인을 최소화시켜야 한다. 여러 가지 생균 및 사균 백신이 개발되어 돼지에게 사용되고 있고, 사람에게는 면역혈청 접종과 함께 항생물질을 사용한다.

6) 큐열(Q fever)

제3급감염병인 큐열은 콕시엘라균에 의해 감염되어 발생하나 뚜렷한 특징이 없다.

(1) 병원체

큐열은 콕시엘라 버네티(*Coxiella burnetii*)라는 균에 감염되는 질환이다. 단 한 개의 병원체만으로도 감염증을 일으킬 수 있는 감염력이 강한 균이며 열악한 환경에서도 수 주일~수 개월 동안 생존할 수 있다. 건조한 환경에도 저항력이 강하나 열에는 비교적 약하여 72℃, 15분이면 사멸한다.

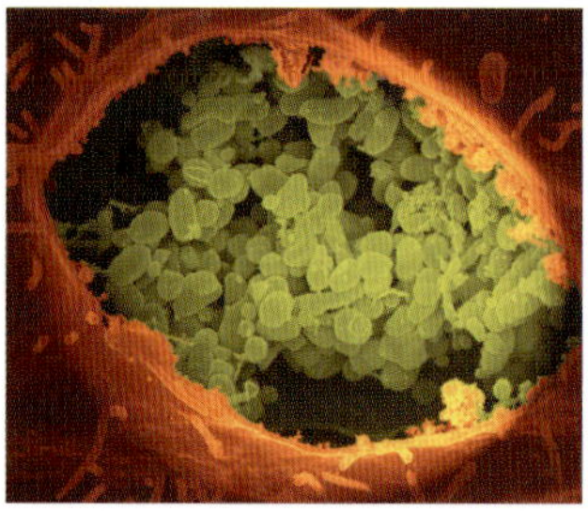

그림 **8.10** 콕시엘라 버네티

(2) 감염경로

양을 비롯한 가축들이 새끼를 낳는 봄과 초여름에 주로 발병한다. 동물에게는 유산을 일으킨다. 인체 감염은 감염된 동물과의 접촉이나 오염된 환경에서 호흡기를 통해서도 이루어진다. 큐열에 감염된 가축과 자주 접촉하는 축산업자나 수의사, 도축 관련 종사자 등이 고위험 직업군이다. 국내에서는 연간 30명 이내로 발생한다.

(3) 잠복기 및 증상

큐열은 감염 시 뚜렷한 특징이 없고 비특이적 증상이라고 하여 일반적인 질환에서 나타나는 포괄적인 증상들이 나타난다. 급성 큐열은 대부분 2~3주 가량의 잠복기를 지나 발열, 오한, 두통, 근육통, 전신 쇠약감, 인후통, 마른기침 등과 같은 감기 유사 증상을 보인다. 구토, 설사, 복통, 간 비대, 간염 증상 등이 발생할 수도 있다. 급성 큐열의 발열 기간은 보통 1~2주 정도이다. 이와 달리 만성 큐열은 일반적으로 증상이 6개월 이상 지속된다. 특히 기저 질환으로 인해 면역력이 저하된 환자나 면역 결핍 환자는 만성 큐열로 진행될 가능성이 크다.

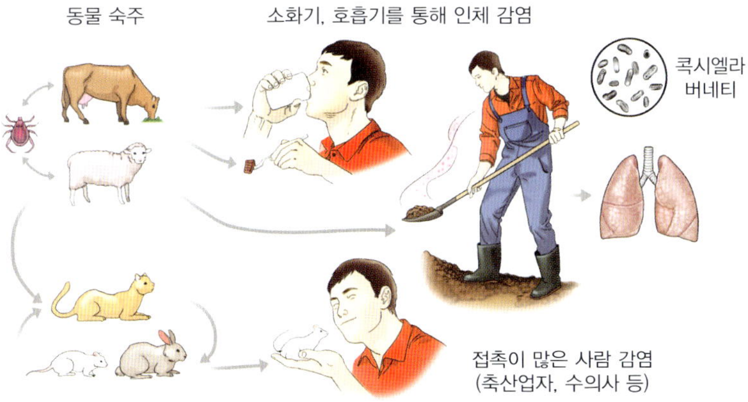

그림 8.11 큐열
자료: 서울아산병원 질환백과

(4) 예방 및 치료

소, 양, 염소 등 가축의 태반과 같은 출산 적출물을 적절히 처리하여 예방할 수 있다. 또한 유제품은 저온 살균이나 멸균 소독해야 한다. 가축에 기생하는 진드기도 제거해야 한다. 가축과 접촉 기회가 많은 종사자는 백신 접종을 통해 면역 기능을 활성화하는 방법으로 예방할 수 있다. 급성 큐열은 항생제를 투약하여 치료할 수 있다. 급성 큐열은 적절히 치료하지 않으면 1~2% 사망률을 보인다.

7) 광우병(BSE, Bovine Spongiform Encephalopathy)

소에게서 생기는 치명적인 신경 퇴행성 질환이다. 공식 명칭으로 국립수의과학검역원은 "소해면상뇌증"이라는 용어를 사용하고 있다. 'bovine'은 라틴어로 소, 'spongiform'은 영어로 스펀지 모양, 'encephal'은 라틴어로 뇌, 'pathy'는 라틴어로 병이라는 뜻이다. 간혹 우뇌해면증(牛腦海綿症) 또는 우해면양뇌증(牛海綿樣腦症)이라는 용어도 쓰인다. 국가마다 용어가 조금씩 다른데 우리나라와 미국 및 캐나다에서는 '광우병(MCD, Mad Cow Disease)'으로 부르고, 영국과 일본에서는 주로 'BSE'라고 통칭한다.

(1) 원인

광우병이 발생한 근본적인 원인은 정확히 밝혀지지 않았으나 대체로 병인체인 변형 프리온(Prion) 단백질 때문인 것으로 알려져 있다. 자연발생하는 세포 프리온 단백질은 감염력이 없다. 그러나 감염된 소의 뇌에서는 변형된 형태의 병적인 단백질이 생성되고, 이는 다시 다른 단백질을 변형시켜 그 수가 기하급수적으로 증가된다. 증가한 변형 프리온 단백질은 세포기능을 파괴하며 세포를 죽이며, 단백질 덩어리가 되어 조밀한 플라크 섬유를 형성하고 결국 뇌 속에 스펀지와 같은 미세한 구멍이 생겨 감염된 동물은 죽게 되는 것이다. 변형 프리온 단백질은 정상 단백질의 알파나선 부분을 베타시트 구조로 바꾼다.

(2) 감염경로

진전병(Scrapie)
양과 염소의 신경계에 영향을 미치는 치명적인 퇴행성 질환. 프리온이 원인

① **소의 광우병(BSE):** 광우병은 진전병에 걸린 양을 동물성 사료로 만들어 초식 동물인 소에게 사료로 먹이면서 감염된 것으로 추정되고 있다. 이러한 동물성 사료의 광우병 인자에 노출된 소는 2~8년의 잠복기를 거쳐 발병된 것으로 추정된다. 1984년 최초로 영국에서 광우병으로 의심되는 133마리의 소가 발견되었다. 이 소가 죽은 후인 1985년에 소의 뇌에서 BSE를 발견하였고, 영국정부는 1986년 11월에 광우병의 심각성을 인정하였다. 이후 184,500마리의 소가 광우병으로 죽은 것으로 알려져 있다.

② **크로이펠트-야콥병(CJD, Creutzfeldt-Jakob Disease) 및 변종 크로이펠트-야콥병(vCJD, variant Creutzfeldt-Jakob Disease):** 인체 내에는 정상적인 프리온 단백질(PrP)이 있는데, 이것이 비정상적인 프리온 단백질(PrPSc)로 변형되어 세포 내에서 분해되지 않고, 축적되면서 중추 신경계의 변성을 유발한다. 이때 발생하는 질병이 '전염성 해면양 뇌병증'이며, 이 중 대표적인 질환이 바로 크로이펠트-야콥병(CJD)이다. 속칭 인간광우병이라고도 불리는 변종 크로이펠트-야콥병(vCJD)은 병원체가 같고 명칭이 유사하나 발병 기전은 전혀 다르다. 두 질환이 혼동되고 있지만, 국내에서 아직까지 vCJD 환자는 발생한 적이 없고, 의료기관에서 진단되는 크로이펠트-야콥병의 대부분은 자연발생하는 산발성이거나 유전적으로 발생하는 것으로 알려져 있다.

(3) 잠복기 및 증상

① **소의 광우병:** 소의 뇌와 척수가 스펀지(sponge, 해면) 모양으로 변질되며 눈이 붉어지는 증상이 있다. 광우병에 걸린 소들은 서로 다른 증상을 보이는데, 신경질적이고 공격적인 행동을 보이거나 자세가 비정상적이며, 걸을 때에 중심을 잡지 못하고 앉았다가 일어서지 못한다. 우유의 생산량이 줄어들고, 식욕은 정상인데 체중은 줄어든다. 이러한 증세가 2주~6개월 정도 계속되다가 결국엔 죽게 된다.

② **크로이펠트-야콥병:** CJD의 초기 증상은 기억감퇴증, 불면증, 우울증 등의 치매증상과 유사하나 발현되는 연령이 20~30대 등으로 일반 치매 환자들보

다 짧다는 특징을 가지고 있다. 증상의 중기에는 제대로 걷지 못하다가 말기에는 사망에 이르게 된다.

(4) 예방 및 치료

CJD는 매우 희귀한 퇴행성 신경성 질환으로 예방이 불가능하고, 치료법도 없으며 일단 발병하면 반드시 사망하는 치명적인 질환이다. 광우병에 걸린 소고기의 신경조직 섭취를 절대 삼가야 한다. 의료기관에서는 의심환자를 수술할 경우 특수소독을 수행하도록 하여 의료감염을 예방해야 한다.

8) 조류 인플루엔자(AI, Avian influenza)

조류 인플루엔자(Avian flu) 또는 조류 독감(Bird flu)은 조류가 걸리는 전염성 호흡기 질병이다. 우리나라에서는 AI라고 표기하고 있지만, 영미권에서는 AI는 주로 인공지능을 의미하기 때문에 HPAI(Highly Pathogenic Avian Influenza)로 언급한다.

(1) 병원체

현재까지 알려져 있는 모든 조류 인플루엔자는 하나의 종(種)인 'A형 인플루엔자'에 속한다. 최근 일반적으로 발견되는 조류 인플루엔자는 그 변형인 H5N1 바이러스 때문이다. 이 바이러스는 저병원성과 고병원성으로 구분되는데, 고병원성의 경우 인체에 감염될 수 있다. 2013년에는 새로운 변형 H7N9 바이러스 감염자가 중국 상하이에서 사망하였다.

(2) 감염경로

인플루엔자는 종을 넘어 적응할 수 있고, 특히 사람이 감염될 수 있기 때문에 문제가 된다. 케이지식 닭장, 사육장 환기 불량, 가축 분뇨의 위생적 처리 등 농장의 사육 방식에서의 문제가 감염 원인으로 알려져 있다.

(3) 잠복기 및 증상

독감과 비슷한 증세로 38℃ 이상의 고열, 기침, 인후통 및 호흡곤란 등이다. 일반적으로 치사율은 25% 전후이나 WHO는 고병원성 HPAI의 경우 치사율을 34%대로 언급한 바 있다. 참고로, 전 세계적으로 계절성 독감의 사망률은 0.1% 대이며 신종플루의 경우도 1%대 이하이다.

9) 렙토스피라증(Leptospirosis, Weil's disease)

제3급감염병으로 분류되어 있으며 렙토스피라균에 감염되어 발생하는 급성 열성 전신성 질환이다. 와일씨병(바일씨병), 추수열, 논 농부병 등으로도 불리며 설치류에게 감염되어 사람에게 전파된다.

(1) 병원체

렙토스피라균(*Leptospira interrogans*, *Leptospira biflexa*)이 있으며 이 중 *Leptospira interrogans*가 병원성을 지닌다. 렙토스피라균은 습기가 많은 흙에서 수 주 동안 살 수 있고, 온도, 산도 등에 대단히 민감하나 70℃에서 10초 내에 사멸된다.

(2) 감염경로

렙토스피라균에 감염된 동물은 만성적으로 보균 상태를 유지하면서 이 균을 소변으로 배설하여 흙, 진흙, 지하수, 개울, 논둑 물, 강물 등을 오염시킨다. 사람과 동물은 오염된 소변에 직접 접촉(상처 부위나 점막을 통해서 감염)하거나 오염된 물이나 환경에 간접적으로 노출됨으로써 이 균에 감염된다. 감염 보유 숙주로는 설치류(쥐), 개, 가축이 있으며, 우리나라의 주된 매개 동물은 등줄쥐(앞 머리에서 등의 가운데를 따라 꼬리 밑동까지 검은 줄이 있는 쥐)이다. 야생동물에게는 아무 증상이 나타나지 않으며, 수 개월 또는 수 년 동안 소변으로 균을 배설한다.

우리나라에서는 8~11월에 주로 발생하는데, 이 시기 집중호우나 홍수가 발생하면 이로 인한 서식 환경의 변화로 야생 쥐들 사이에 균의 전파 기회가 많아진다. 따라서 농작물 피해 방지나 재해 복구 작업 등에 종사한 농부, 군인, 자원봉사자들에게 자주 발생한다.

(3) 잠복기 및 증상

렙토스피라균에 감염된 후 약 1~2주의 잠복기를 지나면 임상 증상이 나타난다. 먼저 혈액에서 균이 검출되는 발열기가 4~9일 정도 지속되는데 이 기간에는 급작스러운 두통, 근육통, 오한, 발열이 나타난다. 우리나라의 경우 폐출혈형이 많아서 이 시기에 폐출혈로 인한 사망의 위험성이 높다. 이러한 폐형 렙토스피라증 외에도 인플루엔자형, 간장형, 급성신부전형, 와일씨 질환형 등이 있는 것으로 알려져 있다. 한편, 전형적인 증상 없이 감기몸살 정도로 가볍게 앓는 경우도 많은 것으로 추정된다.

(4) 예방 및 치료

아직 렙토스피라증에 대한 백신이 개발되지 않았으므로 차선책으로 위험한 작업을 하는 경우 독시사이클린(Doxycycline) 200mg을 1주에 1회씩 경구 투여하여 예방한다. 항생제로 고열 등 대부분의 증상을 감소시킬 수 있다.

4. 기생충 질환

우리나라의 「기생충질환예방법」(시행: 2010.3.19., 법률 제9932호)의 정의에 의하면 "기생충질환"이라 함은 회충·편충·요충·간흡충·폐흡충·장흡충류·조충류 및 보건복지부령이 정하는 기생충에 감염된 경우를 말한다(개정 2010.1.18).

기생충은 식품을 매개로 하여 주로 경구감염되어 소화기 등에 기생한다. 영양분 등을 취하기 위해 기생하는 다른 유기체를 숙주라 하며 고유숙주(종말숙주)와 중간숙주로 구분한다. 예를 들어, 동물성 식품을 통하여 감염되는 경우 동물이 중간숙주이고 인간이 종말숙주가 되기도 한다.

알아두기

기생충 감염의 일반적인 특징

- 기생충 감염은 개발된 지역보다 농촌 또는 개발 중인 지역에서 더욱 흔히 발생한다.
- 개발된 지역에서의 감염은 여행에서 돌아온 사람 또는 약한 면역체계를 가진 사람들에게 발생할 수 있다.
- 기생충은 대개 입이나 피부를 통해 인체에 침투한다.
- 음식, 음료 및 물이 오염되어 있을 수 있는 지역으로 이동하는 여행객들은 음식을 가열하거나 껍질을 벗겨 먹는 것이 좋으며 또는 아예 먹지 않는 것도 바람직하다.
- 대부분의 기생충 감염을 치료하는 데 약물을 사용할 수 있다.

질병관리본부의 '2020년도 기생충감염병 관리지침'에 따르면 기생충 관리의 적용범위는 제4급감염병으로 국내 감염증 6종(회충증, 편충증, 요충증, 간흡충증, 폐흡충증, 장흡충증)과 해외유입기생충감염증 11종(리슈만편모충증, 바베스열원충증, 아프리카수면병, 샤가스병, 주혈흡충증, 광동주혈선충증, 악구충증, 사상충증, 포충증, 톡소포자충증, 메디나충증)이 있다. 이 중 국내 감염증 6종에 대한 연도별 장내 기생충 실태조사 총괄결과는 〈표 8.6〉과 같다. 1970년대에는 회충·편충의 감염률이 매우 높았으나, 1980년대 급격히 감소하여 최근에는 감염률이 1% 미만인 것으로 나타났다.

표 8.6 연도별 장내 기생충 실태조사 총괄결과

연도	피검자수	충란 양성지수	충란 양성률	회충	편충	간흡충	폐흡충	장흡충	요충
1차(1971년)	24,887	20,970	84.3	54.90	65.4	4.6	0.090	–	1.30
2차(1976년)	27,178	12,171	63.2	41.00	42.0	1.8	0.070	–	–
3차(1981년)	35,018	14,381	41.1	13.00	23.4	2.6	0.000	1.20	12.00
4차(1986년)	43,590	5,630	12.9	2.10	4.80	2.7	0.002	1.00	3.60
5차(1992년)	46,912	1,806	3.8	0.30	0.20	2.2	0.000	0.30	0.90
6차(1997년)	45,832	1,098	2.4	0.06	0.04	1.4	0.000	0.30	0.60
7차(2004년)	20,541	879	3.7	0.05	0.27	2.4	0.002	0.50	0.60
8차(2012년)	23,956	645	2.6	0.03	0.41	1.9	0.000	0.26	–

*전 국민 장내 기생충 감염실태조사 사업 결과이며, 구충, 동양모양선충, 유무구조충, 참굴큰입 흡충, 광절열두조충도 조사도 포함

한편, 기생충의 경구적 감염경로는 채소 등의 식물성 식품을 통한 감염과 어패류 및 동물성 식품을 통한 감염과 같이 크게 3가지로 구분할 수 있다(표 8.7).

표 8.7 기생충의 숙주와 증상

식품분류	기생충	숙주	증상	예방
어패류	간디스토마	왜우렁이 → 담수어 → 사람	소화불량, 복부팽만, 황달, 만성설사, 위장출혈, 야맹증, 간염, 간경변, 담석증, 복수, 간암	생식 금지
	폐디스토마	다슬기 → 가재, 게 → 사람	흉부 통증, 흉막염, 각혈, 복벽, 복강, 장간막의 림프절, 복막, 심근, 장벽에 낭포를 형성	
	고래회충	해마, 바다사자 → 생선 → 사람	급성 복통, 위와 장궤양 또는 종괴 형성	
	장흡충	다슬기 → 잉어, 붕어 → 사람	복통, 설사, 두통, 신경증세	
	긴촌충	연어, 농어 → 사람	비특이적 소화기증세, 두드러기, 소장의 기계적 폐쇄, 악성빈혈	
육류	무구조충	소고기	감염 시 증상이 없는 것이 보통이지만, 복통, 소화불량, 오심, 구토	소고기 가열 섭취
	유구조충	돼지고기	소화장애, 설사, 구토, 공복통, 체중 감소	돼지고기 가열 섭취
	만손열두조충	물벼룩, 뱀, 개구리, 개, 고양이, 인간	뇌 침입 시 간질 발작, 척수 감염 시 하반신 마비	고기를 완전히 익혀 섭취
	톡소플라스마증	고양이, 큰 쥐, 돼지, 소, 양, 닭	림프샘 팽창, 열, 두통, 근육 통증, 톡소플라스마증	
	선모충	돼지고기	메스꺼움, 구토, 설사, 복부통증, 열, 눈주위 조직의 팽창과 근육경직	
채소류	회충	사람	장폐색과 두통, 오심, 현기증, 복통, 설사	감염된 채소를 날로 먹지 말 것, 가열조리
	사이클로스포리아증	사람	설사, 식욕의 소실, 체중 감소, 부기, 위경련, 메스꺼움, 구토, 근육통, 낮은 열, 피로	
	십이지장충	사람	피부염, 소양감, 작열감, 발적, 종창, 경구감염 시 오심, 구토, 인후소양감, 경련성 기침	
	편충	사람	빈혈, 신경증상, 맹장염	
	요충	사람	항문 주위의 가려움, 습진, 피부염, 불면증, 신경증	손, 속옷 청결

5. 채소류에 의한 기생충감염

1) 회충(*Ascaris lumbricoides*)

(1) 특징 및 감염경로

전 세계에 널리 분포하여 전 세계 인구의 약 30%가 감염되어 있는 것으로 추정될 정도로 가장 흔한 기생충이다. 인간에게 기생하는 선충류 중 가장 크다. 사람의 소장에 기생하는 회충은 암컷은 길이 20~30cm, 너비 4~6cm, 수컷은 길이 15~31cm, 너비 3~4cm 정도의 대형 선충이다. 충란은 타원형으로 황갈색의 세 개의 층으로 이루어진 두터운 난각을 가진다. 인체 감염은 오염된 흙을 통해 자충포장란(발육란)을 섭취함으로써 이루어진다. 즉, 오염된 손으로 음식을

표 8.8 회충증(*Ascariasis*)

정의	• 회충 충란 내의 제2기 유충(자충포장란) 감염에 의한 기생충 질환
질병분류	• 제4급감염병
병원체	• *Ascariasis lumbricoides* – 대표적인 토양매개성 선충으로 소장에 기생 – 장에 기생하는 선충 중 가장 큼(수컷 15~30cm, 암컷 20~35cm)
전파경로	토양매개성 선충으로 오염된 날채소, 상추 쌈, 김치, 먼지 등을 통한 경구감염
잠복기	충란 섭취 후 60~70일(평균 70일)
진단	• 검체(대변)에서 충란 확인 • 감염부위에서 충체 확인
증상	• 회충유충에 의한 병변 – 출혈, 염증반응 등을 일으키고, 충체를 중심으로 육아종을 형성 – 회충성 폐렴 증세를 보이기도 함 • 장내성충에 의한 병변 – 영양장애, 복통, 식욕부진, 메스꺼움, 구토, 설사, 복부팽만 등 – 다수의 충체가 장내에서 뭉쳐 창자막힘증(장폐색증)을 일으키기도 함
치료	• 구충제복용 – 알벤다졸 400mg/정을 1회 1정 복용 – 메벤다졸 100mg 1일 2회 투여
예방	• 올바른 손씻기(음식을 먹기 전, 음식을 다루기 전, 화장실 사용 후 등) • 채소는 반드시 씻어서 조리하고, 생과일은 씻어서 껍질을 까서 먹음 • 인분의 위생적 처리로 토양오염 방지

먹거나 오염된 날채소, 상추 쌈, 겉절이, 김치 등을 섭취할 때 감염된다. 100℃에서 즉시, 95℃에서는 1초, 70℃에서는 10초에 사멸하고 −15℃에서는 생존하지 못한다. 알코올, 포르말린, 염산 등 화학약품에는 저항성이 강하고 김치, 거름 속에서도 수개월 동안 생존이 가능하다.

회충의 수명주기 및 감염경로는 다음과 같다.

① 성충은 사람의 소장에서 산다. 소장에서 암컷은 매일 약 200,000개의 알을 낳을 수 있다. 알들은 대변으로 배출된다.

② 수정란만 감염을 일으킨다. 수정란은 흙에서 성장하고 알은 촉촉하고 따뜻하며 그늘진 토양에서 가장 잘 생장한다.

③ 인간 분변 내의 수정된 회충 알에 오염된 흙과 접촉한 음식 속에 들어 있는 회충 알을 삼킬 때 감염된다(회충 알은 단단해서 토양에서 수년간 살아남을 수 있다).

④ 알이 장 내에서 부화하여 장 내에 유충을 배출한다.

⑤ 유충은 소장 벽을 뚫고 나가 림프관 및 혈류를 따라 폐로 이동한다.

⑥ 폐 안으로 이동한 유충은 폐 안의 폐포(허파 꽈리)로 들어가고, 기도를 통해 목구멍으로 이동한 뒤 삼켜지고 다시 소장으로 간다.

⑦ 유충이 소장에 도달할 때 성충으로 성장한다.

⑧ 소장에서 성체 회충 상태로 머무르며 이 과정에 2~3개월이 소요된다. 성충이 된 회충의 수명은 약 1~2년이다. 성체 회충이 낳은 알은 배설물로 배출되고 다시 토양을 오염시킴으로써 감염 주기가 반복된다.

(2) 증상 및 예방

잠복기는 충란 섭취 후 60~70일(평균 70일) 정도이다. 적은 수의 회충에 감염된 경우 대개는 증상이 나타나지 않는 경우가 많다. 그러나 한꺼번에 많은 충란이 섭취되면 폐를 통한 회충 유충의 이동으로 인해 감염 후 3일경부터 발열하여 차츰 고열이 되면서 두통, 기침, 가래, 호흡곤란 등의 증상이 나타난다. 이러한 증상은 유충이 폐를 통과하고 나면 금방 낫는다. 성충의 기생에 의한 회충증의 증상으로는 복통, 식욕부진, 설사 등이 있다. 많은 수에 의한 심한 감염 시장 막힘 증상(장폐색증)이 나타날 수도 있으며 이러한 장 막힘으로 인해 메스꺼움, 구토, 복부 팽만 및 복부 통증이 일어날 수 있다. 감염된 어린이는 영양결핍이 발생할 수도 있고, 심하게 감염된 경우 정상적으로 성장하거나 체중이 증가하지 않을 수도 있다. 또한 어린이의 이미증을 유발하기도 한다.

이미증(異味症)
별난 음식을 좋아하는 이상 증상. 아이들이 흙을 먹거나 임신부가 신 것을 좋아하는 따위

회충증을 예방하는 가장 좋은 방법은 다음과 같다.

- 음식을 취급하기 전에 비누와 물로 손을 철저히 씻는다.
- 특히 인간분변을 퇴비로 사용하는 지역에서 자란 모든 생채소와 과일은 섭취하기 전에 세척하고 껍질을 벗기거나 조리한다.
- 야외에서 배변하지 않는다.
- 효과적인 하수 저리 시스템과 수세식 화장실의 보급이 중요하다.

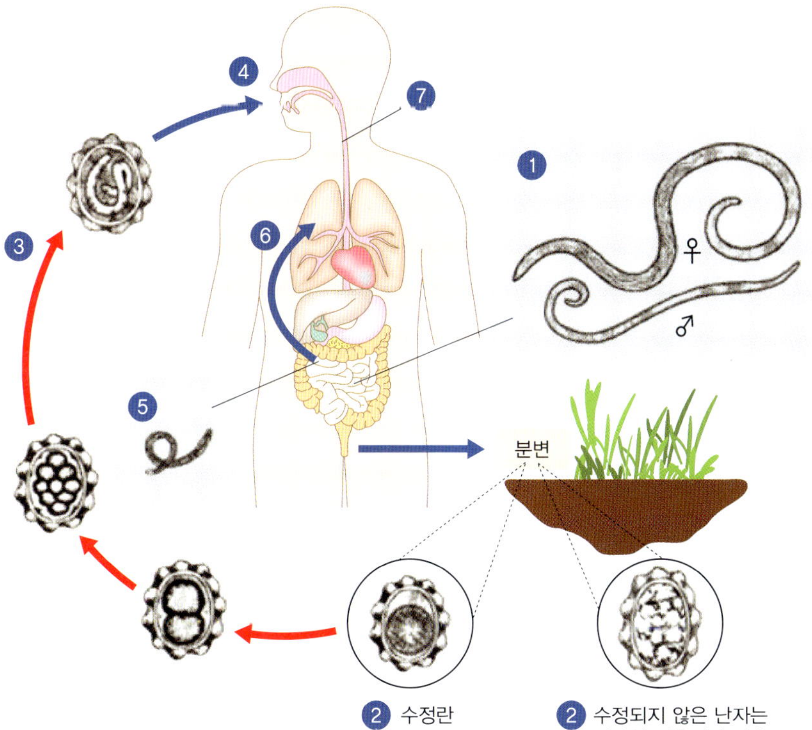

그림 8.12 회충의 수명주기
자료: CDC

- 알벤다졸(albendazole) 또는 메벤다졸(mebendazole)을 투여한다. 이 약물은 합병증 예방에도 도움이 된다.

2) 십이지장충 (*Ancylostoma duodenale*, Hookworm disease)

십이지장충은 구충과에 속하며 아메리카구충(*Necator americanus*)과 두비니구충(*Ancylostoma duodenale*) 등을 포함하고 있다. 십이지장충은 중동, 북아프리카, 유럽 남부에 흔하다. 아메리카구충은 주로 아메리카 및 호주에서 많이 발생한다. 한국에서는 상추쌈 또는 김치 등을 먹고 발생한다 하여 '채독증'으로 불리기도 한다. 인간이 고유숙주인 기생충이다.

(1) 특징 및 감염경로

십이지장충은 주로 열대와 아열대 지방에 흔하며 온대 지방에도 분포한다. 성충은 사람의 소장 윗부분에 기생하고 암컷의 성충은 몸길이 약 11~14mm로 하루에 1~2만 개의 알을 낳는다. 수명주기 및 감염경로는 다음과 같다.

① 사람의 감염은 주로 입을 통해 이루어지며 경피감염이 이루어지기도 한다.
② 유충은 혈류를 타고 폐로 이동한다.
③ 유충을 포함하는 폐의 분비물이 기침을 통해 나오고 삼켜져 위장으로 들어간다.
④ 유충은 소장에 도달하여 성충이 되며, 성충은 2년 이상 생존할 수 있다. 또 일부 유충은 점막에 침입한 후 혈관을 타고 폐로 들어가 기관지 및 인두를 거쳐 소장에 이른다(십이지장충 성충의 입에는 날카롭고 굽은 이빨이 있어 장벽에 들러붙어 살기 때문에 이동성이 없고 항문으로 자연배출되는 경우도 거의 없다).
⑤ 암컷에서 배출된 알은 다시 대변에 섞여 인체 밖으로 빠져나가고 알은 흙에서 유충으로 부화한다.

⑥ 유충은 흙에서 살고 피부를 뚫고 침투할 수 있기 때문에 맨발로 걸을 때 피부로 감염될 수 있다.

(2) 증상 및 예방

십이지장충은 기생하는 개체수가 많기 때문에 사람에게 아주 해롭다. 처음에는 유충이 피부를 뚫고 침투한 곳에 가려운 발진 증세가 나타나고 이후에 십이지장충이 폐에서 기관을 거쳐 인두에 이를 때 발열, 메스꺼움, 구토, 복통, 설사, 식욕부진 등의 소화기 증상 외에 목 안에 심한 가려움이나 아픔을 느끼며 계속해서 기침을 한다.

성체의 십이지장충은 소장의 위쪽 점막에 달라붙어서 피를 빨며 혈액이 응고되지 않게 하는 물질을 분비하므로 그 결과 혈액의 손실과 함께 철 결핍성 빈혈을 일으킨다. 따라서 중증의 만성 감염의 경우 피로, 심부전 또는 광범위한 부기를 일으킬 만큼 심한 경우도 있다. 어린이의 경우 신체 성장이 지연되기도

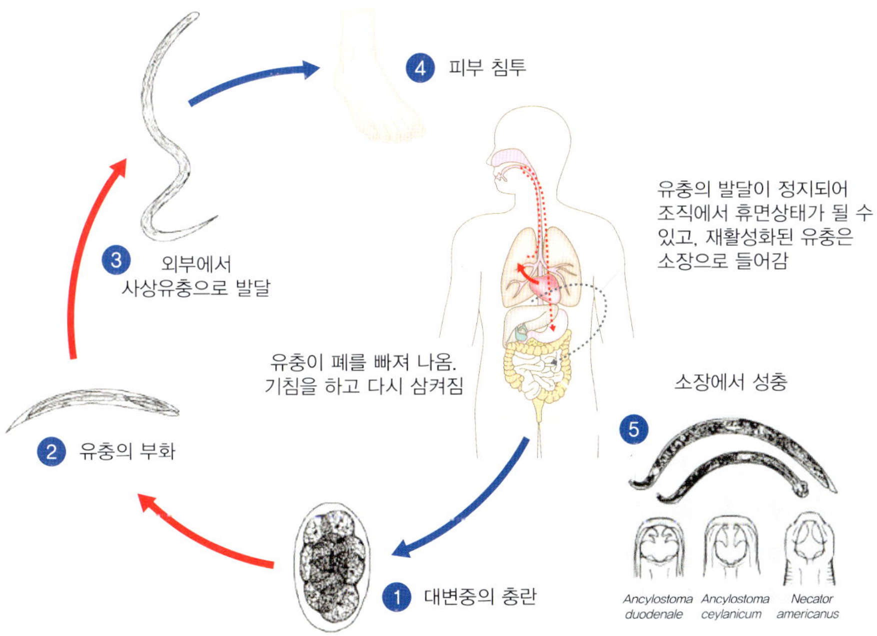

그림 **8.13** 십이지장충의 수명주기
자료: CDC

하고, 회충과 유사하게 이미증을 나타내기도 한다.

예방을 위해서는 위생적인 화장실 시설을 사용하고, 땅에 앉을 때는 신발을 신고 방수포나 기타 차단막을 사용하는 등 피부가 흙에 직접 접촉하지 않도록 해야 한다. 일단 감염되면 구충이 어렵지만, 알벤다졸 또는 메벤다졸이 보통 사용된다. 철 결핍 빈혈의 경우 철분 보충제를 복용하는 것이 좋다.

3) 편충(*Trichocephalus trichiurus*)

편충증은 아열대 및 열대 지역에서 주로 일어나는 흔한 감염으로 위생상태가 불량하고, 따뜻하고 습해서 편충 알이 흙에서 배양되기 좋은 지역에서 발생한다. 미국 남부에서도 흔히 발생하며 전 세계적으로 약 6억 400만~7억 9,500만 명 정도가 감염되어 있는 것으로 추정된다. 특히 아동들의 감염이 많고 우리나라에도 상당히 감염률이 높았으나 최근에는 크게 감소되었다. 개에 기생하는 개편충, 반추동물에 기생하는 양편충 등도 있다.

표 8.9 편충증(*Trichuriasis*)

정의	• 편충(*Trichuris trichiura*) 감염에 의한 대장 상부 기생충질환
질병분류	• 제4급감염병
병원체	• Trichuris trichiura – 사람의 맹장, 대장에 기생하는 채찍 모양의 가늘고 긴 선충으로 암컷, 몸길이 10~50mm, 수컷 몸길이 30~45mm임 – 편충란은 진한 황갈색의 두터운 난각으로 긴 원통형 모양으로, 편충란의 양쪽 끝은 투명한 점액마개로 막혀 있음
전파경로	• 토양매개성 선충으로 채소, 김치, 물, 토양 등에 묻어 있는 자충포장란(감염형 충란)을 경구 섭취하여 감염됨
잠복기	• 1~3개월
진단	• 검체(대변)에서 편충 충란 확인 • 직장점막에 붙어 있는 충체 확인
증상	• 경한 증상: 가벼운 위장증상 • 중증 감염: 복통, 만성 설사, 점혈변, 빈혈, 체중감소, 드물게 직장탈출
치료	• 알벤다졸 400mg/정을 1회 1정 복용
예방	• 올바른 손씻기(음식을 먹기 전, 음식을 다루기 전, 화장실 사용 후 등) • 채소는 반드시 씻어서 조리하고, 생과일은 씻어서 껍질을 까서 먹음 • 인분의 위생적 처리로 토양오염 방지

(1) 특징 및 감염경로

편충은 사람의 맹장에 기생하는 채찍 모양(또는 말채 모양)의 선충이다. 충체가 작은 편으로 몸길이는 수컷이 3~4.5cm, 암컷이 1~5cm이다. 몸은 가늘고 긴 실 모양이며, 몸의 앞부분을 숙주의 창자에 깊이 박고 흡혈한다. 편충란은 진한 황갈색의 두터운 난각의 긴 원통형 모양으로, 편충란의 양쪽 끝은 투명한 점액마개(Mucoid plug)로 막혀 있다. 배설물과 함께 몸 밖으로 나와 흙 속에서 발생한다. 회충, 구충 등과 함께 토양 매개의 기생충으로 음식물을 통해 사람의 몸 속에 침투하여 발생을 마치고 성체가 된다. 편충의 감염형인 자충포장란에 오염된 채소를 덜 씻어 먹거나 오염된 물을 마실 경우 또는 흙장난 후 손을 씻지 않은 상태로 음식을 먹을 때 감염된다.

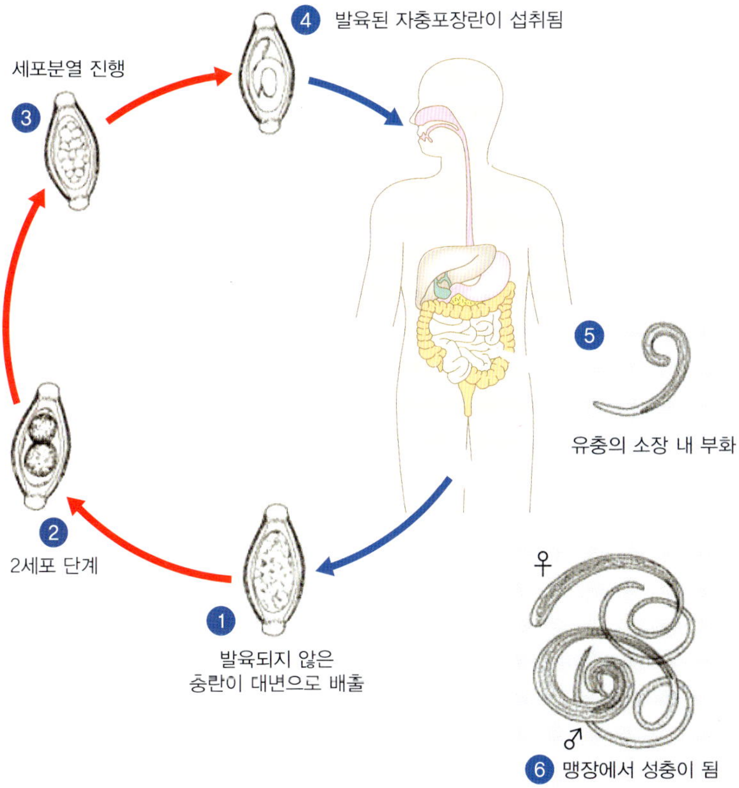

그림 8.14 편충의 수명주기
자료: CDC

편충의 수명주기 및 감염경로는 다음과 같다.

① 감염자가 대변으로 편충 알을 배설한다.
② 흙에서 알이 성숙되고, 15~30일 후 감염이 가능할 정도로 성숙된다.
③ 편충 알이 든 대변 또는 이에 오염된 흙에 손이나 음식물이 접촉되어 알을 삼키게 된다.
④ 알은 소장에서 부화하여 유충을 방출한다.
⑤ 유충은 성숙하여 대장 일부 맹장 등에서 성체가 되어 기생하며 약 1~2년간 생존한다.
⑥ 암컷 편충이 알을 낳고 배출하여 다시 반복된다.

(2) 증상 및 예방

경미한 감염은 아무런 증상이 없을 수도 있고, 감염의 정도에 따라 복통, 식욕부진, 설사, 장 출혈 또는 빈혈 등이 있을 수 있다. 많은 수가 기생하면 빈혈, 설사, 복통을 일으킨다.

충분한 위생(특히 위생적인 화장실 시설) 및 양호한 개인위생 습관이 감염 확산 방지에 도움이 된다. 음식을 만지기 전에는 손을 반드시 씻고, 씻지 않은 과일 및 채소는 피해야 한다. 메벤다졸, 알벤다졸 또는 이버멕틴 같은 구충제를 통해 감염을 치료한다.

4) 요충(*Enterobius vermicularis*, Pinworm, Seatworm)

요충은 가장 흔한 장내 선충으로 고대부터 잘 알려진 기생충이며 사람에게 숙주 특이성이 정착된 종이다. 요충 감염은 전 세계적으로 흔하며 열대보다는 온대, 한대 지방에 많이 발생한다. 접촉감염성으로 전파되므로 사람이 사는 모든 지역에서 어린이를 중심으로 유행하며 어린이와 함께 사는 어른들도 감염된다. 직접적인 신체접촉으로 감염형 충란을 섭취하는 방식으로 전파되므로 공간을 함께 사용하는 어린이 집단에서 활발하게 전파된다. 농촌보다 도시지역에서의

표 8.10 요충증(*Enterobiasis*)

정의	• 요충(*Enterobius vermicularis*) 감염에 의한 막창자 및 항문 기생충질환
질병분류	• 제4급감염병
병원체	• *Enterobius vermicularis* – 사람의 대장(주로 맹장)에 기생하는 가늘고 흰 쌍선충. 암컷은 몸길이 8~13mm, 수컷 몸길이 2~5mm – 주로 유아나 어린이의 감염률이 높음 – 요충은 장내에서 기생하는 동안 산란하지 않고 항문 밖으로 기어 나와 항문 주위의 피부에서 산란 – 충란의 크기는 55~27μm이며, 한 쪽이 다른 쪽에 비하여 약간 편평한 부정 타원형임
전파경로	• 요충란은 항문 주위에 산란된 후 수 시간 내에 감염형인 자충포장란이 되어 전파력이 매우 강하고, 일차적으로 항문 주위를 긁은 손에 충란이 묻어 전파가 시작되고, 일부는 옷이나 침구류 등에 의해 전파됨
잠복기	• 단시간
진단	• 검체(항문 주위 도말)에서 충란 및 충체 확인 • 항문 주위와 여성의 질에서 충체 확인
증상	• 항문 주위 가려움증, 피부발적, 종창, 습진, 피부염 • 2자 세균감염, 복통, 설사, 야뇨증, 불안감, 불면증 • 합병증: 충수돌기염, 질염, 육아종
치료	• 알벤다졸 400mg/정을 1회 1정 복용 – 20일 간격으로 3회 이상 반복 투약
관리	• 감염자가 속한 집단(가족, 학교 등) 구성원 대상 검사 및 치료
예방	• 감염자 관리 • 집단구성원 손톱을 잘 깎고 목욕, 손씻기 등 자주 실시 • 속옷, 침구를 삶아 빨기, 일광소독 • 침실, 거실, 놀이방, 교실 등의 먼지 청소

감염이 많으며 우리나라는 과거에 비해 발생 빈도가 많이 감소하였지만 아직까지도 발병 사례가 많다. 충란은 속옷, 침구, 방안의 먼지, 가구 등에 붙어서 2~3주 동안 감염력을 유지하고, 재감염에 대한 면역이 없으므로 감염이 지속적으로 반복되어 중감염되는 어린이가 많다.

(1) 특징 및 감염경로

대부분의 요충 감염은 학령기 아동, 아동을 돌보는 성인 또는 감염된 아동의 가족 구성원들에게 발생한다. 성충은 희고 가는 실 모양이며 수컷이 2~5mm, 암컷이 8~13mm로 작다. 꼬리가 말려있어 거꾸로 된 물음표의 모양과 비슷하다. 요충은 건조한 실내에서도 장기간 생존하므로 함께 생활하는 사람 중에 감염자가 있으면 집단 감염이 생길 수 있다.

요충의 수명주기 및 감염경로는 다음과 같다.

① 암컷은 항문 근처의 피부에 알을 낳으며 간지러움증을 유발하는 끈적하고 젤리 같은 물질을 분비한다.
② 항문 주변이 가려워진 사람들이 수면 도중 항문 주변을 긁게 되고, 자기 자신도 모르게 손에 끈적한 알이 묻게 된다. 따라서 주기적으로 손을 씻지 않고, 아직 항문을 만진 손이 더럽다는 것을 알지 못하는 영유아의 감염률이 높다.
③ 불결한 손, 알이 묻은 의류나 침구, 장난감, 음식물 등 오염된 매개체를 통해 입으로 알을 삼키게 된다.
④ 요충 알을 삼킬 때 감염이 시작되고 이후 유충은 대장으로 이동한다.
⑤ 유충은 대장에서 2~6주간 자라며, 성충들은 짝짓기를 한다.
⑥ 야간에 임신한 암컷 요충은 직장으로 이동하고 항문을 통해 밖으로 나와 알을 낳는다. 요충은 하얗고 털이 얇지만, 꿈틀꿈틀 움직이며 육안으로 식별된다. 요충의 수명은 2개월 정도이다.

(2) 증상

잠복기는 매우 단시간이며 감염량에 따라서 증상의 유무와 정도가 달라진다. 요충을 갖고 있는 대다수 어린이들은 증상이 나타나지 않는다. 그러나 일부의 경우 항문 근처의 가려움 때문에 긁으면서 피부가 벗겨지고 이차적으로 박테리아에 감염될 수도 있다. 여자 어린이의 경우 요충은 질 가려움증 및 자극을 유발할 수 있다. 위생 관리가 좀 더 철저한 성인의 경우 재감염의 기회가 차단되어 곧 사라진다. 그러나 집에 감염된 어린이가 있거나 위생관리에 신경 쓰지 않는 경우 감염이 계속 유지될 수 있다.

(3) 진단 및 예방

요충은 항문 주위 스카치테이프 도말법으로 진단할 수 있다. 자고 일어난 후 아침에 화장실 가기 전 항문 주위를 스카치테이프로 붙였다 떼어서 유리 슬라이드에 붙인 후, 광학현미경으로 충란을 검사하면 충체는 육안으로 확인되기도 한다. 요충의 전파 예방을 위해서는 다음과 같은 생활수칙이 필요하다.

- 화장실 사용 후, 기저귀를 간 후, 음식을 취급하기 전 따뜻한 비눗물로 손 씻기(가장 효과적인 방법)
- 속옷, 잠옷, 침구 및 장난감 등을 철저히 자주 세척하기
- 알을 제거하기 위해 주변 환경을 깨끗이 청소하기
- 감염된 경우 피부에서 알을 제거하기 위해 매일 아침 샤워하기

(4) 치료

요충증은 가족 간의 집단 감염이 많다. 따라서 환아와 가족이 동시에 치료하는 것이 바람직하다. 메벤다졸 100mg을 복용한 후, 1~2주 후에 나시 복용하여 재발을 방지한다. 알벤다졸을 2세 미만은 200mg, 2세 이상은 400mg 복용한 후 3주 후 재복용하면 재발을 막을 수 있다. 요충은 감염되더라도 면역성이 생기지 않으므로 다시 노출되면 재감염될 수 있다. 요충 감염을 약물로 성공적으

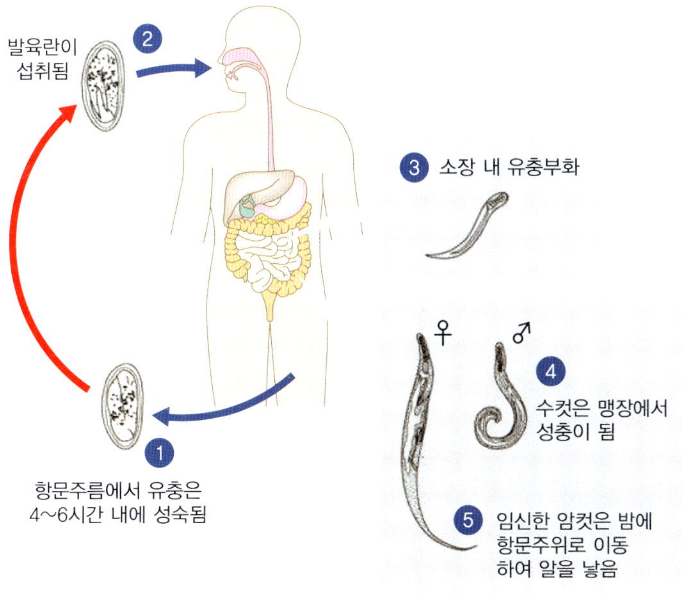

그림 8.15 요충의 수명주기
자료: CDC

로 치료한 후에도 감염이 다시 시작되는 일이 흔한데, 부분적으로는 알이 몸 밖에서 3주 동안 생존할 수 있기 때문이다. 항문 근처에는 직접적으로 바셀린 등의 가려움 방지 크림 또는 연고를 바르면 증상을 완화시켜 줄 수 있다.

5) 동양모양선충(*Trichostrongylus orientalis*)

동양모양선충은 1889년 처음 발견되었고 한국, 일본, 대만, 중국, 말레이시아 등 동양지역에서 주로 발생한다. 가늘고 긴 실모양을 한 섬세한 반투명 회백색 충체이며, 수컷의 크기는 3.8~4.8mm이고, 암컷은 4.9~6.7mm이다. 충란은 긴 타원형이고 한 쪽 끝에 공간이 있다. 알의 내부에는 난세포가 포도알처럼 존재하며 대변과 함께 배출된다. 외부로 배출된 충란이 적당한 온도와 습도에서 부화한 다음 3~4일 내에 탈피하고 감염형이 되면 주로 경구로 감염된다. 피부를 뚫는 힘이 약하여 경피감염은 드물다. 경구적으로 침입되면 위장을 지나 소장 점막에 부착하여 기생하고 독소를 분비하며 흡혈한다. 경미한 감염으로는 특별한 증상이 없는 경우가 많으나, 다수 감염 시에는 소화장애, 빈혈 등 구충증과 비슷하다.

6. 육류에 의한 기생충감염

1) 무구조충(*Taenia saginata, Taeniarhynchus saginatus*)

(1) 특징 및 감염경로

무구조충은 소고기를 생식(육회 등)하거나 불충분하게 가열조리 했을 때 감염되므로 소고기촌충(Beef tapeworm)이라고도 하며, 갈고리가 없어 민촌충으로 부르기도 한다. 전 세계적으로 볼 수 있으며 소를 기르고 소고기가 소비되는 곳이면 어디서든 발견된다. 아프리카, 유럽, 동남아시아, 남아시아, 라틴아메리카에서 상대적으로 많이 발생한다. 전체 길이는 7~8m에 이르며 수 백개의 마디가 있고 마디 끝이 항문에서 배출된다. 가축은 중간숙주의 역할을 하여 유충이 발육하게 되고, 인간은 성체인 무구조충이 거주하는 고유숙주 역할을 한다.

무구조충의 수명주기 및 감염경로는 다음과 같다.

① 분변과 함께 밖으로 나온 충란은 사료나 목초에 묻어 중간숙주인 소에 침입한다.
② 소화관 점막에서 혈류를 따라 근육으로 들어가서 낭충(5~8mm 정도의 주머니)이 된다.
③ 소고기를 날것으로 섭취한 사람의 입으로 들어와 소화관에서 주머니 밖으로 나온다.
④ 소장 상부에서 성장하여 수 백개의 마디가 만들어지며 2~3개월 만에 성충이 된다.
⑤ 마디의 끝부분이 항문 밖으로 나온다.

(2) 증상 및 예방

민촌충에 감염되면 성충의 마디가 항문 밖에서 기어다니는 것을 느낄 수 있으며 걸을 때, 잘 때, 배변할 때 등 체절이 나와 불쾌감을 동반한다. 대개 별다

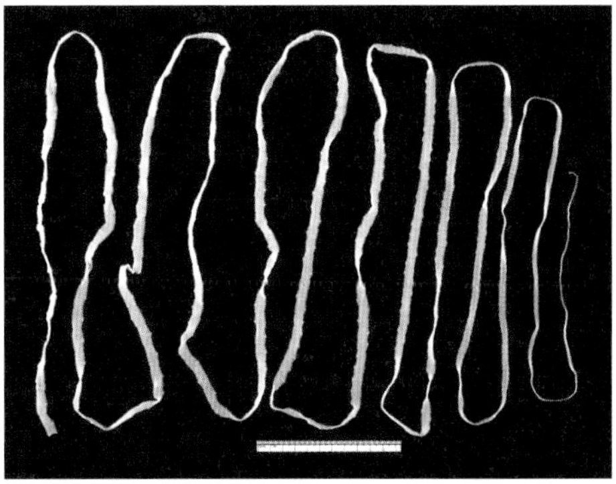

그림 8.16 무구조충

른 증상이 없으나 가벼운 복통과 설사를 일으키거나 식욕이 증가하기도 한다. 예방을 위해서는 소고기의 생식을 금해야 한다. 저온에 강하므로 저온보관은 효과가 없으며, 반드시 충분히 가열 조리해야 하고 대변을 본 후 손을 잘 씻어야 한다. 또한 소의 사료, 목초 등이 분뇨에 오염되지 않도록 해야 한다. 대변에서 성충의 마디나 충낭이 발견되면 감염된 것으로 진단하며, 구충제를 1회 복용하면 기생충을 박멸할 수 있다.

충낭
벌레가 주머니 모양으로 만드는 벌레집

2) 유구조충(*Taenia solium*)

(1) 특징 및 감염경로

사람이 종숙주이고 돼지가 중간숙주 역할을 하는 기생충으로 주로 돼지고기에 의해 감염되므로 돼지고기촌충(Pork tapeworm)이라 한다. 민촌충과 비슷하나 머리 부분에 갈고리를 가지고 있어 갈고리촌충으로도 불린다. 길이는 약 2~3m, 폭은 약 5~6mm, 마디는 약 800~900개가 있으며 둥근 머리는 22~32개의 갈고리를 가지고 있다. 우리나라에서도 유행하며 아시아와 중남미 지역에서 만연하고 있다.

유구조충의 수명주기 및 감염경로는 다음과 같다.

낭미충
유구조충의 미성숙충

① 감염된 돼지에는 낭미충이라는 유충의 상태로 존재한다. 낭미충은 유백색의 달걀형이며 주로 골격근과 심장근에서 발육한다.
② 낭충이 완전히 발육하면 20×10mm까지 자라며 9~10주 후에 감염 능력이 생긴다.
③ 사람은 감염된 돼지고기를 생것으로 또는 익히지 않은 채 섭취함으로써 감염된다. 또는 대변과 함께 배출된 충란을 사람이 섭취하면 유구낭미충증으로 발병된다.
④ 사람의 체내에 들어온 충란은 소장 내에서 부화하여 육구유충(육구자충)이 되고, 소화액의 작용으로 껍질을 벗은 후 혈액 내로 들어간다. 즉, 유충은 혈행성이어서 장벽을 파고들어 혈액을 타고 인체의 어느 부위라도 침입할 수

있다. 대부분 피하조직에서 검출되지만 간, 심장, 뇌 등의 주요 장기에도 감염된다.

⑤ 유충은 정착한 조직에서 약 2개월 동안 성장한 후 완전한 낭미충이 된다. 완전히 자란 낭미충은 타원형으로 긴 지름이 약 1cm 정도 된다.

⑥ 소장에서 낭미충은 성체 촌충으로 성숙되어 장의 점막에 달라붙는다.

⑦ 성체 촌충은 알이 들어 있는 분절(편절)을 만들어 내고, 편절은 알을 배출하거나 촌충 나머지 부위로부터 분리되어 항문으로 이동할 수 있다. 25년간 살 수 있으며 감염면역이 형성되기 때문에 1마리만 기생한다.

⑧ 알, 편절, 또는 둘 다 대변으로 배출된다.

(2) 증상 및 예방

돼지는 감염되어도 일반적으로 증상을 나타내지 않는다. 사람의 경우 증세는 주로 소화장애, 구토, 빈혈 등이다. 유구낭미충증의 증세는 대부분 침입한 부위에 작은 결절이 생기는 것이다. 특별한 증상이 없이 피하에 결절이 만져지는 경우가 많다. 내장에 유충이 있는 경우에는 무증상으로 지나가게 되지만 침입한 부위와 충체의 수에 따라서는 심각한 임상 증상을 초래하는 경우도 있다.

> **결절**
> 목우리, 피하에 비정상적인 조직이 생겨서 강낭콩 또는 그보다 크게 솟아오른 것

가장 중요한 부위가 뇌와 척수에 생긴 낭미충증으로 부위에 따라 여러 가지 신경학적인 증상을 일으킨다. 유충이 뇌로 이동할 경우 가장 흔한 증상이 간질 발작이다. 간질 발작이 환자의 첫 증상인 경우가 많다. 그 외에 두통, 눈을 침범하면 시각장애 또는 실명 등의 증상을 나타낼 수 있다. 장기간 기생하므로 거대적아구성 빈혈이 생기기도 한다.

냉장에 대해서도 저항력이 강하고, 염장이나 훈제육에서도 생존하므로 생식, 불완전한 가열조리, 염장육, 훈제육 등도 유의해야 감염을 예방할 수 있다. 감염자의 구충과 적절한 식육검사도 중요하다. 치료를 위해서는 성충은 니클로사미드 2g을 투여하면 효과적이지만, 두절이 부분적으로 소화되므로 회수하기는 어렵다. 프라지콴텔(praziquantel)이 효과적이며 낭미충증에는 메벤다졸이나 프라지콴텔을 투여한다.

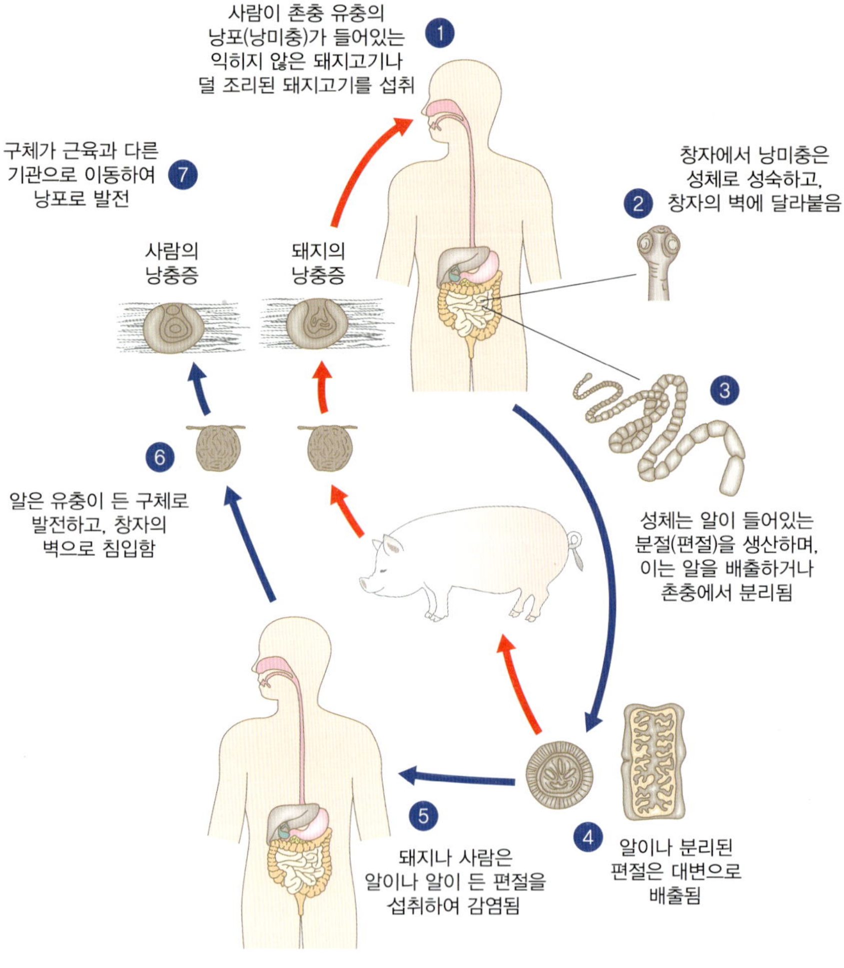

그림 8.17 유구조충의 수명주기
자료: CDC

3) 선모충(*Trichinella spiralis*)

(1) 특징 및 감염경로

선모충증은 인수공통 기생충인 선모충에게 감염되어 발생하는 질환으로 세계적으로 널리 분포되어 있으나 미국에서는 굉장히 드물다. 선모충은 사람, 돼지 등 포유동물의 근육에 주로 기생하면서 구토와 열을 일으키고 감염된 근육의 강직과 통증, 안면 부종, 결막염, 호흡 곤란 등을 일으킬 수 있다. 선모충증은 날고기나 덜 조리된 오염된 육류 섭취로 인해 발생하며 선모충에 감염된 동물은 종숙주 및 중간숙주 역할을 동시에 한다.

선모충의 수명주기 및 감염경로는 다음과 같다.

① 돼지 또는 다른 동물을 먹이로 하는 야생동물(곰, 여우, 멧돼지 등)이 병원소가 된다. 동물들이 포낭을 형성한 유충이 있는 동물먹이를 섭취하면 선모충증에 걸린다.
② 감염된 동물의 날고기나 조리 또는 가공이 불충분한 육류를 사람이 섭취할 때 감염된다.
③ 사람의 위장에서 효소에 의해 피막이 소화되어 분해되면서 유충이 빙출되고 소장 벽을 뚫고 들어간다.
④ 장내에서 유충은 성체로 성장한다.
⑤ 1주일 후 암컷이 다시 낳은 충란이 림프관 및 혈류를 타고 온몸으로 퍼지게 되며 유충은 근육으로 이동한다. 유충의 생산은 약 4~6주간 계속되며 근육에 침투한 유충은 염증을 일으킨다.
⑥ 성충은 일시적으로 장내에, 유충은 수년간 주로 근육에 살면서 발육하고 낭종을 형성한다.

낭종
주머니 모양의 혹

(2) 증상

선모충에 감염되어도 아무런 증상이 나타나지 않을 수도 있다. 감염된 사람의 일부에게만 임상 증상이 나타난다. 근육에 침입한 선모충의 유충으로 인해 전신 질환과 합병증 등이 발생할 수 있다.

선모충증 증상은 두 가지 단계로 발생한다.

① **1단계(장 점막 침입기: 감염 직후~1주일 사이)**: 오염된 육류를 먹은 후 1~2일 뒤에 장 감염이 진행된다. 성충이 배출한 유충이 장 점막을 자극하여 질병을 일으킨다. 설사, 구역질, 구토 및 가벼운 발열 등의 증상이 생긴다.

② **2단계(유충 이행기: 감염 후 2주~6주 사이):** 유충이 근육으로 침투하면서 증세가 나타나며 보통 약 7~15일 이후에 시작된다. 근육통, 압통, 쇠약, 발열, 두통 및 특히 눈 주변의 얼굴 부기 등이 나타난다. 통증은 숨쉬고, 말하고, 씹고 삼키는 데 사용되는 근육들에서 가장 자주 나타난다. 가렵지 않은 발진이 나타날 수 있고, 일부 사람들은 눈의 흰자위가 충혈되고 눈에 상처가 나며 밝은 빛에 민감해지는 증상이 나타나기도 한다. 유충에 대한 항원으로 인한 독작용 및 과민 반응이 나타나면서 심근, 폐, 중추신경계의 염증과 합병증을 유발할 수 있으며, 이런 경우 사망률이 높다.

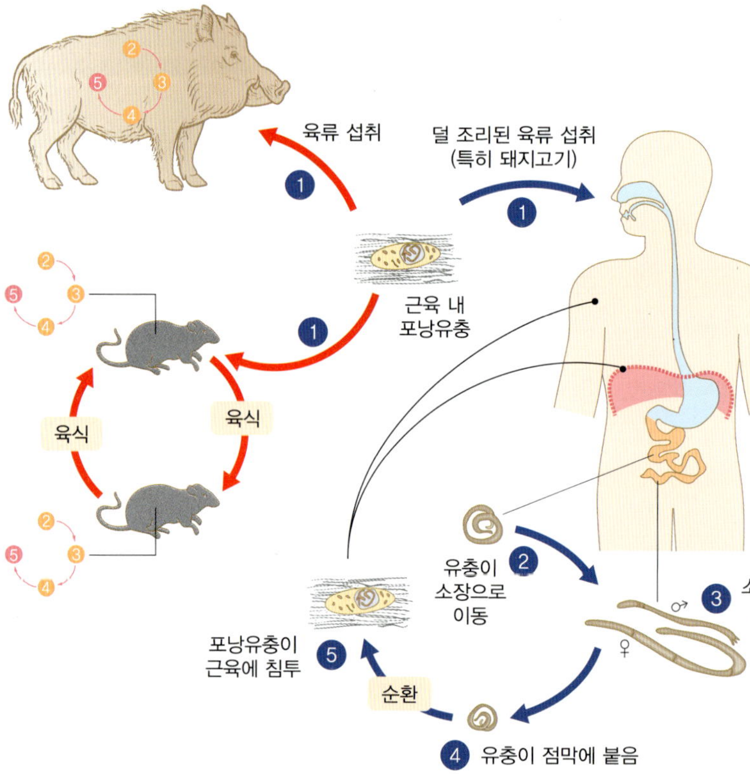

그림 8.18 선모충의 수명주기
자료: CDC

(3) 예방 및 치료

선모충증은 71℃보다 높은 온도에서 특히 돼지고기 및 돼지고기 제품을 전체적으로 갈색이 될 때까지 철저히 조리하면 방지할 수 있다. 또는 돼지고기를 20일 동안 -5℃에서 냉동하여 유충을 죽일 수 있다. 야생동물의 육류는 저온에서도 죽지 않는 선모충증으로 감염될 수 있어 냉동은 권장되지 않는다. 훈제, 절임 또는 전자레인지 조리를 통해서는 확실히 유충을 죽일 수 없으며, 날고기를 준비하는 데 사용한 고기 분쇄기와 다른 도구는 철저히 소독해야 하고, 또한 비눗물로 손을 씻는 것도 중요하다. 축산 농가에서는 주변의 쥐를 없애고, 사육중인 돼지에게 조리되지 않은 육류를 먹여서는 안 된다.

경구로 복용하는 알벤다졸 또는 메벤다졸은 장에 있는 성체 선모충을 제거할 수 있으나 근육에 있는 유충을 제거할 수 없다. 진통제는 근육통을 완화하는 데 도움이 되며 선모충증에 감염된 대부분의 사람들은 완전히 회복된다.

4) 톡소플라즈마(*Toxoplasma*)

(1) 특징 및 감염경로

톡소플라즈마증은 톡소플라즈마 곤디(*Toxoplasma gondii*)라는 기생충에 의한 감염성 질환이다. 종숙주는 고양이 및 고양이과에 속하는 동물이고, 중간숙주는 사람을 비롯한 기타 동물이다. 톡소플라즈마증은 톡소플라즈마에 감염된 고양이의 대변에 노출되거나, 톡소플라즈마에 감염된 동물의 고기를 생식하거나, 톡소플라즈마에 오염된 음식을 섭취하여 감염된다. 사람의 경우 대부분 톡소플라즈마 기생충이 입을 통해 체내로 들어온다. 고양이의 깔개를 교체한 후 더러운 손으로 입을 만지거나, 완전히 익히지 않은 돼지고기, 양고기, 사슴고기를 먹었을 때 발생할 수 있다. 톡소플라즈마 균에 오염된 혈액을 수혈받거나 이에 감염된 사람에게 장기를 이식받았을 때 체내로 들어올 수도 있다. 임산부가 감염되면 수직 전파될 확률이 50% 전후이며 이는 태아의 선천성 톡소플라즈마증을 유발할 수 있다.

톡소플라즈마의 수명주기 및 감염경로는 다음과 같다.

① 톡소플라즈마 알이 고양이 대변으로 배설되고, 약 1~5일이 지나면 알이 감염을 일으킬 수 있게 된다. 고양이는 알로 오염된 음식이나 다른 물질을 섭취하여 재감염될 수 있다.

② 다른 동물들(야생 조류, 설치류, 사슴, 돼지, 양 등)은 오염된 흙, 물, 식물 또는 고양이 분변 속의 알을 섭취하여 감염될 수 있다.

③ 알을 섭취한 직후 알은 이동할 수 있는 형태의 기생충을 방출한다.

④ 기생충은 동물의 신체 전체로 확산되고 신경 및 근육 조직에서 낭종을 형성한다.

⑤ 사람은 이러한 낭종이 들어있는 덜 조리된 음식을 먹어서 감염되거나 고양이 대변으로 오염된 음식, 물을 섭취하거나 오염된 흙, 고양이 분변 등을 만진 후 입을 건드린다면 감염될 수 있다.

⑥ 사람의 경우 기생충은 조직 내, 보통 근육과 심장, 뇌, 눈에서 낭종을 형성한다. 낭종은 증상을 야기하지 않고 남은 여생 동안 남아 있는다. 개인의 면역체계가 질병 또는 약물로 인해 약화되는 경우 이들이 활성화되어 증상을 야기할 수 있다.

(2) 증상 및 예방

톡소플라즈마증은 감염 환자의 90% 정도에서는 아무런 증상이 나타나지 않으며 감염을 인식하지 못한다. 정상적인 면역 방어 체계를 가지고 있으면 증상이 없으며 대부분 별다른 치료를 하지 않아도 호전된다. 그러나 에이즈 환자, 암 환자, 면역 억제 약물로 인해 면역체계가 약화된 사람이 톡소플라즈마에 감염되면 치명적일 수 있다.

톡소플라즈마증이 눈을 침범하면 시야가 흐려진다. 시야 내에 '점'이 보이고, 눈의 통증이 나타나며, 빛에 매우 예민해진다. 폐에 침범하면 호흡 곤란, 발열, 마른 기침, 객혈 증상이 나타나고, 결국에는 호흡 부전을 초래하기도 한다. 임신 중이나 임신 전 6주 이내에 톡소플라즈마증에 노출되면 아이가 선천성 톡소플라즈마증을 가지고 태어날 수 있으며 대개 영아의 눈에서 감염 징후를 발견할 수 있다. 선천성 톡소플라즈마증은 대부분 약물로 완치할 수 있다.

예방을 위해서는 고양이를 만지거나 고양이 변을 치울 때 주의해야 한다. 고양이 변을 치울 때는 장갑을 끼고 처리하고 이후에 손을 깨끗이 씻어야 한다. 고양이에게 주기적으로 구충제를 먹이는 것도 예방에 도움이 된다. 한편, 날고기나 덜 익은 고기를 섭취하지 않으며, 조리한 식기를 청결하게 유지하는 것이 좋다.

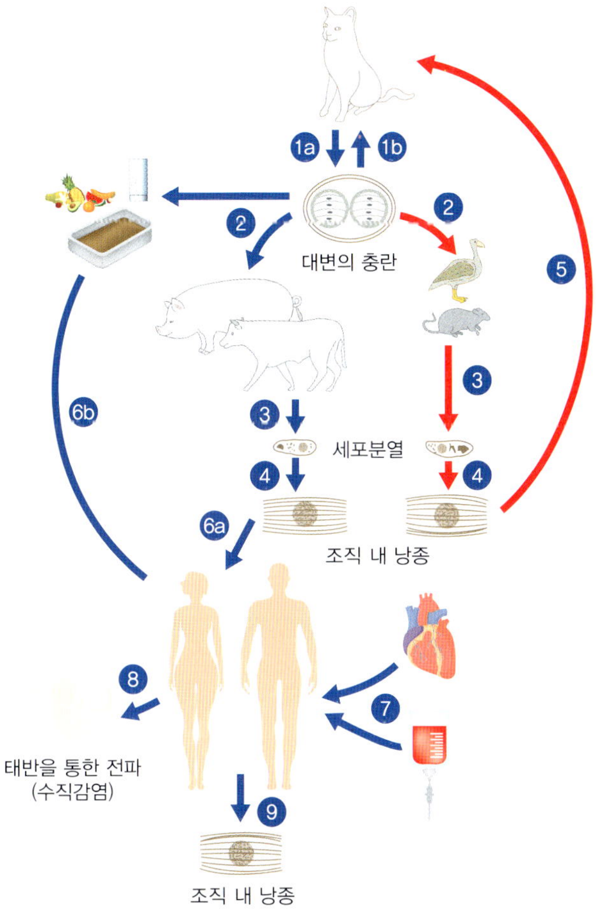

그림 8.19 톡소플라즈마의 수명주기
자료: CDC

5) 스파르가눔(*Sparganum*)

(1) 특징 및 감염경로

스파르가눔증은 만손열두조충[*Spirometra mansoni*(아시아, 남미), *S. mansonoides*(북미), *S. erinacei*(아시아, 오세아니아)]의 유충에 의한 인체 감염증을 의미한다. 스피로메트라(*Spirometra*)는 개나 고양이의 소장에 기생하는 촌충이다. 성충의 알은 동물의 분변과 함께 배설되어 중간숙주인 개구리나 뱀, 쥐 등에 의해 섭취되고, 중간숙주의 몸에서 유충이 된다. 이러한 스피로메트라의 유충을 스파르가눔이라고 한다. 종숙주가 다시 이 중간숙주를 잡아먹으면, 유충은 종숙주의 소장에서 성충으로 성장한다.

스파르가눔증은 사람이 유충에 오염된 물벼룩이 들어 있는 물을 마시는 경우, 제2중간숙주인 개구리, 뱀 등을 보신이나 관절염 치료를 목적으로 생으로 먹는 경우, 개구리, 뱀 등의 껍질을 상처나 안질을 치료하기 위한 목적으로 사용하는 경우에 발병한다. 감염된 중간숙주를 섭취한 돼지고기, 소고기, 조류 등을 사람이 생식하는 경우에 발병하기도 한다. 국내에서는 대부분 과거에 뱀을 생으로 먹은 경험이 있는 남성에게 발병하였다.

(2) 증상 및 예방

스피로메트라는 장의 벽을 뚫고 나와 몸속의 이곳저곳을 헤집고 다닌다. 대부분 2cm 정도의 이동성 피하결절의 형태로 나타난다. 감염 초기에는 별다른 증상이 나타나지 않는다. 그러나 기생충이 피하 조직, 근육 조직으로 이동하면 가려움증과 통증을 동반한 염증 반응이 발생한다. 염증이 잘 발생하는 부위는 복벽, 음낭, 하지, 흉벽 순이지만, 드물게 인후벽, 안와, 복강, 척추강, 요로 등에 발생하기도 한다.

안와
눈구멍. 안구가 박혀 있는 구멍

기생충이 안와 주위에 도달하면 눈과 그 주위가 가렵고, 아프고, 붓고, 눈물이 많이 난다. 기생충은 안구 뒤로도 이동할 수 있으며 이런 경우 안구를 밖으로 밀어내기 때문에 눈을 감을 수 없고, 각막에 궤양이 발생할 수도 있다. 기생충이 머리 안으로 침투하면, 침투 부위에 따라 두통, 발작, 감각 이상, 마비, 기억 상실, 의식 변화, 언어 장애 등이 발생할 수도 있다.

스파르가눔증에 대한 가장 좋은 치료법은 외과적인 수술을 시행하여 기생충을 적출하는 것이다. 수술로 적출이 불가능하다면 조충류 치료에 효과가 있는 약제인 프라지콴텔을 고용량으로 사용한다.

예방을 위해서는 익히지 않은 야생 뱀이나 개구리 등을 먹지 말아야 한다. 섭취가 아니더라도 상처 치료를 목적으로 개구리나 뱀의 습포를 상처에 올리는 민간요법도 금한다.

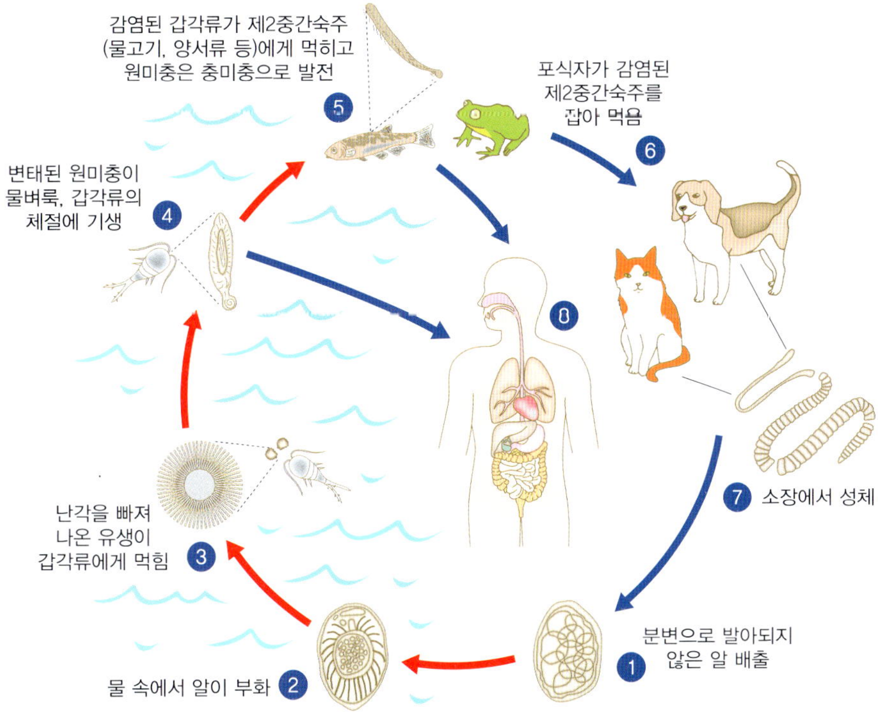

그림 8.20 스파르가눔의 수명주기
자료: CDC

7. 어패류에 의한 기생충감염

1) 간디스토마(*Clonorchis sinensis*)

(1) 특징 및 감염경로

간디스토마(간흡충증)는 민물고기를 날로 먹거나 덜 익혀 먹어서 감염되는 식품매개성 기생충 질환이다. 기생충이 간의 담관 안에서 기생하며 증상을 일으킨다. 주로 강과 호수 주변 지역에서 많이 발생하며 성인 남성의 감염률이 더 높

표 **8.11** 간흡충증(*Clonorchiasis*)

정의	• 간흡충(*Clonorchis sinensis*) 감염에 의한 간 및 담도 기생충질환
질병분류	• 제4급감염병
병원체	• *Clonorchis sinensis* – 간흡충은 담관에 기생하는 버들잎 모양의 담홍색 기생충으로 몸길이 15~25mm, 너비 4~6mm로 합병증을 유발 – 충란은 옅은 갈색을 띠는 참깨모양으로 크기는 27~35×12~20μm이며 난개와 어깨돌출부가 뚜렷하며 표면에 돌출된 주름이 많음
전파경로	• 제1중간숙주는 담수산 패류이고, 제2중간숙주는 잉어과에 속하는 많은 민물고기(잡어) • 감염된 사람 또는 야생동물의 대변으로 배출된 충란이 하천에 유입되면 제1중간숙주인 패류를 경유하여 제2중간숙주인 자연산 민물고기를 생식하였을 때 전파됨 • 또한 자연산 민물고기의 회, 젓갈, 조림, 오염된 칼, 도마 등을 통하여 경구감염됨
잠복기	• 감염 후 3주 내지 4주
진단	• 검체에서 충란 및 충체 확인
증상	• 경감염: 소화불량, 황달, 식욕부진, 설사 • 합병증: 담관염, 담석형성, 담관폐쇄, 간경변, 담관암
치료	• 체중 kg당 25mg의 프라지콴텔을 하루에 3차례, 하루 또는 이틀간 투여하는 것이 권장됨 • 많은 수의 주민들을 대상으로 하는 집단치료에서는 체중 kg당 40mg을 1회 투여가 권장됨 • 한꺼번에 고용량의 프라지콴텔을 투여할 경우, 메스꺼움, 설사, 복부 경련, 두통, 어지럼증, 졸림 등의 부작용이 나타남 • 임산부에 대해서는 투약하지 않아야 함
예방	• 자연산 민물고기 생식을 하지 않기 • 칼과 도마 등 주방용품은 끓는 물에 10초 이상 가열 후 사용

다. 일본, 타이완, 인도차이나, 중국, 필리핀 등에서 발견되며 한국의 낙동강, 영산강, 섬진강 등의 유역에 많이 분포한다. 충체는 투명하고 납작한 선홍색 버들잎 모양이며, 앞부분은 뾰족하고 뒷부분은 둥글며 몸길이 15~25mm, 너비 4~6mm이다.

감염된 사람 또는 야생동물의 대변으로 배출된 충란이 하천에 유입되면 제1중간숙주인 패류를 경유하여 제2중간숙주인 자연산 민물고기를 생식하였을 때 전파된다. 주로 붕어, 잉어, 피라미와 같은 30여 종의 담수어이다. 사람이 담수어의 살 속에 들어 있는 간디스토마의 피낭 유충을 날것으로 먹으면 이것이 인체로 들어와 성충으로 발육하여 발병한다. 사람 이외에도 개, 고양이 등이 주요한 숙주로서 자연 감염된다. 또한 자연산 민물고기의 회, 젓갈, 조림, 오염된 칼, 도마 등을 통하여 경구감염되기도 한다.

간디스토마의 수명주기 및 감염경로는 다음과 같다.

① 간흡충에 감염된 사람 또는 야생동물의 대변을 통하여 충란이 배출된다.
② 배출된 알은 물 속에서 유모유충을 거쳐 포자낭유충이 된다.
③ 제1중간숙주인 담수산 패류(왜우렁)에 먹혀 부화하고 발육하여 레디아유충 및 유미유충으로 자란다.
④ 유미유충은 꼬리가 있어 물 속에서 헤엄칠 수 있으며 제1중간숙주에서 나와 제2중간숙주인 담수어(참붕어·잉어 등)의 피부를 관통하여 침입한 후 생장하여 어육 내에 피낭유충으로 존재한다.
⑤ 사람이 피낭유충이 들어있는 민물고기를 날것으로 먹었을 때, 또는 오염된 칼, 도마 등을 통하여 간흡충에 감염된다.
⑥ 인체에 들어온 피낭유충은 십이지장 안에서 탈낭하고 총담관을 거쳐 간으로 침입한다.
⑦ 간이나 담관 및 담낭 속에서 생장하고 기생하면서 약 1개월 뒤면 성충으로 성숙되어 산란한다.

알아두기

- 유모유충(미라시디움, Miracidium): 흡충강의 애벌레를 통틀어 이르는 말. 보통 긴 알모양 또는 타원형. 중간숙주에서 발육하고 물 속을 헤엄쳐 다닌다.
- 포자낭유충(스포로시스트, Sporocyst): 흡충강의 간디스토마 발생과정 중 첫 번째 중간숙주 안에 있는 유생. 체내에는 배세포군이라는 세포 덩어리가 있어 이것이 발육하여 몇 마리~수십 마리의 레디아가 된다.
- 레디아유충(Redia): 흡충강 발육의 제2단계에서 나타나는 유생의 하나. 주머니 모양
- 유미유충(세르카리아, Cercaria): 디스토마 발육 도중 이루어지는 애벌레의 한 형태. 몸은 타원형이고, 끈 모양의 꼬리가 있다. 입과 배에 빨판이 있고 레디아 유충 안에 생긴다. 제2중간숙주의 체내로 들어가 꼬리를 잃고 주머니 형태(피낭유충)가 되어 최종숙주인 사람의 체내로 들어간다.
- 피낭유충(메타세르카리아, Metacercaria): 흡충의 생활사에서 종숙주로 옮겨가기 전 꼬리 유충(유미유충) 후의 주머니 모양 조직으로 싸여있는 시기

(2) 증상 및 예방

감염 후 3~4주 정도의 잠복기를 거쳐 증상이 나타난다. 간디스토마로 인한 병변은 대체로 기생충체수에 따라 차이가 나는데 적어도 약 1,000마리 이상의 기생이 아니면 인체에 치명적인 해는 없는 것으로 추정된다. 그러나 감염된 기생충 수가 많을수록, 감염 기간이 길수록 여러 가지 증상을 유발할 수 있다. 급성 감염 시에는 주로 소화기 장애가 나타나는데, 상복부 통증, 발열, 소화불량, 위장 출혈, 설사 등의 증상이 나타나며 급사까지 이를 수 있다. 상태가 악화되면 피부에 황달 증세가 나타나거나 간이 커지거나 복수가 차거나 야맹증이 나타난다. 주로 간이나 간 밖의 담관, 담낭 속에 살면서 담관이나 담낭을 자극하기 때문에 점막의 손상을 초래하고, 여기에 이차적인 세균 침입으로 심한 염증을 일으켜 담관염이나 담낭염을 유발하기도 한다. 담관에 감염되면 담도를 막아 담도 폐쇄를 일으켜 담즙이 정체되며 이 상태에서 죽은 충체나 충란이 핵이 되어 담석이 생길 수도 있다. 이러한 담도 폐쇄 및 만성적인 염증 등의 증상이 계속되면 담관암이 생길 수 있으며, 간암을 일으킨다는 보고도 있다.

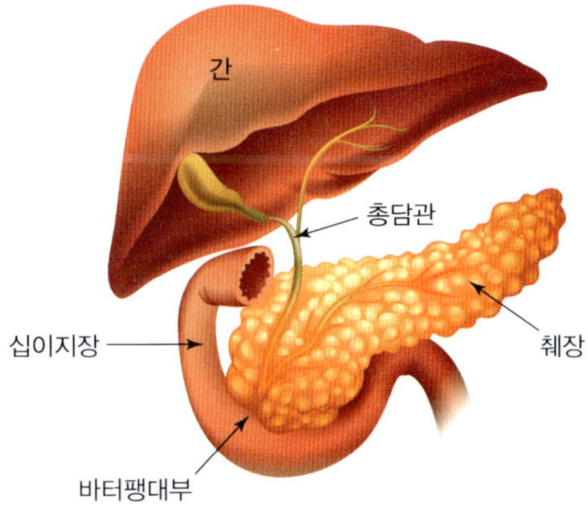

간디스토마의 가장 효과적인 치료방법은 프라지콴텔(상품명: 디스토시드) 복용이다. 이 약물을 1일간 4정, 4회 복용하면 대부분 치료된다. 투약 2~3주 후 다시 한 번 대변 검사를 시행하여 완치되었는지 확인하고, 완치되었다면 1년 후 재감염 검사를 시행한다.

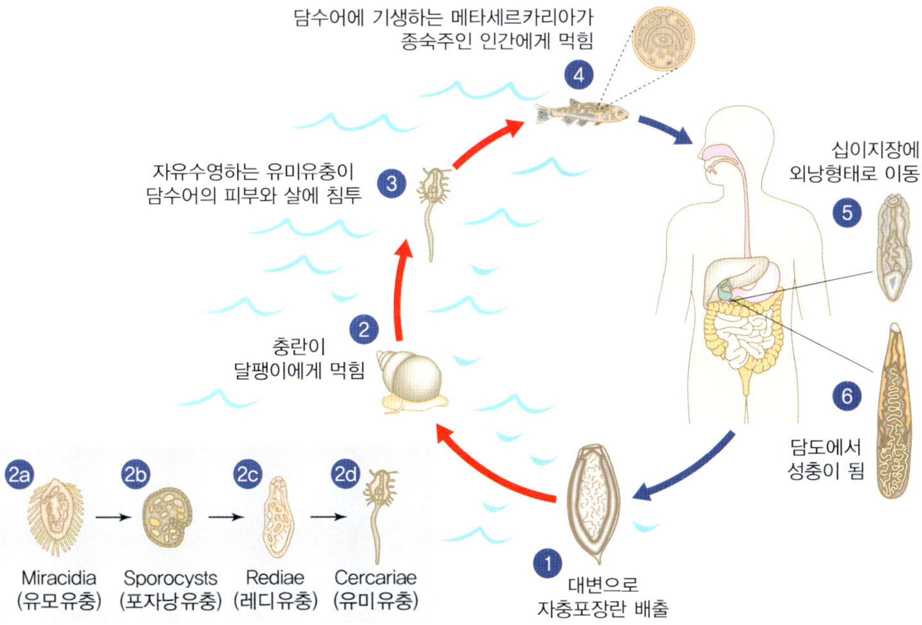

그림 8.21 간흡충의 수명주기
자료: CDC

2) 폐디스토마(*Paragonimus westermani*)

(1) 특징 및 감염경로

폐디스토마는 한국, 일본, 만주, 타이완 등 극동아시아와 베트남, 중국 남부 등에서 유행한다. 우리나라의 경우 과거에 강화도, 전남 해안지방, 강원도와 경북 내륙지방, 제주도 남제주군 등에서 유행하였다. 최근에는 감염자가 드물게 발견되며 중증 환자로 진단되기도 한다. 폐흡충 이외의 폐흡충속이 전 세계적으로 분포하며 각 지역마다 고유의 종이 유행한다. 전 세계적으로 40여 종의 폐흡충이 보고되어 있고, 10개 종이 사람을 감염시켜 폐흡충증을 야기할 수 있다. 감염된 사람 또는 야생동물의 대변으로 배출된 충란이 하천에 유입되면 제1중간숙주인 패류를 경유하여 제2중간숙주인 자연산 민물고기를 생식하였을 때 전파된다.

자연계 종숙주는 호랑이, 늑대, 여우, 오소리, 너구리, 두더지, 개, 고양이 등이다. 사람은 민물게장, 덜 익힌 참가재, 참게즙 혹은 가재즙을 먹어서 폐흡충증에 감염된다. 과거 우리나라와 일본에서는 홍역 등 당시 원인이 확인되지 않는 열성 질병에 걸린 유·소아에게 게즙이나 가재즙을 먹이는 민간요법이 있었는데, 이것이 소아 폐흡충 감염의 원인이 되기도 하였다. 일본에서 멧돼지 근육을 육

표 8.12 폐흡충증(*Paragonimiasis*)

정의	• 폐흡충(*Paragonimus westermani*) 감염에 의한 폐 기생충질환
질병분류	• 제4급감염병
병원체	• 폐흡충(*Paragonimus westermani*)
전파경로	• 폐흡충 피낭유충에 감염된 민물 참게장, 가재즙 등을 통하여 경구감염됨
잠복기	• 감염 후 6주
진단	• 가래 검사, 혈청학적 검사, 흉부 X-선 검사
증상	• 심한 기침, 피섞인 쇠녹물색의 가래, 흉통, 전신 쇠약, 복벽, 장벽, 간, 늑막 등에 통증, 발작, 마비, 뇌막염, 뇌출혈 등
치료	• 체중 kg당 25mg의 프라지콴텔을 하루에 3차례, 2~3일간 투여하는 것이 권장됨
예방	• 담수산 게류, 참가재 등 제2중간숙주의 생식이나 덜 익은 조리상태로 섭식 금지 • 담수산 게류로 담근 게장은 최소 7일이 지난 후에 먹도록 함

회로 먹고 폐흡충에 감염된 증례가 발견되었고, 멧돼지가 운반숙주(Parentenic host) 역할을 하는 것으로 보고되었다.

성충의 크기는 콩알만한 크기의 편평한 자웅동체 흡충이다. 폐디스토마의 수명주기는 다음과 같다.

① 대변을 통해 밖으로 나온 충란은 민물에서 부화하여 유충이 되며 제1중간숙주인 패류(다슬기, 달팽이 등)에게 먹히고 그 안에서 유미유충(세르카리아)으로 성장하고 이는 물속에서 헤엄칠 수 있는 형태가 된다.

② 세르카리아는 다슬기를 나와 수중에서 제2중간숙주인 가재·게 등의 아가미·내장 또는 근육에 침입하여 그 속에서 피낭유충(메타세르카리아)이 된다.

③ 사람이 낭종을 삼키면 피낭유충은 낭종을 떠나 인체 내 상벽을 침투하고 복강에 들어가 체류한다.

④ 유충은 횡격막을 통과하여 폐와 소기관지 부근까지 침입하고, 그 곳에서 유충은 성체로 성장하여 알을 생산한다. 폐에 침입하는 것은 감염 후 20~30일 이후이며 치료하지 않는 경우 성체는 20년 동안 살 수 있다.

⑤ 기침을 한 후 뱉거나 삼킬 때 폐에 있던 알이 가래로 배출되거나 대변으로 나오기도 한다.

(2) 증상 및 예방

잠복기는 감염 후 6주 정도이며 증후는 대개 잠재적으로 시작하여 진행성 만성상태로 진전되며 폐결핵과 비슷한 경과를 취한다. 기생 부위에 따라 ① 흉부폐디스토마증, ② 복부폐디스토마증, ③ 뇌폐디스토마증, ④ 전신성폐디스토마증 등과 같이 4가지 형태로 분류하기도 한다.

이 가운데 흉부폐디스토마증이 가장 많은데, 이것은 서서히 진행하며 초기에는 무증상이거나 가벼운 복통·흉통 등이 나타나다가 폐에 침입하면 기침과 피섞인 끈적끈적한 쇠녹물색 객담(Rusty brown blood-tinged sputum)을 배출한다. 복부폐디스토마증의 경우는 복부의 둔통·경직·압통이 나타난다. 뇌폐디스토마에서는 대개 잭슨형(Jacksonian type)의 간질이 나타나며, 반신불수증·국소마

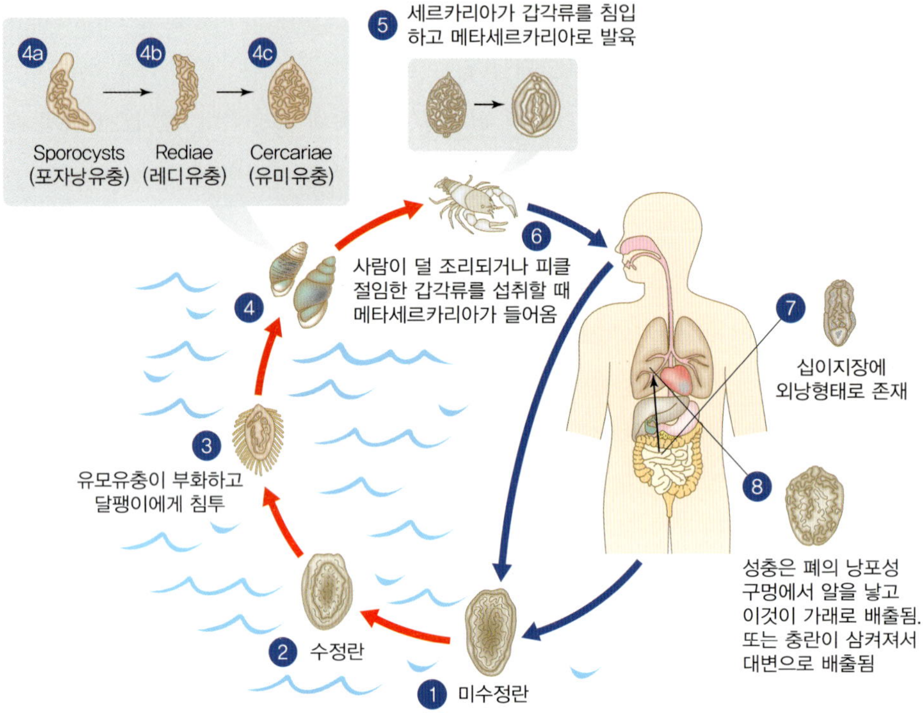

그림 8.22 폐흡충의 수명주기
자료: CDC

비·실어증 등이 나타나기도 한다. 전신성폐디스토마증에서는 각 형의 임상증상이 복합적으로 나타난다.

주로 객담에서 충란을 발견하여 진단하며 변에서 발견되기도 한다. 치료는 간디스토마와 마찬가지로 프라지콴텔이 가장 효과적이다.

예방을 위해서 폐흡충 감염이 발생하는 지역으로 여행할 경우 날것이나 덜 조리된 민물게와 가재를 먹지 말아야 한다.

3) 요꼬가와흡충(*Metagonimus yokogawai*)

(1) 특징 및 감염경로

요꼬가와흡충은 중국, 일본, 대만, 시베리아, 인도네시아, 스페인, 한국 등에서 발견되며, 우리나라는 하동, 밀양, 대구, 강원도, 제주도 등에서 높은 감염률을

표 8.13 장흡충증(*Metagonimiasis*)

정의	• 요코가와흡충(*Metagonimus yokogawai*) 감염 등에 의한 장내 기생충질환
질병분류	• 제4급감염병
병원체	• 요코가와흡충(*Metagonimus yokogawai*), 타카하시흡충(*Metagonimus takahashi*), 미야타흡충(*Metagonimus miyata*), 가시입이형흡충(*Centrocestus armatus*), 참굴큰입흡충(*Gymnophalloides seoi*) 등
전파경로	• 은어 등 자연산 민물고기, 오염된 칼, 도마 등을 통하여 경구감염됨
잠복기	• 감염 후 7~8일 뒤 성충이 됨
진단	• 검체(대변)에서 충란 및 충체 확인
증상	• 설사, 복통, 고열, 복부 불쾌감, 소화불량, 식욕부진, 피로감 • 합병증: 흡수장애증후군
치료	• 체중 kg당 10mg의 프라지콴텔을 1차례 투여함
예방	• 유행지에서 은어나 황어 등 민물고기나 반염수어를 생식하지 않기 • 보건교육 • 분변으로 인한 강물의 오염 방지

보인다. 길이는 약 1~2mm 정도이다.

요꼬가와흡충의 수명주기와 감염경로는 다음과 같다.

① 감염된 사람의 대변으로 요꼬가와흡충의 충란이 배출된다.

② 담갈색의 충란이 물 속에 있다가 제1중간숙주인 다슬기에 먹혀 장관에서 부화한 후 주위의 조직으로 들어가 발육한다.

③ 다슬기를 먹은 담수어(잉어, 붕어, 특히 은어)가 제2중간숙주가 되며 침입 후 메타세르카리아로 성장한다.

④ 사람이 담수어를 날것으로 섭취하면 감염되어 인체 내 소장에서 기생한다. 소장 점막 내에서 7~10일 내에 성충으로 발육, 성숙하여 산란한다.

⑤ 충란이 대변으로 배출된다.

(2) 증상 및 예방

잠복기는 감염 후 7~8일 정도이다. 주로 소장점막에 기생하면서 장점막에 염증을 일으키며 설사, 복통, 혈변을 일으킨다. 많은 숫자에 감염된 것이 아니라면 증상이 없을 수도 있다. 충란이 장 간막 정맥이나 림프관을 통하여 심장, 뇌, 척수 등으로 운반되어 조직변화를 일으킬 수도 있다. 간디스토마를 치료하는 프라지콴텔 10mg/kg 1회 경구 투여로 잘 치료된다. 유일한 예방법은 유행지에서 은어나 황어 등 민물고기나 반염수어를 생식하지 않는 것이다.

4) 고래회충(*Anisakis*)

(1) 특징 및 감염경로

아니사키스 속(*Genus Anisakis*)은 고래류, 돌고래류의 제1위 및 효각류(물개, 해표 등)의 위 점막에 기생하는 길이 약 6~10cm인 회충의 일종이다. 확실한 종은 세계에서 3종류가 알려졌으며, 전부 식품위생상 문제가 되지만, 그중 *Anisakis simplex*가 가장 많다. 아니사키스증이란 아니사키스 기생충에 감염된 해산물을 조리하지 않고 섭취 시 발생하는 급성복통 질환을 말한다. 아니사키스는 해산어류의 생식이 주된 감염경로이기 때문에 한국이나 일본에서는 중요한 기생충병의 하나이다. 그러나 최근 유럽, 미국 등에서 일본 음식의 붐으로 아니사키스증 환자가 증가하고 있다. 오징어, 전갱이, 청어, 대구, 갈치, 고등어 등의 해산어패류는 2차 숙주이며, 최종숙주인 돌고래가 감염된 어류를 먹으면 돌고래의 위에서 성충이 된다. 위 점막에 다수의 충체가 침입, 기생하면 종양을 만들기도 한다. 사람도 2차 숙주를 생식할 때 유충이 위 또는 장벽에 침입하여 증상이 초래되나, 사람은 최종숙주가 아니기 때문에 성충으로는 되지 않는다.

아니사키스의 수명주기 및 감염경로는 다음과 같다.

① 고래회충의 충란은 바닷물에서 깨어나며 이 때를 제2기 유충이라 한다.
② 충란을 깨고 나온 제2기 유충은 물 속에서 자유수영을 하다가 제1중간숙주인 해산 새우류에 의해서 먹힌다.
③ 새우의 체내에서 탈피하여 제3기 유충이 된다.
④ 유충이 있는 새우를 제2중간숙주인 다른 물고기나 오징어가 먹는다.
⑤ 물고기나 오징어에 들어간 제3기 유충은 물고기의 내장을 뚫고 나가 이들의 내장기관 표면에 붙어있게 되고, 간혹 근육이나 피부 밑으로 이동하기도 한다.

⑥ 감염된 제2중간숙주인 오징어 등을 종숙주인 고래, 물개, 돌고래와 같은 해양 포유류가 먹으면 끝이 난다. 유충은 해양 포유류의 위장 내에서 성충으로 발육하고 충란을 낳아 종숙주의 분변과 함께 바닷물에 흘려 보내게 된다.

⑦ 종숙주의 위장은 사람의 위장과 상당히 흡사하여 사람이 덜 익혀진 물고기를 먹을 경우 고래회충에 감염될 수 있다.

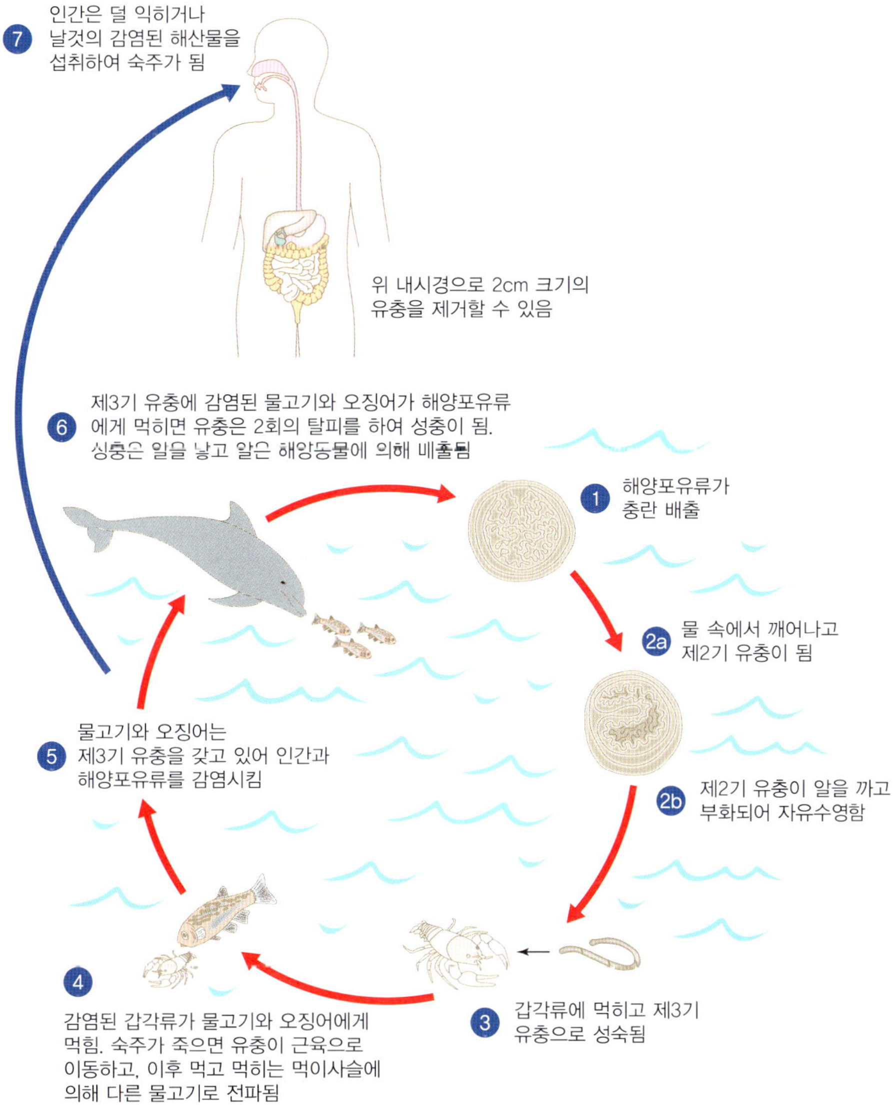

그림 8.23 고래회충의 수명주기
자료: CDC

(2) 증상 및 예방

보통 사람은 감염원이 되는 물고기를 생식 후 수 시간 내에 구역질, 구토, 심한 복통을 일으키고 피를 토하기도 한다. 특효적인 구충제는 없으며, 장관 내 기생의 경우는 항염증제, 진통제 등에 의한 대체요법을 하여 충체가 죽어 흡수되는 것을 기다린다. 아니사키스 기생충은 가열(60℃ 이상)뿐 아니라 냉동상태에서도 사멸하기 때문에 감염이 우려되는 생선은 냉동실(-20℃ 이하)에 하루 이상 보관 후 조리하는 것이 좋다. 여름철에 생선회를 섭취 및 취급할 때는 위생적인 관리가 필요하다.

5) 광절열두조충(*Diphyllobothrium latum*)

(1) 특징 및 감염경로

어류에 의한 기생충 중에 열두조충(*Diphyllobothrium spp.*)이 있다. 열두조충은 전 세계적으로 분포하며 약 13종이 인체 감염을 일으킨다고 알려져 있는데, 그 중에서 긴촌충이라고도 하는 광절열두조충 감염이 대부분을 차지한다. '광절열두조충'에서 '광절'은 각 조각의 가로 길이가 세로보다 더 크다는 뜻이고, '열두(裂頭)'는 유충의 머리 부분에 있는 홈이 마치 찢어진 것처럼 보여서 붙인 말이며, '조충'은 촌충을 학술적으로 부르는 말이다. 다 자란 광절열두조충은 길이가 2~15m에 달하며, 직사각형으로 폭이 넓은 편절이 약 3,000개까지 연결될 수 있다. 사람은 광절열두조충의 중요한 종숙주로, 충미충에 감염된 어류를 회, 훈제, 반염장하여 먹을 때 감염된다. 학계의 최근 연구에 의하면 국내에는 광절열두조충은 거의 없고 대부분 이와 유사한 대부분 동해긴촌충(*D. nihonkaiense*)이라고 한다.

광절열두조충의 수명주기 및 감염경로는 다음과 같다.

섬모유충(Coracidium)
의엽조충의 유충, 성숙한 충란 내에 들어 있으며, 난각을 깨고 외부로 나온다. 많은 섬모에 덮여있고, 운동성이 매우 활발하다.

원미충(Procercoid)
의엽조충과 같은 특정 조충의 수중 생체주기에서 첫 번째 단계

① 대변을 통해 외계로 배출된 충란은 물 속에서 섬모유충으로 발육하고 난각을 깨고 나와 물 속을 헤엄친다.
② 제1중간숙주인 물벼룩 등에게 먹히면 원미충으로 자란다.

③ 감염된 제1중간숙주를 제2중간숙주인 담수어나 반염수어가 포식하면 원미충은 충미충으로 발육하며, 어류의 피하조직이나 근육에 기생한다.

충미충(Plerocercoid)
특정 종류의 조충류 유생

④ 어류에 들어있는 충미충을 사람을 포함한 종숙주가 섭취하면 종숙주의 소장에서 성충으로 성장한다(4~6주 가량 소요).

⑤ 이 기생충은 암수 한 몸이며 성충이 되어 알을 낳는다. 종숙주의 소장, 그중에서도 가장 말단인 회장에 기생하면서 하루에 충란을 100만 개 이상 산란한다.

(2) 증상 및 예방

광절열두조충은 사람의 소장에서 10~20년 동안 기생할 수도 있다. 이렇게 오래 기생할 수 있는 이유는 크기에 비해 증상이 별로 없기 때문이다. 광절열두조충에 감염된 사람의 경우 자각증상 없이 지내는 경우가 많다. 일시적으로 식욕부진, 메스꺼움, 구토, 설사, 복통 등 비특이적인 소화기증상이 나타날 수 있다. 드물지만 충체의 길이가 길기 때문에 덩어리를 만들면 소장이 폐쇄될 수도 있다. 소장상부에 광절열두조충이 기생할 경우, 비타민 B_{12} 결핍을 일으켜서 열두조충성 빈혈(Tapeworm pernicious anemia)이 나타나는 경우도 있다.

진단은 쉬운 편이다. 자연 배출된 편절을 통해 확인하거나 대변검사로 충란을 검출할 수 있다. 일반적인 회충약으로는 치료가 어렵다. 회충약은 광절열두조충의 일부를 끊어지게 하여 부분적으로 배출되게 하지만 촌충은 머리부분만 장점막에 붙어 있어도 다시 길어질 수 있으므로 완전히 제거하려면 디스토마약을 먹어야 한다.

참고문헌

그림 출처

[그림 8.2] https://search.creativecommons.org/search?q=shigella&license=by, by-sa&license_type=commercial,modification

[그림 8.3] "uu salmonella typhi" by isis325 is licensed under CC BY 2.0
https://search.creativecommons.org/search?q=salmonella%20typhi&license=by,by-sa&license_type=commercial,modification

[그림 8.4] "Vibrio Cells 1" by adonofrio (Biology101.org) is licensed under CC BY 2.0
https://search.creativecommons.org/photos/bd72d7b5-f647-4727-b633-c8e8ac95accb

[그림 8.5] "ff corynebacterium diphtheriae" by isis325 is licensed under CC BY 2.0
https://search.creativecommons.org/photos/1fee6fe2-744b-4f87-adb2-d71fab84b68e

[그림 8.6] "Group A Streptococcus Bacteria on Human Neutrophil" by NIAID is licensed under CC BY 2.0
https://search.creativecommons.org/photos/b1ef8add-3116-47bb-bfe7-7f6047443e28

[그림 8.8] "Mycobacterium tuberculosis Bacteria" by NIAID is licensed under CC BY 2.0
https://search.creativecommons.org/photos/f60f83e9-d8ef-4995-ad6c-43aea157dae7

[그림 8.10] © NIAID / www.flickr.com
https://www.flickr.com/photos/niaid/8904921198/in/photolist-c9v3mj-dYdrBT-nxN7WJ-2fHGdMx-eyU3Q7-7ARghX-5A4voC-7Qpa1t-waa55V-9kVQUA-nvyvhU-nwyeyg-2k4P6ZL

[그림 8.11] http://m.amc.seoul.kr/asan/mobile/healthinfo/disease/diseaseDetail.do?contentId=33904&diseaseKindId=C000001

CHAPTER

9

위생곤충 및 위생동물

1. 개요
2. 파리
3. 모기
4. 바퀴
5. 이
6. 진드기
7. 빈대
8. 개미
9. 쥐

CHAPTER

9 위생곤충 및 위생동물

위생곤충 및 위생동물은 인간에게 직·간접으로 피해를 준다. 식품에 번식하거나 침입하여 식품의 가치를 저하시키고, 병원체를 전파시켜 인체에 질병을 일으킨다. 우리나라에서 식품위생상 가장 문제가 되는 것은 모기, 파리, 바퀴, 쥐 등이며 그밖에 벼룩, 이, 진드기 등도 있다. 본 장에서는 위생곤충과 위생동물의 생물학적 특성을 살펴보고 식품위생상의 피해 및 구제방법 등을 알아보기로 한다.

1. 개요

위생곤충 및 위생해충에 의한 피해는 직접적인 피해와 간접적인 피해가 있다(표 9.1). 직접적인 피해는 위생곤충이나 위생동물이 직접 사람을 물어 상처가 나거나 흡혈 등에 의한 기계적 손상이 일어나는 것을 말한다. 피부조직 등이 손상되거나 2차적인 병원성 미생물의 침입에 의해 염증이 발생할 수도 있고, 독성물질에 의한 알레르기 반응 등이 나타날 수 있다. 간접적인 피해는 병원체의 기계적 및 생물학적 전파를 말한다. 기계적 전파는 병원체가 위생곤충 및 위생동물의 체내·외에서는 증식하지 않고 식품 등에 오염되어 사람에게 전파되는 방식이다. 파리, 바퀴, 쥐 등에 의한 대부분의 식중독과 경구감염병 및 일부 기생충의 전파양식이 해당된다. 생물학적 전파는 병원체가 위생곤충 및 위생동물의 체내에서 발육 및 증식되고, 인체에 감염이 가능한 형태로 전환된 상태에서 사람의 물린 피부를 통해 병원체가 인체 내로 전파되는 방식을 말한다. 모기에 의한 일본뇌염, 체체파리에 의한 수면병, 진드기에 의한 쯔쯔가무시병 등이 해당되며, 물벼룩과 같은 곤충은 기생충의 중간숙주 역할을 한다.

위생곤충 및 위생동물의 일반적인 구제원칙으로 가장 중요한 것은 발생원과 서식처를 제거하는 것이다. 또한 발생초기에 구제를 실시하되 광범위하게 동시에 실시하는 것이 바람직하다. 구제하고자 하는 위생곤충과 위생동물의 습성과 생활사를 파악하고 그에 맞는 방법을 사용해야 하며 화학적 구제방법은 보조수단으로 사용하되 화학물질에 의해 사람이나 가축에 2차 오염 및 피해가 없어야 한다. 위생곤충 및 위생동물의 일반적인 구제법을 3가지로 분류하여 〈표 9.2〉에 나타내었다.

표 9.1 위생곤충 및 위생동물에 의한 피해

직접피해	간접피해
피부에 기계적 외상	질병의 기계적 전파
피부교자에 의한 2차적 감염	질병의 생물학적 전파
인체에 독성물질 주입에 의한 피해	정신적·경제적 피해
흡혈 및 영양물질 탈취	
체내외 기생에 의한 피해	
피부염 및 알레르기 유발	
수면 방해	

표 9.2 위생곤충 및 위생동물의 구제법

환경 개선	발생원 및 서식처 제거
물리적 방법	유문등(빛, 광선 이용), 각종 트랩, 끈끈이, 열, 방사선(Co^{60}), 살문등(고압전류 감전) 등
화학적 방법	살충제, 발육억제제, 불임제, 유인제(성페르몬, 집합페르몬 등), 기피제 등
생물학적 방법	천적과 포식동물, 먹이연쇄, 불임수컷 방사법, 병원성 기생생물 등

2. 파리

1) 파리의 종류

파리는 전 세계적으로 서식하고 있으며 그 종류는 약 6만여 종 이상이 있고, 우리나라에서도 약 1,370여 종이 알려져 있다. 식품위생상 문제가 되는 것은 대형인 집파리과, 쉬파리과, 큰검정파리과 및 소형인 초파리과, 벼룩파리과 등이다(표 9.3).

표 9.3 파리의 종류와 특징

종류		특징
집파리과	집파리	• 전 세계에 분포하며 성충은 한번에 100~150개씩 4회 정도 산란한다. • 주로 동물의 사체나 습한 유기물 속에 산란하며, 성충, 유충, 번데기 모두 월동할 수 있다. • 장티푸스, 소아마비 등을 기계적 전파한다.
	아기집파리(딸집파리)	• 사람, 소, 말, 돼지 등의 배설물에서 서식한다.
	침파리	• 가축성 흡혈파리로 사람의 피부에도 붙어 흡혈한다.
	체체파리	• 열대와 아열대 지역에서 산다. • 척추동물을 흡혈하고 아프리카 수면병을 매개한다. • 1회에 10마리 정도 유충을 낳으면 외계에서 번데기가 된 후 20~60일 만에 성충이 된다.
검정파리과	띠금파리	• 금속성 녹색, 청록색을 띤다. • 특히 베지니아띠금파리는 사람과 동물의 생조직에서만 기생하여 승저증을 유발한다.
	금파리	• 금속광택성 녹색, 사람의 궤양 및 상처 난 피부에 일시에 수천 개의 알을 산란한다.
	검정파리	• 세계적으로 분포하는 청색파리로 동물의 시체에서 서식한다.
쉬파리과	쉬파리	• 중형~대형의 회색파리로 동물의 시체나 배설물에서 서식한다. • 유생생식으로 유충을 배출하며 승저증을 일으킨다.
나방파리과	나방파리	• 몸체와 날개에 잔털이 많고 천식을 유발하며 하수구 등에 서식한다.
초파리과	초파리	• 전 세계에 약 3천종이 분포한다. • 여름철 과일이나 음식물 쓰레기 등 당과 산이 있어 새콤달콤한 냄새가 나는 물체에 잘 달라붙는다. • 크기는 2~3mm로 매우 작아 일반적인 방충망을 통과하므로 박멸하기 어려우며 예방이 더 중요하다. • 초파리의 한 세대는 12일 전후로 짧아 교배 실험 등에 효율적이므로 유전학 실험 등 생물학 분야에서 유용한 생물로 이용된다.

2) 파리의 생태

파리는 완전변태를 하는 곤충으로 알 → 유충(구더기) → 자충(번데기) → 성충의 순으로 발육하고, 2회 탈피한다. 알에서 성충이 될 때까지의 기간은 종과 환경 조건에 따라서 차이가 있으나, 대략 20~60일 정도이며 수명은 평균 30일 정도이다. 집파리의 생활사는 〈그림 9.1〉과 같다.

파리의 먹이습성은 집파리의 경우 음식물을 즐기고, 쉬파리·금파리는 생선을 즐기며 쇠파리는 동물의 피를 흡혈한다. 반고체성 먹이 섭취 시 소장의 내용물을 토하는 습성이 있다. 활동성의 특징은 주간 활동성으로 오전 10시부터 오후 2시 사이에 가장 활발하다.

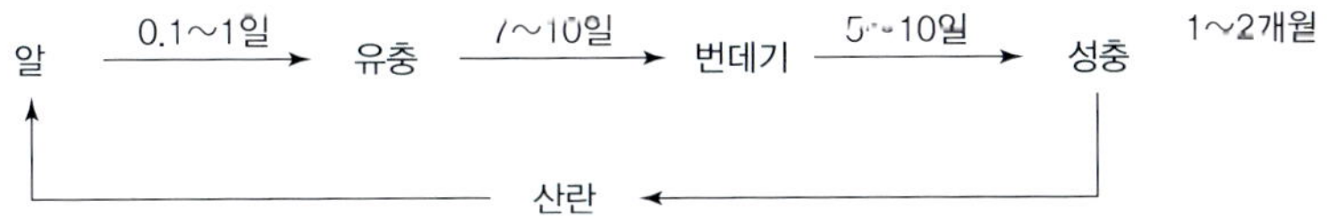

그림 **9.1** 집파리의 생활사

3) 파리 매개 질병

파리는 불쾌감, 수면 방해 등 일상생활을 불편하게 하는 외에 여러 가지 질병을 매개한다.

(1) 기계적인 질병매개

파리는 장티푸스, 파라티푸스, 이질, 콜레라, 결핵, 디프테리아, 소아마비, 화농균 등을 매개하여 전파한다.

(2) 피부염 유발

흡혈성 파리는 일차적으로 피부를 손상해 피부염을 일으킨다. 물린 자리에 피부염이 생기면 충혈되어 붓고 가렵거나 아프며 주위 조직까지 염증을 일으킬 수 있다.

(3) 기생충 질환 전파

파리는 회충, 편충, 요충, 촌충 등의 기생충을 전파하는 매개체 역할을 한다.

(4) 승저증

일명 구더기증이라고도 한다. 승저증(Myiasis)은 대개 상처로 인해 피부가 벌어질 경우 그 상처에 파리가 알을 낳아 감염되는 것으로 때로는 멀쩡한 피부에 파리가 알을 낳고 구더기가 피하로 침투하여 일어나기도 한다. 많은 경우 외과적인 수술로 제거해야 한다.

4) 파리의 구제

파리는 종류에 따라 생태나 습성이 다르기 때문에 일률적이지는 않으나, 일반적으로 다음과 같은 방법으로 구제한다.

(1) 환경적 방법

서식처 및 발생원을 제거하는 근본적인 방법으로 부엌의 청결, 화장실의 관리, 쓰레기장 관리, 퇴비장 관리, 하수구의 청결, 가축의 배설물 완전처리 등 환경개선이 필요하다.

(2) 유충 구제법

발생초기에 구제한다는 뜻으로 볼 때 의미가 크며, 살충제 및 생석회 등이 이용된다.

(3) 기계적 방법

물리적인 성충구제 방법이다. 방충망, 끈끈이 테이프, 자외선 트랩, 에어커튼 등을 설치하거나 파리채를 이용하여 구제한다.

(4) 화학적 방법

성충구제 방법으로 살충제, 유제, 훈증제 등을 살포하여 구제한다.

(5) 생물학적 방법

천적을 이용하는 방법으로 기생벌, 딱정벌레, 풍뎅이 등이 있다.

3. 모기

1) 모기의 종류

모기는 파리, 바퀴벌레와 같이 대표적인 해충으로 전 세계에 약 3,500여 종이 있고 한국에는 59종이 있다. 모기는 1억 7천만 년 전 중생대 쥐라기에 처음 등장한 이후 뛰어난 번식력과 적응력으로 살아남아 오늘날에는 시골, 도시를 가리지 않고 일상에서 흔히 볼 수 있다. 평소에는 꽃과 과일의 즙을 빨아먹으나 임신한 암컷이 산란기가 되면 알의 생육에 필요한 단백질을 보충하고자 동물과 사람의 피를 흡혈한다. 여기저기 옮겨 다니며 흡혈하는 특성상 세균과 바이러스 등을 옮기며 특히 말라리아의 매개체가 되어 큰 문제가 된다. 모기는 형태에 따라 학질모기, 숲모기, 집모기, 늪모기 등으로 분류할 수 있으며 우리나라에 서식하는 대표적인 모기는 〈표 9.4〉와 같다. 한편, 아프리카와 중남미 등의 지역에서는 모기가 전파하는 감염병으로 매년 수십만 명이 목숨을 잃는다. 예를 들어, 우리나라에는 서식하지 않으나 이집트숲모기의 경우 인간에게 치명적인 황열병, 뎅기열 등을 전파한다.

표 9.4 모기의 종류 및 특성

종류	특성
빨간집모기	• 주변에서 흔히 보이는 집모기이다.
작은빨간집모기	• 일본뇌염의 주 매개체이다. • 주둥이 중앙에 넓은 흰색의 띠가 있다. • 유충은 늪, 논, 호수 등과 같이 대형의 고인 물에 서식한다.
중국얼룩날개모기	• 말라리아와 사상충증의 주 매개체이다. • 촉수의 각 끝부분에 좁은 흰색 띠가 있고, 날개에 아름다운 얼룩무늬가 있다. • 유충은 흐르고 있는 개울물, 관개수로 등에 주로 서식한다.
토고숲모기	• 사상충을 매개한다. • 흔히 바닷가모기라고도 하며 주로 해안가 지역에서 서식하고 주간 활동성이 있다.
흰줄숲모기	• 지카바이러스 및 뎅기 바이러스의 매개체이다. • 일명 아디다스 모기라고도 하며, 주간 활동성이 강하다. • 몸 전체가 검은색으로 가슴 등판 중앙에 흰색 줄무늬가 있는 소형 모기이다. • 전국적으로 분포하고 주로 숲이나 숲 근처 주거지에서 서식하며 쓰레기통, 화분, 배관, 배수구 등에 산란한다.

2) 모기의 생태

모기는 일반적으로 여름철에 많이 발생하는데 완전변태 곤충으로 그 생활사는 〈그림 9.2〉와 같다. 유충과 번데기는 수중에서 보내고, 유충은 4회 탈피하며 학질모기, 집모기 등은 성충이 되어 월동한다. 주로 암컷이 동굴, 볏짚속 등에

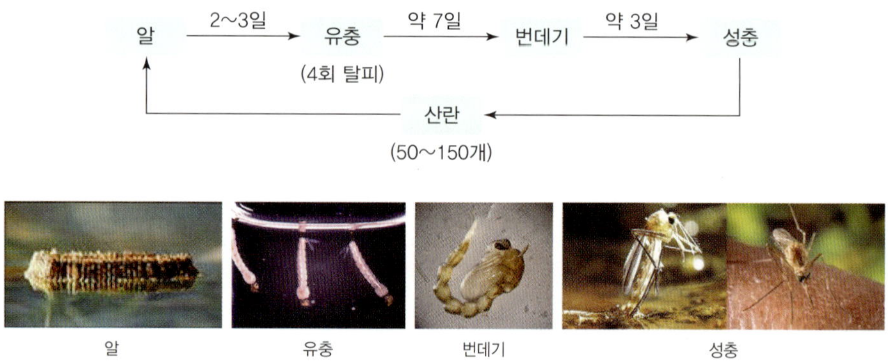

그림 9.2 모기의 생활사

자료: 보건복지부 질병관리본부. 2006. 주요전염병 매개모기 방제관리지침

서 월동하지만 숲모기는 알 상태로 월동한다. 숲모기는 1 : 1로 교미하는 습성이 있고 그 외는 군무교미를 한다. 흡혈습성은 산란목적이며 암컷만 흡혈한다. 모기가 숙주동물을 발견하는 요인은 거리에 따라 다르다. 근거리(1~2m)일 때는 시각, 체온, 체습에 의하고, 중거리(10~15m)의 경우 이산화탄소(촉수로 감지) 및 원거리(15~20m)일 경우 체취로 찾아낸다.

3) 모기 매개 질병

모기에 의한 가장 큰 피해는 감염병의 전파이다. 모기가 매개하는 질병은 〈표 9.5〉와 같다.

표 9.5 모기 매개 질병

매개 질병	매개 모기 및 증상
말라리아	• 제3급감염병 • 수로 중국얼룩날개모기가 매개하는 급성 열성질환이다. • 사람 간 전파는 안 된다. • 주로 인천, 경기, 강원 북부 등 북한 접경지역의 주민 및 인근 부대 군인에게서 발생한다. • 우리나라에서 많이 발생하는 삼일열 원충에 의한 말라리아의 경우 적절한 치료를 받으면 완치되며 사망사례는 거의 없다.
사상충증	• 제4급감염병(해외유입기생충감염증) • 사람에 기생하는 사상충은 세계적으로 9종이 있으나, 6종이 병을 일으키고 모두 해외에서 유입되며 국내에서는 발생하지 않는다. • 주로 많이 나타나는 림프사상충증은 토고숲모기 및 중국얼룩날개모기에 의해 감염된다. • 주로 림프관에 서식하며 피부가 두꺼워지고 부종이 나타난다. • 국내의 유행지역을 중심으로 2002년부터 퇴치사업을 수행하여 2008년 WHO로부터 한국의 사상충증 퇴치 인증을 받았다.
뎅기열, 뎅기출혈열	• 제3급감염병 • 이집트숲모기가 주 매개체이고, 흰줄숲모기도 매개하나, 현재까지 국내에 서식하는 흰줄숲모기에서는 바이러스가 검출되지 않았다. • 일반적으로 2~7일 정도 발열이 지속되고 심한 두통, 근육통, 출혈성 반점, 발진 등의 증상이 나타난다.
지카바이러스 감염증	• 제3급감염병 • 이집트숲모기가 주된 매개체이고, 국내에서는 흰줄숲모기가 매개한다. • 병원체는 지카바이러스(Zika virus) • 감염된 매개 모기를 통한 전파 외에 수혈감염, 성접촉 및 수직감염 등으로 전파되기도 한다. • 주요 증상으로 발진, 발열, 관절통, 결막염, 근육통, 두통 등이다. • 충분한 휴식과 수분 섭취 등으로 대부분 회복되고 치사율은 매우 낮다.

(계속)

<table>
<tr><th>매개질병</th><th>매개 모기 및 증상</th></tr>
<tr><td>일본뇌염</td><td>
• 제3급감염병
• 일본뇌염 바이러스에 의한 급성 중추신경계 감염질환이다.
• 주로 작은빨간집모기에 의해 전파된다.
• 8월 중순~9월 중순에 발병이 많으며, 증폭 숙주는 돼지이다.
• 사람 간에 전파되지 않으며, 불현성 감염률이 높다.

그림 9.3 일본뇌염 감염경로
</td></tr>
</table>

4) 모기의 구제

(1) 물리적 구제

환경위생으로 발생원과 서식처를 제거하는 근원적인 방법으로 방충망 설치, 트랩 이용, 유문등 및 살문등을 설치한다.

(2) 화학적 구제

① **유충구제**: 수화제, 입제, 템포스, 클로로피리로스 등의 약제를 살포한다.

② **성충구제**: 공간살포(에어로졸, 가열연막기 등) 및 잔류분무법 등을 실시한다.

(3) 생물학적 구제

① **포식동물**: 유충구제에는 물고기, 히드라, 잠자리유충 등을 이용하고 성충구제에는 거미, 잠자리, 조류 등을 이용한다.

② 생식능력을 잃게 한 수컷 대량 번식법 등이 있다.

4. 바퀴

1) 바퀴의 종류

바퀴과에 속하는 종은 250여 속, 3,500여 종이 알려져 있으나 우리나라에서는 9종이 보고되어 있다. 그중 가장 많은 것은 독일바퀴, 일본바퀴, 이질바퀴, 검정바퀴 등 4종이고, 독일바퀴가 가장 흔하다(표 9.6, 그림 9.4).

2) 바퀴의 생태

바퀴는 야생종이 많으며 가주성 바퀴는 먹이가 있고 온도와 습도가 적당한 곳이면 어디서나 서식하지만 주로 가정 내 부엌, 찬장 뒤 등 어두운 곳에 무리를 지어 서식하고, 음식점, 주점, 식품점, 병원 등에도 많다. 바퀴의 습성은 일광을 피하여 낮에는 은신처에 숨어 있다가 밤에 먹이섭취를 위해 활동하는 야산활

표 9.6 바퀴의 종류

구분	독일바퀴	이질바퀴	먹바퀴	집바퀴
체장	소형 10～15mm	대형 35～40mm	대형 30～38mm	중형 20～25mm
체색	황갈색	적갈색	암갈색	흑갈색
전흉배판	2줄 흑색종선	황색무늬 윤상	매끈	요철면
서식분포	세계적	남부지방	제주도, 남부지방	중부, 북부지방

그림 9.4 바퀴벌레의 종류

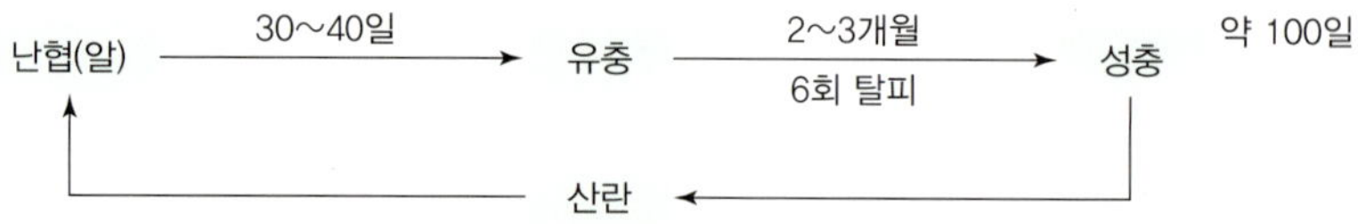

그림 9.5 독일바퀴의 생활사

동성이며 잡식성이다. 강한 다리를 이용한 질주성을 나타낸다. 바퀴는 불완전 변태하는 곤충으로 알, 유충, 성충의 순으로 발육하며, 바퀴의 종류에 따라서 변태횟수가 달라서 독일바퀴는 6회, 이질바퀴 및 먹바퀴는 10회 탈피한다. 탈피 횟수가 많을수록 몸집이 크다. 성충의 수명은 종류에 따라 다르나, 3~12개월 정도이다(그림 9.5).

3) 바퀴 매개 질병

(1) 직접적 피해

자극성 물질을 분비하여 피부병을 유발하거나 특이체질인 사람에게는 알레르기 반응에 의한 호흡기질환(천식, 비염 등)을 일으키고, 기타 공포감, 혐오감을 유발한다.

(2) 간접적 피해

① **기계적 전파**: 바퀴는 잡식성이며, 질주성이어서 기계적 전파가 심각하다. 몸의 표면이나 다리의 털 등에 병원체가 운반되거나 섭취한 먹이를 토하거나 분변 배설 등을 통해 병원체가 전파된다.

② **세균의 전파**: 페스트(흑사병), 나병, 장티푸스, 콜레라, 파상풍, 결핵 등을 전파한다.

③ **바이러스의 전파**: 급성회백수염(소아마비), 유행성 간염 바이러스 등을 전파한다.

④ **기생충 및 원충의 전파**: 민촌충, 회충, 이질아메바 등을 전파한다.

4) 바퀴의 구제

바퀴는 대형 해충으로 야간 활동성이어서 구제가 어려우며 번식력이 강해서 성충은 물론 알집까지 완전히 박멸하지 않으면 빠르게 번식한다.

(1) 환경위생 관리

은신처와 먹이제거를 위해 음식물 관리 및 내부의 청결을 유지해야 하며, 방충시설을 철저히 하여 건물 내 침입을 방지한다.

(2) 트랩설치

비응고성 섭작제에 섭합페르몬을 이용한 유인제를 사용한다.

(3) 살충제 사용

① 잔류분무가 가장 효과적인 구제방법으로 페니트로티온, 다이아지논 등을 사용한다.
② **독이법**: 잡식성 먹이에 살충제를 섞는 방법으로 붕산(40%), 아비산석회(5%), 불화소다(20%) 등과 찐감자 및 설탕을 혼합하여 독제로 사용한다.
③ **연무 및 훈증법**: 약제 살포 후 3~5시간 밀폐상태를 유지한다.

5. 이

1) 이의 종류

이는 사람이나 가축에 기생하는 곤충으로 흡혈을 하여 심한 가려움증을 유발할 뿐만 아니라 각종 감염병도 매개하기 때문에 위생학 및 수의학적 측면에서

표 9.7 이의 종류

구분	몸이	머릿이	사면발이	날개이목
크기	3.2~3.8mm	2.8~3.2mm	1.3~1.5mm	1.3~1.5mm
기생형태	남성, 노년층	여성, 어린이	음부 털	조류의 털
모양	상하납작형 회색	상하납작형 검은색	게모양, 회색	상하길고 납작형, 회색

주시하는 곤충이다. 닭날개이와 같이 조류의 털에 기생하는 종류가 있고, 몸이, 머릿니, 사면발이 등과 같이 포유류에만 기생하는 종류도 있다. 사면발이의 경우 대부분 성교에 의해 전파되고 음부의 털에 고정하여 기생한다(표 9.7).

2) 이의 생태

이는 엄격한 숙주선택성으로 일생동안 동물, 조류 등 숙주의 몸에서 기생하는 불완전변태(알 → 자충 → 성충)곤충이다. 끈적끈적한 물질을 분비하여 숙주의 털이나 머리카락 밑둥 부분에 알을 부착시킨다. 유충은 금방 부화하며, 성충은 암·수컷이 활발히 흡혈을 한다. 탈피횟수는 2회이다. 성충의 수명은 약 30일 정도이며 최저 생육온도는 30℃이다.

3) 이 매개 질병

옷니의 경우 숙주의 옷에 알을 낳는데 발진티푸스 같은 병을 전염시키는 원인이 되기도 한다. 이외에도 참호열, 재귀열 등을 전파한다.

4) 이의 구제

(1) 환경위생

집단생활을 하는 경우 세탁 및 목욕 등 청결을 유지해야 한다.

알아두기

참호열과 재귀열

- 참호열(Trench fever): 이가 옮기는 열성 전염병이다. 5일 간격으로 고열을 되풀이하고 오한, 신경통을 일으킨다. 제1차 세계 대전 때 병사들이 참호 속에서 많이 앓았던 병이라는 뜻에서 참호열이라고 한다. 원인균은 몸이(body louse)속에서 기생하는 리케차인 로칼리마에아 퀸타나(*Rochalimaea quintana*)이다.
- 재귀열(Relapsing fever): 스피로헤타(spirochaeta)에 감염된 이에 의하여 발생하는 전염병이다. 증상은 격심한 오한, 전율과 함께 체온의 고저 차이가 1℃ 이내인 고열이 계속되다가 발한과 함께 해열하고 1주일 후에 또다시 발작을 일으킨다. 주로 겨울철에 발생한다.

(2) 몸이 구제

10% DDT 분제, 1% 말라티온 분제 등을 이용한다.

(3) 머릿이, 사면발이 구제

기피제(벤질벤조에이트 등)로 구제한다.

6. 진드기

1) 진드기의 종류

식품에서 가장 광범위하게 볼 수 있는 것은 긴털가루진드기로 곡물분, 과자 등의 저장식품류에 많이 서식한다. 식품에 많이 서식하는 진드기 종류는 다음 〈표 9.8〉과 같다.

표 9.8 식품에 서식하는 진드기 종류

식품	진드기
쌀, 보리	긴털가루진드기, 굵은다리가루진드기, 송곳다리고기진드기, 먼지진드기
흑설탕, 견과류, 된장	설탕진드기
고단백·고지방 식품	일본가루진드기
건어제품	수시렁이진드기

2) 진드기의 생태

진드기류는 작은 진드기(몸길이 1mm 전후)와 큰 진드기(몸길이 1~2cm)가 있다. 전 세계적으로 1만여 종이 보고되었고 식품과 관계되는 것은 100여 종이다. 사람, 가축, 식물 및 식품에 기생하여 번식하므로 식량손실이나 식중독 등의 부작용을 유발한다.

진드기는 변온동물로 알 → 유충 → 약충 → 성충의 변태과정을 거친다. 성체는 난형 또는 타원형이고 머리, 몸통, 배의 구별이 없으며 배에는 4쌍의 다리가 있다. 진드기는 습도 75% 이상, 수분함량 13% 이상에서 잘 번식하며 극히 건조하면 증식할 수 없다. 온도는 20℃ 이상에서 매우 잘 증식한다.

3) 진드기의 피해 및 구제

진드기는 먹이로 탄수화물과 단백질을 필요로 하며 그중 건조과일, 염장어패류, 건어물, 치즈, 된장 등을 좋아한다. 방제를 위해서는 식품의 밀봉포장이 가장 효과적이다. 곡분과 과자 등의 식품은 수분함량을 10% 이하로 줄이고, 습도 60% 이하의 조건에서 보관하면 좋다. 70℃ 이상의 온도에서는 사멸한다. 냉동조건에서도 사멸하나 냉장 조건에서는 증식은 억제할 수 있으나 사멸되지는 않는다. 기타 수미티온, 바이텍스, 저독성 유기인 살충제 등으로 구제할 수 있다.

7. 빈대

빈대는 알 → 자충 → 성충의 생활사로 불완전변태를 하며 탈피횟수는 5회이다. 성충은 약 6mm 내외의 편평한 난형으로 진한 갈색이다. 복부에는 홈이 있어서 그 속에 일시적으로 정자를 보관하기도 한다(베레제기관). 군집을 이루어 살고, 야간흡혈성의 습성이 있으며, 발육 최저기온은 13℃이다.

빈대에 의한 피해는 알레르기 피부반응, 피부감염, 악취, 수면부족 등을 야기하며 질병을 매개하지는 않는다. 훈증법이나 잔류분무법으로 구제하는 것이 효과적이다.

8. 개미

개미는 꼬마개미, 애집개미(연갈색의 소형), 고동털개미(갈색 소형), 일본왕개미(흑색 대형) 등과 같이 주택에 침입하여 설탕이나 식품을 훔친다. 해충의 천적으로 유익한 것도 있어 사탕수수, 감귤류 등의 농장에서는 해충의 방제에 개미를 이용하기도 한다.

9. 쥐

1) 쥐의 종류

우리나라에 서식하는 쥐는 15종이 보고되었는데, 가주성 쥐, 반가주성 쥐 및 야서성 쥐로 분류된다. 가주성 쥐에는 지붕쥐, 시궁쥐, 생쥐 등 3종이 있고(표

표 9.9 가주성 쥐의 종류와 특징

종류	몸길이	체중	임신기간	특징	그림
시궁쥐 (집쥐)	18~25cm	400~500g	20~21일	뭉뚝한 코, 두툼한 몸집, 갈색	
지붕쥐 (곰쥐)	16.5~20cm	50~400g	20~21일	• 높은 곳을 좋아하며 협동적임 • 흑색, 짙은 회색, 동작이 민첩함	
생쥐	6~9cm	20g	17~20일	머리와 발은 작고 귀는 크며 돌출됨	

9.9), 야서성 쥐에는 등줄쥐, 흰넙적다리 붉은쥐, 뫼밭쥐, 갈밭쥐, 쇠갈밭쥐 등이 있다.

야서성 쥐는 주로 농작물의 피해나 유행성출혈열 전파와 관계가 있고, 가주성 쥐는 곡물의 피해와 질병매개, 위생해충(특히 벼룩)의 서식처 역할 등을 한다.

(1) 시궁쥐(brown rat, norway rat)

집쥐라고도 하며, 몸이 큰 종류로서 몸통보다 꼬리가 약 10% 정도 짧은 반가주성 쥐라 할 수 있다. 부엌, 화장실, 축사, 경작지, 하수구, 쓰레기통 등에 서식한다.

(2) 지붕쥐(roof rat)

곰쥐라고도 한다. 집쥐보다 약간 작으며 꼬리가 몸통보다 길고 주로 천장, 벽틈, 곡물창고 등에 서식한다. 수직등반을 잘해서 파이프나 벽을 타고 잘 올라간다.

(3) 생쥐(mouse)

주로 인가나 들에 살며 농작물 보관소, 농경지에 많이 서식하는 작은 쥐이다. 몸통과 꼬리의 길이가 비슷하며 머리에 비해 귀가 크고 발이 작은 것이 특징이다. 시궁쥐와 지붕쥐의 새끼는 귀가 작기 때문에 생쥐와 구별된다.

2) 쥐의 생태

쥐의 임신기간은 3주 정도이며 연간 5~6회 임신하고 생후 2~3개월이면 성체가 된다. 수명은 자연계에서 보통 2년 이내이다. 쥐는 두 쌍의 대문니가 계속 자라기 때문에 항상 갉는 습성이 있으며, 청각과 후각이 잘 발달되어 있으나 색맹이며 근시이다. 또한 쥐는 잡식성이다. 야간에 주로 활동하고 행동반경은 대단히 좁다. 사람이 생활하는 곳을 따라 이동하고 서식하는 장소와 통로가 일정하다.

3) 쥐 매개 질병

(1) 세균성 질병

페스트, 렙토스피라증(와일씨병), 서교증(쥐 물림증), 살모넬라증을 전파한다.

(2) 리케차성 질병

발진열, 쯔쯔가무시증 등을 매개한다.

(3) 바이러스성 질병

유행성출혈열을 매개한다.

알아두기

쯔쯔가무시증(제3급감염병)

- 감염된 털진드기 유충이 사람을 물어 감염되는 급성 발열성 질환이다. 사람 간의 전파는 매우 드물다. 증상은 심한 두통, 발열, 오한이 갑자기 발생하며 물린 부위에 나타나는 딱지가 특징적이다.
- 발병 5일 후 발진이 몸통에 나타난 후 팔다리로 퍼진다. 항생제로 쉽게 치료가 되며 회복된다. 풀숲 등에서의 야외활동 시 긴팔, 긴바지, 모자, 장갑 등을 착용하는 것이 좋다.
- 쯔쯔가무시병은 건조한 밭에서 일한 여성에게 많이 나타나고, 좀진드기에 물린 자리에 남은 특징적 딱지를 통해 구별하기도 한다. 이와 달리 렙토스피라증은 홍수나 태풍 후 논에서 일한 남성에게 많이 나타난다.

(4) 기생충 질병

아메바성이질, 선모충증 등을 전파한다.

4) 쥐의 구제

(1) 환경적 방법

서식처의 제거나 방서장치를 하는 것이 최선의 방법이다. 식당, 식량창고, 쓰레기장 등의 환경개선으로 쥐가 서식할 수 없도록 하는 것이 선행되어야 한다.

(2) 쥐덫 이용법

쥐틀, 쥐장, 쥐덫 등을 이용하여 구제한다.

(3) 천적 이용법

고양이를 사육한다.

(4) 살서제 이용법

곡물, 생선 등 미끼용 먹이에 기름, 설탕 등을 첨가하고 살서제인 황인 8%, 비소화합물, 불화질산소다, 와프린(warfrin) 등을 첨가한다. 훈연제로 아황산가스, 일산화탄소, 청산, 수소가스 등을 이용하여 구제한다.

CHAPTER

10

식품첨가물

1. 식품첨가물 총론

2. 식품첨가물 각론

CHAPTER

10 식품첨가물

식품의 제조 및 가공기술의 발달로 식품의 종류와 형태가 다양해지고 있고, 국민의 생활수준 향상으로 소비자의 요구가 많아짐에 따라 고부가 가치의 가공식품 시장이 확대되고 있다. 특히, 일인 가구의 증가로 즉석식품(Instant food) 및 가정 간편식(HMR, Home Meal Replacement) 등이 발달하여 일상생활에서 가공식품의 이용은 더 커질 전망이다. 이러한 상황에서 식품 산업 현장에서는 식품을 대량으로 생산할 때 식품첨가물의 사용은 당연시되고 있고 사용량 또한 계속 증가하고 있다. 식품첨가물은 제조 방법에 따라 화학적 합성품, 천연첨가물, 혼합제제로 오랫동안 관리되어 왔다. 그러나 식품첨가물의 합성과 천연의 구분이 모호하고, 식품의 기술적 효과를 위해 첨가물이 의도적으로 사용되고 있으므로 사용 목적을 명확하게 할 필요가 있어 「식품첨가물의 기준 및 규격」을 2018년에 개정하였다. 합성 및 천연으로 구분되어 있던 식품첨가물을 감미료, 산화방지제 등으로 분류하고, 국내에서 지정된 618 품목에 대해서 주된 용도를 명시하여 쉽게 확인할 수 있도록 하였다.

1. 식품첨가물 총론

1) 식품첨가물의 정의

식품 산업의 발달로 가공식품의 종류와 형태가 다양해지면서 식품첨가물의 사용량과 종류 또한 증가하고 있다. 식품첨가물은 식품을 제조, 가공, 조리할 때 식품의 품질을 향상시켜 기호성을 높이고, 보존성을 증대시키며, 영양을 강화하는 등 식품의 가치를 높이기 위해 식품에 인위적으로 첨가하는 식품 본래의 성분 이외의 것을 말한다. 각 나라와 기관의 식품첨가물에 대한 정의는 다음과 같다.

- 우리나라는 「식품위생법」 제2조에서 식품첨가물이란 식품을 제조·가공·조리 또는 보존하는 과정에서 감미, 착색, 표백 또는 산화방지 등을 목적으로 식품에 사용되는 물질로, 기구·용기·포장을 살균·소독하는 데에 사용되어 간접적으로 식품으로 옮아갈 수 있는 물질을 포함한다고 하였다.
- 유엔의 식량농업기구와 세계보건기구의 식품첨가물 합동전문위원회(Joint FAO and WHO expert committee on food additives)에서는 식품의 외관, 향미, 조직 또는 저장성을 향상시키기 위해 소량으로 식품에 첨가하는 비영양물질을 식품첨가물이라고 하였다.
- 국제식품규격위원회(CODEX)에서는 식품첨가물은 식품의 일반적인 구성성분이 아니고 그 자체를 식품으로 사용하지 않으며 영양가와 상관없이 식품의 저장·수송, 포장, 충전, 조제, 가공에 기술적인 목적으로 식품에 의도적으로 첨가하는 물질이라고 정의하였다.
- 미국의 국립과학학술원 및 국립과학협의회 산하의 식품보호위원회(Food protection committee of the national academy of science-national research council)에서는 식품첨가물이란 식품의 구성성분이 되거나 식품의 특성에 직접 혹은 간접적으로 영향을 끼치기 위해 의도적으로 사용되는 물질을 의미하며, 식품의 제조, 가공, 처리, 보존, 포장, 수송 등에 사용되는 물질이라고 정의하였다.
- 유럽연합(EU, European Union)은 식품첨가물에 관한 통합규칙에서 일반적으로 그 자체를 식품으로 섭취하지 않으며 식품의 특징을 결정지어 주는 원료가 아니고 영양가와 상관없이 식품의 제조, 가공, 준비, 처리, 포장, 운송 또는 저장 시 기술적 목적으로 식품에 의도적으로 첨가하는 물질이라고 하였다. 즉, 그 자체 또는 그 부산물이 직접 또는 간접적으로 식품의 구성성분이 되거나, 그렇게 될 것이라고 합리적으로 예상되는 물질을 의미한다.
- 일본은 식품첨가물을 식품의 제조 과정에 사용되거나 혹은 가공, 보존의 목적으로 식품에 첨가, 혼화, 침윤 및 기타의 방법으로 사용하는 물질로 정의한다.

그림 10.1 식품첨가물을 사용하는 이유
자료: 식품의약품안전처

식품첨가물에 대한 정의는 국가와 기관마다 조금씩 다르지만 종합하면 사용 목적이 명확한 식품의 구성성분 이외의 성분으로 식품에 첨가되는 가공식품을 만드는 데 필요한 천연 식품, 포장 재료 이외의 모든 물질이라고 할 수 있다.

2) 식품첨가물의 안전성

식품첨가물은 「식품첨가물 공전」에서 허용하는 식품첨가물을 사용하여야 하고, 용도 및 목적에 따라 정해진 명칭과 사용된 함량을 의무적으로 표시하도록 하고 있다. 또한, 식품첨가물의 안전성에 대한 소비자의 관심도 높아지고 있으므로 식품첨가물로 허용받기 위해서는 해당 물질의 기능성과 안전성을 입증할 수 있는 과학적인 증빙 자료를 통해 안전성 평가가 이루어져야 한다.

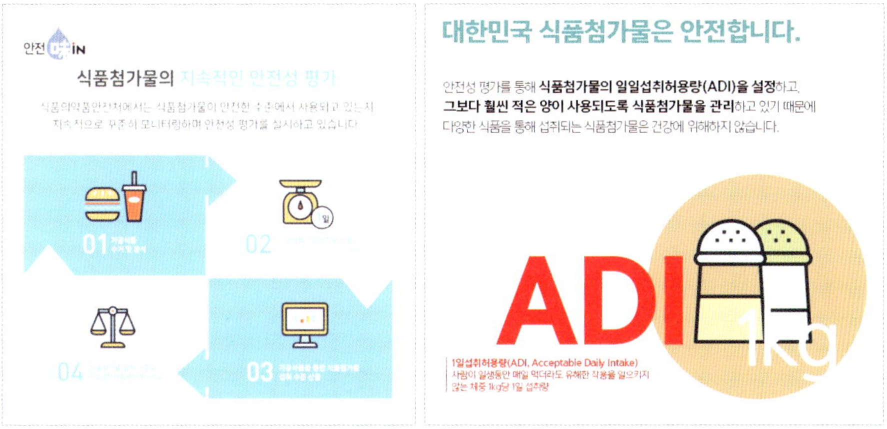

그림 **10.2** 식품첨가물의 안전성 평가
자료: 식품의약품안전처

식품에 첨가되는 양은 인간이 어떤 식품첨가물을 일생 동안 매일 섭취해도 아무 영향도 받지 않는 안전한 양으로, 식품첨가물을 안전하게 사용하기 위한 지표인 식품의 1일 섭취 허용량(ADI, Acceptable Daily Intake)을 고려하여 결정한다. 1일 섭취 허용량은 동물을 이용한 독성시험을 통하여 어떤 영향도 나타내지 않는 최대 무작용량(NOAEL, No Observed Adverse Effect Level)을 찾고 이 양에 안전계수인 100을 적용하여 산출한다.

안전성 평가는 독성 자료, 1일 섭취 허용량 등을 평가한 후 기술적 효과, 사용 목적 등의 정당성 평가를 거쳐 전문가 의견 수렴 후 식품첨가물의 기준 및 규격을 설정한다. 이후 설정된 식품첨가물의 안전성에 대한 지속적인 관리를 위하여 식품 섭취량을 조사하여 섭취 수준과 ADI 비교를 통해 기준 규격의 적정성을 평가한다. 이와 같은 관리 체계를 통해 식품첨가물이 안전하게 관리되고 있다.

3) 식품첨가물의 지정

식품첨가물로 사용하기 위해서는 인체에 무해한 물질로 사용 목적에 따른 효과를 적은 양으로도 충분히 나타낼 수 있어야 하며 가격이 저렴하여야 한다. 또 식품의 영양가를 유지하고 외관을 좋게 하며 식품의 품질을 변화시키지 않고 화학분석 등으로 식품에 첨가한 첨가물을 확인할 수 있어야 한다. 즉, 오랜 기간 섭취해도 건강을 해칠 우려가 없고 식품에 첨가되어 소비자를 이롭게 하여야 한다. 그러므로 식품첨가물로 사용하는 물질은 안전성에 문제가 없는 것으로 확인되어야 하고, 과학적으로 검토 가능한 자료를 갖추고 있어야 하며, 식품에 사용하고자 하는 기술적 필요성이 인정되어야 한다.

이런 식품첨가물은 「식품위생법」에 근거를 두고, 첨가물의 기준 및 규격에 합당한 것을 목적에 맞게 제조하여 사용하도록 하고 있다. 식품첨가물의 개별 기준·규격은 「식품첨가물 공전」에 고시하도록 하고 있으므로 사용되는 모든 식품첨가물은 「식품첨가물 공전」상의 기준·규격과 일치하게 제조되고 사용되어야 한다. 「식품첨가물 공전」은 식품첨가물의 안전한 품질을 확보하고, 식품에 안전하게 사용하도록 「식품위생법」에 따라 식품첨가물의 제조·가공·사용·보존 방법에 관한 기준과 성분에 관한 규격을 정한 것이다.

식품첨가물로 지정을 받기 위해서는 식품첨가물의 제조자나 사용자가 승인을 요청하고, 제출된 자료와 식품의약품안전처 등의 연구 검토 내용을 종합하여 보건복지부 장관의 자문기관인 식품위생심의위원회의 자문을 얻는 등 그림 10.3과 같은 절차를 거쳐 지정된다. 이 때 검토되는 사항은 첨가물의 안전성(독성 실험 자료), 지정의 필요성, 1일 섭취 허용량(ADI), 외국에서의 사용 실태 등으로, 우리가 섭취하는 식품첨가물은 과학적인 평가와 섭취 실태 조사 등을 바탕으로 엄격한 심사를 통해 허가 받은 것으로 이론적으로는 유해하다고 할 수 없다.

식품첨가물로 지정된 품목의 성분 규격은 식품첨가물이 항상 일정한 품질을 유지하도록 규제하는 것을 목적으로 하여 관리하고, 사용 기준은 동일한 식품첨가물을 사용한 몇 종류의 식품을 섭취한 경우에 식품첨가물 섭취량의 합계량이 일일 허용량을 초과하지 않도록 첨가하는 식품의 종류, 첨가량, 사용 방법, 사용 목적 등을 규제하며 관리한다.

우리나라는 식품첨가물을 1962년에 217 품목으로 처음 지정하여 식품첨가물의 관리가 시작되었고, 1973년 「식품첨가물 공전」에 필요한 기준과 규격을 지정하고 그 후 수차례에 걸쳐 지정 품목의 삭제와 추가를 반복하며 식품의약품안전처에서 관리하고 있다. 이를 「식품첨가물 지정제도」라고 한다. 2020년 12월

그림 10.3 식품첨가물의 지정 절차
자료: 식품의약품안전처

현재 식품첨가물은 32개 용도의 618 품목이 지정되어 있다.

4) 식품첨가물의 분류

우리나라는 식품첨가물의 사용 목적을 명확히 하기 위하여 천연 첨가물과 화학적 합성품의 구분 없이 식품첨가물로 통합하여 〈표 10.1〉과 같이 용도별로 분류하고 있다. 식품첨가물의 천연과 합성의 구분이 모호하고, 기술적 효과를 위해 식품첨가물이 의도적으로 사용되고 있으므로 사용 목적을 명확하게 할 필요에 따라 「식품첨가물의 기준 및 규격」을 개정하여 천연 및 합성으로 구분되어 있던 식품첨가물을 감미료, 산화방지제 등 용도별로 분류하고, 국내에서 지정된 618 품목에 대해서 주된 용도를 명시하여 쉽게 확인할 수 있도록 하였다.

표 10.1 식품첨가물의 용도별 분류

용도	정의
감미료	식품에 단맛을 부여하는 식품첨가물
고결방지제	식품의 입자 등이 서로 부착되어 고형화 되는 것을 감소시키는 식품첨가물
거품제거제	식품의 거품 생성을 방지하거나 감소시키는 식품첨가물
껌기초제	적당한 점성과 탄력성을 갖는 비영양성의 씹는 물질로서 껌 제조의 기초 원료가 되는 식품첨가물
밀가루개량제	밀가루나 반죽에 첨가되어 제빵 품질이나 색을 증진시키는 식품첨가물
발색제	식품의 색을 안정화시키거나, 유지 또는 강화시키는 식품첨가물
보존료	미생물에 의한 품질 저하를 방지하여 식품의 보존기간을 연장시키는 식품첨가물
분사제	용기에서 식품을 방출시키는 가스 식품첨가물
산도조절제	식품의 산도 또는 알칼리도를 조절하는 식품첨가물
산화방지제	산화에 의한 식품의 품질 저하를 방지하는 식품첨가물
살균제	식품 표면의 미생물을 단시간 내에 사멸시키는 작용을 하는 식품첨가물
습윤제	식품이 건조되는 것을 방지하는 식품첨가물
안정제	두 가지 또는 그 이상의 성분을 일정한 분산 형태로 유지시키는 식품첨가물
여과보조제	불순물 또는 미세한 입자를 흡착하여 제거하기 위해 사용되는 식품첨가물
영양강화제	식품의 영양학적 품질을 유지하기 위해 제조공정 중 손실된 영양소를 복원하거나, 영양소를 강화시키는 식품첨가물
유화제	물과 기름 등 섞이지 않는 두 가지 또는 그 이상의 상(phases)을 균질하게 섞어주거나 유지시키는 식품첨가물
이형제	식품의 형태를 유지하기 위해 원료가 용기에 붙는 것을 방지하여 분리하기 쉽도록 하는 식품첨가물
응고제	식품 성분을 결착 또는 응고시키거나, 과일 및 채소류의 조직을 단단하거나 바삭하게 유지시키는 식품첨가물
제조용제	식품의 제조·가공 시 촉매, 침전, 분해, 청징 등의 역할을 하는 보조제 식품첨가물
젤형성제	젤을 형성하여 식품에 물성을 부여하는 식품첨가물
증점제	식품의 점도를 증가시키는 식품첨가물
착색료	식품에 색을 부여하거나 복원시키는 식품첨가물
청관제	식품에 직접 접촉하는 스팀을 생산하는 보일러 내부의 결석, 물 때 형성, 부식 등을 방지하기 위하여 투입하는 식품첨가물
추출용제	유용한 성분 등을 추출하거나 용해시키는 식품첨가물
충전제	산화나 부패로부터 식품을 보호하기 위해 식품의 제조 시 포장 용기에 의도적으로 주입시키는 가스 식품첨가물
팽창제	가스를 방출하여 반죽의 부피를 증가시키는 식품첨가물
표백제	식품의 색을 제거하기 위해 사용되는 식품첨가물
표면처리제	식품의 표면을 매끄럽게 하거나 정돈하기 위해 사용되는 식품첨가물
피막제	식품의 표면에 광택을 내거나 보호막을 형성하는 식품첨가물
향미증진제	식품의 맛 또는 향미를 증진시키는 식품첨가물
향료	식품에 특유한 향을 부여하거나 제조공정 중 손실된 식품 본래의 향을 보강시키는 식품첨가물
효소제	특정한 생화학 반응의 촉매 작용을 하는 식품첨가물

2. 식품첨가물 각론

식품첨가물은 「식품위생법」 제7조에서 식품첨가물의 제조·가공·사용·보존 방법 및 성분에 관한 규격을 정하여 식품첨가물의 안전한 품질을 확보하고, 식품에 안전하게 사용하도록 하고 있다. 식품첨가물 중 살균제, 여과보조제, 이형제, 제조용제, 청관제, 추출용제, 효소제는 가공보조제로서 활용된다.

1) 감미료

감미료(Non-nutritive sweetener)는 식품에 단맛을 부여하는 첨가물로 단맛을 느끼게 해주지만 비영양물질로 체중 증가에 영향을 주지 않고, 체내에서 소화되지 않고 배출되어 혈중 포도당 농도에도 영향을 주지 않으며, 충치 원인인 산을 생성하지 못하여 충치 발생 가능성을 낮추어 주고 설탕보다 가격도 저렴하여 사용량이 계속 증가하고 있다.

우리나라에서 현재까지 승인된 감미료는 총 22종이며, 대부분 설탕보다 수백 배의 감미도를 지니고 있다. 사카린나트륨은 300배, 수크랄로스는 600배, 아세설팜칼륨과 아스파탐은 200배의 감미도를 나타낸다.

2) 고결방지제

고결방지제(Anticaking agents)는 식품의 입자 등이 서로 부착되어 고형화되는 것을 감소시키기 위해 첨가하는 물질이다. 분말 형태의 식품이 습기를 흡수하면 덩어리가 되어 품질 저하가 나타나기 때문에 고결방지제를 첨가하여 수분 자체를 흡수하거나 가루 입자를 코팅하여 덩어리가 되는 것을 막아준다.

3) 거품제거제

거품제거제(Antifoaming agents)는 식품의 거품 생성을 방지하거나 감소시키는 첨가물로 소포제라고도 한다. 규소수지, 라우린산, 미리스트산, 옥시스테아린, 올레인산, 이산화규소, 팔미트산이 식용유지류, 가공유크림, 분유류, 식염, 기타식품에 사용된다.

4) 껌기초제

껌기초제(Chewing gum bases)는 적당한 점성과 탄력성을 갖는 비영양성의 씹는 물질로 껌의 기초 원료가 되어 씹기에 적당한 물성을 주는 물질이다. 과거에는 천연수지인 치클이 사용되었으나 현재는 합성 고분자화합물이 주로 사용된다. 껌기초제로 사용되는 물질은 검레진(masticatory substances), 글리세린지방산에스테르, 로진(rosin), 석유왁스, 소르비탄지방산에스테르, 에스테르검, 자당지방산에스테르, 초산비닐수지, 탄산칼슘, 탤크(talc), 트리아세틴, 폴리부텐, 폴리이소부틸렌 등이 있다.

5) 밀가루 개량제

밀가루 개량제(Maturing agents, dough conditioners)는 밀가루의 표백과 숙성 기간을 단축시키고, 제빵 품질이나 색을 증진시키는 첨가물로 빵이나 과자 등의 품질을 높이기 위하여 사용한다. 밀가루 개량제의 효과는 산화작용에 근거한 표백작용과 숙성작용에 의한 것으로 과량 사용하면 밀가루 내의 비타민류를 파괴하고 숙성을 지나치게 빨리 진행시켜 글루텐의 질적 저하로 노화가 진행되어 품질 저하를 일으킬 수 있으므로 사용량을 잘 지켜야 한다. 우리나라는 과황산암모늄, 희석한 과산화벤조일, L-시스테인염산염, 아조디카르본아미드, 염소, 요오드산칼륨, 요오드칼륨, 이산화염소(수)가 승인되어 있으나 EU는 L-시스테인염산염만 허가하고 있다.

6) 발색제

발색제(Color fixatives)는 그 자체가 색을 나타내는 것이 아니라 식품 중의 색소 성분과 반응하여 식품의 색을 안정화시키거나, 유지 또는 강화시킨다. 식육 제품이나 어육 제품, 정육 제품의 발색제로 질산염 및 아질산염이 사용되고 있고, 채소나 과일 제품에는 황산철이 사용된다. 우리나라에서 사용 허가된 발색제는 아질산나트륨, 질산나트륨, 질산칼륨이 있다. 햄, 소시지 등 육류를 가공할 때 검붉은색으로 변해 상품 가치가 떨어지는 것을 막아 고유의 색을 유지·개선시켜 주고, 통조림 등의 혐기성 상태에서 자라는 보툴리누스균에 대한 생육 억제 작용이 있어 식중독을 예방하는 효과가 있다.

7) 보존료

보존료(Preservatives)는 식품의 보존 중에 나타나는 미생물에 의한 식품의 부패나 변질을 방지하여, 식품의 품질을 보존하며 서장 기간을 연장해 주는 물질로, 방부제로도 작용하여 식중독을 예방하는 역할도 한다. 보존료를 2종 이상 혼합하거나, 1종 이상을 기타 식품첨가물 또는 희석제와 혼합하거나 희석한 것을 보존료제제라 한다. 다만, 2종 이상의 보존료를 혼합하여 제제를 만들 경우 개별 보존료의 사용기준에 적합하도록 혼합 또는 희석하여야 한다. 보존료제제는 식품 중에서 미생물의 증식을 억제하거나 사멸시키는 작용을 하지만, 살균작용(bacteriocidal action)보다는 미생물에 대한 정균작용(bacteriostatic action)이나 효소의 발효작용 억제에 의해 식품을 보존할 수 있다.

소브산, 안식향산, 프로피온산, 데히드로초산, 파라옥시안식향산류가 곰팡이, 효모, 세균 및 다양한 미생물 등에 발육 억제 효과가 있다. 현재 허용된 보존료 중 파라옥시안식향산에스테르류(ρ-oxybenzoic ester)만이 비산성 보존제로 넓은 pH 영역에서 유효해서 광범위하게 사용되고, 나머지는 유기산이나 그 염류인 산성보존제로 pH가 낮을수록 효과가 크다. 이들 보존료는 꼭 필요한 식품에만 사용하도록 성분규격과 사용기준이 정해져 있다. 식품에 따라 번식하는 미생물과 pH가 다르기 때문에 사용하는 보존료가 다르므로, 각 식품에 적합한 보존료를 선택하여야 한다.

8) 분사제

분사제(Propellants)는 용기에서 식품을 방출시키는 가스 형태의 첨가물로 산소, 아산화질소, 질소가 이용되고 있다. 특히 아산화질소는 지방에 잘 용해되고, 분사 기능이 우수하여 휘핑크림을 만드는 용도로 주로 사용한다. 그러나 아산화질소를 환각 목적으로 구매하여 흡입하는 사례가 발생하고 있어 아산화질소를 환각물질로 지정하고, 「식품첨가물의 기준 및 규격」 고시를 개정하여, 아산화질소를 소형 용기(카트리지) 형태로 제조할 수 없도록 금지하고, 개인이 구매할 수 없도록 하였다. 또한 휘핑용 아산화질소는 2.5L 이상의 고압 용기에 충전된 것만 사용할 수 있다.

9) 산도조절제

산도조절제(Acidity regulators, pH 조절제)는 식품의 산도 또는 알칼리도를 조절하는 첨가물로 유기산, 무기산, 중화제 및 완충제가 사용된다. 식품의 산도를 적절하게 조절하면 미생물의 증식을 억제할 수 있고, 산화 방지도 되어 보존 효과가 높아진다. 수산화나트륨, 황산, 구연산, 사과산, 인산 등이 치즈, 소스, 음료 등에 다양하게 사용된다. 유기산은 상쾌한 맛을 주므로 과실류에 많이 사용되고, 무기산은 일반적으로 떫은맛, 쓴맛을 가지고 있다. 구연산은 레몬이나 매실, 감귤류에 많이 존재하며 상큼한 신맛을 내는 유기산이다. 또, 사과산은 신맛을 나게 하는 물질로 사과, 포도 등 대부분의 과일에 함유되어 있는 성분이다. 다른 산에 비해 용해도가 좋고, 상큼한 신맛을 나게 해주기 때문에 주로 음료 및 캔디류, 절임류, 드레싱 및 소스류 등의 가공식품에 사용한다.

10) 산화방지제

산화방지제(Antioxidants)는 식품의 산화를 늦춰 식품의 품질 저하를 방지하는 첨가물로 항산화제라고도 한다. 식품 중의 유지는 공기 중에서 산패 또는 산화 등을 일으키는데, 산화방지제가 변질을 방지하여 영양 손실, 색소 변질, 산패로 인한 유해물질 생성 등을 막아준다. 산화방지제를 사용하지 않으면 식품이 산화되면서 지방, 단백질 등의 식품 성분이 파괴되어 맛과 향이 떨어지고 색깔이 변하게 된다. 육가공식품은 선홍색에서 검붉은색으로 변하며, 튀긴 면(라면 등)은 색이 변하고 맛이 떨어지며, 마요네즈에서는 자극적인 냄새가 나서 불쾌한 느낌이 난다. 산화방지제로는 디부틸히드록시톨루엔, 부틸히드록시아니솔, 터셔리부틸히드로퀴논, 이·디·티·에이류, L-아스코빌스테아레이트, 몰식자산프로필, L-아스코빌팔미테이트, 에리토브산류 등 총 39개가 승인되어 있다.

11) 살균제

살균제(Bacteriocides)는 식품 표면의 미생물을 단시간 내에 사멸시키는 작용을 하는 첨가물로 유해 미생물로 인한 식중독 발생을 예방하기 위해 사용한다. 식품에 사용하는 살균제를 식품용 살균제로, 기구·용기·포장에 사용되는 살균소독제를 기구 등의 살균소독제로 구분하고 있다. 식품용 살균제는 과산화수소, 차아염소산나트륨, 차아염소산칼슘, 차아염소산수, 이산화염소수, 오존수, 과산화초산 등이 있다. 살균제를 선택하는 기준은 사용상의 편리성, 안전성, 경제성, 살균력, 살균 효과의 지속성, 온도의 영향 등 여러 가지가 있으나 이러한 조건들을 모두 충족하는 살균제는 거의 없기 때문에 사용 목적과 조건에 맞는 최적의 살균제를 선택하는 것이 중요하다. 식품용 살균제는 과일류, 채소류 등의 식품 살균 목적에 한하여 사용하고 완성된 식품에서는 검출되지 않게 제거해야 한다. 특히, 차아염소산나트륨은 색이 검고 품질이 좋지 않은 참깨를 표백하기 위해 사용해서는 안 된다.

12) 습윤제

습윤제(Humectants)는 식품이 건조되는 것을 방지하는 첨가물로 부드럽고 촉촉한 식감을 부여하기 위해 사용한다. 습윤제로 사용되는 물질은 글리세린, 락티톨, 만니톨, D-말티톨, 말티톨시럽, D-소비톨, D-소비톨액, 에리스리톨, 자일리톨, 폴리글리시톨시럽, 폴리덱스트로스, 프로필렌글리콜 등이 있으며, 빵, 케이크, 과자 등 다양한 식품에 이용된다.

13) 안정제

안정제(Stabilizers)는 두 가지 또는 그 이상의 성분을 일정한 분산 형태로 유지하기 위해 첨가하는 물질로 가티검(gum ghatti), 결정셀룰로스, 덱스트란, 로커스트콩검(locust bean gum), 메틸셀룰로스, 메틸에틸셀룰로스, 변성전분, 시클로덱스트린, 시클로덱스트린시럽, 아라비아검, 알긴산, 옥시스테아린, 히알루론산 등이 있다. 또, 글리세린, 에스테르검, 젤라틴, 프로필렌글리콜 등의 증점제도 안정제로 사용된다.

14) 여과보조제

여과보조제(Filter aids)는 식품 제조 과정 중 여과를 할 때 불순물 또는 미세한 입자를 흡착하여 제거하기 위해 사용되는 첨가물로 최종 제품에는 남아 있지 않아야 한다. 활성탄(숯), 규조토, 벤토나이트, 탤크, 백도토 등이 있다. 탤크는 활석이라고도 불리는 천연의 규산마그네슘이다.

15) 영양강화제

영양강화제(Enriched agents, nutrients)란 식품의 영양성분을 유지하기 위해 제조 공정 중 손실된 영양소를 복원하거나, 영양소를 강화시키키 위해 첨가한다. 영양강화제는 안정성이 있어야 하고 식품에 나쁜 영향을 주지 않으며 미량으로도 효과가 좋아야 한다. 비타민류, 아미노산류, 철분제 등의 무기염류가 사용된다.

16) 유화제

유화제(Emulsifiers)란 물과 기름 등 잘 섞이지 않는 두 가지 또는 그 이상의 상(phases)을 균질하게 섞어주거나 유지시키는 첨가물로 계면활성제라고도 한다. 유화제는 물과 기름의 경계면에 작용하고 있는 표면장력을 저하시켜서 물 중에 기름을 분산시키거나, 기름 중에 물을 분산시키고, 또 분산된 입자가 다시 응집하지 않도록 안정화시키는 작용을 하여 가공식품의 유동성을 개선시키고, 유화상태를 유지시키는 효과를 갖는다. 유화제를 사용하면 빵의 단력이 좋아지고, 부드러워지며, 유제품 및 생크림의 응집성을 좋게 하고 부피감을 유지시켜주며, 초콜릿, 캐러멜의 광택과 감촉을 좋게 해준다. 유화제의 종류로는 스테아릴젖산나트륨, 스테아릴젖산칼슘, 알긴산프로필렌글리콜, 암모늄포스파타이드, 염기성알루미늄인산나트륨, 프로필렌글리콜 등이 있다.

17) 이형제

이형제(Release agents)란 원료가 용기에 붙는 것을 방지하고, 분리하기 쉽도록 하여 식품의 형태를 유지해 주는 첨가물로, 빵의 제조과정에서 빵 반죽을 분할할 때나 구울 때 붙지 않게 하고 형태를 그대로 유지해 준다. 이형제로는 유동파라핀, 피마자유가 사용된다.

18) 응고제

응고제(Coagulants)란 식품 성분을 결착 또는 응고시키거나, 과일 및 채소류의 조직을 단단하게 하거나 바삭하게 유지시키기 위해 첨가하는 물질이다. 글루코노-δ-락톤, 염화마그네슘, 염화칼슘, 조제해수염화마그네슘, 황산마그네슘, 황산칼슘 등이 두부응고제로 사용된다.

19) 제조용제

제조용제(Manufacturing solvents)란 식품의 제조·가공 시 촉매, 침전, 분해, 청징 등의 역할을 하는 보조제 첨가물로 메톡사이드나트륨, 수산, 스테아린산, 염산, 이온교환수지, 지베렐린산, 카프릭산, 카프릴산, 황산 등이 사용되며, 최종 제품 완성 전에 제거하여야 한다.

20) 젤형성제

젤형성제(Gelling agents)란 젤을 형성하여 식품에 물성을 부여하는 첨가물로 젤리, 잼, 디저트, 요구르트 및 사탕 등의 식품에서 사용된다. 대표적인 젤형성제는 염화칼륨, 젤라틴 등이다.

21) 증점제

증점제(Thickeners)란 식품의 점도를 증가시켜 점착력을 가지게 하는 첨가물로 식품의 모양을 유지시키며 유화 안정성을 좋게 하여 촉감 및 질감을 개선한다. 대표적인 증점제는 전분, 검류로 푸딩, 젤리, 아이스크림 등에 사용한다. 구아검은 아이스크림, 케이크 등, 펙틴은 잼, 젤리, 초콜릿 등, 잔탄검은 마요네즈, 드레싱 소스 등에 사용한다.

22) 착색료

착색료(Coloring agents)는 식품을 제조, 가공, 보존하는 동안 식품에 첨가하여 인위적으로 색을 부여하거나 복원시켜 식품의 상품성과 기호성을 높여주는 첨가물이다. 착색료는 천연 소재로부터 추출한 천연색소와 화학적으로 합성한 인공착색료로 나눌 수 있다.

과거에는 식품의 착색에 천연색소가 사용되었으나, 식품 공업이 발전함에 따라 천연색소만으로는 수요를 충당할 수 없게 되어 현재는 값이 싸고 구입하기 쉬운 인공착색료를 많이 사용하고 있다. 식용색소는 천연색소만으로 부족한 색을 더욱 선명하게 해주므로 사용 가능한 식품과 사용량을 정하여 관리하고 있다. 착색료로 사용되기 위해서는 인체에 독성이 없어야 하고, 체내에 축적되지 않아야 하며, 미량으로도 효과가 있어야 한다. 또한 물리·화학적 반응에 안정해야 하고, 값이 싸야 하며 사용하기에 편리해야 한다.

우리나라는 타르 색소, 타르 색소의 알루미늄레이크와 비타르계 색소 등이

알아두기

허용 착색료의 혼합 사용 기준

- 각각의 식용색소에서 정한 사용량 범위 내에서 사용하여야 하고 병용한 식용색소의 합계는 아래 표의 식품유형별 사용량 이하이어야 한다.
- 식용색소 녹색 제3호 및 그 알루미늄레이크, 식용색소 적색 제2호 및 그 알루미늄레이크, 식용색소 적색 제3호, 식용색소 적색 제40호 및 그 알루미늄레이크, 식용색소 적색 제102호, 식용색소 청색 제1호 및 그 알루미늄레이크, 식용색소 청색 제2호 및 그 알루미늄레이크, 식용색소 황색 제4호 및 그 알루미늄레이크, 식용색소 황색 제5호 및 그 알루미늄레이크

식품 유형	사용량
빙과	0.15g/kg
두류 가공품, 서류 가공품	0.2g/kg
과자, 추잉껌, 빵류, 떡류, 아이스크림류, 아이스크림 믹스류, 과·채음료, 탄산음료, 탄산수, 혼합음료, 음료 베이스, 청주(주정을 첨가한 제품에 한함), 맥주, 과실주, 위스키, 브랜디, 일반 증류주, 리큐르, 기타 주류, 소시지류, 즉석섭취식품	0.3g/kg
캔디류, 기타 잼	0.4g/kg
기타 코코아 가공품	0.45g/kg
기타 설탕, 당시럽류, 기타 엿, 당류 가공품, 식물성 크림, 기타 식용유지 가공품, 소스, 향신료 조제품(고추냉이 가공품 및 겨자 가공품에 한함), 절임식품(밀봉 및 가열살균 또는 멸균처리한 제품에 한함. 다만, 단무지는 제외), 당절임(밀봉 및 가열살균 또는 멸균처리한 제품에 한함), 전분 가공품, 곡류 가공품, 어육 소시지, 젓갈류(명란젓에 한함), 기타 수산물 가공품, 만두, 기타 가공품	0.5g/kg
초콜릿류, 건강기능식품(정제의 제피 또는 캡슐에 한함), 캡슐류	0.6g/kg

착색료로 사탕, 음료수, 아이스크림, 껌, 과자 등의 가공식품에 사용되고 있다. 녹색 3호, 적색 2호, 적색 3호, 적색 40호, 적색 102호, 청색 1호, 청색 2호, 황색 4호, 황색 5호와 같이 총 9개의 타르 색소는 모두 수용성의 산성 색소로 화학적으로 azo계 색소(적색 2호, 적색 40호, 황색 4호, 황색 5호), triphenylmethane계 색소(녹색 3호, 청색 1호), xanthene계 색소(적색 3호), indigoid계 색소(청색 2호)로 분류할 수 있다. 타르 색소 중에서 적색 2호, 적색 102호는 어린이 기호식품에는 사용이 금지되어 있다. 또, 식용색소를 2개 이상 혼합하여 사용할 경우에는 해당 식품에 허용된 식용색소의 사용 기준 중 가장 높은 허용량을 초과하지 않도록 한다.

23) 청관제

청관제(Boiler Water Additives)란 식품을 제조·가공할 때 식품에 직접 접촉하여 스팀을 생산하는 보일러 내부의 결석, 물 때 형성, 부식 등을 방지하기 위하여 투입하는 첨가물을 말한다. 청관제는 식품 제조 또는 가공용 스팀의 제조를 위해 사용되는 보일러의 청관의 목적에 한하여 사용하여야 한다. 화학적 변화를 주지 않는 방법으로 2종 이상 단순 혼합한 것이 포함되며, 품질보존, 희석 등을 위하여 물, 포도당을 첨가할 수 있다.

24) 추출용제

추출용제(Extracting solvents)란 유용한 성분 등을 추출하거나 용해시키는 첨가물로 메틸알콜, 부탄, 아세톤, 헥산 등이 있다. 이 중 물, 주정을 제외한 용매는 최종 제품 완성 전에 제거해야 한다.

25) 충전제

충전제(Packaging gas)란 산화나 부패로부터 식품을 보호하기 위해 식품의 제조

시 포장용기에 의도적으로 주입시키는 가스 첨가물로 산소, 수소, 아산화질소, 이산화탄소, 질소가 있는데, 질소를 가장 많이 사용한다. 액체질소는 −196℃의 저온에서 액체상태로 존재하기 때문에 취급·사용 시 주의가 필요하다. 액체질소는 실온에서 쉽게 기체질소로 변하기 때문에 사용 후 일정 시간이 지나면 액체질소는 남아 있지 않는다.

26) 팽창제

팽창제(Leavening agents, blowing agents)란 빵이나 과자 등을 제조할 때 가스를 방출하여 반죽의 부피를 증가시키는 첨가물이다. 빵을 발효시킬 때 효모에 의해서 이산화탄소가 발생하고 그로 인해 빵 반죽의 부피가 증가하여 맛을 좋게 하고, 소화하기 쉬운 상태로 만들어 준다. 효모를 대신하는 팽창제로 탄산나트륨, 탄산수소나트륨, 탄산암모늄, 탄산수소암모늄, 염화암모늄 등이 있다.

27) 표백제

표백제(Bleaching agents)란 식품 중의 색소가 퇴색되거나 착색되어 외관을 변화시켰을 때 색을 제거하기 위해 사용되는 첨가물로, 그 작용에 따라 산화표백제와 환원표백제로 분류한다. 산화표백제는 과산화수소, 과산화벤조일, 차아염소산나트륨 등이 있고, 표백제가 잔존하지 않아도 색이 다시 복원되지 않지만 식품의 조직을 손상시킬 우려가 있어 사용 시 주의하여야 한다. 환원표백제는 메타중아황산나트륨, 아황산나트륨, 산성아황산나트륨, 차아황산나트륨 등으로 색소 중의 산소를 빼앗는 환원작용에 의해 표백작용을 하고, 표백제가 없어지면 공기 중의 산소에 의해서 색이 다시 복원되는 단점이 있다. 그러므로 사용기준을 사용 후 식품 중에 잔존하는 아황산의 양으로 규정하고 있으며, 과산화수소는 사용한 식품의 최종 제품이 완성되기 전에 분해되어 제거하도록 하고 있다.

28) 표면처리제

표면처리제(Surface treatment agents)란 식품의 표면을 매끄럽게 하거나 정돈하기 위해 사용되는 첨가물로 탤크가 대표적이고 정제류에 표면처리제 목적에 한하여 사용하여야 한다.

29) 피막제

피막제(Glazing agents, coating agents, film formers)란 식품의 표면에 광택을 내거나 보호막을 형성하기 위해 첨가하는 물질로 코팅제, 광택제라고도 한다. 담마검, 몰포린지방산염, 밀납, 석유왁스, 쉘락, 쌀겨왁스, 폴리비닐피로리돈, 폴리에틸렌글리콜, 풀루란 등이 있고, 몰포린지방산염, 유동파라핀, 초산비닐수지는 과일류·채소류 표피의 피막제로 사용되어 호흡 조절과 수분 증발을 막아 신선도를 유지하고 미생물의 표면 번식도 억제한다.

30) 향미증진제

향미증진제(Seasonings)란 식품의 맛 또는 향미를 증진시키기 위해 첨가하는 물질로 식품의 감칠맛을 증가시키므로 조미료라고도 한다. 향미증진제는 화학적으로 핵산계, 아미노산계 및 유기산계로 분류할 수 있고, 대부분 사용기준에 있어 사용 식품과 사용량에 제한을 받지 않는다.

향미증진제의 종류는 5′-구아닐산이나트륨, L-글루탐산, L-글루탐산나트륨, L-글루탐산암모늄, L-글루탐산칼륨, 글리신, 나린진, 5′-리보뉴클레오티드이나트륨, 5′-리보뉴클레오티드칼슘, 베타인, 5′-이노신산이나트륨, 탄닌산, 호박산 등 다양하다. 글루탐산은 아미노산 중 하나로 동·식물성 단백질 함유 식품에 천연으로 존재하고 있다. 나트륨염을 결합시켜 L-글루탐산나트륨(sodium glutamate)으로 사용하는데, 국제 식품첨가물 전문가위원회(JECFA)에서 L-글루탐산나트륨에 대한 독성 평가 결과 1일 섭취허용량(ADI)을 설정하지 않아도 될 만큼 안전하다고 한다. 그러나 과다 사용 시 인체 유해 여부에 대한 논란이 있으므로 필요 최소량을 사용하는 것이 바람직하다.

31) 향료

향료(Flavoring agents)란 식품에 특유한 향을 부여하거나 제조 공정 중 손실된 식품 본래의 향을 보강시키기 위해 첨가하는 물질로 식품의 기호성을 향상시키고 특유의 방향을 느끼게 하여 식욕을 높여준다.

향료는 착향의 목적으로 화학적 변화를 주지 않는 방법으로 2종 이상 단순 혼합하여 사용하여야 하고, 품질 보존, 희석, 용해, 분산 등을 위하여 물, 주정, 프로필렌글리콜, 트리아세틴, 글리세린, 덱스트린, 전분, 변성전분, 아라비아검, 이산화규소를 첨가할 수 있다.

향료는 천연향료와 합성향료로 구분하는데, 천연향료는 사향, 용연향 등의 동물성인 것과 레몬, 오렌지 등의 정유, 계피 등의 방향성 생약, 과일 성분 등의 식물성인 것이 있다. 합성향료는 천연향료의 유효 성분을 합성한 것과 천연에는 존재하지 않는 새로운 향을 합성한 것 등이 있다. 향료는 단독으로 사용되는 경우는 거의 없고, 천연향료와 배합하거나 여러 종류의 합성향료를 혼합하여 천연향료와 비슷하게 만든다.

32) 효소제

효소제(Enzyme preparations)란 식품을 제조, 가공할 때 특정한 생화학 반응의 촉매 작용을 하기 위해 첨가하는 물질로 효소 자체를 식품첨가물로 지정하여 관리하는 것이다. 효조제로는 국, 종국, α-글루코시다아제, 글루코아밀라아제, 글루코오스산화효소, 글루코오스이성화효소, 덱스트라나아제, 락타아제, 리파아제, 우레아제, 우유응고효소, 펙티나아제, 헤미셀룰라아제 등이 사용되고 있다.

알아두기

용도와 명칭을 함께 표시해야 하는 식품첨가물

식품첨가물 중 감미료 5종, 착색료 26종, 표백제·보존료·산화방지제 6종, 살균제·표백제 2종, 보존료 13종, 산화방지제 10종, 발색제·보존료 3종, 향미증진제 2종은 용도와 명칭을 함께 표시해야 하는 식품첨가물이다.

용도	명칭
감미료(5)	사카린나트륨/아스파탐/글리실리진산이나트륨/수크랄로스/아세설팜칼륨
착색료(26)	식용색소 녹색 제3호/식용색소 녹색 제3호 알루미늄레이크/식용색소 적색 제2호/식용색소 적색 제2호 알루미늄레이크/식용색소 적색 제3호/식용색소 적색 제40호/식용색소 적색 제40호 알루미늄레이크/식용색소 적색 제102호/식용색소 청색 제1호/식용색소 청색 제1호 알루미늄레이크/식용색소 청색 제2호/식용색소 청색 제2호 알루미늄레이크/식용색소 황색 제4호/식용색소 황색 제4호 알루미늄레이크/식용색소 황색 제5호/식용색소 황색 제5호 알루미늄레이크/동클로로필/동클로로필린나트륨/철클로로필린나트륨/삼이산화철/이산화티타늄/수용성안나토/카민/β–카로틴/동클로로필린칼륨/β–아포–8'–카로티날
표백제·보존료·산화방지제(6)	산성아황산나트륨/아황산나트륨/차아황산나트륨/무수아황산/메타중아황산칼륨/메타중아황산나트륨
살균제·표백제(2)	차아염소산칼슘/차아염소산나트륨
보존료(13)	데히드로초산나트륨/소브산/소브산칼륨/소브산칼슘/안식향산/안식향산나트륨/안식향산칼륨/안식향산칼슘/파라옥시안식향산메틸/파라옥시안식향산에틸/프로피온산/프로피온산나트륨/프로피온산칼슘
산화방지제(10)	디부틸히드록시톨루엔/부틸히드록시아니졸/몰식자산프로필/에리토브산/에리토브산나트륨/아스코르빌스테아레이트/아스코르빌파르미테이트/이·디·티·에이이나트륨/이·디·티·에이칼슘이나트륨/터셔리부틸히드로퀴논
발색제·보존료(3)	아질산나트륨/질산나트륨/질산칼륨
향미증진제(2)	카페인/L–글루탐산나트륨

CHAPTER

11

방사선 조사식품 및 유전자변형 식품

1. 방사선 조사식품
2. 유전자변형 식품

CHAPTER

11 방사선 조사식품 및 유전자변형 식품

현 인류의 인구증가 속도는 과거 어느 시점과 비교될 수 없을 정도로 가파르다. 2021년 약 72억 명의 인구는 지구가 감당할 수 있는 한계 수준에 이르렀다고 일부 인류학자는 주장하였지만, 인류는 기술의 발전과 저장 및 가공 기술의 혁신으로 식량의 효율을 높이고, 방사선 조사 및 유전자변형 기술을 이용해 보다 효과적으로 식량을 확보할 수 있었다. 본 장에서는 이러한 기술의 장단점 및 안전성에 대한 정보를 소개하고자 한다.

1. 방사선 조사식품

식품에 방사선을 조사한 연구는 1950년대로 거슬러 올라가며 최초 발아억제 및 유해 미생물 살균에 대한 연구로 시작되었다. 이후 방사선 조사는 체계적으로 그 분야가 식품, 소재, 육종, 의료, 미용(화장품) 등 다양한 연구로 세분화되었다. 식품의 방사선 조사 기술의 경우 선진국의 주도로 기술이 개발되었으며, 우리나라의 경우 2000년대 초반 우주식품을 개발하는 등 기술력이 선진국 수준으로 격상되기도 하였다. 일반적으로 개발도상국의 경우 식량자원의 확보가 주력 기술 극복의 과제였다면 선진국의 경우 식품의 안전성에 대한 확보가 주요 과제였다(그림 11.1). 본 장에서는 식품에 대한 방사선 조사 기술의 장단점 및 안전성에 대해 알아보고자 한다.

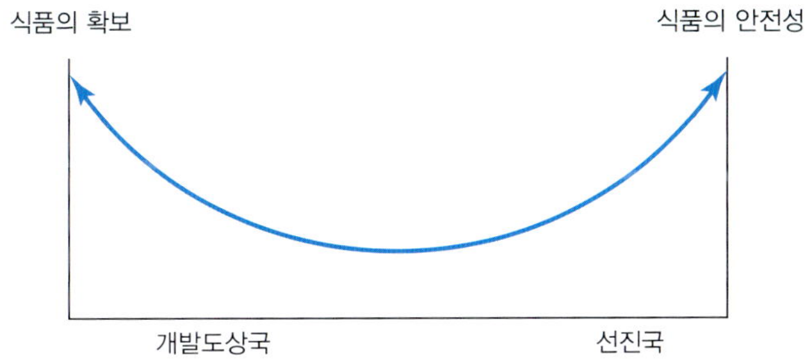

그림 **11.1** 식품에 대한 국가의 관점 및 관리계획

1) 식품방사선 조사의 종류 및 특징

(1) 방사선의 종류

식품조사에 사용되는 방사선은 엄밀히 말하면 전리방사선이라 할 수 있다. 전리(ionization)란 자외선보다 짧은 파장의 빛에 의해 분자가 이온화되는 현상이다. 가시광선, 적외선, 전자레인지의 마이크로파, TV 및 전화기에 나오는 전자파의 경우 넓은 의미에서는 방사선이지만 전리를 일으키지 않기 때문에 비전리방사선으로 분류된다. 따라서 전리를 일으키는 파장이 매우 짧은 알파선, 베타선, 감마선 또는 X-선을 보통 방사선이라고 부른다.

(2) 방사선의 투과력

방사선은 종류에 따라서 물질을 투과하는 힘(관통력)이 다르다(그림 11.2). 알파선과 베타선은 전하를 갖고 있는 입자선으로 투과력이 약해 종이나 얇은 알루미늄 판으로 차단할 수 있다. X-선과 감마선은 전하를 띠지 않아 투과력이 강해 종이는 물론 알루미늄 판 등을 투과할 수 있다. 그러나 두꺼운 콘크리트 또는 납은 투과할 수 없어 방사선 조사 시설을 구축할 때 두꺼운 콘크리트 벽으로 세우거나 의료진들이 납 옷을 입고 X-ray를 찍는 작업에 사용한다.

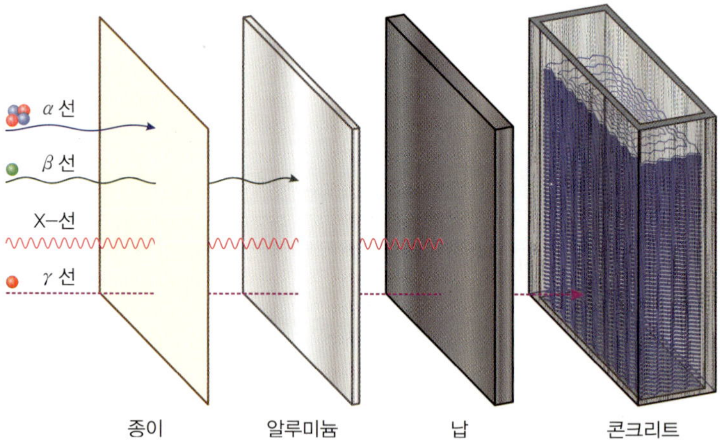

그림 11.2 방사선 종류에 따른 투과도

(3) 식품조사에 이용되는 방사선

우리 선조들은 지난 역사 속에서 방사선을 이용해 왔다. 즉 자연적으로 발생한 방사선을 이용하여 식품의 저장기간을 늘리거나 살균 소독하는 방법을 알았던 것이다. 식품(육류 등)을 자연건조 하거나 이불, 옷 등을 햇빛에 말려 냄새를 제거하는 등의 자연방사선 기술을 활용했다. 지금의 우리는 인공적으로 방사선을 만들어 식품을 살균 및 소독하거나 의료행위 등의 기술로 발전시켜 왔다. 감마선의 경우 코발트-60이나 세슘-137의 선원을 이용하여 발생시키며, X-선의 경우 500만 볼트(MeV) 이하의 전기에너지를 이용하고 있다. 또한 1,000만 볼트(10 MeV) 이하의 전기 에너지에서 발생하는 전자선의 경우 에너지 강도가 감마선과 비슷하여 상업적으로 식품 조사의 대표적인 기술로 사용되어지고 있다(표 11.1).

표 11.1 식품 및 의료산업에 이용되는 방사선 종류

방사선 종류	선원	반감기	용도	이용에너지(MeV)
감마선	Co^{60}	5.3년	식품 및 의료(암치료 등)	
	CS^{137}	30.0년		
X-선	전기에너지 이용		의료	5 이하
전자선	전기에너지 이용(전자가속기)		식품(표면살균)	5 이상~10 이하

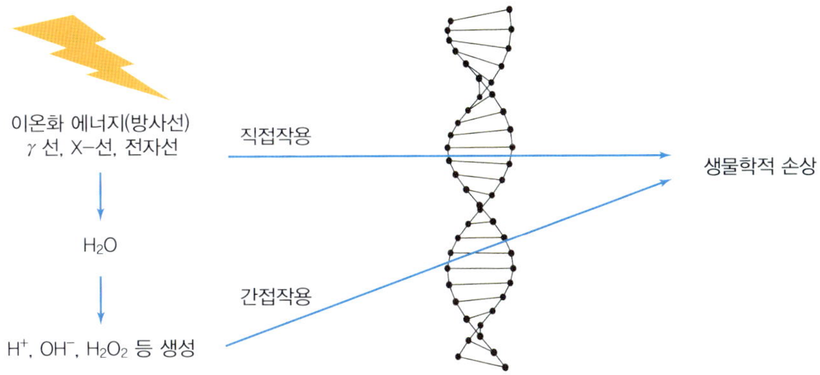

그림 **11.3** 식품방사선 조사의 효과

(4) 방사선 조사의 생물학적 작용

식품에 방사선을 조사할 경우 방사선에 의한 직접작용과 간접작용이 동시에 일어난다(그림 11.3). 방사선 조사는 생물체(미생물 등)의 세포에 포함되어 있는 DNA를 직접적으로 절단하여 그 기능을 상실하게 하는 직접작용과 물이나 혹은 전리작용에 따른 생성물이 2차적으로 세포에 필요한 물질이나 DNA의 구조를 변화시키는 간접작용으로 나뉠 수 있다. 직접작용과 간접작용은 방사선 조사 시 동시에 일어나며, 그 비율은 명확하지 않으나 간접작용이 대부분(90% 이상)일 것으로 추측하고 있다.

2) 방사선 조사의 이용 효과 및 분야

(1) 발아 및 발근 억제 효과

감자 등 발아부의 조직은 다른 일반 조직에 비하여 세포분열이 왕성하게 일어나는 곳으로 방사선 조사 시 DNA 파괴의 감수성이 커서 효과가 쉽게 나타난다. 일본의 경우 1973년부터 감자의 산업적 조사가 상용화되어 있으며 연간 10,000톤 이상의 감자에 감마선을 처리하여 보관 및 가공원료로 활용하고 있다. 우리나라의 경우 1987년 감자, 마늘, 양파 및 밤에 대해 방사선 조사처리를 허용하고 있다.

그림 11.4 감자, 마늘, 양파 및 밤에 대한 방사선 조사의 발아억제 효과

(2) 병원성 미생물의 억제

미국 FDA의 경우 자국에서 생산되는 모든 냉장·냉동 육류에 감마선 조사를 1997년부터 허용하였으며 국립학교 급식프로그램에 방사선 조사된 쇠고기를 2003년 이래로 공급하고 있다. 또한 일명 햄버거 병으로 알려진 원료 패티에 오염된 병원성대장균 제어를 위해 2004년부터 방사선 조사된 햄버거 패티 공급을 법적으로 승인하였으며, 기술이 적용된 시점 이후 햄버거에 의한 식중독 사례가 거의 없을 정도로 효과를 거두었다.

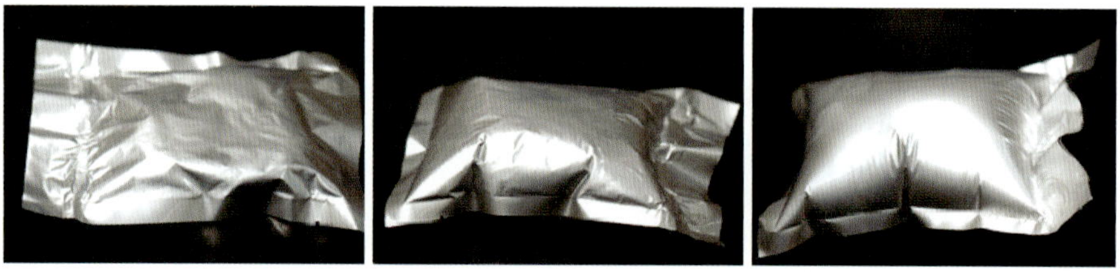

포장 직후 저장 1일 저장 3일

일반 미트볼의 30℃ 저장 중 가스생성

방사선 조사 전 10kGy의 방사선 조사 후

방사선 조사한 미트볼의 30℃에서 30일 저장 후의 모습

그림 11.5 방사선 조사의 미생물 제어

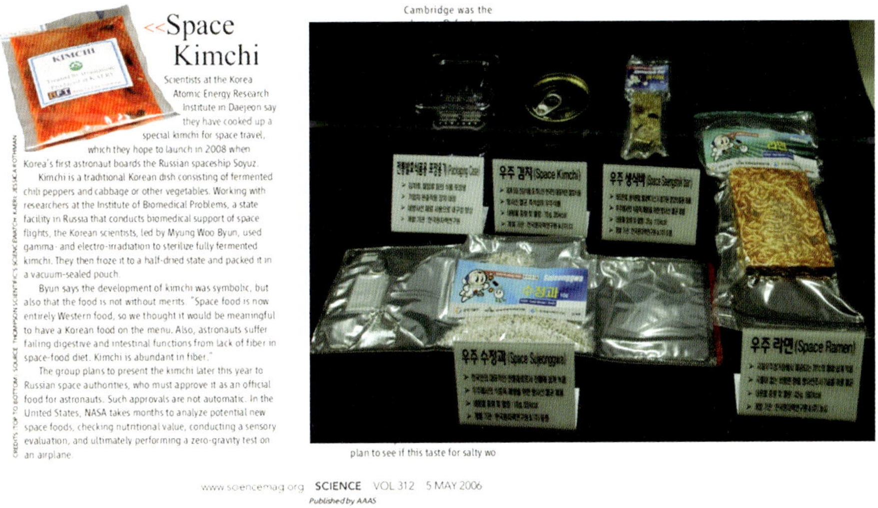

<<Space Kimchi

Scientists at the Korea Atomic Energy Research Institute in Daejeon say they have cooked up a special kimchi for space travel, which they hope to launch in 2008 when Korea's first astronaut boards the Russian spaceship Soyuz.

Kimchi is a traditional Korean dish consisting of fermented chili peppers and cabbage or other vegetables. Working with researchers at the Institute of Biomedical Problems, a state facility in Russia that conducts biomedical support of space flights, the Korean scientists, led by Myung Woo Byun, used gamma- and electro-irradiation to sterilize fully fermented kimchi. They then froze it to a half-dried state and packed it in a vacuum-sealed pouch.

Byun says the development of kimchi was symbolic, but also that the food is not without merits. "Space food is now entirely Western food, so we thought it would be meaningful to have a Korean food on the menu. Also, astronauts suffer failing digestive and intestinal functions from lack of fiber in space-food diet. Kimchi is abundant in fiber."

The group plans to present the kimchi later this year to Russian space authorities, who must approve it as an official food for astronauts. Such approvals are not automatic. In the United States, NASA takes months to analyze potential new space foods, checking nutritional value, conducting a sensory evaluation, and ultimately performing a zero-gravity test on an airplane.

www.sciencemag.org SCIENCE VOL 312 5 MAY 2006
Published by AAAS

그림 **11.6** 방사선 조사의 활용(우주식품)

(3) 특수 목적 식품의 개발

식품을 장기간 보관할 필요가 있는 군용식품의 경우 10kGy 이상의 고선량 방사선 조사를 처리하여 개발하며, 백혈병 환자 등 면역결핍 환자에게 제공되는 환자용 식품에 우리나라의 경우 50kGy 고선량 조사가 허용되고 있다. 또한 실험동물용 무균사료와 우주인들의 특수임무를 위한 우주식품개발에 고선량 방사선 조사를 적용하고 있다. 우리나라의 경우 2006년 10종의 우주식품을 개발한 바 있다(그림 11.6).

(4) 숙도지연 및 선도유지

과일이나 채소에 방사선을 조사하여 신선식품 내 효소작용 및 호흡 등의 생리적 대사를 억제함으로써 유통기간의 연장효과에 사용되어진다. 생 버섯의 경우 방사선 조사 시 약 2~3배의 연장효과가 보고되기도 하였다. 또한 에틸렌옥시드를 이용한 살균처리(훈증처리)의 경우 법으로 금지되어 1988년부터 수출을 위한 신선 과일 및 채소에 대한 방사선 조사만 허용되어 왔다.

(5) 살균 및 살충 위생화

우리나라의 경우 1987년 발아억제를 위한 감자, 양파, 마늘에 대한 방사선 조사 허가를 시작으로 다양한 식품에 방사선 조사 처리를 허용하고 있다(표 11.2).

표 11.2 국내 방사선 조사 허가 식품

품목	허용선량(kGy)	처리목적
감자, 양파, 마늘	0.15	발아, 발근 억제
밤	0.25	발아, 발근 억제
버섯(생 및 건조)	1	발아, 숙도 조절
건조향신료	10	살균, 살충
가공식품 제조원료용 건조식육 및 어패류 분말	7	살균, 살충
된장, 고추장, 간장분말	7	살균, 살충
조미식품제조원료전분	5	살균, 살충
가공식품제조원료용 건조채소류	7	살균, 살충
건조향신료 및 이들 조제품	10	살균, 살충
효모, 효소식품	7	살균, 살충
알로에분말	7	살균, 살충
인삼(홍삼 포함) 제품류	7	살균, 살충
2차 살균이 필요한 환자식	10	살균
난분	5	살균
가공식품 제조원료용 곡류 및 두류 및 그 분말	5	살균, 살충저장
조류식품	7	살균, 살충, 물성개선
복합조미식품	10	살균
소스류	10	살균
분말차	10	살균, 살충
침출차	10	살균, 살충
원료육 (가금육, 적색육)	10	병원성미생물 살균 보존성연장, 육질개선
육가공품 (햄, 소시지, 분쇄육가공품, 어육가공품)	10	병원성미생물 살균 보존성 연장
수산 건어포류 (조미건어포류, 건어포류)	10	병원성미생물 살균 보존성 연장

3) 방사선 조사식품의 검지방법

방사선 조사 기술은 국내에만 적용되는 것이 아니라 세계 여러 나라에서 사용되고 있는 기술이다(그림 11.7). 국제무역의 확대로 인하여 세계 각국에서 방사선 기술이 적용되었는지 확인할 수 있는 방법이 필요하다. 다시 말해 소비자의 알 권리와 방사선 조사식품의 수출입 관리와 유통질서 확립을 위해 현재 사용되고 있는 검지방법을 아래에 소개하였다.

(1) 물리적 측정법

① **열발광측정법**(TL, Thermoluminescence): 방사선 조사된 식품에 이미 존재하거나 혼입된 미네랄이 열 자극에 의해 방출되는 빛의 발신정도를 측정하는 방법으로 미네랄 분리가 가능한 향신료, 갑각류, 서류, 두류, 과채류에 널리 이용되는 방법이다(그림 11.8).

② **전자회절공명**(ESR, Electron Spin Resonancem): 방사선 조사에 의해 생성된 radical을 감지하여 측정하는 것으로 radical을 정량화하여 방사선 흡수선

그림 **11.7** 방사선 조사 허가국(52개 국가)

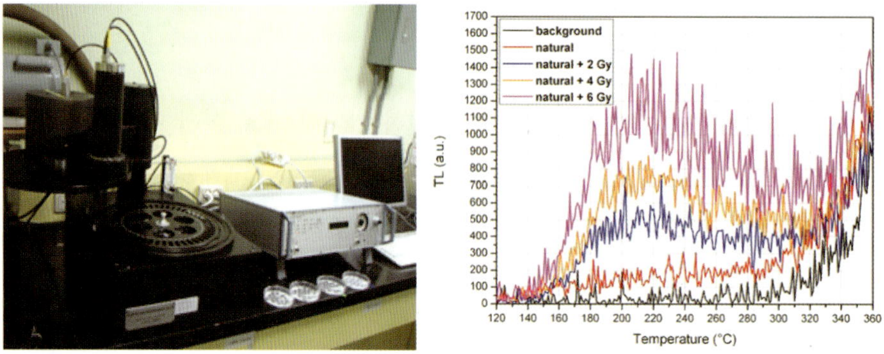

그림 11.8 TL측정 기기 및 Data 예시
자료: www.solid.unito.it

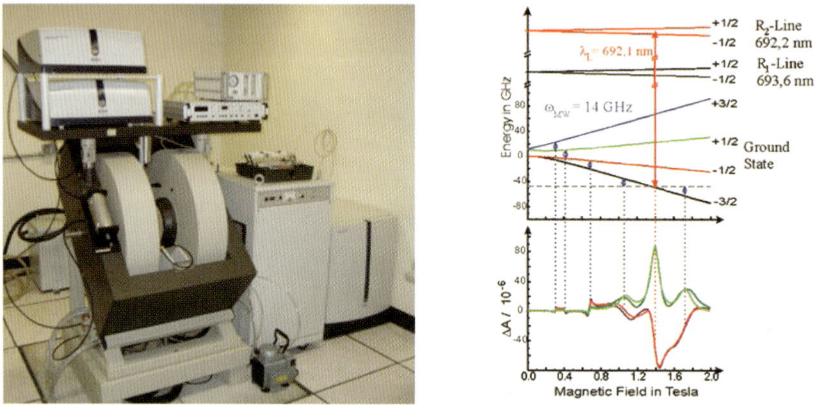

그림 11.9 ESR측정 기기 및 Data 예시

량을 평가한다. 소량의 시료로 분석이 가능하며 TL에 비하여 신속한 측정이 가능하지만 가격이 매우 비싼 단점이 있다(그림 11.9).

(2) 화학적 측정법

지방을 함유한 식품에 활용이 가능한 검지방법으로 방사선 조사에 의해 생성된 하이드로카본(hydrocarbon)류를 GC/MS로 정량분석하여 조사 여부를 판정할 수 있다. 육류, 유제품, 난류, 종실류 및 어류에 널리 사용되는 방법이나 지방 추출 과정 등 전처리 과정이 복잡하여 한 번에 많은 시료분석이 불가능한 단점이 있다.

4) 방사선 조사식품의 표시방법

우리나라의 경우 2010년부터 방사선 조사된 식품에 CODEX 일반 규격의 조항에 따라 방사선 조사식품 표시(Radura)를 하여야 한다. 최종 제품에 방사선을 조사할 경우 조사선량, 업체명, 조사 년/월/일 등을 기재해야 하지만 방사선 조사된 식품을 원료로 첨가할 경우 "방사선 조사 처리된 원재료 일부 함유" 또는 "일부 원재료 방사선 조사처리" 등의 내용을 표시할 수 있도록 마련되어 있다.

5) 방사선 조사와 방사성 물질

방사선 조사식품과 방사능 오염식품의 차이점은 무엇일까? 방사선 조사는 방사성 물질(코발드, 세슘 등)에서 방출되는 빛 에너지를 이용하여 산업적으로 이용되는 식품 등을 말한다. 방사능 오염물질이란 구 소련의 체르노빌 원자력발전소 폭발 사고와 일본 지진(동경 대지진) 때 발생된 원자력발전소 붕괴에 따른 방사능 물질(세슘 등)이 식물 및 수산식품에 오염된 것을 말한다. 후쿠시마 원전 사고의 경우 인근지역 수산물에서 세슘이 검출되어 후쿠시마 수산물 수입을 금지하는 등 국가 간 무역 분쟁이 발생되기도 하였다. 우리나라의 경우 국가 발전량의 30% 이상을 원자력발전소가 담당하고 있는데, 이는 방사성 물질 유출의 위험성이 내재되어 있다고 볼 수 있다.

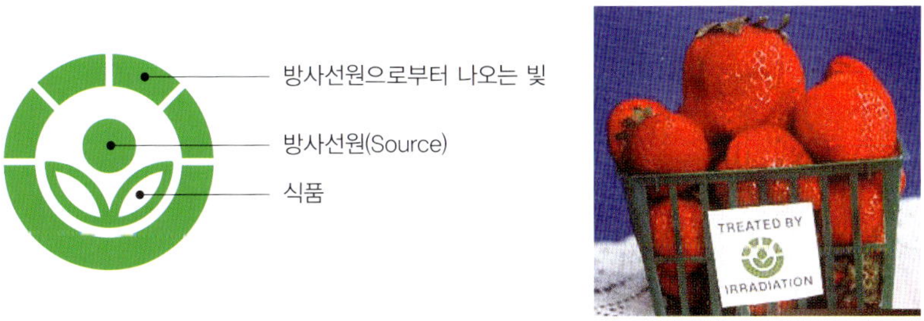

그림 **11.10** 방사선 조사식품의 국제 통용 마크

(1) 방사성 물질의 식품오염 경로

핵연료의 잘못된 관리나 원자력발전소 사고 등의 원인으로 공중으로 분산된 방사성 물질들은 대기로부터 비, 눈 및 먼지 형태로 지표면으로 강하하여 식수나 식품으로 이동된 후 인체 내로 유입된다. 일본 후쿠시마 원자력발전소 사고 이후 폭발에 의한 대기오염물질이 대기를 통해 인근 지역 토양을 오염시켰다. 또한, 2011년 당시 과열된 원전을 식히기 위하여 바닷물을 이용하여 원전 냉각 작전을 수행하였고 이로 인해 방대한 양의 오염수가 발생되었다. 관리할 오염수가 많아짐에 따라 수조에 보관된 오염수가 저장탱크에서 유출되는 사고가 빈번히 발생되었고, 빗물과 함께 바다로 유출되기 시작하였다. 2013년 9월에는 태풍 마니의 영향으로 보관되었던 오염수가 바다로 유출되었다고 보고된 바 있다.

국제 원자력연구소의 2015년 발표에 따르면, 후쿠시마 원전 사고로 인해 대기로 방출된 방사성 물질은 요오드-131, 세슘-137이고 해양으로 누출된 세슘-137이 대부분이며 그 양은 총 10.5pBq/L로 예측하기도 하였다. 일반적인 바닷물의 세슘 농도가 1Bq/L 이하임을 감안해 볼 때, 굉장히 많은 양이 노출된 것을 알 수 있다.

(2) 방사성 물질의 인체 피해

일본의 방사성 물질 오염에 따른 지역경제 악화와 방사성 물질 오염수 누출의 국제적 비판에 대한 책임을 회피하고, 나아가 2020년 도쿄 하계올림픽 유치를 위해 "먹어서 응원하자"라는 일본의 한 프로그램에 적극적으로 참여했던 야마구치 타츠야는 2012년 3월 세슘-137에 내부피폭 되었다는 진단을 받기도 하였다. 또한 류쿠대학의 야가사키 교수는 인근 지역 18세(미성년) 85명 중에 58명에서 세슘-137이 검출되어 이들이 성장하면서 정상인에 비해 다양한 돌연변이 또는 암을 유발할 가능성이 크다고 문제의 심각성을 경고한 바 있다. 유엔과학위원회(UNSCEAR, 2013)와 세계보건기구(WHO, 2014)의 보고서에 따르면 '원전 사고로 인해 성인들의 암 발병률 증가는 확인할 수 없으나, 아동 갑상선암 발병률에서 유의미한 관계가 존재한다'라고 하였다. 이는 방사성 물질은 사람마다 민감도에 따른 결과로 아동들은 성장 및 세포분열이 왕성한 시기여서 피해가 더

표 11.3 방사성 물질별 전리방사선 및 표적장기

방사성 물질	전리방사선	표적장기
세슘-137(Cs^{137})	β, γ	근육
스트론튬-90(Sr^{90})	β	뼈
라돈-226(Rn^{226})	α	뼈
요오드-131(I^{131})	β, γ	갑상선
코발트-60(Co^{60})	β, γ	췌장

클 수 있다는 사실을 예측할 수 있다.

방사성 물질에 오염된 식품의 경우 대부분 만성적 장해로 나타나기도 한다. 탈모, 눈의 자극, 궤양성 암, 세포분열 변이, 세포기능장애, 세포막투과성변화, 생식불능, 백혈병, 염색제파괴, 유전자 변화 등으로 나타나는데, 방사성 물질은 신체의 조직에 침착되는 성질이 있으며 다양한 방사성 물질에 따른 방사선의 종류와 인체의 표적장기를 〈표 11.3〉에 나타내었다.

(3) 식품의 방사성 물실 오염에 관한 기준

WHO/FAO 국제위원회는 국제 교역의 대상이 되는 식품의 방사성 물질(핵종)에 대한 기준을 〈표 11.4〉와 같이 규정하고 있고 우리나라도 방사성 물질 오염기준을 식품위생법상 〈표 11.5〉와 같이 규정하고 있다.

표 11.4 국제통상에 있어 식품 중 방사성 물질(핵종) 기준

방사성 물질	기준(Bq/kg)
악티나이드 계열	10
스트론튬-90, 우유 및 유아식품	100
스트론튬-90, 기타 식품	1,000
기타 모든 빙사성 물질(핵종)	1,000

표 11.5 우리나라의 식품 중 방사성 물질 허용기준

핵종	대상 식품	기준(Bq/kg)
요오드-131	영아용 조제식, 성장기용 조제식, 영·유아용 곡류조제식, 기타 영·유아식, 영·유아용 특수조제식품	100 이하
	우유 및 유가공품	100 이하
	기타 식품(영유아식을 제외한 모든 식품)	300 이하
세슘-137	모든 식품	370 이하

2. 유전자변형 식품

1) 개요

유전자변형이란 기존의 유전자(DNA)에 다른 생물체의 유전자(DNA) 일부를 인위적으로 끼워 넣음으로써 기존 생물체에 존재하지 않던 형질을 보이도록 하는 기술을 의미한다(그림 11.11). 즉 그 대상이 미생물이면 유전자변형 미생물, 동물이면 유전자변형 동물, 농산물이면 유전자변형 농산물로 분류한다. 유전자변형 농산물의 경우 병충해, 성장속도 증가, 수확량 증가 등의 이점을 얻기 위하여 개발되었다. 지구의 모든 생명체들은 외부의 자극(햇빛, 온도, 습도, 공기조성 등)

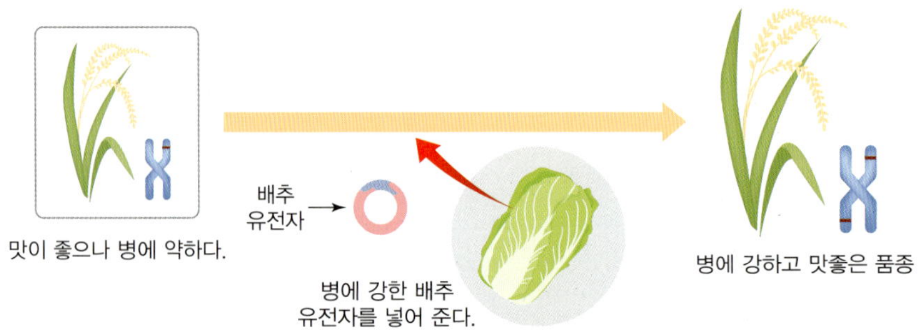

그림 11.11 유전자 재조합 기술

에 유전자(DNA)의 손상·복구 과정을 오랜 시간 반복하여 생존에 유리한 방향으로 진화(돌연변이)한다. 반면 유전자변형 식품의 경우 인위적으로 유전자를 조작하여 만들어지기 때문에 그 안전성에 대한 논란이 꾸준하게 제시되고 있다.

2) 유전자변형 식품의 탄생

최초의 유전자변형 농산물(GMO, Genetically Modified Organism)은 저장성이 개선된(무르지 않은) 토마토로 1994년 미국 식품의약청(FDA)의 승인을 받았다. 이후 콩과 옥수수, 감자 등 11개 농산물이 인정받아 소비되기 시작된 것으로 유전자변형 식품의 탄생 역사는 그리 길지 않다. 유전생명공학의 비약적 발전 사건으로 1971년 제임스 왓슨과 프랜시스 크릭이 DNA의 특정 염기 부분을 자유자재로 절단이 가능하게 된 것과 1973년 잘라진 DNA에 다른 DNA를 재결합시키는 재조합 기술의 발달이 유전자변형 식품의 근간이라 할 수 있다.

유전자변형 식품에 대한 피해사례와 부작용에 관련된 실험들이 현재에도 진행 중이며 인체에 미칠 영향을 보수적으로 판단하여 법으로서 규제하고 있다. 우리나라도 2014년 「유전자변형식품등의 표시기준」을 고시하면서 유전자변형 식품의 종류와 첨가량에 대하여 법으로 규제하고 관리하고 있다.

유전자변형 농산물에 대한 논란을 〈표 11.6〉에 나타내었다.

표 11.6 유전자변형 농산물의 논란

긍정적 측면	부정적 측면
• 해충, 잡초, 바이러스에 의한 피해감소로 인한 수확량 증가 • 농약 등 독성물질 감소로 인한 생물보호 효과 기대 • 제초 및 살충에 필요한 기기 사용 저하로 이산화탄소 감소 효과 • 인류 식량문제의 해결	• 유전자변형 농산물 종자구입 비용증가 우려 • 토종 품종의 손실 • 다국적 기업과 선진국의 식량무기화 • 지속적인 안전성 논란

3) 유전자변형 농산물 현황

1990년대 초 유전자변형 농산물 등장과 함께 30여 년이 지난 현재 유전자변형

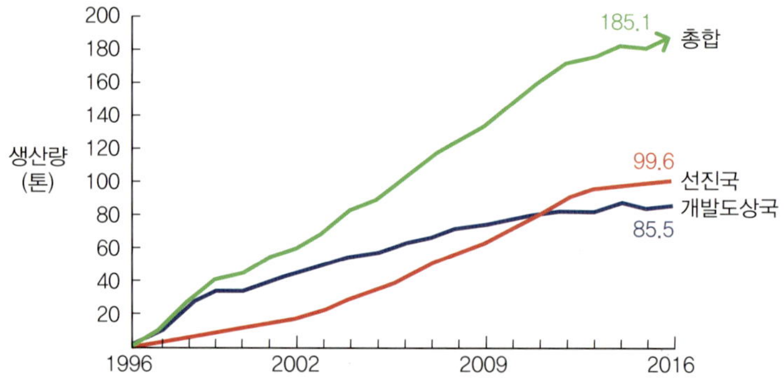

그림 11.12 전 세계 유전자 재조합 농산물의 생산량 추이
자료: ISAAA Brief NO. 52, 2017

농산물의 재배 면적은 꾸준하게 증가하고 있다(그림 11.12). 반면 우리나라의 경우 2000년대 초 유전자변형 농산물에 대한 연구가 시작되었으나, 연구목적 이외 상업적 판매를 위한 재배는 허용하고 있지 않다.

미국, 캐나다, 아르헨티나, 브라질, 중국의 5개 국가가 상업적 유전자변형 농산물 생산량의 50% 이상을 차지하고 있으며 이를 국가에서 주로 재배되는 유전자변형 농산물은 대두와 옥수수가 대부분이다. 즉, 유전자변형 농산물 중 재배하여 생산하는 농산물로 콩, 옥수수, 면화, 유채, 사탕무가 주요한 작목이며 전 세계적으로 유통되는 콩의 81%, 옥수수 29%, 면화 64%가 유전자변형 농산물인 것으로 파악되고 있다.

4) 유전자변형 농산물의 안전성 평가

유전자변형 농산물의 안전성은 다양하게 대두되고 있으나 독성, 알레르기 유발, 영양학적 차이와 같이 크게 3가지 문제라 할 수 있다. 우리나라를 비롯하여 세계 각국도 동일한 방법으로 유전자변형 농산물에 대한 안전성 평가를 실시하고 있다. 유전자변형 농산물 안전성 평가는 전문가로 구성된 '유전자변형식품 안전성평가 자료 심사위원회'를 통해 수행된다. 기존 식품과의 차이, 독성 및 알레르기성, 영양학적 차이를 평가한다. 우리나라의 경우 유전자변형 식품 안전성 평가자료 심사위원회는 학계 등 20명의 전문가로 구성되며, 유전자변형 식품

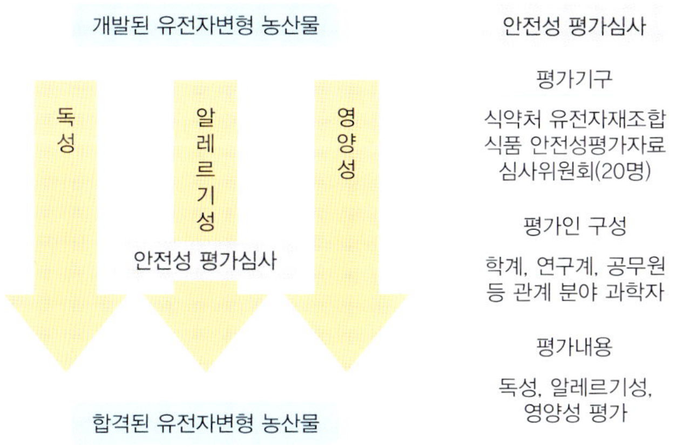

그림 11.13 안전성 평가 심사 내용

의 안전성 평가심사 등에 관한 규정에 따라 심사하고 그 결과를 30일간 공개하여 국민의 의견을 수렴하고 반영하여 최종 결정을 내린다. 〈그림 11.13〉은 안전성평가 심사 내용을 나타내었다.

우리나라에서 안전성이 승인되어 유통되고 있는 유전자변형 농산물은 콩(대두), 옥수수, 면화, 카놀라, 사탕무, 알팔파이며 유전자변형 표시 대상이다(표 11.7).

표 11.7 유전자변형 식품 표시 농산물 및 이를 이용한 가공품

우리나라에서 식품 재료 및 식품용으로 승인된 유전자변형 농산물	세부 표시대상 품목
1. 콩(대두) 2. 옥수수 3. 면화 4. 카놀라 5. 사탕무 6. 알팔파	1. 콩가루, 콩 통조림, 두부, 두유류, 두류가공품, 된장, 고추장, 청국장, 혼합장, 조림류, 메주, 영양 보충용 식품 2. 옥수수가루, 옥수수 통조림, 곡류 가공품, 옥수수 전분, 팝콘용 옥수수 가공품, 빵 및 떡류, 견과류 3. 콩, 옥수수, 면화, 유채, 사탕무를 주요 원재료로 사용한 식품 4. 영아용 조제식, 성장기용 조제식, 영·유아용 곡류 조제식

5) 유전자변형 농산물의 표시제도

유전자변형 식품을 표시하는 데 있어 미국, 중국, 유럽 등 주요 국가들의 기준이 조금씩 다르지만, 표시기준의 큰 틀에서는 거의 비슷한 수준으로 시행되고

있다. 우리나라의 경우 2001년부터 표시제를 제도화하고 유전자변형 농산물에 대해 '유전자변형 농산물'이라는 표시를 하도록 하여 시행되어 왔다. 또한 2017년 2월 이전에는 식품원료 함량 순위가 높은 원료에 대해서만 유전자변형 농산물 표시를 시행하였으나 「유전자변형식품등의 표시기준」이 개정된 이후에는 식품에 포함된 원료 중 하나라도 유전자변형 농산물이 원료라면 표시를 하도록 기준을 강화하였다.

(1) 유전자변형 농산물의 표시 목적

유전자변형 농산물의 표시 목적은 소비자에게 올바른 정보를 제공하여 합리적인 소비를 할 수 있도록 보장하기 위함이라 할 수 있다. 우리나라 법률 '「식품위생법」(제12조 2항), 「건강기능식품에 관한 법률」(제17조의2), 「축산물 위생관리법」(제6조), 「농수산물 품질관리법」 시행령(제20조)'에서 유전자변형 농산물의 대상, 의무 및 방법에 관한 사항을 제도적으로 규정하고 있다.

(2) 유전자변형 표시대상 식품

우리나라는 유전자변형 식품의 표시대상을 '주요 원재료, 즉 많이 사용한 5가지 원재료'에서 유전자변형 단백질(DNA)이 남아있는 원재료로 확대하여 보다 적극적으로 유전자변형 농산물 재료의 정보를 제공하고 있으며 나아가 소비자의 오인·혼동을 방지하기 위하여 보다 보수적인 방법으로 표기를 하도록 하고 있다. 즉, 표시대상 식품이 아닐지라도 비유전자변형 식품(Non-GMO) 표시 및 유사표시 사용을 금지하는 등 보다 엄격하게 유전자변형 식품 등의 표시기준을 2017년 이후 시행하고 있다.

(3) 유전자변형 표시의 생략

유전자변형 표시대상 식품이라 할지라도 아래와 같은 경우 표시를 생략할 수 있다.

① 최종제품에서 유전자변형 재료 DNA 검출이 불가능한 경우
② 유전자변형 농산물의 혼입(비의도적 혼입)이 3% 이하인 농산물 또는 이를 원료로 사용하는 경우

비의도적 혼입의 경우 농산물의 구입에서부터 재배·유통 등 취급하는 과정에서 유전자변형 농산물과 구분하여 관리하더라도 유전자변형 농산물의 혼입을 완전하게 방지하기가 현실적으로 불가능한 점을 고려하여 국가별로 비의도적 혼입 허용치를 정하고 있다. 우리나라의 경우 3%, 일본 5%, 대만 5%, 호주 1%, 유럽연합은 0.9%로 인정하고 있다. 다만 학계에서는 호주 및 유럽연합을 고려해 볼 때 우리나라 역시 비의도적 혼입 인정 기준을 현행 3%에서 1% 이하로 낮추어 표시제도의 강화를 통해 소비자에게 정확한 정보를 제공할 필요가 있다는 의견이 있다.

(4) 유전자변형 농산물의 표시방법

소비자가 쉽게 알아볼 수 있도록 해당 포장재질의 바탕색과 뚜렷하게 구별되는 색상으로 12 포인트 이상의 활자로 표시해야 하며 지워지지 않는 잉크나 떨어지지 않는 스티커 또는 라벨지를 사용하여 표시해야 한다.

표 11.8 유전자변형 식품 표시방법

내용	사진
1) 제품의 용기나 포장에 바탕색과 구별되는 색깔과 글자를 주 표시면 원재료 옆에 표시 2) 제품의 주 표시면 '유전자재조합식품' 또는 '유전자재조합 00포함식품'으로 표시	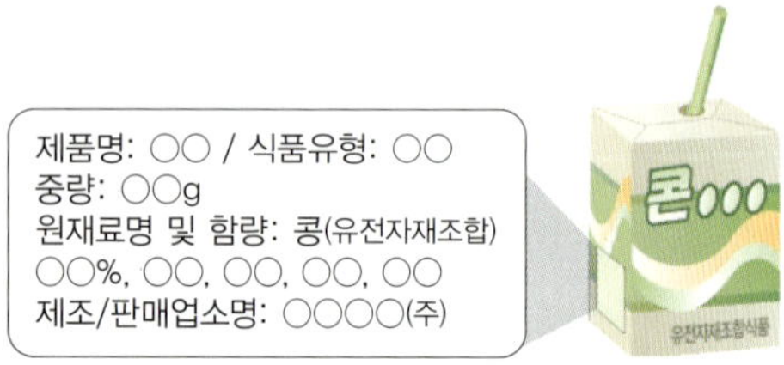
3) 유전자재조합 여부를 알 수 없는 경우에는 '유전자재조합 00 포함가능성 있음'으로 표시	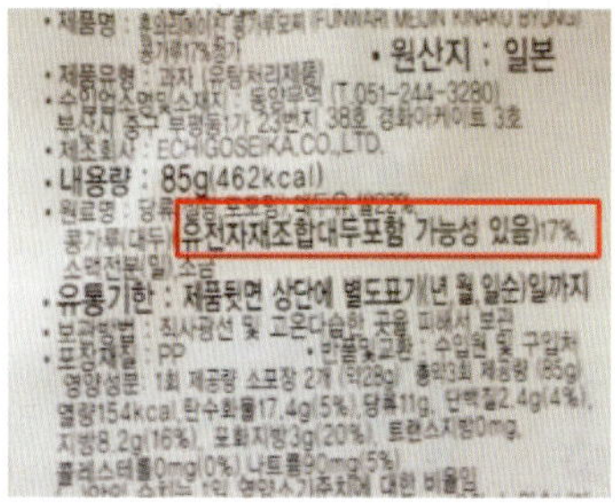
4) 즉석에서 만들어 판매하는 두부 등은 진열 상자나 별도 소비자가 쉽게 볼 수 있도록 표시	 

자료: 식품의약품안전처

CHAPTER

12

HACCP

1. HACCP의 정의와 특징
2. HACCP 시스템 도입의 필요성
3. HACCP 시스템의 절차

CHAPTER

12 HACCP

HACCP이란 식품의 원재료 생산에서부터 제조, 가공, 보존, 유통, 조리 단계를 거쳐 최종 소비자가 섭취하기 전까지 각 단계에서 발생할 가능성이 있는 위해요소를 규명하고, 이를 사전에 중점관리하는 선진화된 예방적 식품위생관리시스템이다. 식품제조가공의 전 공정에서 중요관리점을 결정하여 체계적이고 효율적으로 관리하여 최종 식품의 안전성을 확보하기 위한 과학적인 위생관리체계라고 볼 수 있다.

1. HACCP의 정의와 특징

1) HACCP의 정의

위해요소분석(HA)
원료와 공정에서 발생가능한 병원성 미생물 등 생물학적, 화학적, 물리적 위해요소분석

중요관리점(CCP)
위해요소를 예방, 제거 또는 허용수준으로 감소시킬 수 있는 공정이나 단계를 중점관리

HACCP(Hazard Analysis Critical Control Points)은 위해요소분석(Hazard Analysis)과 중요관리점(Critical Control Point)의 영문을 약자로 표현한 것으로서 "해썹" 또는 "식품안전관리인증기준"이라 한다.

HA는 사전에 미리 위해 가능성이 있는 요소를 전 공정의 흐름에 따라 분석·평가하여 위해도를 평가하는 것이며, CCP는 확인된 해당 위해요소 중에서 식품의 안전성을 확보하기 위하여 중점적으로 관리하여야 할 단계·과정 또는 공정을 의미한다(그림 12.1).

그림 **12.1** 위해요소분석(HA, Hazard Analysis)과 중요관리점(CCP, Critical Control Point)
자료: 식품위약품안전처

2) HACCP의 특징

기존의 위생관리방식은 최종제품을 무작위로 표본 검사하여 불량률을 제어하는 품질관리(QC, Quality Control)나 품질보증(QA, Quality Assurance)방식으로 운영하는 데 막대한 시간과 비용이 소요되었다. 그러나 HACCP의 경우 식품안전과 관련있는 식품의 전 단계 즉, 원재료 생산, 채취, 가공, 조리, 유통, 소비 등에서 위험을 예상하고 이를 바탕으로 위해발생가능성이 큰 과정, 공정단계를 선발하여 중점적으로 통제·관리하는 사전예방적 식품안전관리체계 시스템으로 시간과 비용이 절감되어 효율적이다(표 12.1, 그림 12.2).

표 **12.1** 기존 위생관리방법과 HACCP의 비교

항목	기존 방법	HACCP
조치단계	문제발생 후 관리	문제발생 전 예방적 관리
신속성	시험분석 장시간 소요	즉각 조치 가능
소요비용	제품분석에 고비용	도입 이후 운영비 저렴
공정관리	현장 및 실험실 관리	현장관리
평가범위	육안평가, 시료분석	CCP관리
위해관리 범위	규정상 위해요소	위해분석 결과 선정된 위해요소
관리자 숙련도	숙련된 자	비숙련자도 가능

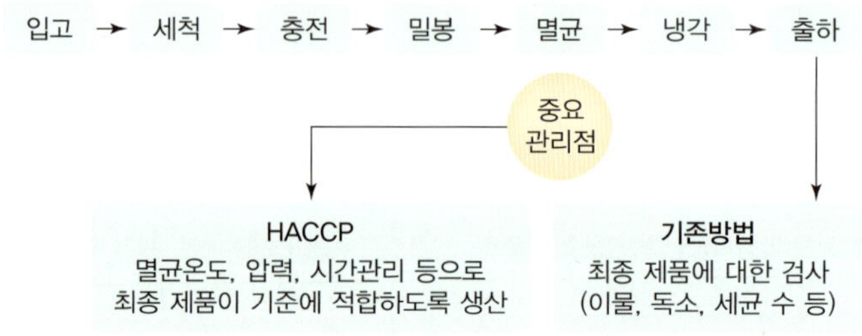

그림 **12.2** 기존 위생관리방법과 HACCP의 비교

2. HACCP 시스템 도입의 필요성

1) HACCP 역사

HACCP 제도의 개발은 1959년 미국 항공우주국(NASA)이 미생물학적으로 100% 안전하여 우주비행 중 식인성 질환이 발생하지 않는 우주식량을 제조하기 위하여 필스버리(Pilisbury)사와 육군 네이틱(Natick) 연구소가 공동으로 HACCP을 실시하면서 시작되었다. 식품 제조 시 원재료 생산, 공정, 제조환경, 종사자 관리, 보관, 유통에 이르기까지 전 과정에서 위해요소를 체계적으로 관리하는 방법으로 HACCP의 개념이 정립되었고, 1971년 미국 식품보호위원회(National Conference of Food Protection)에서 처음 공표하였다.

1973년 미국식품의약국(FDA)에 의해 저산성 통조림 식품의 우수제조기준(GMP, Good Manufacturing Practices)이 도입되었다. 1985년 미국과학원(NAS, The National Academy of Sciences)의 식품보호위원회가 HACCP 제도의 유효성을 평가하고 식품 생산자에 대해서 위생관리와 품질관리에 이 제도를 적극적으로 도입하기를 권고하였으며, 행정당국에 대해서는 법적 강제력이 있는 HACCP의 채택을 권고하였다.

1987년에는 미국 농무부 식품안전검사국, 미 수산국, 미 FDA, 미 육군 네이틱 기술개발연구소 및 대학과 민간 전문가로 이루어진 식품 미생물기준 전국자문위원회(NACMCF, National Advisory Committee Microbiological Criteria on Food)가 설치되어 HACCP을 검토하였고, 1988년에는 국제식품미생물규격위원회(ICMSF, International Commission on Microbiological Specfication)가 국제규격에 HACCP을 도입할 것을 WHO에 권고하였고, 1989년에 HACCP 지침 및 HACCP 7원칙을 제안하였다. 1993년 FAO/WHO의 국제식품규격위원회(CODEX)에서 위생관리방법으로 HACCP 시스템의 적용지침을 채택하여 각국에 HACCP 도입을 권고함에 따라 세계 각국은 HACCP을 도입하여 식품의 안전성을 확보하고 있다.

2) 국외 HACCP 시스템 도입

HACCP은 전 세계적으로 가장 효율적인 식품안전관리체계로 인정받고 있어 국제기구(CODEX, WHO, FAO 등)에서 모든 식품에 HACCP을 적용하도록 적극 권장하고 있다. 미국에서는 1973년 저산성 통조림에 대하여 적정제조기준인 GMP 규제를 시작으로 하였다. 1997년 미국 식품의약품안전처(FDA)는 어패류 및 어패류 제품에 HACCP 적용을 의무화하였다. 이후 식육 및 가금육의 병원균 감소를 위하여 미국 내 도축장과 식육처리장에 대한 HACCP 위생시스템을 도입 추진 및 단계적으로 도입한 끝에 2001년 미국 내 모든 도축장과 식육처리장은 HACCP 실시가 의무화되었다. 유럽연합은 '식품위생에 관한 지침(93/43/EEC)'을 제정하여 HACCP에 기초한 식품위생관리를 강조하였고, 1995년 수산식품, 식육 및 식육제품, 유제품 등에 HACCP을 적용하였다. 1997년 국내·외 수산식품에 의무적용하였으며, EU 지역의 모든 가맹국은 자국 식품위생규정을 제정하여 식품업자에 대한 HACCP 실시를 요구하였다. 일본은 1995년 개정된 "종합위생관리제조과정"이라는 용어로 HACCP제도를 도입하였고, 1996년 우유, 유제품 및 식유제품에 HACCP 적용기준 설정을 시작하였으며, 1997년 어육제품과 가압가열살균식품, 1998년 청량음료수에 HACCP 적용기준을 설정하였다.

미국, 유럽 등의 일부 국가에서는 수입되는 식품에 존재하는 여러 위해요소 관련 국민의 건강을 고려하여 검역을 강화하기 위하여 수입되는 식품에 자국산과 같이 HACCP 적용을 요구하고 있어 국제간 교류와 수출 경쟁력 확보를 위한 HACCP 적용이 불가피한 실정이다.

3) 국내 HACCP 도입

HACCP 시스템을 국내에서는 1995년 처음 「식품위생법」에 '식품위해요소중점관리기준'이 신설되면서 도입하였다. 1996년 '식품위해요소중점관리기준'이 고시를 제정하여 HACCP을 적용하였다. 초기에는 보건복지부에서 일괄적으로 관장하다가 식품의약품안전처와 농림수산식품부로 나누어 관리하였고, 2013년 식품의약품안전처가 출범하면서 다시 식품의약품안전처는 식품 중 일부를, 농림축산식품부는 도축장, 집유장, 농장의 HACCP을 관리하였다. 2014년 HACCP 인증업무의 주관기관인 한국식품안전관리인증원이 발족하여 2017년부터 통합적인 관리를 담당하고 있다(그림 12.3, 표 12.2)

(1) 우리나라 HACCP 현황

의무적용품목
「식품위생법」, 「건강기능식품에 관한 법률」, 「축산물위생관리법」에 따라 의무적으로 HACCP인증을 받아야 하는 식품

국내 HACCP은 기본적으로 자율적용을 원칙으로 하나, 식품의약품안전처에서는 식품별 기준을 고시하여 의무적용을 병용으로 실시하고 있다. 의무적용품목에는 2003년 어육가공품 중 어묵류, 냉동식품(피자류, 만두류, 면류), 냉동수산식품(어류, 연체류, 조미가공품), 빙과류, 비가열음료, 레토르트식품 등 6개 품목이 지정되었고, 이후 2006년 김치류 중 배추김치가 추가되었다. 2014년 과자·캔디

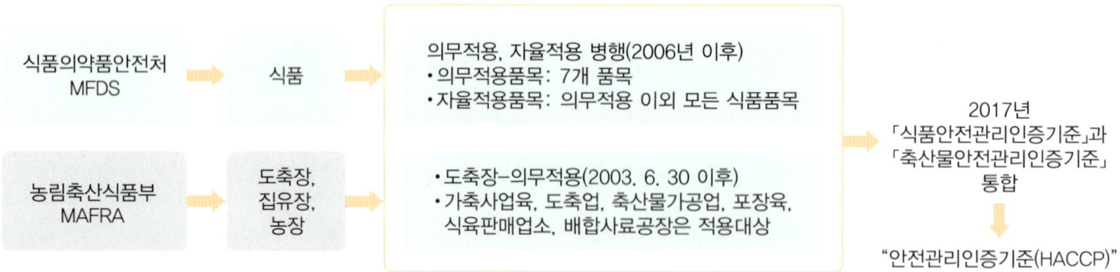

그림 12.3 HACCP 현황

표 12.2 HACCP 제도연혁

연혁	제도
1995.12.	위해요소중점관리기준 법적근거 신설(식품위생법 제32조의2)
1996.12.	식품위해요소중점관리기준(식약청 고시) 제정
2002.8.	의무적용 법적근거 마련(식품위생법 제48조 제2항)
2003.8.	의무적용 대상품목 지정(시행규칙) ① 어묵류 ② 냉동식품(피자류·만두류·면류) ③ 냉동수산식품(어류·연체류·조미가공품) ④ 빙과류 ⑤ 비가열음료 ⑥ 레토르트식품 ⑦ 배추김치(2006.12 추가)
2005.10.	6개 식품 의무적용 세부기준(적용시기) 마련(식약청 고시)
2009.2.	HACCP 지원사업 수탁(한국보건산업진흥원 등) 법적근거 마련
2012.5.	HACCP 정기조사평가 차등관리제 도입(식약청 고시)
2013.12.	HACCP 지정 및 사후관리 평가 시 과락제 도입(식약처 고시)
2014.1.	재단법인 한국식품안전관리인증원 개원
2014.11.	신규 의무적용 8품목 지정(시행규칙) ① 과자·캔디류 ② 빵류·떡류 ③ 초콜릿류 ④ 어육소시지 ⑤ 음료류 ⑥ 즉석섭취식품 ⑦ 국수·유탕면류 ⑧ 특수용도식품
2014.11.	HACCP 인증업무 한국식품안전관리인증원으로 위탁
2015.8.	HACCP적용 부실업체 행정조치 강화(One-Strike-Out제 시행) HACCP업체 정기조사·평가 결과 60점 미만이거나 주요 안전조항 ① 원료 검수(검사) 미실시 ② 지하수 살균·소독 미실시 ③ 작업장 세척·소독 미실시 ④ 중요관리점(CCP)관리 미흡 등
2015.12.	검체 채취 규정 신설(식약처 고시)
2016.2.	인증업체 3년 주기 연장심사제 도입(2016.8 시행)
2016.2.	한국식품안전관리인증원법(식품, 축산물 인증원 통합) 제정(2017.2 개원)
2016.4.	의무적용 대상품목 지정(시행규칙 개정) ① 순대(2016~2017) ② 떡류(~2017, 10인 이상)
2016.8.	우수(95% 이상)업체* 자가품질검사 면제
2017.1.	연장심사 신청서 등, HACCP종업원 교육 강화(85% 이상 → 95% 이상 면제) 한국식품안전관리인증원의 설립 및 운영에 관한 법률 시행령 제정
2017.2.	한국식품안전관리인증원 출범

* 우수업체라 함은 식품안전관리인증기준적용업소가 HACCP기준의 준수여부 등에 대한 조사·평가 결과가 백점 만점의 95% 이상을 의미하는 것 [2016년 8월에 신설된 식품위생법 시행규칙 제31조의2(자가품질검사의무의 면제) 참조]

자료: 식품의약품안전처

류, 빵류·떡류, 초콜릿류, 어육소시지, 음료류, 즉석섭취식품, 국수·유탕면류, 특수용도식품 등 8개 품목 및 100억 원 매출업체, 2016년 순대, 떡볶이떡(떡류)에 대해 식품안전관리인증을 의무적으로 적용하고 있다(그림 12.4). 그러나 과자·

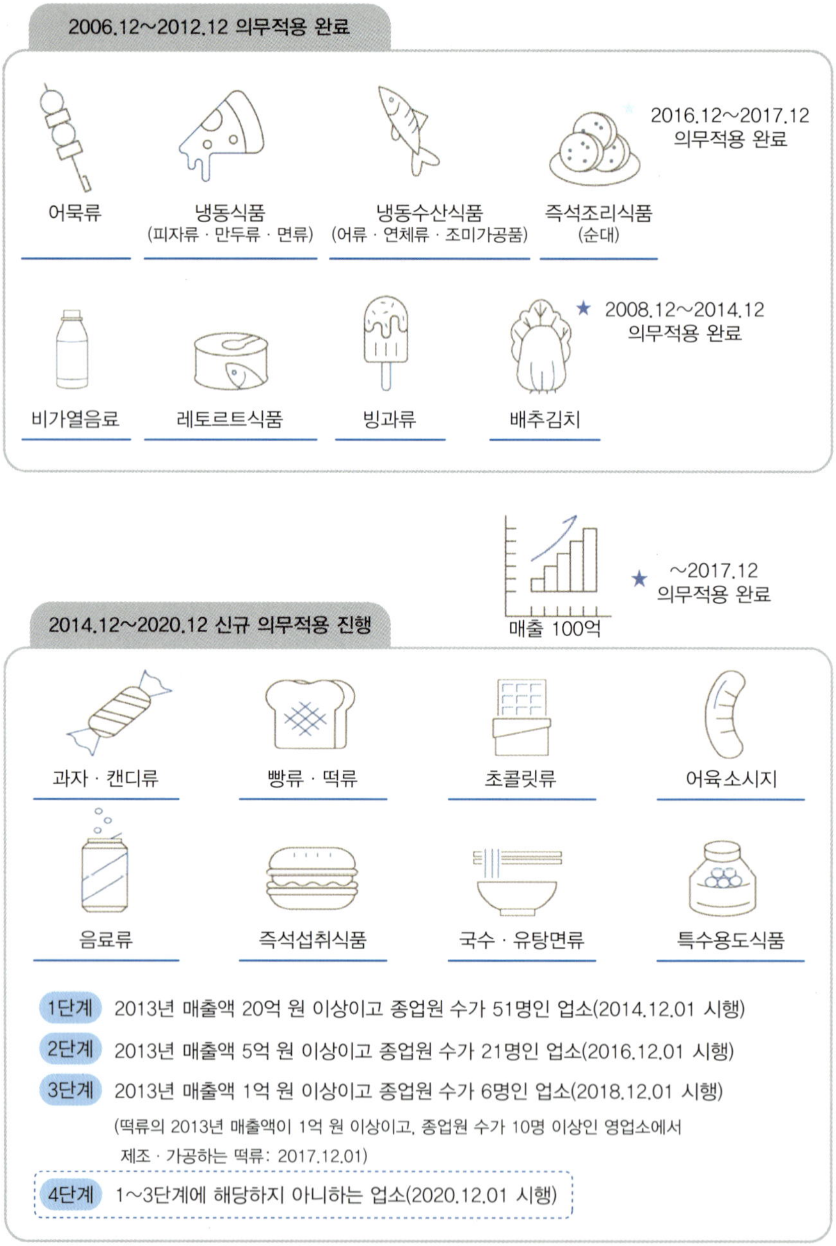

그림 **12.4** HACCP 의무적용 식품

자료: 식품의약품안전처

표 12.3 HACCP 의무적용 현황

적용 업종	세부 업종 및 적용 품목
식품제조·가공업소	과자류, 빵 또는 떡류, 코코아가공품류 또는 초콜릿류, 잼류, 설탕, 포도당, 과당, 엿류, 당시럽류, 올리고당류, 식육 또는 알함유가공품, 어육가공품, 두부류 또는 묵류, 식용유지류, 면류, 다류, 커피, 음료류, 특수용도식품, 장류, 조미식품, 드레싱류, 김치류, 젓갈류, 조림식품, 절임식품, 주류, 건포류, 기타 식품류
건강기능식품제조업소	영양소, 기능성 원료
식품첨가물제조업소	식품첨가물, 혼합제제류
식품접객업소	위탁급식영업, 일반음식점, 휴게음식점, 제과점
즉석판매제조·가공업소, 식품소분업소, 집단급식소식품판매업소, 기타식품판매업소, 집단급식소	

자료: 한국식품안전관리인증원, 2019

캔디류, 빵류·떡류, 초콜릿류, 어육소시지, 음료류(커피, 다류 제외), 즉석섭취식품, 국수·유탕면류, 특수용도식품류의 의무적용시기에 대해서는 업체의 매출규모와 종업원 수에 따라 2020년까지 총 4단계로 나누어 단계별로 시행하였다(그림 12.4). 2021년 12월 1일까지 소규모 영세식품업체 대상 HACCP 의무적용 시행시기가 1년 유예되었다. HACCP 위생관리시스템을 바탕으로 한 학교급식위생관리지침서를 2000년 교육부에서 개발하였고, 2001년부터 직영급식학교에서, 2002년부터 위탁급식학교에서 이 지침서를 적용하도록 하였다. 2016년 학교급식위생관리지침서 4차 개정판에 의해 현재 모든 급식학교에서 HACCP을 적용하여 위생관리가 실시되고 있다(표 12.3).

(2) 우리나라 HACCP 인증

「식품위생법」 제48조에 따라 HACCP 기준을 준수하여야 하는 의무적용품목에 대한 영업자와 「식품위생법」 또는 「건강기능식품에 관한 법률」에 의하여 영업허가를 받거나 신고한 업종 중 자율품목에 대해 HACCP 준수를 원하는 영업자가 HACCP 적용업체로 인증받기 원한다면 〈그림 12.5〉와 같은 절차에 따라 신청할 수 있다.

우리나라는 식품의 경우 의무적용 7,650건(5,115개소), 자율적용 7,875건(4,342개소)을 합한 15,525건(7,685개소)이 인증받았고, 축산물의 경우 가공업, 유통업,

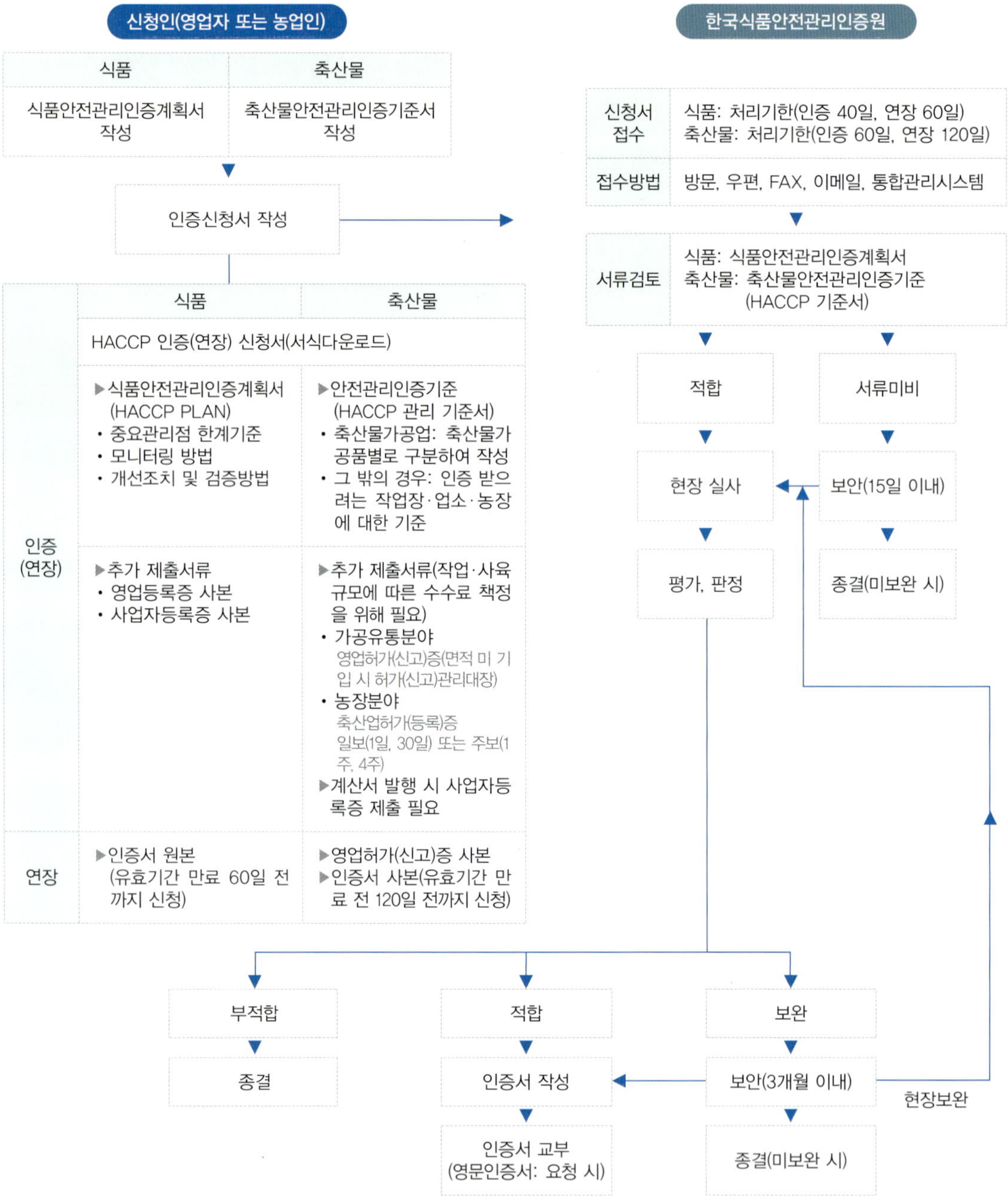

• 식품: 식품(식품첨가물)제조·가공업, 건강기능식품제조업, 즉석판매제조·가공업, 식품소분업, 집단급식소식품판매업, 집단급식소, 기타식품판매업, 식품접객업(위탁급식영업), 도시락 제조·가공업(운반급식 포함)
• 축산물: 축산물가공장, 식육포장처리장, 식육판매장, 가축사육농장 등

그림 12.5 HACCP 적용업소 인증(연장) 신청 절차
자료: 한국식품안전관리인증원

가축사육업, 사료, 도축업, 집유업, 식용란선별포장업을 포함하여 14,205건이 인증받았다(그림 12.6).

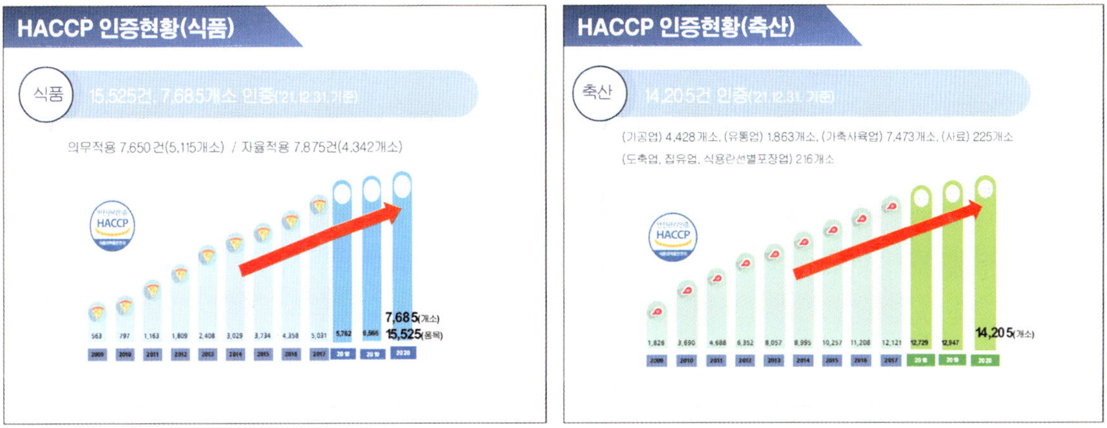

그림 **12.6** 우리나라 HACCP 인증현황
자료: 식품의약품안전처

그림 **12.7** HACCP 인증마크

3. HACCP 시스템의 절차

HACCP 관리계획 (HACCP Plan)
전 생산공정에 대해 직접적이고 치명적인 위해요소 분석, 집중관리 필요한 중요관리점 결정, 한계기준 설정, 모니터링 방법 설정, 개선조치 설정, 검증방법 설정, 기록유지 및 문서관리 등에 관한 관리계획

식품공정은 식품제조가공시설 설비, 제조공정, 위생관리현황 등 다양하므로 HACCP 시스템을 통하여 사전에 위해요소가 무엇인지 파악하고, 위해요소가 생기는 과정이나 단계를 예측하여 이를 집중적으로 어떻게 관리할 것인지 HACCP 관리계획을 통하여 해당공정을 연속적 또는 상당한 빈도로 모니터링함으로써 위해 발생을 미연에 방지하고 식품의 안전성을 보증할 수 없는 제품이 유통과정에 들어가는 것을 차단하고자 하는 것이다.

1) HACCP의 선행요건

우수제조기준(GMP)
위생적인 식품 생산을 위한 시설·설비 요건 및 기준, 건물의 위치, 시설·설비의 구조, 지질요건 등에 관한 기준

표준위생관리기준(SSOP)
일반적인 위생관리 운영 기준, 영업장 관리, 종업원 관리, 용수관리, 보관 및 운송관리, 검사관리, 회수관리 등의 운영절차

HACCP의 성공적인 적용을 위해서는 선행요건이 고려되어야 한다. 선행요건은 우수제조기준(GMP, Good Manufacturing Practice)과 표준위생관리기준(SSOP, Sanitation Standard Operation Procedure)으로 구성된다. GMP란 식품제조공정상 안전성 높은 제품을 생산하는 목적으로 시설 위생 및 공정에 관한 기준이고, SSOP는 위생관리 실행과 모니터 방법을 규명한 표준절차로 위생관리절차를 포함하고 있다(그림 12.8).

성공적인 HACCP 적용을 위해서는 사전에 기본적인 위생관리대책을 전 공정단계에서 포괄적이고 종합적으로 실시하고 일반위생관리기준을 강화하여 CCP

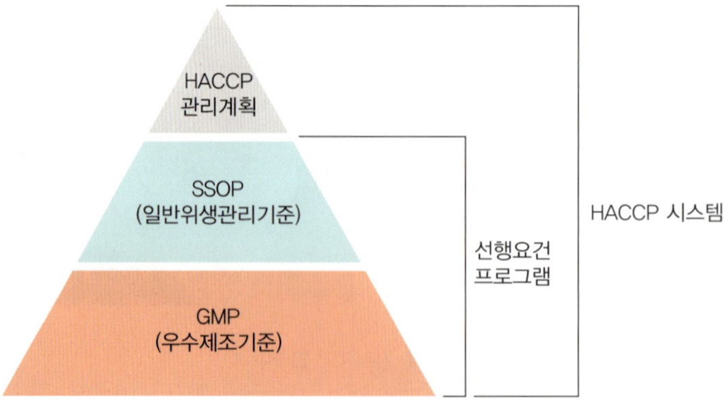

그림 **12.8** HACCP 선행요건

의 수를 최소화하는 것이 필수적이다. 그러므로 HACCP 적용 전 선행요건으로 GMP 여건하에서 SSOP을 준수하여 시설·설비가 청결하고 위생적이어야 하며 일반적 위생관리 실천이 식품의 제조에서 이뤄지고 있어야 한다. 또한 다양한 식품제조가공시설에 맞게 개발되어야 하고 시설·설비요건의 변화에 따라 개정되어야 한다.

2) HACCP의 도입절차

HACCP 적용절차는 1993년 FAO/WHO의 합동 국제식품규격위원회가 제안한 HACCP 적용을 위한 12단계를 따른다. 1~5단계는 준비단계이고, 6~12단계는 HACCP의 7원칙에 따라 구성되어 있다(그림 12.9).

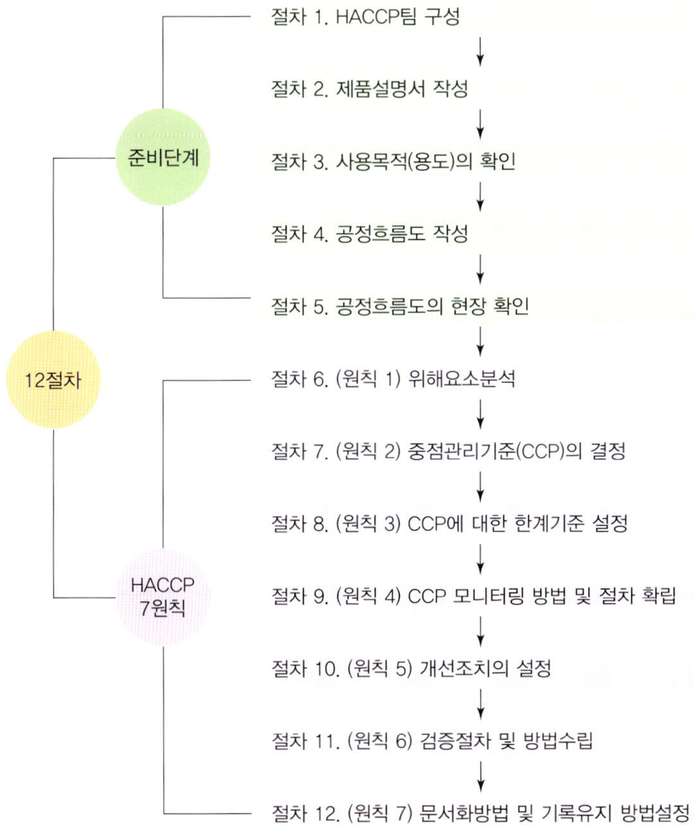

그림 **12.9** HACCP 7원칙 12절차

(1) 준비단계

① **절차 1-HACCP팀 구성**: 업소 내에서 HACCP 시스템 개발과 적용을 주도적으로 담당할 HACCP팀을 구성하는 것이 첫 번째이다(그림 12.10). 전문지식을 가진 팀을 구성하기 위하여 생산, 위생, 품질관리, 공무, 연구개발 등의 다양한 분야의 직원으로 구성되어야 하며 필요시 외부 전문가의 자문을 구할 수 있다. 일반적으로 HACCP 팀장, HACCP 팀원, HACCP 위원회로 구성된다. HACCP 팀장은 해당 식품과 HACCP 실무를 잘 아는 품질관리 책임자 또는 성공적인 HACCP 도입과 운영을 위해서 최고경영자나 공장장이 맡기도 한다. HACCP팀의 조직 및 인력 현황, HACCP팀 구성원별 역할, 책임과 권한, 교대근무 시 인수인계방법 등이 문서화되어야 한다.

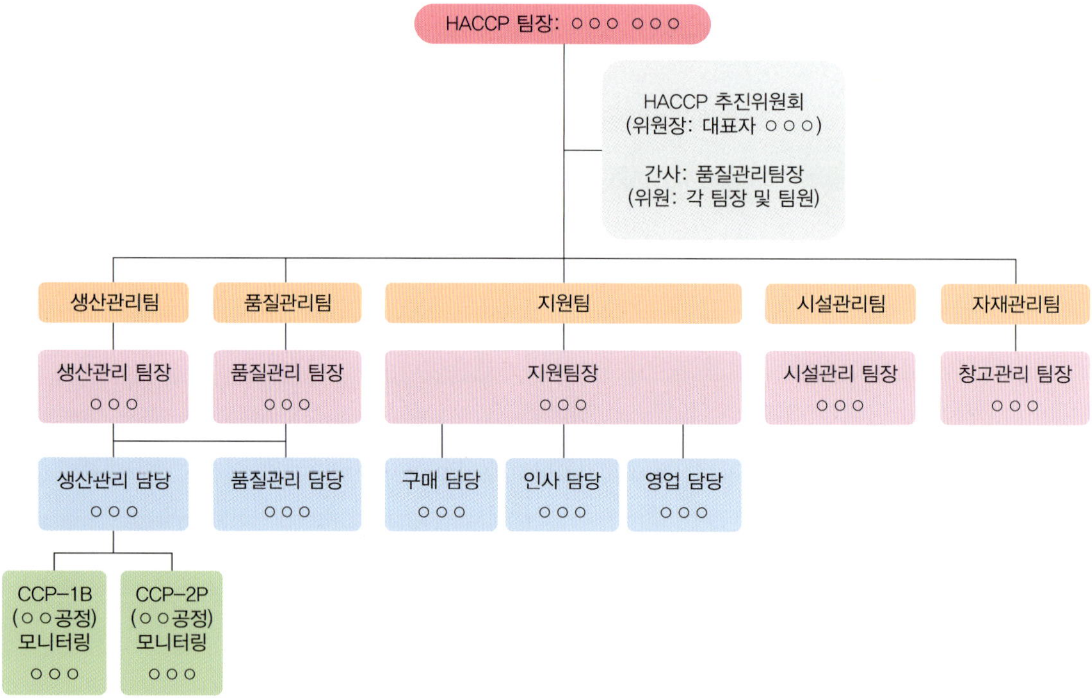

그림 **12.10** HACCP팀 구성 예
자료: 식품의약품안전처

알아두기

HACCP팀 구성 요건

- 전체 인력(또는 핵심관리인력)으로 팀 구성
- 모니터링 담당자는 해당공정 현장종사자로 구성
- HACCP 팀장은 대표자 또는 공장장으로 구성
- 팀 구성원별 책임과 권한 부여 필요
- 팀별 및 팀원별 교대근무 시 인수·인계 방법 수립 필요

② **절차 2-제품설명서 작성**: 업소에서 취급하는 각 식품의 종류, 특성, 원료, 성분, 제조 및 유통방법 등을 포함하는 제품에 대한 전반적인 취급 내용을 기술한 것이 제품설명서이다. 제품설명서에는 〈그림 12.11〉과 같이 제품명, 제품유형 및 성상, 품목제조보고연월일 및 보고자, 작성자 및 작성 연월일, 성분(또는 식자재) 배합비율 및 제조(또는 조리)방법, 제조(포장)단위, 완제품의 규격, 보관·유통(또는 배식)상 주의사항, 제품용도 및 유통(또는 배식)기간, 포장방법 및 재질, 표시사항, 기타 필요한 사항이 포함되어야 한다. 제품설명서 작성은 해당 제품의 안전성 관련 특성을 알려주기 위한 목적만이 아니라, HACCP 계획을 개발하려는 제품의 특성을 정확히 파악하여 위해분석 및 중요관리점 결정이 가능하도록 기초정보를 파악하기 위한 것이다.

③ **절차 3-용도확인**: 준비 세 번째 단계는 해당 식품의 의도된 사용방법 및 대상 소비자를 파악하는 것이다. 해당 제품을 어디에서 누가, 어떠한 용도로 사용하는가 등 사용방법 및 대상 소비자를 파악하는 것이다. 또한 해당 식품을 그대로 섭취할 것인가 아니면 가열조리 후 섭취할 것인가의 여부, 조리·가공방법 및 다른 식품의 원료로 사용되는가 등 예측 가능한 사용방법과 범위, 그리고 제품에 포함될 잠재성을 가진 위해물질에 민감한 대상 소비자(예: 어린이, 노인, 면역관련 환자 등)를 파악하는 것이다. 이런 자료는 위해평가와 위해요소의 한계기준 결정에 중요한 자료가 된다.

<table>
<tr><th colspan="4">제품설명서</th></tr>
<tr><td>1. 제품명</td><td colspan="3">HACCP</td></tr>
<tr><td>2. 제품유형</td><td colspan="3">식품공전상 식품유형</td></tr>
<tr><td>3. 품목제조보고 연월일 및 보고자</td><td colspan="3">2022. ○. ○○. 보고자 ○○○(품목제조보고서 보고자)</td></tr>
<tr><td>4. 작성 연월일 및 작성자</td><td colspan="3">2022. ○. ○○. 작성자 ○○○(제품설명서 작성자)</td></tr>
<tr><td>5. 성분배합비율(%)</td><td colspan="3">물엿 ○○%, 고과당 ○○%, 가당연유 ○○%, 유화제 ○○%, 로커스트빈검 ○○%, 잔탄검 ○○%, 정제염 ○○%, 파인애플 ○○%, 정제수 ○○%</td></tr>
<tr><td>6. 제조(포장) 단위</td><td colspan="3">500g, 1kg, 2kg</td></tr>
<tr><td rowspan="5">7. 완제품 규격</td><td>구분</td><td>법적규격</td><td>자사규격</td></tr>
<tr><td>성상</td><td colspan="2">고유의 향미를 가지고 이미·이취가 없어야 합니다.</td></tr>
<tr><td>생물학적</td><td>세균수: n=5, c=2,
M=500,000,
m=100,000
대장균: n=5, c=2,
M=10, m=0</td><td>일반세균: 3,000cfu/ml 이하
대장균균: 10cfu/ml
대장균: n=5, c=2,
M=10, m=0
리스테리아: 음성
장출혈성대장균: 음성
황색포도상구균: 음성
⋮</td></tr>
<tr><td>화학적</td><td colspan="2">아질산이온(g/kg): 0.05 이하</td></tr>
<tr><td>물리적</td><td>이물: 불검출</td><td>이물: 불검출
금속성이물
철: 0.0mmφ
스테인레스: 0.0mmφ
이상 불검출</td></tr>
<tr><td>8. 보관·유통상 주의사항</td><td colspan="3">• 보관: 제품생산 후 −20℃ 이하 냉동창고 보관
• 운송: 차량운송 중 −18℃ 이하 냉동차로 운송
• 유통: 유통과정 중 −18℃ 이하 유지상태로 유통</td></tr>
<tr><td>9. 포장방법 및 재질</td><td colspan="3">• 포장방법: 개별 용기 포장 후, 박스포장
• 포장재질: 내포장–용기류(폴리프로필렌–PP), 외포장–골판지</td></tr>
<tr><td>10. 표시사항</td><td colspan="3">• 내포장지: 판매원, 제조원, 제품명, 보관방법, 식품첨가물, 용량, 유형, 주원료명, 특정성분, 용기재질, 반품 및 교환장소, 가격, 고객상담팀 전화번호, 환경계도문, 소비자피해 보상규정, 분리배출표시, 바코드
• 외포장지: 제품명, 수량, 가격, 기타 주의사항 등</td></tr>
<tr><td>11. 제품의 용도</td><td colspan="3">일반건강인, 어린이, 환자, 노약자, 허약자 등의 기호식품(간식용)</td></tr>
<tr><td>12. 섭취방법</td><td colspan="3">제품 그대로 섭취</td></tr>
<tr><td>13. 유통기한</td><td colspan="3">○○년 ○○월 까지(또는 제조일로부터 년(월) 까지)</td></tr>
<tr><td>14. 기타 사항</td><td colspan="3">이미 냉동된 바 있으니 해동 후 재냉동시키지 마시길 바랍니다.</td></tr>
</table>

그림 12.11 제품설명서 작성 예
자료: 식품의약품안전처

④ **절차 4-공정흐름도 작성**: HACCP팀은 업소에서 직접 관리하는 원재료 입고에서부터 최종 식품완제품 출하까지의 전 공정을 파악하여 공정흐름도(Flow diagram, 그림 12.12)를 작성하고 각 공정별 주요 가공조건의 개요를 기재한다. 이때 구체적인 제조공정별 가공방법에 대해서 이해하기 쉽게 제조공정별 가공방법을 일목요연하게 표로 정리하여 식품제조 모든 단계별로 위해요소 발

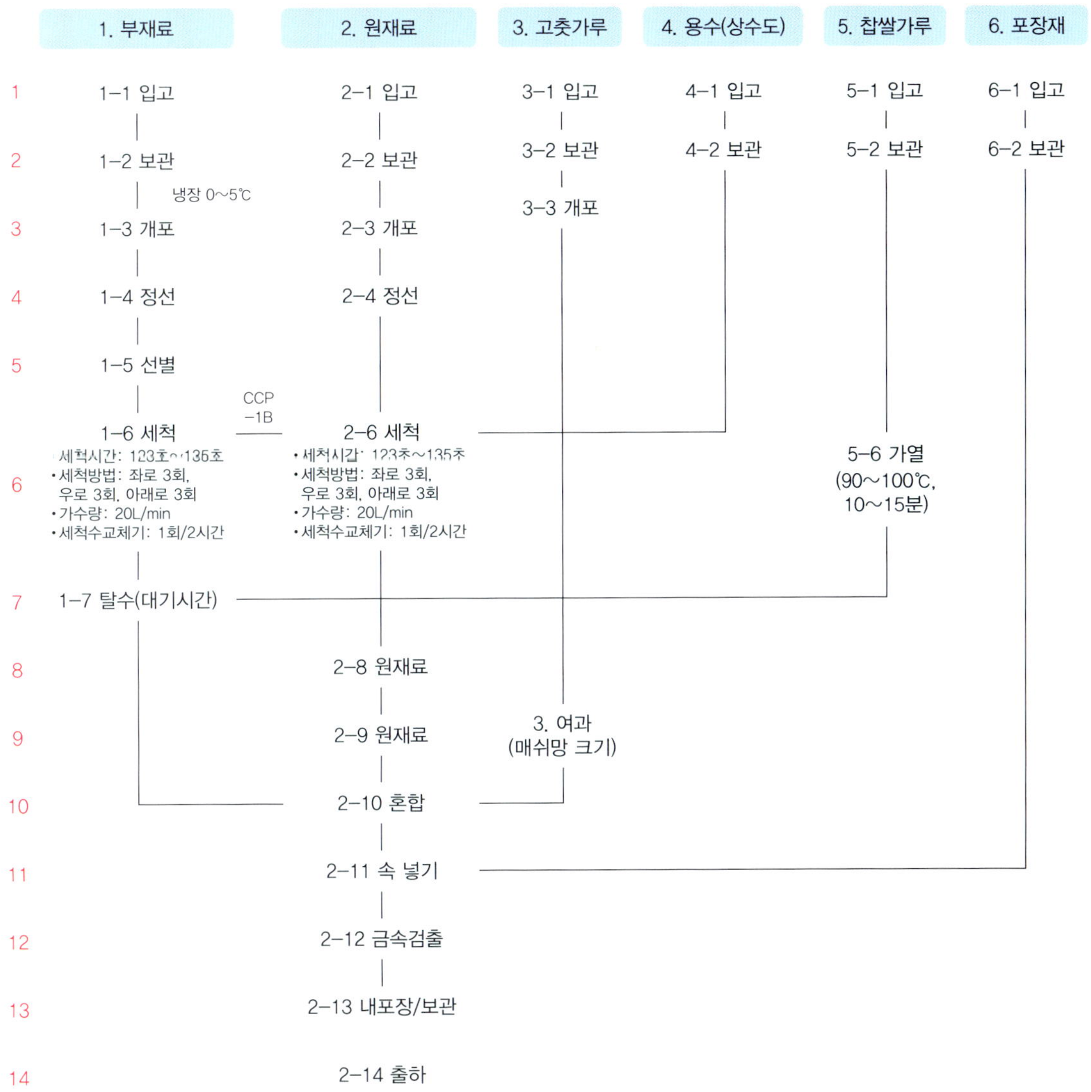

그림 **12.12** 공정흐름도 작성 예
자료: 식품의약품안전처

생을 파악할 수 있도록 한다. 또한, 작업특성별 구역, 기계·기구 등의 배치, 제품의 흐름과정, 작업자 이동경로, 세척·소독조 위치, 출입문 및 창문, 공조시설계통도, 용수 및 배수처리 계통도 등을 표시한 작업장 평면도(Plant schematic, 그림 12.13, 그림 12.14)를 작성한다.

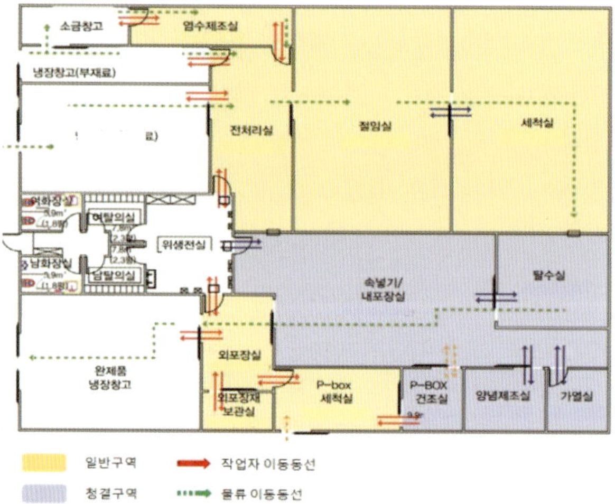

그림 **12.13** 작업장 평면도: 물류/작업자 이동동선 예

자료: 식품의약품안전처

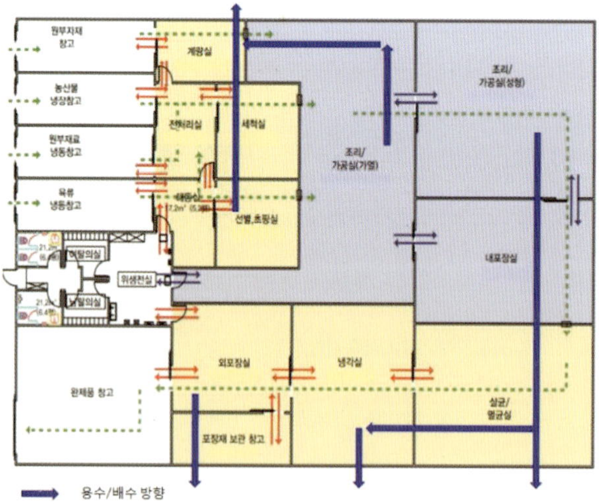

그림 **12.14** 용수/배수 계통도 예

자료: 식품의약품안전처

⑤ **절차 5-공정흐름도 현장 검증**: 준비 다섯 번째 단계는 작성된 공정흐름도 및 평면도가 현장과 일치하는지를 검증하는 것이다. 공정흐름도 및 평면도가 실제 작업공정과 동일한지 여부를 확인하기 위하여 HACCP팀은 작업현장에서 공정별 각 단계를 직접 확인하면서 검증하여야 한다. 공정흐름도와 평면도의 작성 목적은 각 공정 및 작업장 내에서 위해요소가 발생할 수 있는 모든 조건 및 지점을 찾아내기 위한 것이므로 정확성을 유지하는 것이 매우 중요하다. 따라서 현장검증 결과 변경이 필요한 경우에는 해당 공정 흐름도나 평면도를 수정하여야 한다. 정확한 공정흐름도 및 평면도가 완성되면 본격적인 HACCP 계획을 개발할 수 있는 사전 준비가 된 것이다.

(2) HACCP적용 7원칙

① **절차 6(원칙 1)-위해요소분석**: HACCP팀이 제품설명서에서 파악된 원·부재료별로, 그리고 공정흐름도에서 파악된 공정/단계별로 구분하여 위해요소분석을 실시한다(그림 12.15). 이 과정을 통해 원·부재료별 또는 공정/단계별로 발생 가능한 모든 위해요소를 파악하여 목록을 작성하고, 각 위해요소의 유입경로와 이들을 제어할 수 있는 수단(예방수단)을 파악하여 기술하며, 이러한 유입경로와 제어수단을 고려하여 위해요소의 발생가능성과 발생 시 그 결과의 심각성을 감안하여 위해(Risk)를 평가한다.

위해요소목록작성 시 〈그림 12.16〉에서처럼 생물학적 위해요소(Biological Hazards, B), 화학적 위해요소(Chemical Hazards, C), 물리적 위해요소(Physical Hazards, P)로 구분한다.

- B(Biological hazards, 생물학적 위해요소): 원·부자재, 공정에 내재하면서 인체의 건강을 해할 우려가 있는 *Listeria monocytogenes*, 장출혈성대장균, 대장균, 곰팡이, 기생충, 바이러스 등 생물학적 단위위해요소

그림 12.15 위해요소분석 절차
자료: 식품의약품안전처

일련 번호	원·부자재명/ 공정명	구분	위해 요소		위해 평가			예방조치 및 관리방법
			명칭	발생원인	심각성	발생가능성	종합평가	
1		B						
		C						
		P						

그림 12.16 위해요소분석표
자료: 식품의약품안전처

- C(Chemical hazards, 화학적 위해요소): 제품에 내재하면서 인체의 건강을 해할 우려가 있는 중금속, 농약, 항생물질, 항균물질, 사용 기준초과 또는 사용 금지된 식품 첨가물 등 화학적 단위위해요소
- P(Physical hazards, 물리적 위해요소): 원료와 제품에 내재하면서 인체의 건강을 해할 우려가 있는 인자 중에서 돌조각, 유리조각, 쇳조각, 플라스틱조각, 머리카락 등 단위위해요소

각 단계별로 발생 가능한 위해요소분석평가를 위해 위해요소목록이 만들어지면 위험의 발생가능성(frequency)과 위해요소의 심각성(severity)을 평가한다. 심각성 평가는 도출된 위해요소가 인체에 얼마나 심각한 피해를 미칠지로 결정된다. 공정이 다르더라도 같은 위해요소라면 동일하게 심각성을 평가한다. 이러한 심각성 평가 시 생물학적, 화학적, 물리적 위해요소를 독립적으로 평가한다(표 12.4).

발생가능성은 위해요소가 해당 현장에서 얼마나 발생할 가능성이 있는지 평가하는 것으로 위해요소의 발생빈도 및 발생가능성을 모두 포함한다. 발생빈도는 원·부재료/공정의 잠재클레임 및 제품 클레임을 참조하여 평가하고, 유사제품 또는 관련 이슈화 사항을 참조하여 발생가능성을 평가한다. 발생가능성 기준은 원·부재료, 공정별 도출된 위해요소에 대한 실제 생산라인에서 현장실험 통계자료 및 주변환경 시험자료(작업자, 제조시설설비 등 표면 오염도, 작업장 청정도 검사자료 등) 등을 바탕으로 기준을 수립하여야 한다(표 12.5).

표 12.4 FAO에 의한 심각성 평가기준

심각성	분류		위해의 종류
높음	생물학적	B	*Clostridium botulinum*, *Salmonella typhi*, *Listeria monocytogenes*, *E.coli* O157:H7, *Vibrio cholerae*, *Vibrio vulnificus* 등
	화학적	C	paralytic shellfish poisoning, amnestic shellfish poisoning 등
	물리적	P	유리조각, 금속성 이물 등
보통	생물학적	B	*Brucella* spp., *Campylobacter* spp., *Salmonella* spp., *Shigella* spp., *Streptococus* type A, *Yersinia enterocolitica*, hepatitis A virus 등
	화학적	C	곰팡이독, 시구아테라독, 잔류농약, 중금속 등
	물리적	P	경질이물(돌, 모래, 경질 플라스틱 등)
낮음	생물학적	B	*Bacillus* spp., *Clostridium perfningens*, *Staphylcoccus aureus*, Norwalk virus(노로바이러스), 대부분의 기생충 등
	화학적	C	히스타민류의 물질 등, 식품첨가물 등
	물리적	P	연질이물(머리카락, 먼지, 비닐 등)

자료: 식품의약품안전처

표 12.5 발생가능성 정의

구분	발생가능성
높음	해당 위해요소가 지속적으로 자주 발생하였거나 가능성이 높음
보통	해당 위해요소가 빈번하게 발생하였거나 가능성이 있음
낮음	해당 위해요소의 발생가능성이 거의 없음

자료: 식품의약품안전처

위험도는 발생가능성과 심각성을 점수화하고 곱해서 구하며, 경결함 이상의 위해요소는 CCP 결정도에서 필요하다(그림 12.17).

발생가능성 \ 심각성	낮음	보통	높음
높음	경결함(3)	중결함(6)	치명결함(9)
보통	불만족(2)	경결함(3)	중결함(6)
낮음	만족(1)	불만족(2)	경결함(3)

그림 12.17 심각성과 발생가능성에 의한 위해평가
자료: 식품의약품안전처

② **절차 7(원칙 2)-중점관리기준(CCP) 결정**: CCP란 식품안전관리인증기준을 적용하여 식품의 위해요소를 예방·제거하거나 허용수준 이하로 감소시켜 당해 식품의 안전성을 확보할 수 있는 중요한 단계·과정 또는 공정을 말한다. HACCP 위생시스템에 의한 위생관리는 CCP를 관리하는 것으로 공정에서 반드시 관리가 필요한 곳에 한정하고 집중되어야 한다. 만약에 관리할 수 없는 공정을 중요하다고 판단하거나 너무 많은 CCP가 있을 경우 HACCP은 적절하지 못하게 된다. CCP를 결정하는 하나의 좋은 방법은 중요관리점 결정도를 이용하는 것으로, 이 결정도는 평가 결과 중요위해(확인대상)로 선정된 위해요소에 대하여 적용한다(그림 12.18).

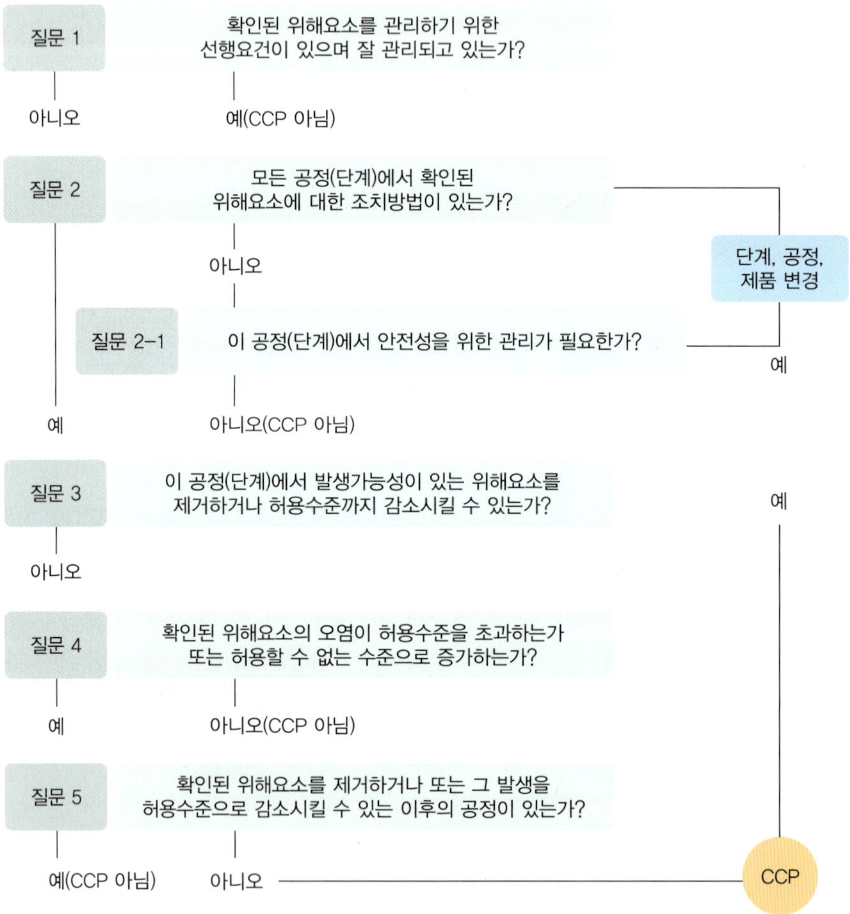

그림 12.18 중요관리점 결정도 예
자료: 식품의약품안전처

③ **절차 8(원칙 3)-CCP에 대한 한계기준 설정:** 한계기준(CL, Critical Limit)은 위해요소의 관리가 한계치 설정대로 충분히 이루어지고 있는지 여부를 판단하는 기준으로 중요관리기준(CCP)의 각 위해요소를 통제하기 위하여 객관적으로 적용가능하도록 설정되어야 한다. 이 기준은 중요관리점에서 위해요소가 잘 관리되고 있는지 쉽게 판단할 수 있도록 계량화되거나 명확해야 한다. 현장에서 육안 관찰이나 간단한 측정만으로 확인할 수 있는 지표를 활용하는 것이 바람직하다.

한계기준
(CL, Critical Limit)
중요관리점에서 위해요소 관리가 허용범위 이내로 충분히 이루어지고 있는지 여부를 판단할 수 있는 기준이나 기준치

한계기준을 결정할 때 CCP별로 해당 식품의 안전성을 보증하기 위한 법적인 기준 및 규격을 확인하여 이를 충족시키도록 한다. 법적인 한계기준이 없을 경우, CCP 공정의 가공조건별 실제 라인에서 원료, 공정별 반제품, 완제품을 대상으로 하는 시험사료를 근거사료로 이용한다. 주로 상시 또는 일

표 12.6 중요관리점(CCP) 한계기준 설정 예

공정명	CCP	위해요소	위해요인	한계기준
가열	CCP-1B	리스테리아, 장출혈성대장균	가열온도 및 가열시간 미준수로 병원성 미생물 잔존	• 가열온도: 85~120℃ • 가열시간: 3~5분 (품온 80~110℃, 품온 유지시간 3~5분) 등
세척	CCP-1BCP	리스테리아, 장출혈성대장균, 돌, 흙, 모래, 잔류농약	세척방법 미준수로 병원성 미생물, 잔류농약, 이물 잔존	• 세척횟수: 3~6단 • 세척가수량: 20L/분 • 세척시간: 5~10분 등
소독	CCP-1BC	리스테리아, 장출혈성대장균, 잔류염소	소동농도 및 소독시간, 소독수 교체주기 미준수로 병원성 미생물 잔존 헹굼방법, 시간 미준수로 소독제 잔류	• 소독농도: 50~100ppm • 소독시간: 1분~1분 30초 • 소독수 교체주기: 10kg 당 • 헹굼방법: 흐르는 물 • 헹굼시간: 30~40분 등
최종제품 pH 측정	CCP-1B	리스테리아, 장출혈성대장균	최종제품 pH 초과로 인한 병원성 미생물 잔존 및 증식	최종제품 pH 4.0 이하
최종제품 수분활성도 측정	CCP-1B	리스테리아, 장출혈성대장균	수분활성도 증가로 인한 병원성 미생물 잔존 및 증식	최종제품 수분활성도 0.6 이하
금속검출	CCP-1P	금속 Fe 2.0mmφ STS 2.0mmφ 이상 불검출	금속검출기 감도 불량으로 이물 잔존	금속 Fe 2.0mmφ, STS 2.0mmφ 이상 불검출

자료: 식품의약품안전처

수분활성도(Aw, Water activity)
한 온도에서 식품이 나타내는 수증기압(P)과 순수한 물의 수증기압(P0)과의 비율임(Aw=P/P0). 미생물이 이용할 수 있는 식품 중 수분의 양으로 미생물 생육의 잠재성, 식품의 품질 저하 및 안정성을 표현하는 데 사용됨. 미생물의 종류에 따라 최적 Aw가 다르나, 대체로 0.6 이하의 수분활성도에서는 미생물이 생존하기 어려움

모니터링(Monitoring)
중요관리점(CCP)에 설정된 한계 기준을 적절히 관리하고 있는지 확인하기 위하여 관찰이나 측정하는 행위

정한 빈도로 측정할 수 있는 pH·산도·수분활성도(Aw)·과산화물가·휘발성염기질소 등 화학적 기준과 온도·시간·습도 등 물리적 기준 및 미생물, 기생충 등 생물학적 기준으로 산정된다. 또한, 설정한 한계기준에 관한 문헌, 논문 등 과학적 근거자료를 유지·보관해야 한다(표 12.6).

④ **절차 9(원칙 4)-CCP 모니터링 방법 및 절차 확립**: CCP에서 위해를 방지하기 위한 조치가 실시되고 있는지 확인하고 효율적으로 관리하기 위한 모니터링 체계가 수립되어야 한다. 모니터링은 CCP에 해당되는 공정이 한계기준을 벗어나지 않고 안정적으로 운영되도록 관리하기 위하여 종업원 또는 기계적인 방법으로 수행하는 일련의 관찰 또는 측정수단으로 HACCP 관리계획에서의 가장 핵심적인 부분이다.

모니터링 체계를 수립하여 시행하게 되면 작업과정에서 발생되는 위해요소의 추적이 용이하고, 작업공정 중 CCP에서 발생한 기준 이탈(deviation) 시점을 확인할 수 있으며, 문서화된 기록을 제공하여 검증 및 식품사고 발생 시 증빙자료로 활용할 수 있다.

HACCP팀은 모니터링 활동을 수행함에 있어서 연속적인 모니터링을 실시해야 한다. 한계기준을 이탈한 경우에는 신속하고 정확한 판단에 의하여 개선조치가 취해져야 하기 때문에 모니터링 결과는 개선조치를 취할 수 있는 지식과 경험 그리고 권한을 가진 지정된 자에 의해서 평가되어야 한다. 모니터링은 현장에서 식품을 제조·가공·조리하는 현장 담당자가 주기적으로 측정 또는 관찰하는 사전에 계획된 활동으로, 모니터링 방법은 관리항목, 관리방법, 모니터링 수행자, 모니터링 장소, 모니터링 주기 등 절차를 확립하여야 하고, 기록이 용이하며 작업 운영에 적당한 감시방법이 선택되어야 한다(표 12.7).

⑤ **절차 10(원칙 5)-개선조치 방법 수립**: HACCP 계획은 식품으로 인한 위해요소가 발생하기 이전에 문제점을 미리 파악하고 시정하는 사전적 예방체계이므로 모니터링 결과 한계기준을 벗어날 경우 취해야 할 개선조치 방법을 사전에 설정하여 신속한 대응조치가 이루어질 수 있도록 해야 한다. 개선조치(Corrective Action) 방법에는 즉시적 조치와 예방적 조치가 있다. 즉시적 조치

표 12.7 중요관리점(CCP) 한계기준 모니터링 방법 예

공정명	CCP	한계기준	모니터링 방법			
			대상	방법	주기	담당자
가열	CCP −1B	• 가열온도 : 85~120℃ • 시간: 3~5분(품온: 80~110℃, 유지시간: 3~5분)	가열시간, 온도	1. 가열기의 정상작동 유무를 확인한다. 2. 가열기에서 가열온도(품온)와 가열시간(품온 유지시간)을 모니터링 일지에 기록한다. 3. 모니터링 일지를 HACCP 팀장에게 승인받는다.	작업 전후/ 2시간마다 등	공정담당 (OOO)
세척	CCP −1BCP	• 3~6단 세척, • 가수량: 3~4배 • 세척시간: 5~10분	세척방법	1. 세척기의 정상작동 유무를 확인한다. 2. 세척방법에 따라 세척시간, 횟수, 가수량 등을 모니터링 일지에 기록한다. 3. 모니터링 일지를 HACCP 팀장에게 승인받는다.	작업 전후/ 2시간마다 등	공정담당 (OOO)
소독	CCP −18C	• 소독농도 : 50~100ppm • 소독시간: 1분~1분 30초 • 소독수 교체주기, 헹굼방법, 헹굼시간	소독농도, 시간, 소독수 교체 주기, 헹굼방법, 시간	1. 소독기의 정상작동 유무를 확인한다. 2. 소독농도, 소독시간, 소독수 교체주기, 헹굼방법, 헹굼시간을 모니터링 일지에 기록한다. 3. 모니터링 일지를 HACCP 팀장에게 승인받는다.	작업 전후/ 2시간마다 등	공정담당 (OOO)
pH 측정	CCP −1B	최종제품 pH 4.0 이하	조미액 pH, 제품 pH	1. 공정담당자는 pH 측정기를 보정한다. 2. 최종제품의 pH를 pH 측정기로 측정한다. 3. 측정 결과값을 일지에 기록한다. 4. 모니터링 일지를 HACCP 팀장에게 승인받는다.	최종제품 매 롯트별	공정담당 (OOO)
수분 활성도 측정	CCP −1B	최종제품 수분활성도 0.6 이하	제품 수분활성도	1. 최종제품의 수분활성도를 수분활성도 측정기로 측정한다. 2. 측정 결과값을 일지에 기록한다. 3. 모니터링 일지를 HACCP 팀장에게 승인받는다.	최종제품 매 롯트별	공정담당 (OOO)

(계속)

공정명	CCP	한계기준	모니터링 방법			
			대상	방법	주기	담당자
금속 검출	CCP -1P	금속 Fe 2mmφ, STS 2.0mmφ 이상 불검출, 쇳가루 불검출	금속 검출기 감도	1. 금속검출기에 테스트피스를 좌, 우, 중간에 통과시켜 검출여부를 CCP-1P 모니터링 일지에 기록하고 HACCP팀장에게 보고한다. 2. 제품의 상, 중, 하에 테스트피스를 첨가하여 금속검출기를 통과시켜 검출여부 및 통과되는 공정품의 검출여부를 CCP-4P 모니터링 일지에 기록하고 HACCP 팀장에게 보고한다.	작업 전후/ 2시간마다 등	공정담당 (OOO)

자료: 식품의약품안전처

는 관리기준에서 CCP가 이탈할 때 제품의 생산중단, 제품보류 및 부적합제품 폐기처리, 다른 공정 대체 등 적절한 조치를 하는 것이며, 예방적 조치는 재발방지를 위한 원인을 규명하고, 원인에 따라 개선조치를 하는 것이다. 공정상 나타난 이탈 및 개선조치 내용은 HACCP 기록에 문서화하여 기록으로 남긴다. 일반적으로 취해야할 개선조치 사항에는 공정상태의 원상복귀, 한계기준 이탈에 의해 영향을 받은 관련식품에 대한 조치사항, 이탈에 대한 원인규명 및 재발방지 조치, HACCP 계획의 변경 등이 포함된다(표 12.8).

표 12.8 개선조치방법 예

공정명	CCP	개선조치방법
가열	CCP-1B	1. 가열 온도, 시간 이탈 시 • 공정 담당자는 즉시 작업을 중지한다. • 해당 제품은 즉시 재가열하고 CCP 모니터링 일지에 이탈사항과 개전조치사항을 기록하고 생산관리팀장, HACCP 팀장에게 보고한다. • 해당 롯트 제품을 품질관리 팀장에게 공정품 검사를 의뢰한다. 2. 기기 고장인 경우 • 공정 담당자는 즉시 작업을 중지하고 공정품을 보류한 뒤 CCP 모니터링 일지에 이탈사항을 기록하고 공무팀에 수리를 의뢰한다. • 수리완료 후 공정품은 재가열한다. • CCP 모니터링 일지에 개선조치사항을 기록하고 생산관리팀장, HACCP 팀장에게 보고한다. • 해당 롯트 제품을 품질관리 팀장에게 공정품 검사를 의뢰한다.

(계속)

공정명	CCP	개선조치방법
세척	CCP-2B	1. 세척횟수, 시간, 가수량 이탈 시 • 공정 담당자는 즉시 작업을 중지한다. • 해당 제품은 즉시 재세척하고 CCP 모니터링 일지에 이탈사항과 개선조치사항을 기록하고 생산관리팀장, HACCP 팀장에게 보고한다. • 해당 로트 제품을 품질관리 팀장에게 공정품 검사를 의뢰한다. 2. 기기 고장인 경우 • 공정 담당자는 즉시 작업을 중지하고 공정품을 보류한 뒤 CCP 모니터링 일지에 이탈사항을 기록하고 공무팀에 수리를 의뢰한다. • 수리완료 후 공정품은 재세척한다. • CCP 모니터링 일지에 개선조치사항을 기록하고 생산관리팀장, HACCP 팀장에게 보고한다. • 해당 롯트 제품을 품질관리 팀장에게 공정품 검사를 의뢰한다.
소독	CCP-3B	1. 소독농도, 시간 이탈 시 • 공정 담당자는 즉시 작업을 중지한다. • 소독농도를 보정하고 해당 제품은 재소독하고 CCP 모니터링 일지에 이탈사항과 개선조치사항을 기록하고 생산관리팀장, HACCP 팀장에게 보고한다. • 해당 롯트 제품을 품질관리 팀장에게 공정품 검사를 의뢰한다. 2. 기기 고장인 경우 • 공정 담당자는 즉시 작업을 중지하고 공정품을 보류한 뒤, CCP 모니터링 일지에 이탈사항을 기록하고 공무팀에 수리를 의뢰한다. • 수리완료 후 공정품은 재소독한다. • CCP 모니터링 일지에 개선조치사항을 기록하고 생산관리팀장, HACCP 팀장에게 보고한다. • 해당 롯트 제품을 품질관리 팀장에게 공정품 검사를 의뢰한다.
금속검출	CCP-4P	1. 제품에 혼입될 경우 • 공정 담당자는 즉시 작업을 중지한다. • 해당 제품을 재통과하여 확인하고 혼입이 확인될 경우 CCP 모니터링 일지에 이탈사항과 개선조치사항을 기록하고 생산관리팀장, HACCP 팀장에게 보고한다. • 해당 롯트 제품을 품질관리 팀장에게 공정품 검사를 의뢰한다. 2. 기기 고장인 경우 • 공정 담당자는 즉시 작업을 중지하고 공정품을 보류한 뒤, CCP 모니터링 일지에 이탈사항을 기록하고 공무팀에 수리를 의뢰한다. • 수리완료 후 CCP 모니터링 일지에 개선조치사항을 기록하고 생산관리팀장, HACCP 팀장에게 보고한다. • 해당 롯트 제품은 재통과시킨다. 3. 감도 저하 시 • 공정 담당자는 즉시 작업을 중지하고 공정품을 보류한 뒤, CCP 모니터링 일지에 이탈사항을 기록하고 기기 감도를 측정하여야 한다. • 감도 확인 후 CCP 모니터링 일지에 개선조치사항을 기록하고 생산관리팀장, HACCP 팀장에게 보고한다. • 해당 롯트 제품을 품질관리 팀장에게 공정품 검사를 의뢰한다.

자료: 식품의약품안전처

검증(Verification)
HACCP관리계획의 적절성과 실행여부를 정기적으로 평가하는 활동

⑥ **절차 11(원칙 6)-검증 절차 및 방법수립**: HACCP 계획이 적절하게 운영되고 있는지 확인하기 위하여 검증절차를 설정해야 한다. 검증(Verification)에는 HACCP 계획에 대한 유효성 평가(Validation)와 HACCP 계획의 실행성 검증, 두 가지가 있다. HACCP 계획의 유효성 평가라는 것은 HACCP 계획이 올바르게 수립되어 있는지 확인하는 것으로 발생가능한 모든 위해요소를 확인·분석하고 있는지, CCP가 적절하게 설정되었는지, 한계기준이 안전성을 확보하는 데 충분한지, 모니터링 방법이 올바르게 설정되어 있는지 등을 과학적·기술적 자료의 수집과 평가를 통해 확인하는 것이다. HACCP 계획의 실행성 검증은 HACCP 계획이 설계된 대로 이행되고 있는지를 확인하는 것으로 작업자가 정해진 주기로 모니터링을 올바르게 수행하고 있는지, 기준 이탈 시 개선조치를 적절하게 하고 있는지, 검사·모니터링 장비를 정해진 주기에 따라 검·교정하고 있는지 등을 확인하는 것이다.

검증은 과학적·사실적이고 정확히 실행되어야 하며 이를 위해 서류검증, 현장검증, 실험검증을 단독 혹은 병행 실시한다(표 12.9).

표 12.9 검증방법

종류	구체적 방법
서류검증	• HACCP 관리계획 관련 보고서, 현장기록(체크리스트) 및 문서의 내용 확인 • 검증된 기록과 문서를 비교 • 공정흐름도, 도면, 기준서, 일지, 점검표, 시험성적서 등 확인 • 고객 배상 청구 데이터베이스, 이전의 검증보고서 확인
현장검증	• 설정된 CCP의 유효성 • 담당자의 CCP 운영, 한계기준, 감시활동 및 기록관리 및 이해도 확인 • 한계기준 이탈 시 담당자가 취해야 할 조치사항에 대한 숙지상태 확인 • 모니터링 담당자의 업무 수행상태 관찰 • 공정 중 모니터링 활동기록의 일부 확인 • 제조공정 및 작업장 평면도의 현장일치 확인
실험검증	• 미생물 실험(공정품, 최종 제품, 설비 표면, 환경 등) • 이화학적 분석(pH, 유효염소 농도 등) • 관능검사를 통한 검증도 가능 • 공정품의 품온 측정, 모니터링 계측장비의 비교 측정 등

⑦ **절차 12(원칙 7)-문서화, 기록유지 방법수립**: HACCP 시스템을 효율적으로 운영하기 위해 문서화 및 기록유지 방법을 설정하는 단계이다. 이를 통하여 HACCP 시스템의 효과적인 운영과 적합성을 제공할 뿐만 아니라 정확한 문서와 기록으로 객관성과 추적성을 가질 수 있다. 따라서 HACCP 시스템 시행절차, 방법, 기준 등에 양식을 만들고 기록하여 문서화하고 이 기록의 관리절차·관리방법 등에 대하여 정하고 이를 관리하는 것이 필요하다(표 12.10).

HACCP 체계에 대한 기록유지 방법개발에 접근하는 방법 중의 하나는 이전에 유지 관리하고 있는 기록을 검토하는 것이다. 가장 좋은 기록유지 체계는 필요한 기록내용을 알기 쉽게 단순하게 통합한 것이다. 기록유지 방법을 개발할 때 최적의 기록담당자 및 검토자, 기록시점 및 주기, 기록의 보관기간 및 장소 등을 고려하여 가장 이해하기 쉬운 단순한 기록서식을 개발하여야 한다.

표 12.10 HACCP 체계의 운영과 관련된 기록목록의 예

구분	내용
원료	• 규격에 적합함을 증빙하는 원료공급업체의 시험증명서 • 공급업체의 시험성적서를 검증한 업소의 지도·감독 기록 • 온도에 민감하거나 유통기한이 설정된 원료에 대한 보관온도 및 기간 기록
공정관리	• CCP와 관련된 모든 모니터링 기록 • 식품 취급과정이 적절하게 지속적으로 운영하는지를 검증한 기록
완제품	• 식품의 안전한 생산을 보장할 수 있는 출처 및 기록 • 제품의 안전한 유통기한을 입증할 수 있는 출처 및 기록 • HACCP 계획의 적합성을 인정한 문서
보관 및 유통	• 보관 및 유통온도 기록 • 유통기간이 경과된 제품이 출고되지 않음을 보여주는 기록
한계기준 일탈 및 개선조치	• CCP의 한계기준 이탈 시 취해진 공정이나 제품에 대한 모든 개선조치 기록
검증	• HACCP 계획의 설정, 변경 및 재평가 기록
종업원 교육	• 식품위생 및 HACCP 수행에 관한 교육훈련 기록

CHAPTER

13

식품 위생관리

1. 식품제조·가공시설 및 집단급식소의 위생
2. 용수의 위생
3. 식품제조·가공 및 집단급식시설의 작업 위생관리
4. 식품취급자의 위생관리

CHAPTER

13 식품 위생관리

식품산업의 발달로 전처리식품, 반조리식품 및 완전조리식품 등의 소비가 증가하고, 학교·병원·산업체·외식업체의 집단급식도 계속 증가하고 있는 추세이다. 그러므로 식품을 취급하는 제조·가공시설 및 집단급식소의 위생관리 역시 중요해지고 있다. 식품으로 인해 발생할 수 있는 여러 가지 위해를 예방하기 위해서는 식품의 조리 및 가공, 포장, 운반 및 배식 등의 각 단계마다 적절한 관리가 이루어져야 한다. 식품을 안전하고 위생적으로 관리하기 위해서는 식품을 제조하고 관리하는 시설과 종사자의 위생관리가 이루어져야 하므로 식품을 위생적으로 취급하기 위한 시설 및 설비, 그리고 종사자의 위생에 대해 살펴보고자 한다.

1. 식품제조·가공시설 및 집단급식소의 위생

「식품위생법」에서 정하는 위생관리 대상자의 영업자 및 종사자 범위는 식품제조·가공업자, 즉석판매제조·가공업자, 식품첨가물제조업자, 식품운반업자, 식품소분·판매업자, 식품보존업자, 식품접객업자, 집단급식소 설치·운영자 등이다.

1) 식품제조·가공시설의 배치

식품을 제조하고 가공하는 시설은 위생을 고려하여 시설 기준에 적합한 시설을 갖추어야 한다. 식품의 제조, 가공, 조리, 저장, 포장, 운반 및 배식 등 각 단계에서 발생할 수 있는 여러 가지 위해를 적절히 잘 관리하기 위해서 식품을 제조하고 가공하는 시설의 입지는 주위환경이 깨끗하고 환경오염이 없으며 좋은 물을 충분히 공급받을 수 있어야 하고, 폐수 및 폐기물의 처리에 불편함이 없어야 하며 교통이 편리한 곳이 좋다. 최근 환경오염으로 인한 식품오염의 증가 추세에 따라 공장 주변의 청정지역은 식품의 안전성 확보에 중요한 조건이다. 건물은 축산 폐수나 화학물질 및 오염물질 발생 시설로부터 식품에 영향을 주지 않는 곳에 위치해야 하고, 식품의 특성에 맞는 적정 온도가 유지되며, 환기가 잘 되는 구조이어야 한다.

2) 식품제조·가공입소 및 집단급식소의 시설

(1) 작업장

작업장은 작업의 능률과 종업원의 건강관리를 위하여 독립된 건물로서 식품 취급 이외의 용도로 사용되는 탈의실, 식당, 휴게실 등과 분리되어야 하고 외부의 오염물질이나 위생동물의 침입을 차단할 수 있도록 한다(그림 13.1).

작업장은 2차 오염 및 교차오염 방지를 위하여 작업의 흐름에 따라 일반구역, 준청결구역 및 청결구역으로 분류한다. 일반구역은 검수 및 반입실, 전처리실, 보관실이 해당되고, 준청결구역은 조리실 및 가공실, 청결구역은 배선대, 포

교차오염 (cross contamination)
식재료나 기구, 용수 등에 오염되어 있던 미생물이 오염되지 않은 식재료나 기구, 용수 등에 접촉 혹은 혼입되면서 전이되는 현상

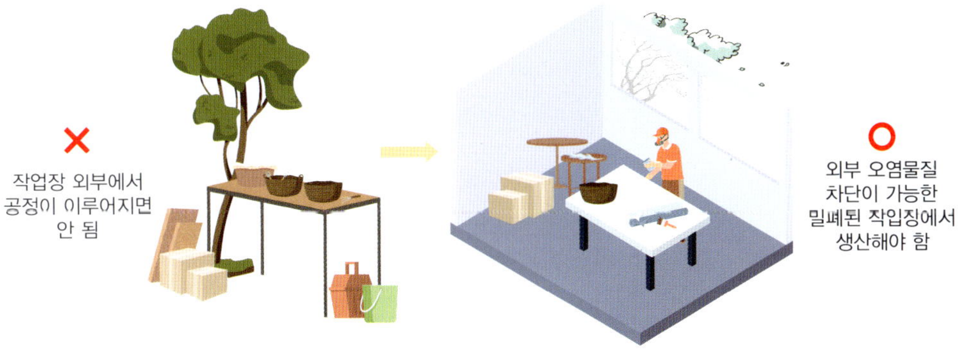

그림 13.1 작업장 구분·구획

장실이 해당되며, 구역별로 천장, 바닥, 벽을 다른 색으로 구분하도록 한다. 작업장 안에는 손 씻는 시설, 세척시설, 식품가공 및 조리시설 및 폐기물 용기를 각각 설치하여 식품과 음식을 위생적으로 처리하도록 하며, 쉽게 청소할 수 있는 구조이어야 한다. 작업장 주변의 불필요한 물품도 정리정돈하여 청결하게 관리한다.

(2) 건물바닥, 벽, 천장

바닥, 벽, 천장은 작업 특성에 따라 내수성, 내열성, 내약품성, 내부식성, 항균성의 재질을 사용하여 갈라진 틈이나 구멍이 없게 밀폐 관리한다.

① **건물바닥**: 바닥은 물건의 무게와 충격을 견디고, 오염 물질을 쉽게 제거할 수 있어야 하며 작업 특성상 필요한 경우를 제외하고는 마른 상태를 유지하도록 한다. 배수구는 덮개를 설치해야 하고, 경사를 두어 배수가 잘 되게 해야 하며, 바닥 모서리는 벽면과 바닥면 사이의 모서리를 둥글게 잇는 커빙(coving) 설비를 하여 청소하기 쉽게 한다(그림 13.2).

응축(condensation)
물질 상태의 변화가 기체의 상에서 액체의 상으로 변하는 것

② **천장**: 천장에는 환기통을 설치하고, 응축된 수증기가 식품에 떨어지지 않도록 벽을 향하여 완만하게 경사가 지게 하는 구조로 청소하기 쉽고 음향을 흡수하는 재료로 설치한다.

③ **벽**: 벽은 소음을 줄일 수 있어야 하고, 내벽은 바닥면에서 최소 1.5m 이상을 내수성, 내산성, 내열성인 재료를 사용하여 설비하거나 세균방지용 밝은 색상 페인트로 도색하여 오염 물질 확인이 쉬워야 한다.

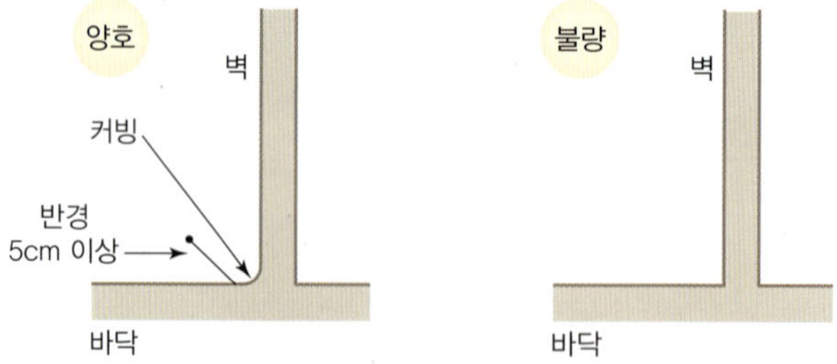

그림 13.2 벽면과 바닥면 모서리의 커빙

(3) 배수 및 배관

배수로, 배수구 및 배수관 등에는 퇴적물이 쌓이지 않아야 하고, U자관의 트랩을 설치하여 위생동물 등의 유입과 악취 및 폐수의 역류를 방지하도록 한다. 역류란 음용수 공급관으로 오염된 물이 흘러 들어가는 것으로 이를 방지하기 위해 모든 수도꼭지의 끝과 배관의 연결 지점 사이에 에어 갭(air gap)을 설치한다(그림 13.3). 배수로는 청결구역에서 일반구역으로 흐르도록 하고 생산라인을 통과하지 않도록 하며, 응결수가 발생하지 않도록 단열재 등으로 보온 처리한다.

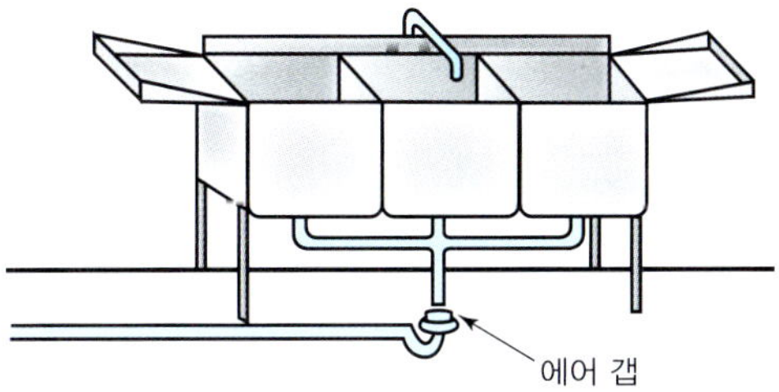

그림 **13.3** 에어 갭

(4) 출입구, 통로 및 창문

① **출입구**: 작업장 외부로 연결되는 출입문에는 먼지나 곤충 등의 유입을 방지하기 위한 완충구역이나 방충 이중문을 설치한다. 출입문은 해충 침입 등을 방지하기 위하여 밀폐 가능한 구조로 설치하고 작업장 출입구에는 HACCP 관리계획에 따라 세척, 건조, 소독 설비 등을 구비하고, 위쪽에는 살균등을 설치하여 소독을 할 수 있게 하며, 외부의 먼지, 이물질, 미생물의 유입을 방지할 수 있는 에어 커튼(air curtain)을 설치하는 것이 좋다.

② **통로**: 식품제조·가공업소의 경우 작업장 내부 통로는 물건을 적재하거나 다른 용도로 사용해서는 안 된다.

③ **창문**: 작업장 창문의 위치는 천장에 가까운 위치로 바닥으로부터 1m 이상에 설치하여 환기가 잘 되도록 하고, 남향이 좋으며 내수성·내부식성 재질이어야 한다. 창문은 바닥 면적의 5% 이상, 벽 면적의 70% 이상 크기로 설계해야 작업장 내의 공기를 환기시키기에 충분하다.

(5) 채광 및 조명

① **채광**: 채광은 자연광선, 인공광선 및 이 두 가지 방법을 함께 이용한다. 작업장 내부는 청결유지 및 종업원의 피로를 예방하기 위하여 밝은 것이 좋다. 이상적인 자연채광을 위해서는 작업장 내부의 창문 면적이 바닥 면적의 20~30%, 벽 면적의 70%가 되도록 해야 하지만, 대부분의 경우 인공조명을 이용하여 적절한 조도를 유지한다.

② **조명**: 조명은 오염 물질과 먼지가 잘 보이도록 충분한 밝기를 유지하고, 작업 특성에 적합한 조도를 유지하여야 한다. 색을 오인할 수 있는 조명은 사용하지 않고 내부식성 재질을 사용하며, 파손이나 이물질의 낙하에 의한 오염을 방지하기 위하여 보호장치를 설치한다.

내부식성
부식에 강하게 견디는 성질

검수대, 선별작업대, 배식구역 등 육안 확인이 필요한 경우 조리 작업장, 식기 세척실 및 저장고 등 일반 작업지역 및 창고, 화장실, 탈의실 등 기타 부대시설로 분류하여 조명을 설치하고, 위생적인 측면에서 천장이나 벽면은 간접광선을 권장하며, 적절한 빛의 반사가 이루어질 수 있도록 밝은 색으로 마감하여야 한다.

알아두기

작업장의 조도

- 선별 및 검사 구역: 540Lux 이상
- 일반 작업 지역: 220Lux 이상
- 기타 부대시설: 110Lux 이상

(6) 환기

적절한 환기는 식품의 위생적인 가공 공정에 필수적이므로 식품 취급시설에서는 각 시설 내에서 발생하는 악취나 이취, 유해가스, 매연, 증기 등을 배출할 수 있는 환기시설을 설치하여야 한다. 외부로 개방된 흡·배기구에는 여과망이나 방충망을 부착하고 관리계획을 수립하여 청소, 세척 또는 교체를 하여야 한다.

후드의 형태는 조리기기보다 사방 15cm 이상 크게 하며, 녹이 슬지 않도록 스테인리스스틸 재질로 제작한다. 특히 집단급식시설에서는 후드와 닥트의 철저한 관리가 식품위생상 중요하다.

환기의 또 다른 목적은 식품 제조 공정 중 발생하는 냄새나 연기 등이 공장 내에 체류하는 것을 최소화하는 것에 있다. 공장 내부로 들어오는 공기는 미생물이나 그 밖의 오염 원인물질의 혼입을 방지하기 위하여 공기 여과장치를 통과하는 것이 좋다. 조리장의 적정 온도는 21~22℃, 적정 습도는 30~79%이다. 환풍기의 가동은 실제 조리하는 공간의 경우 체적 $1m^3$당 $20\sim30m^3$/hr, 원·부자재를 보관하는 공간은 체적 $1m^3$당 $5m^3$/hr의 세기로 설치하는 것이 바람직하다.

(7) 방충·방서 관리

식품 취급시설은 곤충이나 설치류가 존재하면 식품에 식품 매개성 병원균이 오염될 가능성이 매우 높으므로 해충이나 쥐 등의 침입이나 번식을 방지할 수 있는 방충·방서시설을 설치해야 한다. 식품을 취급·조리하는 공간과 화장실의 창구에는 방충, 방서를 위한 30메시(mesh) 정도의 금속망 장치 등을 설치하여 근본적인 위생관리가 이루어질 수 있도록 하고, 포충등이나 포충기를 설치하는 등 정기적인 방역활동을 해야 한다.

(8) 식품 저장실

식품 저장실에 제품의 원·부자재는 완성 정도에 따라 분리된 공간에 보관해야 한다. 보관 장소마다 보관 중인 물품의 목록을 한눈에 알아볼 수 있도록 표시해 두어야 하고, 선입선출 원칙에 따라 입출목록을 기록·관리해야 한다. 또한 보관 중인 제품의 특성에 알맞은 채광 및 조명, 환기시설이 설치되어 있어야 한다. 작업장과 연결되어 있는 저장실은 물이 흘러들 수 있으므로 바닥의 높이를 작업장보다 높게 설계해야 한다. 식품 저장실의 선반은 보관 중인 식품의 교차오염을 방지하고, 저장실의 청소 및 통풍이 잘 되도록 바닥과 벽으로부터 15cm 이상 거리를 확보하여 적재·관리해야 한다. 식품 저장실은 제품의 품질 및 유지를 위하여 온도는 10~15℃, 습도는 70~80%로 관리하여야 한다.

(9) 냉장고와 냉동고

냉장·냉동고는 식재료를 보관, 해동, 냉각하기에 충분한 용량이어야 한다. 온도 관리는 냉장고는 5℃ 이하, 냉동시설의 경우 -18℃가 되도록 유지해야 한다.

또한 기기 내에 물이 고여 있지 않도록 외부로 연결된 배수관이 장착되어 있어야 하고 내부의 모서리 부분은 작업장과 마찬가지로 청소가 용이하도록 곡면으로 처리하여 오염을 방지해야 한다. 단체급식소나 음식점 같이 처리해야 하는 물량이 많은 업체에서는 사람이 들어갈 수 있는 대형 냉장·냉동고를 사용하기 때문에 종사자들의 신발에 의해 교차오염이 발생하지 않도록 출입구에 소독판을 비치해 두는 것이 바람직하다.

(10) 부대시설

① **탈의실·휴게실**: 탈의실이나 휴게실은 작업장과 분리시킨다. 탈의실은 환기시설을 갖추어 청결하게 유지하고, 옷장과 신발장은 외출복장과 위생복장, 일반 신발과 작업 신발 간의 교차오염이 발생하지 않도록 관리한다.

② **화장실**: 화장실은 작업장에 영향을 미치지 않는 장소에 성별을 구분하여 설치하고, 외식업소나 집단급식소의 경우는 고객용과 종업원용의 화장실을 분리해서 설치한다. 또, 화장실의 내부 공기를 외부로 배출할 수 있는 별도의 환기 장치가 필요하고, 화장실의 벽과 바닥은 내수성·내부식성 재질을 사용해야 하며, 휴지나 휴지통을 비치할 경우 손을 사용하지 않고 개폐가 가능한 뚜껑이 있는 휴지통을 비치한다. 가능한 손을 직접 접촉하지 않고 물을 사용할 수 있는 세척시설을 설치하며, 일회용 종이수건이나 손 건조시설이 필요하다. 손을 접촉하는 시설일 경우에는 손 소독시설이 필요하다.

(11) 폐기물 처리 설비

폐기물을 처리하는 기구나 시설은 식품을 취급하는 장소와 분리되어 있어야 하고, 폐수가 흘러도 해당 장소에 고이거나 흡수되지 않도록 코팅 처리된 타일 등으로 마감되어야 한다. 폐기물을 처리하는 장소에는 찬물과 뜨거운 물의 급수가 원활히 되도록 하여 일정한 주기를 정하여 기구와 시설을 철저하게 살균·소독하여 항상 청결을 유지해야 한다.

폐기물을 버리는 쓰레기통은 작업 중에 발생하는 폐기물을 처리하기에 충분한 용량으로 비치되어 있어야 한다. 또한 내수성과 내구성이 있는 스테인리스나 플라스틱으로 만들어진 것으로 준비하여 폐기물에서 나오는 폐수가 작업장 내로 새어나오지 않도록 해야 한다. 음식물 쓰레기의 경우에는 자체에 물기가 많으므로 쓰레기통 안에 플라스틱 바구니를 놓아 두어 폐수를 분리하는 것도 좋은 방법이다. 폐기물의 성분이 공기 중에 부유하여 제품에 영향을 미칠 수도 있으므로 쓰레기통은 반드시 뚜껑이 있는 제품이어야 한다(그림 13.4).

✕ 잘못된 예

음식물 쓰레기를 뚜껑없이 방치하여 식중독 발생의 위험이 있음

○ 잘된 예

쓰레기통 주변 청결한 환경과 뚜껑 구비

그림 **13.4** 쓰레기통 설비

2. 용수의 위생

식품제조·가공 및 조리에 사용되는 용수는 「먹는 물 관리법」의 먹는 물 수질기준에 적합한 것이어야 한다. 먹는 물이란 자연 상태의 물, 자연 상태의 물을 먹기에 적합하도록 처리한 수돗물, 먹는 샘물, 먹는 염지하수, 먹는 해양심층수 등을 말한다. 따라서 먹는 물은 지하수, 용천수, 염지하수 및 해양심층수 등을 먹기에 적합하도록 물리적으로 처리하여 만들고, 반드시 물 살균·소독장치를 갖

용수(用水)
특정한 목적을 위해 사용되는 물

추어야 하며 먹는 물 수질기준에 따라 정기적으로 수질검사를 받아야 한다. 먹는 물 수질기준은 성인(체중 60kg)이 하루 2L씩 평생 동안 물을 마셨을 때 인체에 위해하지 않는 수준으로 설정된 먹는 물 중 해당 물질의 농도를 말한다. 식품에 직접 접촉되는 시설·설비표면, 기구, 용기, 손 세척 등에 사용되는 용수도 먹는 물 수질기준에 적합하여야 한다. 그리고 식품과 직접 접촉하거나 식품 원료로 사용하는 얼음, 스팀 등은 먹는 물 수질기준에 적합한 음용수를 이용하여 제조·취급·보관하여야 한다. 용수 저장 탱크, 배관 등은 인체에 무해한 재질을 사용하며 외부로부터의 오염물질 유입을 방지하는 잠금 장치를 설치한다. 용수 저장 탱크는 반기별 1회 이상 청소와 소독을 실시하고 그 결과를 기록·유지하여야 한다.

알아두기

먹는 물의 종류

- 자연상태의 물: 먹는 데에 일반적으로 사용하는 자연상태의 물
- 수돗물: 자연상태의 물을 먹기에 적합하도록 처리한 수돗물
- 샘물: 암반대수층 안의 지하수 또는 용천수 등 수질의 안전성을 계속 유지할 수 있는 자연 상태의 깨끗한 물을 먹는 용도로 사용할 원수
- 먹는 샘물: 샘물을 먹기에 적합하도록 물리적으로 처리하는 등의 방법으로 제조한 물
- 염지하수: 물속에 녹아있는 염분 등의 함량이 환경부령으로 정하는 기준 이상인 암반대수층 안의 지하수로서 수질의 안전성을 계속 유지할 수 있는 자연 상태의 물을 먹는 용도로 사용할 원수
- 먹는 염지하수: 염지하수를 먹기에 적합하도록 물리적으로 처리하는 등의 방법으로 제조한 물
- 먹는 해양 심층수: 해양 심층수를 먹는 데 적합하도록 물리적으로 처리하는 등의 방법으로 제조한 물

1) 용수 공급원

(1) 지표수

지표면에 남아 있거나 그 곳을 흐르는 물로 하천·호수·저수지에 있는 물이다. 하천은 보통 일정한 방향으로 흐르며, 침식·운반·퇴적작용이 진행되는데 비해

호수는 물이 정체되어 있고 유입부와 유출부에서만 물이 움직인다. 용수 공급원 중 약 2%를 차지하며 물속의 불순물 함량이 용수로서 적합한지 여부를 검사하여 사용한다. 하천수보다는 호수나 저수지 물이 긴 침전기간을 거쳤기 때문에 여과 정제하는 데 훨씬 용이하다.

(2) 해수

수산물 가공 시 원료의 이송 혹은 세척에 사용하는데, 수산물 가공공장에서 간단한 여과를 거쳐 제한된 용도로만 사용된다.

(3) 지하수

지표의 환경에 따라 오염될 수 있으며 홍수가 났을 경우 쉽게 지표수가 지하수와 섞여 오염되기도 하므로 구멍을 통해 퍼올린 뒤 오염이 되지 않도록 관리에 주의한다.

2) 용수의 처리

식품제조·가공시설의 용수는 음용수로서의 적합성 검사를 정기적으로 받게 되어 있으므로 적절한 수질검사를 하여야 한다. 식품제조·가공시설에서 사용하는 물은 단일 혹은 복합 처리방법을 거쳐 안전성을 확보한다. 물을 정화시키는 과정으로 침전, 여과, 연화, 소독의 순서로 실시한다.

(1) 침전

① **보통 침전법(완속 침전법)**: 유속을 느리게 하거나 정지시켜 물보다 무거운 물질을 분리하는 가장 쉽고 경제적인 방법이지만 시간이 많이 소요된다.

② **약품 침전법(급속 침전법)**: 보통 침전법으로 침전되지 않은 부유물을 응집제를 주입하여 불용성 응집물(flock)을 형성하게 하여 침전시키는 방법이다.

침전(沈澱, sediment)
액체 속에 존재하는 작은 고체가 액체 바닥에 가라앉아 쌓이는 일

(2) 여과

여과(filtration)
특정 크기 이상의 입자를 통과시키지 않는 매개체에 혼합물을 통과시켜 고체를 액체나 기체 운반체로부터 물리적으로 분리하는 방법

침전시킨 물을 여과장치에서 거르는 방법으로, 몇 단계의 활성탄층을 통과하는 모래여과조 방법이 있다. 활성탄은 냄새, 색깔을 제거하고, 유기용매를 흡착하는 효과가 있다.

(3) 연화

연화
물의 경도를 낮추는 방법

금속이온이 많이 함유된 물일 경우 제올라이트(zeolite)로 처리하여 연화한다. 제올라이트 수지는 칼슘, 마그네슘, 망간 이온을 제거한다. 이를 통해 연화된 물은 식품제조, 가공시설의 세척에 매우 중요하다.

(4) 소독

물의 위생적 처리가 적절하지 못하면 수인성 감염병, 기생충 등의 전염원이 될 수 있으므로 식품제조·가공·조리시설에서는 적절한 방법으로 소독처리를 하여야 한다. 소독의 방법으로는 열, 자외선, 오존, 염소 소독법 등이 있다. 상수도 소독에는 염소 소독법이 주로 많이 사용된다.

3) 먹는 물의 수질 기준

먹는 물의 수질 기준은 「먹는 물 수질 기준 및 검사 등에 관한 규칙」에 미생물, 건강상 유해 영향 무기물질, 건강상 유해 영향 유기물질, 소독제 및 소독 부산물질, 심미적 영향물질 및 방사능에 관한 기준이 제시되어 위생적으로 관리할 수 있도록 하고 있다.

(1) 미생물에 관한 기준

- 일반 세균: 1mL 중 100CFU(Colony forming unit) 이하로 샘물 및 염지하수의 경우에는 저온 일반세균은 20CFU/mL, 중온 일반세균은 5CFU/mL 이하이고, 먹는 샘물, 먹는 염지하수 및 먹는 해양심층수의 경우에는 병

에 넣은 후 4℃를 유지한 상태에서 12시간 이내에 검사하여 저온 일반세균은 100CFU/mL, 중온 일반세균은 20CFU/mL 이하

- 총 대장균군: 100mL(샘물·먹는 샘물, 염지하수·먹는 염지하수 및 먹는 해양심층수의 경우에는 250mL)에서 검출되지 않아야 하고, 매월 또는 매 분기 실시하는 총 대장균군의 수질검사 시료 수가 20개 이상인 정수시설의 경우에는 검출된 시료 수가 5%를 초과하지 않아야 함
- 대장균·분원성 대장균군: 100mL에서 검출되지 않아야 하고, 샘물·먹는 샘물, 염지하수·먹는 염지하수 및 먹는 해양심층수의 경우에는 적용하지 않음
- 분원성 연쇄상구균·녹농균·살모넬라 및 쉬겔라: 250mL에서 검출되지 않아야 함(샘물·먹는 샘물, 염지하수·먹는 염지하수 및 먹는 해양심층수의 경우만 적용)
- 아황산환원혐기성포자형성균: 50mL에서 검출되지 않아야 함(샘물·먹는 샘물, 염지하수·먹는 염지하수 및 먹는 해양심층수의 경우만 적용)
- 여시니아균: 2L에서 검출되지 않아야 함(먹는 물 공동시설의 물의 경우에만 적용)

(2) 방사능에 관한 기준(염지하수의 경우에만 적용)

- 세슘(CS-137): 4.0mBq/L 이하
- 스트론튬(Sr-90): 3.0mBq/L 이하
- 삼중수소: 6.0Bq/L 이하

4) 먹는 물의 수질검사

먹는 물의 수질검사는 「먹는 물 수질기준 및 검사 등에 관한 규칙」에 따라 일반 수도사업자, 전용 상수도 설치자 및 소규모 급수시설을 관할하는 시장·군수·구청장은 기준에 따라 수질검사를 실시하여야 한다.

5) 건강진단

「먹는 물 수질기준 및 검사 등에 관한 규칙」에 따라 먹는 샘물 등의 제조에 종사하는 종업원과 일반 수도사업자는 장티푸스, 파라티푸스 및 세균성 이질 병원체의 감염 여부에 관하여 건강진단을 받아야 한다. 다만, 소화기계통 전염병이 먹는 샘물 또는 먹는 염지하수의 제조공장 또는 수도의 취수장·배수지 부근에서 발생하였거나 발생할 우려가 있는 경우에는 즉시 건강진단을 받아야 한다.

- 먹는 샘물 등의 제조에 종사하는 종업원(취수·제조·가공·저장·이송시설에서 종사하는 자)과 일반 수도사업자(취수·정수 또는 배수시설에서 업무에 종사하는 사람 및 그 시설 안에 거주하는 사람): 6개월마다 1회
- 먹는 샘물 등의 제조업에 종사하는 자로서 취수·제조·가공·저장·이송시설에서 종사하는 자 외의 사람: 환경부장관이 전염병의 예방 등을 위하여 필요하다고 인정하는 경우

건강진단은 관할 보건소 또는 특별시장·광역시장 또는 도지사가 지정하는 지정 의료기관에서 실시하고, 장티푸스, 파라티푸스, 세균성 이질 병원체의 감염 및 소화기계통 전염병이 있으면 영업에 종사하지 못한다.

3. 식품제조·가공 및 집단급식시설의 작업 위생관리

식품의 위생적인 제조 및 가공을 위해서는 식품재료, 기계·설비, 기구·용기 및 식품 취급자 모두 위생관리를 철저히 하여야 한다. 작업은 전처리 단계, 조리 및 서빙 단계, 세척, 청소 및 소독단계로 나누어 가능한 시설이나 장비를 갖추어야 하고, 잘 보이는 곳에 지침이나 기준을 제시한다.

1) 세척(Cleaning, washing)

식품 재료의 다듬기, 씻기, 썰기, 해동 및 소독 등 조리 가공을 위한 준비 단계에서는 교차오염이나 개인위생 등에 의해 위해가 발생되기도 하므로 식품과 기구들은 세척을 철저히 하고, 교차오염을 피하기 위하여 기구는 재료에 따라 구분하여 사용해야 한다. 세척은 식품과 식품용 기구 또는 용기의 표면을 세척제를 사용하여 음식 성분과 기타 유기 성분을 제거하는 과정으로 세척이 잘 이루어져야 소독의 효과가 좋다.

(1) 세척제의 용도별 종류

세척제는 표면에 존재하는 유기물이나 오염물질을 씻어서 제거하기 위해 이용되는 화학물질이다. 세척제는 「위생용품의 규격 및 기준」에 따라 1종 세척제는 사람이 그대로 먹을 수 있는 채소, 과일 등을 씻는 데 사용되고, 2종 세척제는 가공기구, 조리기구 등 식품기구(자동식기세척기 포함)·용기를 씻는 데 사용되며, 3종 세척제는 식품의 제조장치, 가공장치 등 제조·가공용 기구 등을 씻는 데 사용된다. 1종은 2종 및 3종 세척제로, 2종은 3종 세척제로 사용이 가능하지만, 3종으로는 2종 및 1종, 2종으로는 1종의 목적에 사용할 수 없으므로 세척하고자 하는 대상에 따라 바르게 선택하여야 한다(그림 13.5).

그림 **13.5** 세척제의 종류
자료: 식품의약품안전처

또한, 세척제는 용도 이외로 사용하거나 규정 사용량 이상을 사용하여서는 안 되며 사용한 후에는 조리기구 등에 세척제가 남지 않도록 음용에 적합한 물로 반드시 씻어야 한다. 식품용과 기구별 세척 방법을 정확히 숙지하고 실천해야 하며, 세척제는 식품과 구분하여 안전한 장소에 보관하여야 한다.

(2) 세척제의 성분별 종류

세척제는 오염물질을 제거하기 위하여 만들어진 화학물질이므로 세척력이 좋고, 안정하며, 부식성이 없고 사용자에게 안전해야 한다. 세척하고자 하는 대상에 따라 사용하는 세제는 달라야 하며 각각의 용도에 맞추어 사용한다(표 13.1). 합성세제는 계면활성제에 세척 촉진제·착색료·향료 등을 첨가하여 만든 것으로 세척력은 강하지만 살균·소독력은 거의 없다. 세제는 무기성세제와 계면활성제로 구별된다.

① **무기성 세제**: 무기성 세제는 가장 많이 사용되는 세제로 단독으로 사용할 때에는 세척 활성력이 없어서 계면활성제와 함께 사용한다. 식품·용기·기구의 세척에 활용하는데, 수산화나트륨, 탄산나트륨, 인산나트륨 등의 알칼리류 세제는 지방의 제거에 사용하고, 염산, 황산, 질산, 차아염소산수 등의 산류 세제는 무기염류 침착을 제거할 때 사용한다.

② **계면활성제**: 계면활성제는 서로 다른 성질의 물질이 만나는 경계면(표면)에서 활성화된 물질로 묽은 용액 속에서 계면에 흡착하여 표면장력을 감소시킨다. 보통비누·세제·유화제 등을 총칭하며, 물이나 용매에 소량 용해되어 표면장력을 저하시키며 세척제로 작용한다. 계면활성제의 액은 발포·침투·유화·현탁·세척·가용화 등 종합적 효과에 의하여 강한 세척력을 나타낸다. 기름기가 있는 식기 등을 물로만 세척하면 기름때가 그대로 남아 있지만, 세제를 사용하면 기름때가 말끔히 제거되는 것은 계면활성제 때문이다. 계면활성제의 소수성 부분은 기름때와 상호 작용을 하고, 기름때를 둘러싼 계면활성제 덩어리들이 물에 녹을 수 있도록 상호 작용을 하여 기름기가 물에 씻겨 나가도록 한다. 계면활성제는 이온형 계면활성제와 비이온형 계면활성제

표 13.1 세제의 종류와 용도

종류	용도
일반 세제(비누, 합성세제)	• 손 세척, 기물 및 식기 세척, 청소작업 등 거의 모든 세척 용도에 사용
솔벤트(용해성 세척제)	• 진한 기름때나 오븐, 가스레인지를 세척할 때 사용 • 자주 사용하지 않는 표면에 묻은 오염물질을 세척할 때 사용
산성세제	• 세척기의 때(scale), 세제 찌꺼기 때를 제거할 때 사용(기구나 설비에 손상을 줄 수 있으므로 산성 내구성 확인 후 사용)
연마세제	• 바닥, 천장의 오염물질을 제거할 때 사용(플라스틱 제품에는 부적격)

로 분류할 수 있다. 이온형 계면활성제는 양이온 계면활성제, 양이온 계면활성제, 음이온 계면활성제 등이 있고, 비이온형 계면활성제는 수용액 중에서 해리가 되지 않지만, 물 속에 있는 다른 선해질에 의해 영향을 받지 않고 세척력을 나타낸다.

2) 살균 소독(Disinfection)

살균 소독은 세척 후에 남아 있는 식중독을 일으키는 유해 미생물을 제거하는 과정이다. 소독은 병의 감염이나 전염을 예방하기 위하여 병원균을 죽이는 것이고, 살균은 열, 자외선 및 방사선, 화학약품, 압력 등을 사용하여 균을 죽이는 것이며, 식품 등의 살균은 부패 또는 질병을 일으키는 균을 사멸시키는 것이다(내열성 포자는 잔존). 또, 멸균은 병원성, 비병원성 및 포자를 가진 모든 미생물이 사멸되어 균이 존재하지 않는 상태이다.

살균 소독은 물리적인 방법과 화학적인 방법이 있으며, 흔히 두 가지 방법을 함께 사용한다(표 13.2).

(1) 물리적 살균 소독

물리적인 살균 소독은 가열, 자외선, 여과, 초음파, 고주파, 방사선조사 등의 방법이 있다.

① **건열을 이용하는 방법**

- 화염살균법: 연소에 의한 가열살균법으로 미생물에 오염된 물체를 불에 완전히 태우므로 소각법이라고도 한다. 금속이나 유리기구 등, 불이 붙지 않는 내열성이 강한 재질의 기구에 사용한다.
- 건열살균법: 건열살균기를 사용하여 150~160℃에서 1시간 이상 열처리하는 방법으로 목제기구나 유리 등에는 이용할 수 없다. 금속류, 내열성이 강한 사기류, 유리류에 사용한다.

② **습열을 이용하는 방법**

- 열탕(자비)소독법: 100℃의 끓는 물에서 완전히 잠기게 하여 30분 이상 가열하는 방법으로 작은 기구, 용기, 식기, 조리기구, 행주, 유리제품, 도자기, 금속제품 등에 이용한다.
- 고압증기멸균법: 증기를 이용하는 방법으로 가압솥이나 고압멸균기를 사용하여 일반적으로 가압 1기압(15Lbs, 121℃)하에서 15~20분간 처리하는 방법으로 세균의 영양세포와 포자도 완전히 사멸할 수 있는 방법이다.
- 상압증기소독법: 상압 하에서 끓는 물의 수증기를 이용하여 가열, 살균한다. 코흐씨 솥의 내부 온도가 100℃로 상승한 후부터 30분간 처리한다. 증기 발생장치가 있는 경우 조리대나 기구의 살균에 이용할 수 있다.
- 간헐멸균법: 코흐씨 솥의 내부 온도가 100℃에서 40~50분간 살균하고 24시간 동안 항온기에 두었다가 다음날 같은 조건으로 살균한다. 항온기에서 포자가 발아하여 영양세포가 되는데, 3회에 걸쳐 반복 살균하여 100℃에서도 포자를 완전히 멸균시킨다.

③ **자외선을 이용하는 방법**: 일광소독은 빛의 파장에 따라 살균작용이 이루어지며 적외선, 자외선 등 종합적인 살균작용으로 자외선의 살균효과가 크다. 자외선 살균은 자외선 중에서 살균력이 가장 큰 260nm의 파장을 이용하여 칼, 도마, 컵 등 조리용 소도구 살균에 이용된다.

④ **여과법을 이용하는 방법**: 여과법은 여과막을 이용하여 미생물을 제거하는 방법으로 가열에 의한 방법을 적용하지 못하는 배지 등에 이용한다.

표 13.2 살균 소독의 종류 및 방법

종류	대상	소독방법	비고
자비소독(열탕소독)	식기 행주	• 열탕: 100℃에서 5분 이상 • 증기소독기: 100~120℃에서 10분 이상 • 재질에 따른 방법 – 금속재: 100℃에서 5분, 80℃에서 30분 – 사기, 토기: 80℃에서 1분 – 천류: 70℃에서 25분, 95℃에서 10분, 160~180℃에서 15~16초	그릇을 포개어 소독할 때에는 끓이는 시간을 연장해야 함
건열소독	식기	160~180℃에서 30~45분	식기소독기 활용 시 식기표면 71℃
자외선 소독	소도구 용기류	• 살균력이 가장 강한 260nm에서 30~60분 조사 • 기구 등을 포개거나 엎어서 살균하지 말고 자외선이 바로 닿도록 배치	자외선은 빛이 닿는 부분만 살균되므로 유의
화학소독	작업대 기기 도마 생채소 과일	• 염소 용액 소독 – 생채소, 과일의 소독: 50~75ppm 이상의 염소 용액에 최소 5분간 침지 – 발판 소독조: 100ppm – 식품접촉표면의 소독: 200ppm, 1분 이상 • 요오드 용액(기구, 용기 소독): pH 5 이하, 24℃ 이상, 요오드 25ppm이 함유된 용액에 최소 1분 침지 • 70% 에틸알코올 소독(손, 용기 등): 분무하여 건조	반드시 세척 후 사용

⑤ **방사선조사법을 이용하는 방법**: 방사선원을 이용하여 단시간에 살균하는 방법으로 방사선 투과력이 강하므로 완전포장품, 가열이 불가능한 제품에 가능하다.

(2) 화학적 살균 소독

화학적인 살균 소독은 소독제를 이용하는 방법으로 효율성, 경제성 및 편리성 때문에 많이 사용되고 있다. 식품, 식기 및 조리기구 등은 사람이 섭취하는 식품이거나 식품과 직접 접촉하는 것이므로, 안전을 고려한 살균 소독제를 사용해야 한다.

① **염소계 소독제**

- 가장 많이 사용되는 염소계 살균 소독제는 차아염소산용액, 차아염소산나트륨, 이산화염소 용액 등이며, 세균, 진균류, 바이러스 등 적용범위가 광범위하다.

ppm(Part Per Million)
1L에 대해 1mL에 해당하는 양

- 과일, 채소를 살균 소독할 때에는 100ppm의 농도로 조제된 용액에 5분간 담가 두었다가 건져 내어 흐르는 물에 2회 씻어 염소 냄새를 사람이 느끼지 못할 정도로 세척한다.
- 차아염소산나트륨의 살균 소독력은 높은 산화력에 기인하며, 미생물의 세포막을 통과하여 핵산이나 단백질을 파괴하여 불활성화함으로써 미생물을 사멸시킨다. pH와 유기물에 의해 영향을 크게 받으며 개봉 후, 시간이 지남에 따라 살균력이 감소하므로 사용 시 유효염소 농도의 확인이 필요하다. 차아염소산나트륨은 4~6% 농도로 시판되고 있다. 식품첨가물인 살균제로 사용이 허용되고 있으며, 살균 목적 외에 소독·표백·탈취의 목적으로도 사용된다.

알아두기

차아염소산나트륨 사용기준

- 식품접객업용 기구 등, 집단급식소용(1회 50인 미만 제공급식소용 포함), 기구 등: 200mg/L 이하(유효염소로서)
- 유가공용 기구 등: 200mg/L 이하(유효염소로서)
- 식품의 제조·가공용 기구 등: 200mg/L 이하(유효염소로서)

② 요오드계

- 요오드, 요오드칼륨, 요오드화수소산 등 요오드를 비이온 계면활성제 또는 용해제와 섞어 만드는 요오드계는 용액의 안전성을 증진시키며 요오드의 방출을 조절하고 유기물계 오염물 내부로 침투를 쉽게 한다.
- 요오드화합물을 사용할 때에는 물의 pH가 5.0 이하가 되게 한다.

③ 제4급 암모늄화합물

- 염화알킬(C12-C16)벤질디메틸암모늄 등의 제4급 암모늄화합물은 쿼트(Quat)라고도 하며, 양이온 계면활성제형으로 산성 및 알칼리성 용액 모두에서 잘 작용한다.
- 독성이 적고, 색, 부식성 및 냄새가 없는 편이며, 열, pH 및 유기물에 대한

안전성이 뛰어나다.

④ **알코올**

- 알코올은 70% 에탄올 용액을 사용하며 소독이 필요한 대상에 분무한 다음 휘발시킨다.
- 음식조리용 용기, 조리용 장갑 및 손에 사용한다.

(3) 식품, 식기 및 조리기구의 살균 소독

오염물질은 살균 소독에 방해가 되므로 식품, 식기 및 조리기구 등은 먼저 세척을 하고 깨끗하게 헹군 다음 살균 소독을 해야 효과적이다. 살균 소독제를 용도에 따라 희석액을 만들어 20℃에서 5분 동안 처리하면 대장균과 황색포도상구균을 99.999% 감소시킬 수 있다.

살균·소독 전에는 세척을 해야 하며 살균·소독 후에는 건조를 통해 살균 소독액을 제거하여야 한다. 살균 소독제를 선택하는 기준은 사용상의 편리성, 안전성, 경제성, 살균 소독력, 효과의 지속성, 온도 및 pH의 영향 등 여러 가지가 있으므로 사용 목적과 조건에 맞는 최적의 살균 소독제를 선택하는 것이 중요하다.

식품에 사용하는 살균제를 식품용 살균제로, 기구·용기·포장에 사용되는 살균 소독제를 기구 등의 살균 소독제로 구분하고 있다.

① **식품용 살균제**

- 채소류와 과일류 등 식품은 식품용 살균제를 사용하며 제품에 식품첨가물이라고 표시가 되어 있다. 식품에 묻어 있는 식중독균을 살균시켜 식중독 발생을 예방하기 위해 사용한다(그림 13.6).
- 과산화수소, 차아염소산칼슘, 차아염소산나트륨, 차아염소산수, 이산화염소수, 오존수, 과산화초산 등 총 7품목이 지정되어 있고, 품목별 사용 기준에 따라 식품의 살균 목적으로 사용한 후, 최종 식품의 완성 전에 제거하여야 한다.
- 염소계 살균제의 경우 100ppm 이하의 농도로 사용한다.

그림 **13.6** 식품용 살균제의 올바른 사용 방법

자료: 식품의약품안전처

② **기구 등의 살균·소독제**

- 식품용 조리기구 및 용기·포장을 살균 소독하기 위하여 사용하며 식품용 조리기구 및 용기·포장에 묻어 있는 식중독균을 살균시켜 식품으로 교차 오염되는 것을 방지하여 식중독 발생을 예방한다.
- 과산화수소제제 외 12품목이 있으며 개별 품목에서 정해진 사용기준에 따라 처리한 후 식품과 접촉하기 전에 자연건조, 열풍건조 등의 방법으로 제거해야 한다(그림 13.7).

- **용도확인**: 기구등의 살균소독제 용도는 식품접객업용 · 집단급식소용, 유가공용, 식품의 제조 · 가공용으로 구분된다.
- **농도확인**: 사용 전 유효성분의 농도를 확인한다. ※차아염소산나트륨의 경우 200ppm 이하
- **깨끗이 세척 후 살균소독**: 깨끗이 세척하여야 살균소독 효과가 나타난다. ※표면의 기름때, 유기물 등 오염물질은 살균소독을 방해한다.
- **적정시간 살균**: 5분 정도 살균 소독할 경우 세균이 99.999% 이상 제거된다.
- **세척제와 혼합 사용금지**: 화학반응이 일어날 수 있으며, 살균소독력이 감소한다.
- **1일 1회 이상 수시 제조**: 살균소독제 희석액은 시간 경과에 따라 살균소독력이 점차 감소한다.

그림 **13.7** 기구 등의 살균제 체크포인트 6

자료: 식품의약품안전처

• 식기류 및 조리기구와 시설 및 설비 등은 염소계 살균제의 경우 200ppm 이하의 농도로 사용한다.

쉬어가기

기구 등의 살균·소독제 사용농도 확인 방법(테스트 페이퍼 이용법)

제품에 표시된 사용방법에 따라 살균·소독제 희석액을 준비한다. → 테스트 페이퍼를 살균·소독제 희석액에 담궈 색을 확인한다. → 테스트 페이퍼를 비색표와 대조해 확인한다.

자료. 식품의약품안전처

③ 살균 소독제의 올바른 사용

• 살균·소독 전에는 세척을 해야 하며 살균·소독 후에는 건조를 통해 살균 소독액을 제거하여야 한다(그림 13.8).

• 살균 소독제를 선택하는 기준은 사용상의 편리성, 안전성, 경제성, 살균 소독력, 효과의 지속성, 온도 및 pH의 영향 등 여러 가지가 있으므로 사용 목적과 조건에 맞는 최적의 살균 소독제를 선택하는 것이 중요하다.

• 살균 소독제는 희석하여 사용한다. 장갑, 고글, 마스크 등 개인보호 장비를 착용하고 통풍이 잘 되는 장소에서 제품에 표시된 사용 농도와 사용 방법을 확인하고 희석한다.

• 상온의 음용수만 사용하고, 온수나 열수는 사용하지 않으며, 1회 사용량을 만들고 사용 전 test paper 등을 사용하여 농도를 확인하며 남은 희석액은 즉시 폐기한다. 시간이 경과함에 따라 살균 소독력이 떨어진다.

• 사용 시 2가지 살균 소독제를 임의로 혼합할 경우 화학반응이 일어나 위험하고 살균 소독력은 감소할 수 있으므로 혼합하여 사용하지 않도록 주의한다. 사용 목적 및 사용 기준이 다른 세척제와 혼합하여 사용하지 않으며 살균 소독제는 뚜껑을 꼭 닫고 서늘하고 통풍이 잘 되는 장소에 반드시

세워서 보관한다. 또한 기구 등의 살균 소독제는 식품의 살균 목적으로 사용하지 않는다.

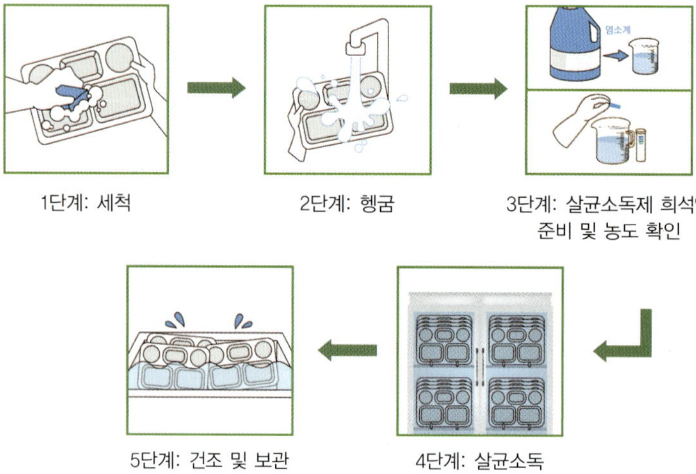

그림 13.8 살균소독 5단계
자료: 식품의약품안전처

알아두기

물수건 처리방법

오염정도가 심하지 않은 물수건

- 염소제 사용: 적당량의 세제와 식품첨가물용 또는 수처리 제조용 염소를 첨가하여 온수로 10분 이상 세탁 및 헹굼을 충분히 하거나, 정수된 용수를 사용하여 세척제가 충분히 제거될 수 있도록 헹굼과 탈수를 번갈아 4회 이상 실시한다. 염소제 첨가에 의한 소독은 2회째 헹굼 다음에 유리 염소가 250ppm 이상 되도록 첨가하여 실시한다.
- 열탕(증기) 소독: 소독은 고온의 용수 또는 100℃ 이상의 증기에 10분 이상 접촉시킨 후 세척을 실시하거나, 적당량의 세제를 사용하여 온수로 10분 이상 세탁 및 헹굼을 충분히 한 후 정수된 용수를 사용하여 세척제가 충분히 제거될 수 있도록 헹굼과 탈수를 번갈아 4회 이상 실시한다.

오염정도가 심한 물수건의 처리방법

- 반복 세척: 적당량의 세제와 식품첨가물용 또는 수처리 제조용 염소를 첨가하여 온수로 15분 이상 세탁 및 헹굼을 충분히 한다.
- 가성소다: 특히 오염정도가 심한 물수건은 식품첨가물용 가성소다를 적당량 첨가하여 온수에 15분 이상 침지를 행하고 탈수 후 행하여야 한다.

4. 식품취급자의 위생관리

식품제조·가공시설 및 집단급식소의 시설과 설비의 위생관리도 중요하지만, 식품의 오염을 방지하기 위해서는 식품을 취급하는 종사자의 위생관리도 식품위생에 중요한 영향을 미칠 수 있으므로 철저하게 관리하여야 한다.

1) 건강관리

식품을 취급하는 사람은 질병이 없는 건강한 사람이어야 한다. 그러므로 식품취급자는 「식품위생법」 제40조, 「식품위생법 시행규칙」 제49조 및 제50조에 의해 건강진단과 건강진단 대상자 및 영업에 종사하지 못하는 질병의 종류를 관리한다. 건강진단을 받아야 하는 사람은 식품 또는 식품첨가물을 채취·제조·가공·조리·저장·운반 또는 판매하는 일에 직접 종사하는 영업자 및 종업원으로 한다. 다만, 완전 포장된 식품 또는 식품첨가물을 운반하거나 판매하는 일에 종사하는 사람은 제외한다. 건강진단을 받아야 하는 영업자 및 그 종업원은 영업 시작 전 또는 영업에 종사하기 전에 미리 건강진단을 받아야 한다.

건강진단 결과 타인에게 위해를 끼칠 우려가 있는 질병이 있는 경우에는 그 영업에 종사하지 못한다. 영업에 종사하지 못하는 질병의 종류는 결핵(비감염성인 경우는 제외)과 피부병 또는 그 밖의 화농성(化膿性) 질환이다. 또한 콜레라, 장티푸스, 파라티푸스, 세균성 이질, 장출혈성 대장균감염증, A형 간염 중 어느 하나에 해당하는 병이 있을 때 집단급식소와 식품접객업소의 업무 종사에 일시적으로 제한을 받는다. 식품취급자 중 발열 또는 감기 증상, 설사를 동반하는 복통 및 구토 증상, 얼굴에 상처나 종기가 있는 경우, 손에 상처가 있는 경우, 본인 및 가족 중에 법정 전염병(콜레라, 이질, 장티푸스 등) 보균자가 있거나 발병한 경우에도 업무에 참여하지 않아야 한다. 작업 전 자신의 건강 상태를 인지하고, 이상이 있는 경우에는 위생관리 책임자에게 보고해야 한다(표 13.3).

표 13.3 건강진단 항목 및 횟수

건강진단 항목	횟수	비고
• 장티푸스 • 폐결핵 • 전염성 피부질환(한센병 등 세균성 피부질환)	매년 1회 (건강진단 검진 날 기준)	식품위생 관련 영업 및 집단급식소 종사자만 해당

2) 개인 위생관리

식품 취급자의 개인 위생관리는 식품의 안정성에 결정적인 영향을 미치므로 해당 작업구역에 적합한 위생복장(위생복, 위생모자, 위생화, 마스크, 앞치마 등)을 항상 청결한 상태로 착용하고 작업복을 입고 작업장 밖에 나가지 않도록 하며, 위생복과 외출복은 교차오염이 일어나지 않도록 분리 보관한다.

두발은 매일 감아 항상 깨끗하게 관리하고, 일을 할 때에는 머리카락과 귀가 보이지 않도록 위생모를 정확히 착용한다. 남자의 경우에는 깨끗하게 면도를 한다. 식품 취급자의 위생관리 수준을 높이기 위해 마스크 착용을 의무화 하는 「식품위생법 시행규칙」 개정안이 마련되었으므로 마스크는 입과 턱, 코까지 덮어서 잘 착용한다.

작업복은 세탁하기 쉬운 재료로 만든 것을 준비하고 항상 청결한 상태를 유지한다. 상의는 흰색의 옅은 색 작업복이 위생상 적당하고, 소매단이 늘어지지 않아야 하며, 화장실에는 작업복을 입고 가지 않는다. 팔토시는 매일 세척·건조 후 착용한다. 하의는 여유가 있는 복장으로 매일 세척하여 착용하고 외출복과 구분한다. 앞치마의 경우에는 전처리용, 조리용, 배식용, 세척용으로 구분하여 사용하고, 청결하게 관리한다.

손톱은 짧게 자르고 매니큐어나 광택제를 칠하거나 인조손톱을 착용해서는 안 된다. 손을 깨끗하게 하고 작업 중 손이나 식품을 취급하는 기구 등으로 머리, 코, 입, 귀 등을 긁거나 건드려서는 안 된다. 또한 교차오염과 이물 혼입의 원인이 될 수 있으므로 시계, 반지, 목걸이, 귀걸이, 팔찌 등의 장신구를 착용해서도 안 된다. 화장은 진하게 하지 않으며 향이 강한 향수는 사용하지 않는다.

장갑을 사용할 때에는 식재료의 종류와 조리 유형에 따라 여러 가지 색깔의 장갑을 구분하여 사용하는 것이 바람직하다. 작업 특성상 장갑이 쉽게 오염되거나 그 기능을 못 하게 된 경우에는 즉시 새것으로 교체하여 착용해야 하고 다른 작업을 시작하거나 같은 작업을 계속하는 경우에도 4시간이 경과하기 전에 새것으로 교체하여 착용해야 한다.

신발은 발가락 부분이 노출되지 않는 전용 작업화를 신고, 하루에 한 번씩 표면을 소독하여야 하며 일주일에 한 번 이상은 내부를 세척·소독하여야 한다. 외부 출입 후에는 반드시 소독판에 작업화를 소독해야 한다. 이 소독판에 쓰이는 소독액으로는 시중에서 판매하는 락스를 희석하거나 역성비누가 사용된다.

식품취급자는 반드시 전용 화장실을 사용하고, 화장실에는 전용 신발을 비치하여 이용한다. 식품취급 중 화장실에 갈 경우에는 사복으로 갈아입고 용무 후 손을 씻고 소독한 다음 작업복으로 갈아입는다(그림 13.9).

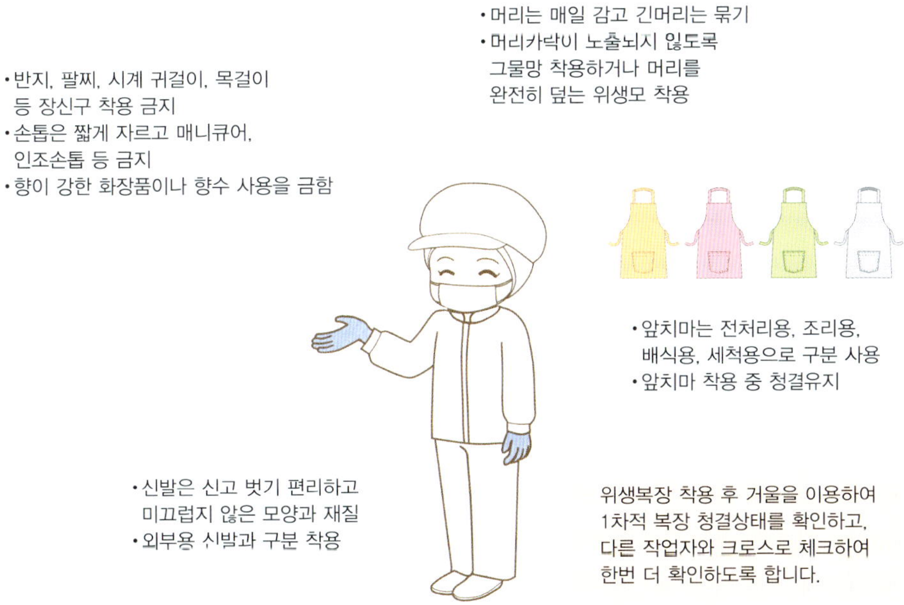

그림 13.9 식품 취급자의 복장
자료: 식품의약품안전처

3) 손의 위생관리

식품 취급자는 손을 사용하는 빈도가 매우 높으므로 식중독의 예방을 위해서는 손의 위생관리가 매우 중요하다. 그러므로 조리장에는 손 세척 전용의 시설이 설치되어야 한다. 손에는 황색포도상구균, 분변성 미생물, 생식품의 미생물이 있을 수 있으므로 식품을 취급하는 사람은 작업장 입실 시 또는 작업하는 생산품목 변경 시, 취급하는 식재료가 바뀔 때, 육류·어류·난류 등 날 것의 식재료를 만졌을 때, 화장실에 다녀온 후, 살균·소독제 등 화학약품을 다룬 후, 식사를 하거나 담배를 피운 후, 귀·입·코·머리 등 신체부위를 만지거나 긁은 경우, 깨끗하지 않은 설비 또는 도구 표면, 걸레 등 청소도구를 만졌을 경우, 휴대전화 사용 후에는 반드시 손을 씻고 나서 작업에 임해야 한다(그림 13.10).

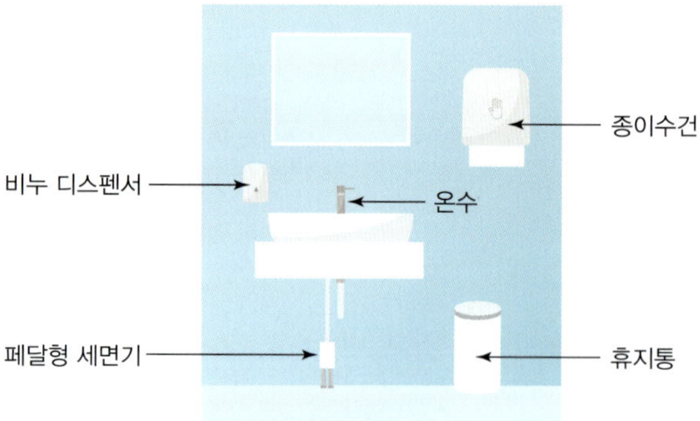

그림 13.10 손 세척 설비

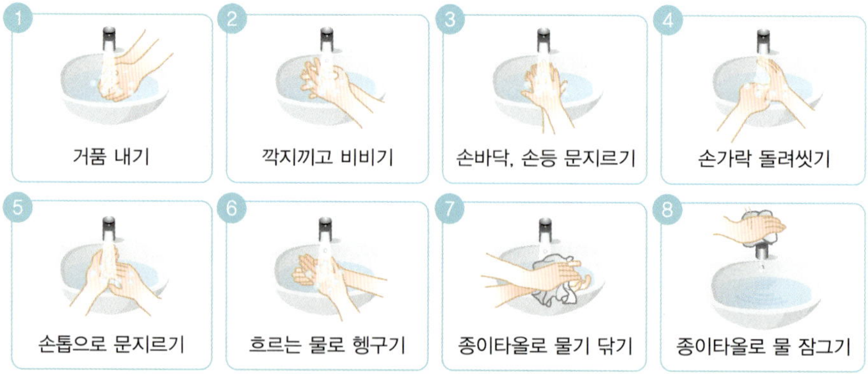

그림 13.11 올바른 손 씻기 방법
자료: 식품의약품안전처

손을 효과적으로 씻으려면 비누 거품을 충분히 내어 손과 팔을 문질러 닦고 깨끗한 물로 헹군다. 손가락 끝과 손가락 사이를 유의해서 깨끗이 씻고, 손톱 밑은 손톱용 브러시를 사용하여 닦는다. 일회용 종이수건이나 손 건조기를 이용하여 물기를 건조시킨다(그림 13.11).

식품 취급자의 손에 상처가 생기면 황색포도상구균이 감염될 가능성이 있으므로, 작업 중 손에 상처가 생기면 〈그림 13.12〉와 같은 방법으로 조치를 취한다.

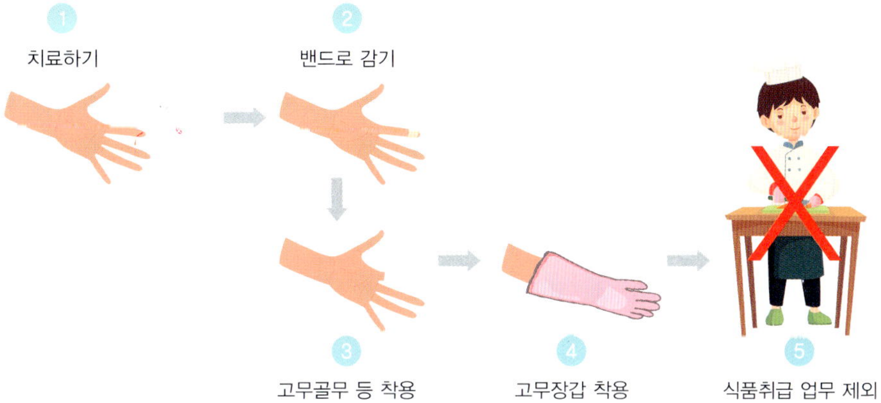

그림 **13.12** 손 상처 발생 시 조치 방법
자료: 식품의약품안전처

쉬어가기

세척 소독 후 세균수의 비교

손은 작업 전 비누로 흐르는 물에 30초 이상 씻는다. 손을 깨끗이 씻으면 세균의 99.9%를 감소시킬 수 있고, 알코올 등을 이용하여 손을 소독한다.

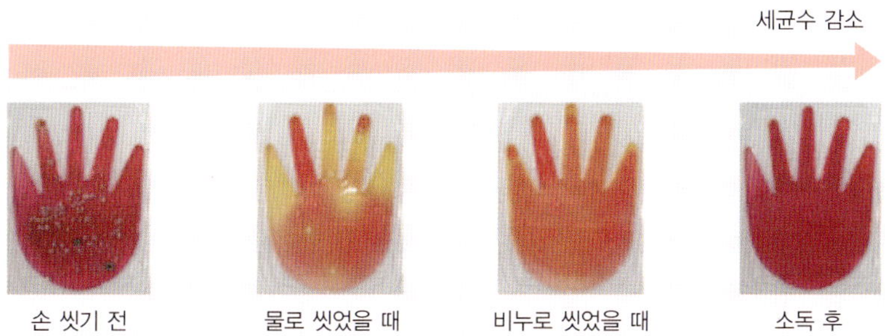

4) 종사자 위생교육

식품제조·가공업자, 즉석판매제조·가공업자, 식품첨가물제조업자, 식품운반업자, 식품소분·판매업자, 식품보존업자, 용기·포장류제조업자, 식품접객업자 및 종사자는 소비자에게 안전한 식품을 제공하기 위하여 식품위생교육이 필요하다. 식품위생교육의 법적 근거는 「식품위생법」 제41조의 식품위생교육, 「식품위생법 시행령」 제27조, 「식품위생법 시행규칙」 제51조의 식품위생교육기관 등, 제52조의 교육시간, 제53조의 교육교재 등, 「식품 등 영업자 등에 대한 위생교육기관 지정」, 「식품관련 영업자 등에 대한 식품위생교육 규정」 등이고 집단급식소 설치·운영자의 경우는 「식품위생법」 제88조에 따라 영업자 식품위생교육 규정을 준용한다. 식품을 직접 조리, 가공하는 사람은 작업 중 식품과 계속 접촉을 하므로 건강상태, 작업습관, 식품위생에 대한 지식은 식품의 안전에 중요한 영향을 미칠 수 있다. 그러므로 식품위생에 대한 지식, 기술 및 올바른 태도를 가질 수 있도록 매년 식품위생에 관한 교육을 받아야 한다.

위생교육은 조리 종사자가 개인의 위생을 비롯하여 식품 조리 시에 요구되는 위생의 중요성을 알게 하고, 식품 안전사고를 방지하기 위한 방안을 내용으로 교육한다. 식품위생교육에 기본적으로 포함되어야 하는 내용으로는 식품을 취급하고 섭취하는 과정에서 위생이 중요한 이유와 잘못된 식품위생관리로 인한 질병, 모든 작업과정에서 준수해야 하는 개인 위생관리, 식품의 종류별 취급방법과 그에 대한 기본지식, 작업장 내에 있는 시설 및 기기를 청결하게 유지하는 방법, 작업장 내부로 침입하여 식품안전에 영향을 미칠 수 있는 곤충 및 설치류를 관리하는 방법 등 식품위생교육의 대상에 따라 교육 내용을 달리할 수 있다. 즉, 작업장의 관리자는 장소와 시설, 조리 종사자는 식품의 취급방법, 그리고 서비스 종사자는 개인 위생관리에 대하여 집중적으로 교육한다.

CHAPTER

14

환경위생

1. 개요
2. 공기위생관리
3. 물 위생관리
4. 폐기물의 위생관리
5. 작업환경 위생관리

CHAPTER

14 환경위생

환경위생이란 인간을 둘러싸고 있는 각종 유형·무형의 객체와 인간과의 관계를 연구하여 인간의 건강을 추구하는 것을 말한다. 인간을 둘러싼 환경에는 자연환경 및 생물학적 환경과 같은 자연적인 것과 주택, 위생시설 등과 같은 사회적 환경, 정치, 경제 등의 문화적 환경 등으로 구분할 수 있다. 이러한 환경을 개선하고자 하는 인간의 노력과 질병을 피하려는 노력은 환경위생학 및 공중보건학 발전의 기초가 되어왔다. 환경위생학은 위생사 시험에서 높은 배점을 차지하는 중요한 필수시험과목 중 하나이다. 그 내용과 범위가 매우 방대하여 본 장에서는 간단히 요약된 내용으로 소개하고자 한다.

1. 개요

세계보건기구(WHO)의 환경위생전문위원회가 정의한 바에 의하면 '환경위생이란 인간의 신체발육과 건강 및 생존에 유해한 영향을 미치거나 또는 영향을 미칠 수 있는 모든 환경요소를 관리하는 것'이라고 하였다. 여기서 '환경'이란 인간 주체를 둘러싸고 있는 유형·무형의 객체라 할 수 있으며, 크게 자연적 환경과 사회적 환경으로 구분한다(표 14.1). 결국 환경위생은 인간을 둘러싼 각종 환경과 인간과의 관계를 연구하고, 환경을 개선함으로써 궁극적으로 질병을 피하여 인간의 건강을 추구해가는 것이라 할 수 있다.

표 14.1 환경의 구분

대분류	중분류	구체적인 예
자연적 환경	이화학적 환경	기후, 공기, 물, 토양, 광선, 소리
	생물학적 환경	병원미생물, 위생해충, 위생동물
사회적 환경	인위적 환경	의복, 주택, 위생시설
	문화적 환경	정치, 경제, 종교, 교육

2. 공기위생관리

물, 음식물 및 공기는 인간의 생명 유지를 위한 절대적 3요소로 성인의 경우 1일 필요 공기량이 약 13L이다. 공기는 99% 전후가 질소와 산소로 구성되어 있다. 즉, 정상적인 공기에는 질소 78.1%, 산소 20.93%, 아르곤 0.93%, 이산화탄소 0.03%, 네온 0.0018%, 헬륨 0.0005%, 메탄 등이 포함되어 있다. 공기 중 산소량이 10% 이하이면 호흡곤란을 유발하고, 7% 이하가 되면 질식사할 수 있다. 질소는 정상기압 상태에서는 인체에 영향이 없다. 그러나 고압환경에서 갑자기 감압환경으로 바뀌게 되면 체내 혈액 속에 녹아있던 질소가 기포를 형성하여 혈전현상을 일으킬 수 있다. 이러한 현상을 잠함병(감압병)이라 하며 잠수부, 해녀들에게 많이 발생한다.

한편, 여러 가지 환경적 조건에 따라 정상적인 기체로부터 오염물질이 발생되어 인체 건강에 위협이 되기도 한다. 예를 들어, 공기 중에 가장 많이 분포되어 있는 기체인 질소는 고온에서 연소되면 일산화질소(NO), 이산화질소(NO_2) 및 아산화질소(N_2O) 등의 유독한 물질로 변화된다. NO는 헤모글로빈 결합력이 강하여 산소결핍을 유발하고, NO_2는 기관지에 영향을 준다. N_2O는 흡입 시 얼굴 근육에 경련이 일어나 마치 웃는 것처럼 보이기 때문에 웃음가스(스마일가스)라고도 하며, 오존층을 파괴하여 지구온난화를 악화시키는 물질이다.

또한, 산업의 다양화, 공업의 급진적 발전, 교통기관 증가, 인구 과밀 현상 등은 공기를 심하게 오염시키고 있어 문제가 심각하며, 이러한 대기오염뿐 아니라 실내공기 오염의 문제는 인간의 건강을 크게 위협하는 요소가 된다.

1) 대기오염과 공기위생

대기오염이란 인위적으로 배출된 오염물질로 인하여 불특정 다수인에게 불쾌감을 유발하고 공중보건상 인체에 위해가 될 뿐 아니라, 동·식물에게도 위해가 되는 상태를 말한다. 대기오염의 주요 원인은 주로 각종 연료의 연소, 화학물질의 화학반응 및 각종 물질의 물리적 변화 과정에서 발생되는 유해물질들이며, 특히 대기오염물질로 문제되는 것은 황산화물, 질소산화물, 탄화물 등의 화학물질과 기타 분진, 중금속 등이다.

(1) 대기오염원

대기가 오염되는 원인은 크게 두 가지로 구분할 수 있다. 화산, 산불, 황사, 꽃가루, 지진, 낙뢰, 유기물 부패 등과 같은 자연현상에 의해 오염되는 자연발생원과 난방시설(54%), 자동차 배기가스(20%), 산업장(16%), 화력발전(10%) 등 인간에 의해 오염되는 인공오염원이다.

(2) 대기오염물질

① **1차 오염물질**: 물질의 파쇄, 선별, 퇴적, 기계적 처리, 연소, 합성, 분해 등의 과정에서 발생하는 고체 또는 액체상의 미세한 물질로 직접 배출되는 물질을 말한다. 1차 오염물질은 대개 오전 9시경 증가하고, 12시 정오경에 감소했다가 오후 6시경 다시 증가하는 것과 같이 아침, 저녁, 밤에는 증가하고, 낮에는 감소하는 패턴을 보이는 특징이 있다.

1차 오염물질 중 입자상 물질에는 매연, 미세먼지(PM, particulate matter), 분진, 연무, 훈연, 안개 등이 있고, 가스상 물질에는 황산화물(SO_2, SO_3, H_2S 등)을 비롯하여 NH_3, CO, HCl, Cl_2, HCHO, C_6H_6, Br_2 등이 있다. 이 중 매연,

분진, SO_2는 대기오염의 지표 물질이다.

② **2차 오염물질**: 1차성 오염물질 간의 상호작용 또는 대기성분과 다른 물질이 반응하여 생성된 물질을 말한다. 주로 태양광선이 있는 낮 시간에 증가하여 오후 2시경에 최대치에 이른다. 태양에너지에 의한 광화학적 반응에 의하여 오염물질이 광화학적 스모그를 생성한다.

③ **기온역전과 대기오염**: 일반적으로 대류권에서는 하층에서 상공으로 올라갈수록 기온이 떨어진다. 기온역전 현상은 이와 반대로 상부의 온도가 하부의 온도보다 높은 경우를 말하며, 지면의 공기가 심하게 냉각되면서 상공보다 더 차가워지는 복사역전 현상 때문에 일어난다. 이러한 기온역전 현상이 나타날 경우 오염물질이 수직운반되므로 대기가 더 쉽게 오염된다.

(3) 대기오염의 변화

① **산성비**(acid rain): 산성비란 pH 5.6 이하의 강수를 말한다. 화석연료를 사용하는 화력발전소, 공장, 자동차 등에서 다량 배출되는 황산화물 및 질소산화물 등이 물과 결합하여 황산 및 질산으로 되어 빗물에 용해됨으로써 생성된다. 산성비는 황산 65%, 질산 30%, 염산 5% 정도로 구성된다. 산성비에 의한 피해로는 식물의 꽃가루 수정 감소, 잎의 고사, 물고기의 알 부화 억제, 인체의 눈 및 피부질환 유발, 철제건축물 등의 피해 등이 있다.

② **오존층 파괴**: 성층권(지상 11~50km) 내 오존 밀도가 가장 큰 지상 25km 전후를 오존층이라고 한다. 오존층은 태양으로부터 방출되는 해로운 단파장 자외선을 흡수하고 성층권의 온도를 상승시키는 역할을 한다. 그러나 반응성이 큰 수소, 질소, 염소 등의 산화물들이 성층권까지 올라가면 오존층이 파괴된다. 대표적으로 프레온가스(염화불화탄소: CFC)는 에어컨·냉장고의 냉매, 스프레이의 분사제, 소화기 등에 널리 쓰이고, 반도체 산업, 화장품, 정밀기기 등에 매우 중요한 물질이나 오존층을 파괴하는 주요 요인이다. 오존층 파괴는 인간에게 전염병 유발, 안과질환, 백내장, 실명, 피부암 등의 피해를 야기할 수 있다.

③ **온실효과**(green house effect): 온실효과는 대기 중 온실기체(수증기, 이산화탄소)에 의해 지구의 표면 가까이에 열이 갇히는 것을 의미한다. 이 열을 가두는 온실가스들은 가스가 없을 때보다 따뜻하게 온도를 유지해주는 역할을 하는데, 마치 지구를 감싸는 담요와 같다. 대부분의 태양광은 대기를 투과하여 지구표면에 흡수되는데, 지표에서는 에너지 균형을 유지하기 위하여 지표온도에 해당하는 적외복사를 방출한다. 이때 방출된 적외복사는 온실가스에 의해 흡수되고 다시 모든 방향으로 적외복사를 방출한다. 지표로 향하는 적외복사가 지표에 흡수, 가열되기 때문에 태양광의 직접 흡수를 통해 얻을 수 있는 온도보다 높은 지표 온도를 가지게 되는데, 이렇게 증가된 가열의 크기가 온실효과이다. 지구온난화에 따라 기상이변, 생태계의 분포 변화, 산불, 해수면 상승 등의 피해가 발생한다.

④ **열섬효과**(heat island effect): 도시 지역이 시골의 전원 지역보다 기온이 더 높은 현상을 말한다. 그 원인은 도시 지역에서는 발전소, 공장, 밀집 주거에 따른 연료소모가 높고 열 보전 능력이 큰 콘크리트구조물, 아스팔트 등이 많은 반면, 물 증발에 의한 열 소비와 바람이 상대적으로 적기 때문이다. 열섬현상은 바람이 적고 고기압 상태, 여름 및 초가을 사이의 야간에 많이 발생한다.

⑤ **열대야**: 기온이 25℃ 이상 되는 여름밤을 말한다. 불면증, 불쾌감, 피로증대, 탈진 등을 야기한다.

⑥ **엘니뇨**: 온실효과에 의한 재해 중의 하나로 해수면의 온도가 평년보다 0.5℃ 이상 높게 6개월 이상 지속되는 현상이다. 남아메리카 페루 연안에서 형성되는 '따뜻한 해류'를 뜻하는 스페인어로 크리스마스 전후에 나타나므로 '신의 아들'이라고도 한다. 엘니뇨가 발생할 때에는 동태평양 해류가 따뜻해져서 증발량이 많아지며, 이로 인해 태평양 동부 쪽에는 강수량이 증가하여 대규모의 홍수가 발생한다.

⑦ **라니냐**: 온실효과에 따른 지구온난화의 영향으로 일어나는 자연재해 중의 하나이다. '여자아이'를 의미하는 스페인어로 엘니뇨와 반대로 열대 중부의 태평양 해수면의 온도가 평년보다 0.5℃ 이상 낮은 상태로 5개월 이내의 기간 동안 지속되는 현상이다. 적도의 무역풍이 평소보다 강해지면서 차가운

해수가 솟아오르기 때문에 적도 동태평양에는 저수온 현상이 나타나는 것이다.

(4) 대기오염의 방지기술

공기는 여러 가지 환경적 요인에 의해 오염되고 있지만, 공기 스스로 끊임없는 자체 정화작용을 하고 있다. 그러나 이러한 자정작용(autopurification) 능력의 한계를 벗어나면 오염은 더욱 심화된다. 따라서 공기의 자정작용에 의존하기보다 더욱 적극적인 방법으로 대기오염을 방지하기 위한 전문기술이 필요하다(표 14.2).

표 14.2 대기오염 방지기술

기술의 종류	기술의 원리
중력 집진	• 중력에 의한 자연침강력에 의해 분리, 포집하는 방법
관성력 집진	• 오염된 공기를 방패판에 충돌시키고 기류의 방향을 급격히 전환시켜 이때 생기는 관성력을 이용하여 포집하는 방법
원심력 집진	• 오염된 공기를 원심력으로 분리, 포집하는 방법
여과 집진	• 오염된 공기를 여과포를 통과시켜 분리, 포집하는 방법
세정 집진	• 세정액을 오염된 공기에 분사하여 직접 흡수시키거나 관성충돌 및 확산 등의 방법을 복합적으로 활용하는 방법 • 오염방지에 효율적이나 수질오염의 우려가 있음
전기 집진	• 전극에서 코로나 방전을 일으켜 오염된 공기를 입자화함으로써 음이온과 양이온 전극판에 부착시켜 제거하는 방법 • 집진처리 효율이 99.9% 이상으로 매우 높음

2) 실내공기위생

(1) 군집독(Crowd poison)

다수의 사람들이 환기가 불량한 실내에 장기간 밀폐 상태에 있으면 실내공기의 화학적 조성 및 물리적 변화가 일어나 불쾌감, 두통, 권태, 현기증, 식욕부진 및 구토 등의 현상이 나타나는데, 이를 군집독이라 한다. 군집독은 여름철의 만원 버스나 극장 및 겨울철 밀폐된 실내 등과 같이 많은 사람이 밀집되어 있을 때 잘 발생한다. 이러한 상태에서는 모여 있는 사람들의 신체에서 나오는 열기 때문에 실내공기의 온도가 올라갈 뿐 아니라 사람들의 호흡을 통해 나오는 수증기나 체표면에서 방출되는 땀 등이 실내습도의 상승을 유발한다. 이러한 군집독을 예방하기 위해서는 실내 공기의 조성비를 쾌적하게 유지할 수 있도록 환기설비를 잘 갖추어야 한다.

(2) 이산화탄소(CO_2)

이산화탄소는 무색, 무취의 비독성 가스로 실내에 다수의 사람들이 밀집하여 장시간 있으면 농도가 증가할 수 있다. 일반가정이나 사무실에서 이산화탄소 자체로 인해 피해를 받는 경우는 거의 없으나, 온실효과로 인한 지구온난화 현상을 야기한다.

이산화탄소는 실내공기 오염의 판정기준으로 사용되는데, 일반적으로 CO_2의 실내최고허용한도(8시간 기준)는 0.1%(1,000ppm)이다. 참고로 광산에서의 기준치는 1.0~1.5%이다.

(3) 일산화탄소(CO)

일산화탄소는 무색, 무취의 자극성이 없는 기체로 공기보다 가벼우며 물체가 불완전 연소할 때 많이 발생된다. 일산화탄소는 혈중 헤모글로빈(Hb)과의 친화성이 매우 강해서 산소에 비해 210~300배의 친화력을 보인다. 정상적으로는 산소가 Hb과 결합하여 HbO_2를 형성함으로써 혈액의 산소운반 기능이 발휘될 수 있다. 그러나, 친화력이 높은 CO가 이를 방해하고 산소 대신 COHb을 형성한다. 따라서 혈중 산소 농도는 감소하게 되고 결과적으로 혈액을 통해 각 조직세포에 공급되어야 할 산소가 부족해지게 되어 무산소증(anoxia)을 일으킨다. 이를 일산화탄소의 이중작용이라 한다.

일산화탄소의 최고허용한도는 1시간 기준 400ppm, 8시간 기준 0.01%(100ppm)이며 1,000ppm 이상에서는 생명이 위험하다. 일산화탄소가 0.05~0.1% 이상이면 일산화탄소 중독을 일으킨다. 과거 우리나라에서는 연탄가스에 의한 일산화탄소 중독사가 많았으나 가옥구조의 개선, 연탄 사용감소 및 고압산소치료 시설 확충 등으로 일산화탄소 중독에 의한 사망은 급격히 감소되었다.

3. 물 위생관리

물은 인간의 생명을 유지하는 데 있어 공기 다음으로 중요한 절대적 요소이다. 성인의 경우 하루에 2.0~2.6L의 물이 필요하며 일생동안 60톤 전후의 물을 마신다. 인체 내 수분은 체중의 60~70%를 차지하는데, 그중 10%를 상실하면 생리적 이상이 오고 20% 이상을 상실하면 생명이 위험하다.

오염된 물은 수인성 감염병 및 기생충 질병의 전염원으로 작용할 뿐 아니라 각종 중금속에 오염될 경우 심각한 공해 질병을 야기한다. 따라서 먹는 물의 수질관리는 물론 하수처리 등 수질오염에 대한 대책은 매우 중요하다.

1) 먹는 물의 수질관리

「먹는 물 관리법」에 의한 '먹는 물'이란 먹는 데 사용하는 자연 상태의 물을 먹기에 적합하도록 처리한 수돗물과 먹는 샘물, 먹는 해양심층수 등을 총칭하는 말이다. 먹는 물의 위생적 관리를 위하여 먹는 물의 수질기준이 정해져 있고, 환경부와 시·도지사는 먹는 물에 대한 수질검사를 지속적으로 실시하도록 규정하고 있다.

먹는 물의 수질기준으로 규정하는 물질의 종류와 규제기준은 국가마다 수질상태에 따라 다르나, 우리나라는 2021년 현재 「먹는 물 수질공정시험기준」에 의하면 총 66항목 71개의 성분에 대한 수질기준이 규정되어 있다. 또한 「먹는 물 수질기준 및 검사 등에 관한 규칙」 제2조에서는 먹는 물의 수질기준을 다음과 같이 총 6개 분야로 분류하였다.

- 미생물에 관한 기준(일반세균 등 6개 항목)
- 건강상 유해영향 무기물질에 관한 기준(납 등 14개 항목)
- 건강상 유해영향 유기물질에 관한 기준(페놀 등 17개 항목)
- 소독제 및 소독부산물질에 관한 기준(잔류염소 등 11개 항목)

- 심미적 영향물질에 관한 기준(경도 등 15개 항목)
- 방사능에 관한 기준(세슘 등 3개 항목)

2) 상수도 및 수돗물의 수질관리

우리나라의 상수도는 일반 수도, 공업용 수도, 전용 수도로 구분한다. 일반 수도는 국가가 2개 이상의 지방자치단체에 공급하는 광역상수도와 지방자치단체가 공급하는 지방상수도 및 마을상수도로 구분하여 관리한다. 수돗물 관리를 위한 상수원 관리는 수인성 감염병 등과 같은 질병 관리의 핵심이므로 수원지 관리는 철저히 이루어져야 한다. 우리나라는 상수원 보호구역을 지정관리하고 있고, 원수의 수질검사에 관한 사항을 규정하여 관리하고 있다.

수돗물의 검사대상은 급수 인구에 비례하여 검사할 수도꼭지수를 기준으로 정한다. 수돗물의 수질검사는 정수장에서 일일검사, 주간검사 및 월간검사로 구분하여 실시하고 수도전에서는 월간검사를 실시한다. 간이상수도는 분기별 검사를 실시하고, 공공시설의 먹는 물 검사는 분기별 검사와 연간 검사를 실시한다.

3) 수영장 및 공공욕장의 수질관리

수영장은 각종 소화기계 질병, 결막염과 같은 안질환, 이비인후계 질병 및 피부병 등의 전염원이 될 수 있기 때문에 위생적 관리가 필수이다. 수영장은 자연수영장과 인공수영장으로 구분한다. 자연수영장의 경우 100mL당의 대장균군 수에 의해 A(50 이하)~D등급(1,000 이상)으로 나누며, 여기서 D등급은 부적합한 수질에 해당한다.

인공수영장은 수질관리를 위한 위생관리 체계가 상세히 규정되어 있다. 피부병 및 안질환 등 전염가능성이 있는 환자의 수영장 이용을 제한하고, 입욕 한계 인원은 1인/2.5m^2 이하로 해야 한다. 「체육시설의 설치 이용에 관한 법률」에서 수영장의 욕조수는 1일 3회 이상 여과기를 통과하도록 하고 있으며 기타 유리

잔류염소, 수소이온 농도, 탁도, 과망간산칼륨 소비량, 대장균군 등에 관한 기준이 상세히 규정되어 있다.

한편, 공공욕장은 목욕탕, 온천 등을 말한다. 목욕탕에서는 성병, 피부병, 질트리코모나스증 등의 질병이 전염될 가능성이 있어 「공중위생관리법」에서는 목욕장의 원수와 욕조수의 수질기준에 대해서도 엄격히 규정하여 색도, 탁도, 수소이온농도, 과망간산칼륨 소비량, 총 대장균군 등을 검사하게 되어 있다. 다만, 온천수의 경우는 탁도, 과망간산칼륨 소비량 등으로는 측정하기 어렵기 때문에 암모니아성 질소, 알부미노이드성 질소, 대장균, 일반세균의 오염도 등을 조사하여 판단한다.

4) 하수관리 및 수질오염

하수는 비, 눈, 공장폐수, 가정하수, 수세식 화장실의 분뇨, 도로세정수, 농업용수, 지하수 등을 말한다. 하수처리는 보건위생과 매우 밀접한 관련이 있으며, 하천, 강물 및 바닷물의 오염으로 확대될 경우 어류의 사멸이나 서식에 영향을 주어 경제적 손실을 야기할 수도 있다.

수질오염이란 인위적인 요인에 의하여 자연적 수자원이 오염되어 인간, 동물, 식물 등에 피해를 주거나 물의 이용가치가 저하되는 현상을 말한다. 자연의 물은 자정능력을 가지고 있으나 이를 초과하는 오염물질이 유입될 경우에 발생한다. 수질이 오염되면 물속의 용존산소가 부족하게 되는 현상이 발생하며, 중금속 물질이 오염될 경우 먹이 연쇄를 통해서 생물학적 농축 과정을 거쳐 인체에 피해를 주기도 한다. 또한 질소나 인 등의 영양물질이 호수 등과 같이 흐름이 거의 없는 물에 과다하게 유입되면 식물성 플랑크톤이 과다 성장하여 물에서 악취가 나고 물의 색깔이 변하게 된다.

(1) 수질오염의 발생원

수질오염의 시작점은 크게 도시하수와 산업폐수이다. 도시하수는 도시에서 배출되는 생활하수 및 분뇨 등에 의해 오염된다. 도시하수 중 가정하수는 산업폐수, 축산폐수와 함께 하천을 오염시키는 주된 오염원 중의 하나이며 세탁수, 분뇨, 음식물찌꺼기, 목욕탕 배수 등이 포함된다. 가정하수는 유기화합물을 많이 함유하는 특징을 가진다. 유기화합물의 주성분은 지방, 단백질, 탄수화물 및 그 분해산물로서, 하천에 유입되면 물속의 산소를 고갈시켜 강, 호수 등의 자정능력을 상실하게 한다. 특히, 가정에서 사용하는 비누와 세제 등의 합성세제는 잘 분해되지 않고 물속에서 거품을 형성하여 햇빛을 차단하여 물을 오염시킨다. 또한, 계면활성제 성분을 함유한 세제는 호수와 하천의 부영양화를 일으키기 때문에 수질오염의 중요한 원인이 된다. pH는 7.5 정도이며, 하수량은 200~400L/일/인 정도이다. 산업폐수는 공장에서의 생산 공정인 냉각, 세정, 침전, 화학처리 등의 공정에서 쓰고 버리는 물을 말하며 화학물질과 중금속류의 오염물질을 다량 함유하고 있어 문제가 된다.

(2) 수질오염의 측정지표

① **pH**(**수소이온농도**): 물속에 존재하는 수소이온농도를 나타내는 지수이다. 오염되지 않은 하천수는 대개 중성이고, 유기물 분해가 큰 하천수는 약산성, 지하수는 약산성, 석회암층을 통과한 지하수는 약알칼리성 등으로 나타난다. 적당한 pH는 5.8~8.5이며 이 범위가 어류의 생존에도 적합하다.

② **용존산소**(**DO, Dissolved Oxygen**): 수중에 용해되어 있는 산소를 말한다. 수온이 낮을수록, 기압이 높을수록 용존산소량은 증가하며 순수한 물의 용존산소가 최대이다. 바닷물이나 경수는 순수한 물보다 DO가 낮다.

③ **생물화학적 산소요구량**(**BOD, Biochemical Oxygen Demand**): 수중의 유기물이 호기성 미생물에 의해 분해될 때 소비되는 산소량을 mg/L로 표시한 것으로 수질오염의 중요한 지표이다. 유기물이 많을수록 BOD가 높아진다. 따라서 양조장, 식품제조 공장, 펄프 및 직물공장 등에서 배출되는 폐수 및 농업폐수의 BOD가 높은 경향이 있으며, 석유 및 폐유, 슬러지 퇴적물, 축산배설물 등에 의해서도 BOD가 높아진다.

BOD에 따라 수질을 제1단계와 제2단계로 구분할 수 있다. BOD가 1ppm 이하일 때의 수질을 1급수라고 하며, 이는 가장 맑고 깨끗하여 냄새가 나지 않고 그냥 마실 수 있는 물이다. BOD 10ppm에 이르면 5급수라 하고, 급수 외의 등급에 해당하는 수질은 악취가 나는 가장 더러운 물이다.

④ **화학적 산소요구량**(COD, Chemical Oxygen Demand): 오염물이 화학적인 산화제에 의해 분해될 때 소비되는 산소량을 ppm(mg/L)으로 표시한 것으로 화학적으로 산화될 수 있는 모든 물질을 측정하는 지표이다. COD가 높을수록 오염도가 높은 물이며 주로 화학공장, 석유정제 공장 등에서 배출되는 폐수가 해당된다. BOD법 보다 단시간(약 2시간 이내)에 측정이 가능하고 재현성이 높기 때문에 공장폐수의 오염도뿐 아니라 호수 및 바닷물의 오염지표로도 이용된다. 하천의 생활환경기준으로 적용하지는 않고 있다.

⑤ **부유물질**(SS, Suspended Solids): 현탁물질이라고도 하며 물속에 떠다니는 입자의 크기가 0.1μm~2mm 이하인 입자를 말한다. 광물, 유기물, 플랑크톤, 미생물 등이 혼합되어 있으며, 주로 우유 제조공장, 식육 가공공장, 양조장, 펄프, 제지, 피혁 공장 등에서 배출된다.

⑥ **질소화합물**(Total nitrogen): 수중에는 오염물질에 의해 유기성 질소화합물(단백질, 아미노산, 요소 등)과 무기성 질소화합물(암모니아성 질소, 아질산성 질소, 질산성 질소 등)이 존재한다. 분뇨처리수, 생활하수, 축산분뇨 처리수 등을 통해 유입된다. 질산염을 다량 함유한 물을 계속 마시게 되면 유아청색증(blue baby; cyanosis; 청색증)이 발생할 수 있다.

⑦ **대장균군**(Coliform group): 대장균군은 수질오염의 매우 중요한 지표 중의 하나이다. 대장균은 인간 및 동물의 대장에 상재하는 균으로 병원성은 없지만 식품에서 검출될 경우 해당 식품이 인축 배설물에 오염되었음을 나타내기 때문이다. 검사방법이 비교적 간편하고 정확하며 세균성 이질, 장티푸스 등의 병원균과 달리 극히 적은 양이라도 검출이 용이한 장점이 있다. 대장균군의 정량법으로는 검체 1mL당 이론상 존재하는 대장균수를 확률적으로 예상하는 최확수법(MPN, Most Probable Number)을 이용한다.

4. 폐기물의 위생관리

1) 폐기물의 정의 및 분류

우리나라의 「폐기물관리법」상 폐기물이란 '쓰레기, 오니, 폐유, 폐산, 폐알칼리, 동물의 사체 등으로서 사람의 생활이나 사업 활동에 필요하지 않은 물질'을 말한다. 폐기물은 크게 생활폐기물, 사업장폐기물, 지정폐기물 및 의료폐기물로 분류되어 있다(표 14.3). 이외에도 소각 가능성에 따라 가연성, 불연성 및 재활용품 등으로 분류하거나 처분방식에 따라 매립, 소각 및 재활용 폐기물 등으로 분류한다.

2) 생활폐기물 관리

생활폐기물의 1인 1일 배출량은 약 1.0~1.2kg이며, 이 중 재활용 59%, 소각 25%, 매립 15.9% 및 기타 0.1% 정도의 비율로 처리되고 있다. 생활폐기물의 처리방법에는 크게 매립, 소각, 퇴비법 및 동물사료화 등 4가지 방법이 있다(표 14.4). 매립법의 경우 도랑식 저지대 매설법, 경사지 매몰법 등이 있으며 작업 완료 후 표면 경사는 30°각도가 좋다. 매립 후 기울기 2% 이상의 복토를 해야 좋

표 14.3 폐기물의 분류

폐기물	생활폐기물		사업장폐기물 외의 폐기물을 말한다.
	사업장폐기물	사업장일반폐기물	배출시설을 설치 운영하는 사업장 등에서 발생되는 폐기물로 폐수종말처리시설, 공공하수처리시설, 분뇨처리시설, 가축분뇨공공처리시설, 폐기물처리시설 등에서 배출되는 폐기물을 말한다.
		건설폐기물	건설공사로 인하여 공사를 착공하는 때부터 완료하는 때까지 건설현장에서 발생되는 5톤 이상의 폐기물을 말한다. 폐콘크리트 등 17종류가 지정되어 있다.
		지정폐기물 (감염성폐기물)	사업장폐기물 중 폐유·폐산 등 주변 환경을 오염시킬 수 있는 유해한 물질로서 「폐기물관리법」 시행령 [별표1]에서 별도로 정한 20종의 폐기물을 말한다. 또한, 감염성폐기물은 의료폐기물 등 인체에 위해를 줄 수 있는 유해한 물질 등을 말한다.

표 14.4 생활폐기물 처리방법의 장단점 비교

처리방법	장점	단점
매립	• 경제적이고 가장 쉬운 처리방법 • 대량처분이 가능 • 처리범위가 넓음	• 강수유출과 침출수에 의한 수질오염 • 악취, 먼지, 유해가스 등 대기오염 • 넓은 부지요구와 장소선정 애로
소각	• 가장 위생적인 처리방법 • 매립에 비하여 처리장소가 적음 • 기후 영향을 받지 않음 • 잔류물의 양이 매우 적음 • 폐열을 활용한 에너지 회수	• 다이옥신 등 대기오염 유발 • 건설비가 매립에 비해 많이 소요 • 고도의 숙련공 필요
퇴비법(비료화)	• 다량의 퇴비 생산 가능 • 조작이 쉬움	• 악취 조절이 어려움 • 부피 감량이 매우 작음
동물사료화	• 직접적 이용이 쉬움	• 완전한 이물질 분리가 요구됨

이 등이 흩날리는 것을 방지하고, 위생해충 및 침출수 유출을 방지할 수 있다. 소각법은 가장 위생적인 처리방법이나 〈표 14.4〉와 같은 장단점이 있다. 퇴비법은 혐기성발효보다 호기성발효법이 분해가 빠르고 악취발생이 감소된다. 발효 최적 온도는 60℃ 전후이며 호기성의 경우 수분은 40~60%가 최적이고, 발효 기간은 4~5개월 정도 소요된다. 동물사료화 방법은 식당, 호텔 등에서 나오는 음식폐기물 처리 시 사용된다.

생활폐기물 처리에는 단계적인 통합처리가 필요하다. 즉, 근본적으로는 폐기물 발생량을 줄이는 것이 필요하고, 배출된 폐기물은 최대한 분리·수거하여 재활용을 하며, 소각이 가능한 폐기물은 소각처리한다. 지표 또는 지하에 처분하는 매립은 마지막 수단이기 때문에 폐기물통합관리의 최종단계에서 실행한다.

3) 사업장폐기물 관리

사업장폐기물의 종류는 〈표 14.3〉에 정의된 바 있다. 즉, 지정폐기물을 배출하는 사업장, 폐기물을 1일 평균 300kg 이상 배출하는 사업장 및 5톤 이상의 건설폐기물을 배출하는 사업장 등을 말한다. 이러한 사업장폐기물의 일반적인 처리방법은 3단계이다. 우선 소각, 중화, 파쇄 및 고형화 처리를 하고, 재활용처리를 통해 재생제품을 생산할 수 있으며, 최종적으로는 매립처리한다.

건설폐기물의 대부분을 차지하는 건설폐재류는 파쇄하고 불순물을 제거한 후 건설·토목공사 현장에서 흙을 쌓는 공사나 바닥을 다지는 재료 등으로 재활용이 가능하다. 기타 합성수지류, 목재류 등의 가연성폐기물은 재활용되거나 소각처리한다.

사업장폐기물의 처리는 영업허가를 받은 영업체에서 할 수 있으며, 처리업의 허가권자는 시·도지사 및 환경부장관이다.

4) 의료폐기물 관리

의료폐기물이란 보건·의료기관, 동물병원, 시험·검사기관 등에서 배출되는 폐기물 중 인체 감염 등 위해를 줄 우려가 있는 폐기물과 인체조직 등 적출물, 탈지면, 실험동물의 사체 등 보건·환경보호상 특별한 관리가 필요하다고 인정되는 폐기물을 말하며 대통령령으로 정한다.

병원 등에서 발생되는 감염성폐기물은 종전에는 「의료법」 적출물처리규칙에 의하여 적출물로 관리되어 왔으나, 지난 2000년부터 이를 「폐기물관리법」 체계로 흡수하여 인체 적출물 외에 감염우려가 있는 폐기물(동물사체, 실험연구 기관의 실험동물사체 등)을 모두 포함하여 감염성폐기물로 통합관리하게 되었다.

(1) 의료폐기물의 수집·운반·보관 기준

의료폐기물은 전용용기에 넣어 밀폐 포장된 상태로 전용 운반차량으로 수집·운반해야 한다. 이때 전용차량은 차체를 흰색으로 도색해야 하고, 4℃ 이하의 냉장설비를 갖추어야 하며 밀폐된 적재함이 있어야 한다.

의료폐기물이 발생했을 때는 종류별로 전용용기에 넣어 보관해야 한다(표 14.5). 이때 전용용기는 환경부장관이 고시한 검사기준에 따라 검사된 용기를 사용하여야 하며, 흰색이어야 하고 용기 바깥쪽에 의료폐기물임을 나타내는 도형 및 취급 시 주의사항을 표시해야 한다. 전용용기는 봉투형, 골판지류, 합성수지류 등으로 구분되며 폐기물이 액체인지 고체인지에 따라 구분해야 할 뿐 아

표 14.5 의료폐기물의 전용용기

구분	용기 사진		해당 의료폐기물
합성수지류 상자 용기			격리의료폐기물, 조직물류폐기물(치아 제외), 손상성폐기물, 액체상태 폐기물
봉투형 용기 또는 골판지류 상자 용기	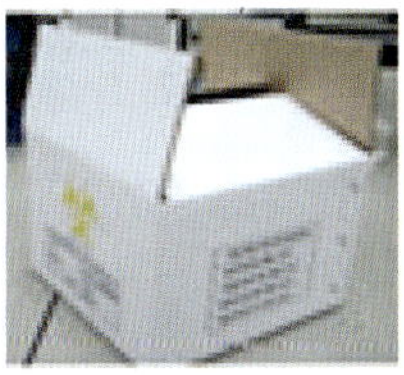		그 밖의 의료폐기물

자료: 의료폐기물 분리배출 지침(2018년 7월), 환경부

표 14.6 의료폐기물의 종류에 따른 도형 및 색상

<table>
<tr><th>의료폐기물 종류</th><th colspan="3">도형 색상</th></tr>
<tr><td>격리의료폐기물</td><td rowspan="4"></td><td colspan="2">붉은색</td></tr>
<tr><td rowspan="2">위해의료폐기물(재활용하는 태반은 제외) 및 일반의료폐기물</td><td>봉투형 용기</td><td>검정색</td></tr>
<tr><td>상자형 용기</td><td>노란색</td></tr>
<tr><td>재활용하는 태반</td><td colspan="2">녹색</td></tr>
</table>

비고: 붉은색으로 표시하여야 하는 의료폐기물과 노란색 또는 검정색으로 표시하여야 하는 의료폐기물을 혼합보관할 때는 붉은색으로 표시하여야 한다.
자료: 의료폐기물 분리배출 지침(2018년 7월), 환경부

니라 폐기물의 종류도 병리계, 생물·화학, 혈액오염, 일반의료 등으로 구분하여 다르게 사용하여야 한다. 아울러 의료폐기물의 종류에 따라 도형의 색상을 녹색, 검정색, 노란색 및 붉은색으로 달리한다(표 14.6).

(2) 의료폐기물의 처리 기준

의료폐기물은 다음과 같은 기준에 따라 엄격히 위생적으로 처리해야 한다.

- 모든 의료폐기물은 소각시설이나 멸균·분쇄시설에서 처리한다.
- 위탁처리는 소각만 허용되고, 자가처리는 소각 또는 멸균 분쇄가 가능하다.
- 의료폐기물은 재활용을 금지한다(태반은 제외).
- 소각한 후의 잔재물은 매립해야 한다.
- 의료폐기물 배출자가 설치하는 시설 중 소각시설은 시간당 처분능력이 25kg 이상이어야 하고, 멸균분쇄시설은 시간당 처분능력이 100kg 이상이어야 한다.
- 멸균분쇄시설을 설치한 경우 검사 인력으로 임상병리사나 위생사 중 1명 이상이 있어야 하고, 검사실 또는 멸균 여부를 확인할 수 있는 기구 및 장비가 구축되어 있어야 한다.

5. 작업환경 위생관리

산업계에서 추구하는 여러 가지 목표 중 가장 중요한 두 가지는 근로자의 건강 유지와 생산성 향상이다. 즉, 모든 산업장의 근로자들이 건강한 심신을 유지하면서 높은 작업능률을 유지해야 생산성도 높아질 수 있다. 따라서 근로자의 근로조건이나 작업환경 및 생활조건을 어떻게 관리할 것인지는 매우 중요한 문제이다.

이와 같이 모든 근로자들의 건강과 행복을 전제로 이들에게 발생할 수 있는 건강장애요소를 제거하고, 근로조건과 환경이 근로자들에게 적합하도록 개선한다면 직업병 발생을 막고, 공업중독을 방지하며 안전사고를 예방할 수 있다. 이와 같은 분야를 연구하는 학문을 산업보건학이라 한다.

1) 직업병의 관리

직업병(occupational disease)이란 어떤 직종이 가지고 있는 특정한 요인에 의해 그 직종에 종사하는 사람에게만 발생하되 3년 이상의 시간에 걸쳐 만성적으로 발생하는 특정질환을 말한다. 직업병을 발생시키는 특정한 요인에 해당하는 것은 작업장의 환경불량, 부적당한 근로조건(작업과중, 운동부족 등), 작업환경 불량과 불량근로조건 등이다.

(1) 환경불량에 의한 직업병

① **이상고온 작업에 의한 직업병**: 제철, 제강 등의 용광로 작업, 유리 제조공장, 광산의 갱내작업, 금속의 용융, 기관사, 여름철 폭염 속 옥외직업 등 이상 고온의 고열환경에서 장시간 작업할 때 열중증이 발생할 수 있다. 열중증 질환이란 탈수로 인한 열경련증, 말초혈액순환이 안 되는 열허탈증, 열사병(울열증), 고열에 의해 만성적으로 체열이 소모되는 열쇠약증 등의 증상이 나타나는 것을 말한다. 열중증을 방지하기 위한 가장 근본적인 대책은 시설물과 작업공정 중 열을 차단하는 것이며, 이를 위해 환기, 냉방기 등의 설비가 필요하다. 또한 근로자의 충분한 휴식과 수면이 보장되어야 하고, 혈액농축 방지를 위한 충분한 음료수의 공급 등에 유의해야 한다.

② **이상저온 작업에 의한 직업병**: 액체공기, 드라이아이스, 얼음 등을 취급하는 등 저온물체의 취급이나 한랭한 장소(영하 10℃ 이하)에서의 작업 시 발생하는 직업병이다. 동상, 말초빈혈, 전신세포의 기능저하 등의 증상이 나타날 수 있다. 가장 흔히 발생되는 동상은 진행 정도에 따라 1도동상(발적, 종창 발생), 2도동상(수포형성) 및 3도동상(괴사상태)으로 구분한다. 대책으로는 방한구의 착용과 고지방식 섭취가 필요하며 혈액순환을 위해 계속 움직이는 것도 도움이 된다.

③ **자외선과 적외선에 기인하는 직업병**: 자외선 장애는 여름철 직사광선작업, 겨울철 눈이나 얼음 위에서의 작업, 전기용접 작업 시 과도한 자외선 조사에 의해 발생한다. 적외선 장애는 용광로, 유리가공, 제철, 도금 등의 고열작업

시 적외선에 과도하게 노출되어 발생한다. 산업보건상 문제는 피부와 눈에 대한 장애이다. 피부장애로는 홍반이 생기고 심하면 수포가 발생하며 피부가 검게 된다. 적외선 노출이 심하면 화상을 입을 수 있고, 자외선이 과도하면 피부암이 발생할 수 있다. 눈에 대한 장애로는 자외선에 의한 설안염, 전기안염 등이 발생하며 과도한 자외선 조사가 장기간 계속되면 백내장을 일으킬 수도 있다. 대책으로는 보호안경을 착용하고, 광선 흡수능력이 강한 색채유리를 사용하는 등 눈에 직접 조사되지 않도록 하여야 한다.

④ **방사선에 기인하는 직업병**: 방사선은 피부, 입, 호흡으로 침입되어 건강장애를 가져올 수 있다. 주로 금속자재의 결함을 검사하는 작업(보일러, 조선, 차량재료 등), X-선, 라듐, 방사성 코발트를 이용하여 진단치료를 하는 작업 및 기타 방사선을 이용하는 연구나 실험에 종사하는 사람에게 발생한다. 백혈병, 암, 돌연변이, 조혈장애, 면역기능 저하 등 치명적인 질병을 야기할 수 있다.

⑤ **고압작업에 기인하는 직업병**: 고압으로 인한 인체장애는 잠수작업, 광산의 갱내 및 터널 내 작업 등이 장기화 될 때 발생한다. 잠함병이란 수중에서 밀폐된 설비 내에서 작업 시 발생하는 질환이다. 수중의 기압은 수심 10m마다 1기압씩 증가하는데, 1.6기압 이상에서의 작업이 잠함병을 일으킬 수 있다. 수압에 의한 귀, 폐 등에 압착증이 발병하는데, 특히 수심 30m(4기압) 이상에서 장시간 작업하면 질소 마취작용이 시작되고, 단계적으로 천천히 감압하지 않고 갑자기 수면(1기압)으로 올라오면 질소가스에 의해 혈관이 차단되는 감압병이나 뇌혈관이 막히는 뇌전색증 등이 발생할 수 있다. 예방대책으로는 계단적 감압(1기압 감압에 20분 이상), 고압 작업시간 단축, 감압이 끝난 후 인공적으로 산소 공급, 알코올 섭취 금지 등이 필요하다.

⑥ **영상단말기증후군**(VDT, Visual Display Terminal Syndrome): 정보화 시대에 IT산업의 발달로 PC, TV, 휴대전화 등 영상단말기의 과도한 사용에 의한 새로운 직업병이 등장했다. 영상기기에서 방사되는 X-선, 전리방사선 등과 같은 전자파에 의한 두통, 시각장애, 시력저하, 피로 등의 증상이 나타나며, 손목터널증후군, 거북목증후군 등을 유발한다. 이를 예방하기 위해서는 작업 시 눈 근육의 긴장 완화와 휴식이 필요하고, 작업환경조절, 모니터의 각도, 영

상기기의 높이 조절 등이 필요하다.

(2) 진폐증, 석면폐증 및 규폐증

진폐증이란 산업장에서 분진을 흡입함으로써 허파꽈리(폐포)의 섬유증식증과 같은 병적인 변화가 생기는 질병을 말한다. 주로 규소, 석면, 베릴륨, 활석 등이 진폐증의 원인물질이며, 분진의 종류에 따라 탄폐, 석회진폐, 규폐, 석면폐 등의 명칭으로 구분한다. 석면은 절연체, 소화용품 등에 쓰이는데 석면을 취급하는 작업에 4~5년 종사하며 폐포에 섬유증식이 잘 발생한다. WHO는 석면을 1급 발암물질로 지정하고 있다. 유리규산의 분진을 흡입해 폐에 만성섬유증식증을 일으키는 규폐증은 서서히 진행되어 폐의 기능장애를 가져오는데 납중독, 벤젠중독과 함께 3대 직업병의 하나이다.

이들 질병의 예방을 위해서는 근본적으로 분진 발생원을 제거해야 하고, 분진시설 및 장비의 개선이 필요하며, 분진확산 방지를 위한 공간의 격리와 배기시설 설치가 필요하다. 아울러 근로자는 방진마스크를 철저히 착용해야 한다.

2) 작업환경위생의 관리

근로자의 건강유지와 생산성 향상을 위해서 산업장의 작업환경은 근로자 중심으로 고려해야 한다. 우선 근로자의 건강진단을 통해 적재적소에 배치하여야 하고, 작업자세, 안전도 등의 작업동작을 합리화하여야 하며, 근로강도나 양을 감안하여 경노동, 중등노동, 강노동, 중노동, 격노동 등으로 구분하여 합리적으로 관리하여야 한다.

산업현장에서 발생하는 원하지 않는 사건을 산업재해라 하는데, 주로 여름과 겨울에 다발적으로 일어나고, 목요일·금요일에 많이 발생하며, 오전 업무 시작 후 3시간이 지난 무렵이나 오후 업무 시작 후 2시간 경과 시에 많이 일어난다. 재해로 인해 손상되는 인체부위는 주로 손이나 손가락(사지)이며 허리와 가슴도 빈번하게 다치는 부위이다. 부상종류는 타박상이 가장 많고 그 외 화상, 좌상, 절상 등이 많이 일어난다.

이러한 산업재해를 방지하기 위해서는 산업장의 안전보건관리가 철저히 이루어져야 한다. 「산업안전보건법」에서는 상시근로자 100인 이상의 모든 사업장은 산업안전관리 책임자를 두어야 한다고 규정하고 있다. 안전관리는 보건관리, 노무관리, 기술관리 및 생산관리 등과 연결하여 유기적으로 수행되어야 한다. 또한, 사고예방을 위해서는 작업환경의 정비와 정기점검, 작업복 및 보호구의 착용, 근로자의 적정배치, 안전교육과 훈련, 안전사고 표지판 등의 부착 등 철저한 실천과 지속적인 관리가 필요하다.

부록

1 허용 감미료의 종류와 사용기준

2 허용 고결방지제의 종류와 사용기준

3 허용 거품제거제의 종류와 사용기준

4 허용 밀가루 개량제의 종류와 사용기준

5 허용 발색제의 종류와 사용기준

6 허용 보존료의 종류와 사용기준

7 허용 분사제의 종류와 사용기준

8 허용 산도조절제의 종류와 사용기준

9 허용 산화방지제의 종류와 사용기준

10 허용 살균제의 종류와 사용기준

11 허용 여과보조제의 종류와 사용기준

12 허용 영양강화제의 종류와 사용기준

13 허용 유화제의 종류와 사용기준

14 허용 이형제의 종류와 사용기준

15 허용 제조용제의 종류와 사용기준

16 허용 증점제의 종류와 사용기준

17 허용 착색료의 종류와 사용기준

18 허용 추출용제의 종류와 사용기준

19 허용 팽창제의 종류와 사용기준

20 허용 표백제의 종류와 사용기준

21 허용 피막제의 종류와 사용기준

22 허용 향미증진제의 종류와 사용기준

23 허용 향료의 종류와 사용기준

부록 1 허용 감미료의 종류와 사용기준

감미료	사용 식품	사용량
글리실리진산이나트륨 (disodium glycyrrhizinate)	1. 한식된장, 된장에 한하여 사용	
	2. 한식간장, 양조간장, 산분해간장, 효소분해간장, 혼합간장에 한하여 사용	
네오탐 (neotame)	1. 추잉껌	1.0g/kg 이하
	2. 떡류	0.033g/kg 이하
	3. 잼류	0.070g/kg 이하
	4. 농축 과·채즙	0.065g/kg 이하
	5. 특수의료용도 등 식품	0.033g/kg 이하
	6. 체중조절용 조제식품	0.065g/kg 이하
	7. 식초	0.012g/kg 이하
	8. 소스, 마요네즈	0.070g/kg 이하
	9. 토마토케첩	0.070g/kg 이하
	10. 향신료 조제품	0.012g/kg 이하
	11. 복합조미식품	0.032g/kg 이하
	12. 조미액젓	0.012g/kg 이하
	13. 절임식품	0.100g/kg 이하
	14. 땅콩 또는 견과류 가공품	0.033g/kg 이하
	15. 과·채 가공품	0.100g/kg 이하
	16. 치즈류	0.033g/kg 이하
	17. 식물성 크림	0.065g/kg 이하
	18. 시리얼류	0.160g/kg 이하
	19. 즉석섭취식품	0.033g/kg 이하
	20. 즉석조리식품	0.032g/kg 이하
	21. 기타 농산 가공품	0.033g/kg 이하
	22. 효모식품	0.065g/kg 이하
	23. 당류 가공품	0.100g/kg 이하
	24. 유크림류	0.065g/kg 이하
	25. 건강기능식품	0.090g/kg 이하
사카린나트륨 (sodium saccharin)	1. 젓갈류, 절임류, 조림류	1.0g/kg 이하
	2. 김치류	0.2g/kg 이하
	3. 음료류(발효음료류, 인삼·홍삼음료, 다류 제외): 다만, 5배 이상 희석하여 사용하는 것은 1.0g/kg 이하	0.2g/kg 이하
	4. 어육 가공품류	0.1g/kg 이하

(계속)

감미료	사용 식품	사용량
사카린나트륨 (sodium saccharin)	5. 시리얼류	0.1g/kg 이하
	6. 뻥튀기	0.5g/kg 이하
	7. 특수의료용도 등 식품	0.2g/kg 이하
	8. 체중조절용 조제식품	0.3g/kg 이하
	9. 건강기능식품	1.2g/kg 이하
	10. 추잉껌	1.2g/kg 이하
	11. 잼류	0.2g/kg 이하
	12. 장류	0.2g/kg 이하
	13. 소스	0.16g/kg 이하
	14. 토마토케첩	0.16g/kg 이하
	15. 탁주	0.08g/kg 이하
	16. 소주	0.08g/kg 이하
	17. 과실주	0.08g/kg 이하
	18. 기타 코코아 가공품, 초콜릿류	0.5g/kg 이하
	19. 빵류	0.17g/kg 이하
	20. 과자	0.1g/kg 이하
	21. 캔디류	0.5g/kg 이하
	22. 빙과	0.1g/kg 이하
	23. 아이스크림류	0.1g/kg 이하
	24. 조미 건어포	0.1g/kg 이하
	25. 떡류	0.2g/kg 이하
	26. 복합 조미식품	1.5g/kg 이하
	27. 마요네즈	0.16g/kg 이하
	28. 과·채 가공품	0.2g/kg 이하
	29. 옥수수(삶거나 찐 것)	0.2g/kg 이하
	30. 당류가공품	0.3g/kg 이하
수크랄로스 (sucralose)	1. 과자	1.8g/kg 이하
	2. 추잉껌	2.6g/kg 이하
	3. 잼류	0.4g/kg 이하
	4. 음료류, 가공유, 발효유류: 다만, 희석하여 음용하는 제품에 있어서는 희석한 것으로서	0.40g/kg 이하
	5. 설탕 대체식품	12g/kg 이하
	6. 시리얼류	1.0g/kg 이하
	7. 특수의료용도 등 식품	0.4g/kg 이하

(계속)

감미료	사용 식품	사용량
수크랄로스 (sucralose)	8. 체중조절용 조제식품	0.32g/kg 이하
	9. 기타 식품	0.58g/kg 이하
	10. 건강기능식품	1.25g/kg 이하
아세설팜칼륨 (acesulfame potassium)	1. 과자, 조림류(농산물을 주원료로 한 것에 한함)	2.5g/kg 이하
	2. 추잉껌	5.0g/kg 이하
	3. 소스, 캔디류, 잼류, 절임류, 빙과, 아이스크림류, 아이스크림 믹스류, 플라워 페이스트	1.0g/kg 이하
	4. 음료류, 가공유, 발효유류: 다만, 희석하여 음용하는 제품에 있어서는 희석한 것으로서	0.50g/kg 이하
	5. 설탕 대체식품	15g/kg 이하
	6. 시리얼류	1.2g/kg 이하
	7. 특수의료용도 등 식품	0.5g/kg 이하
	8. 체중조절용 조제식품	0.45g/kg 이하
	9. 기타 식품	0.35g/kg 이하
	10. 건강기능식품: 다만, 희석하여 음용하는 제품은 6.0g/kg 이하	2.0g/kg 이하
아스파탐 (aspartame)	1. 빵류, 과자, 빵류 제조용 믹스, 과자 제조용 믹스	5.0g/kg 이하
	2. 시리얼류	1.0g/kg 이하
	3. 특수의료용도 등 식품	1.0g/kg 이하
	4. 체중조절용 조제식품	0.8g/kg 이하
	5. 건강기능식품	5.5g/kg 이하
스테비올배당체 (steviol glycoside) 효소처리스테비아 (enzymatically modified stevia)	설탕, 포도당, 물엿, 벌꿀류에 사용 금지	

부록 2 허용 고결방지제의 종류와 사용기준

<table>
<tr><th>고결방지제</th><th>사용 식품</th><th>사용량</th></tr>
<tr><td rowspan="3">규산마그네슘
(magnesium silicate)
규산칼슘
(calcium silicate)</td><td>1. 가공유크림(자동판매기용 분말 제품에 한함): 이산화규소 또는 규산칼슘과 병용할 때에는 각각의 사용량의 합계가 1% 이하</td><td>1% 이하</td></tr>
<tr><td>2. 분유류(자동판매기용에 한함): 이산화규소 또는 규산칼슘과 병용할 때에는 각각의 사용량의 합계가 1% 이하</td><td>1% 이하</td></tr>
<tr><td>3. 식염: 이산화규소 또는 규산칼슘과 병용할 때에는 각각의 사용량의 합계가 2% 이하</td><td>2% 이하</td></tr>
<tr><td rowspan="5">실리코알루민산나트륨
(sodium silicoaluminate)</td><td>1. 가공소금</td><td>알루미늄으로서 1.0g/kg 이하</td></tr>
<tr><td>2. 기타음료</td><td>알루미늄으로서 0.4g/kg 이하</td></tr>
<tr><td>3. 식물성크림</td><td>알루미늄으로서 0.6g/kg 이하</td></tr>
<tr><td>4. 기타코코아가공품</td><td>알루미늄으로서 0.5g/kg 이하</td></tr>
<tr><td>5. 복합조미식품</td><td>알루미늄으로서 1.0g/kg 이하</td></tr>
<tr><td rowspan="4">이산화규소
(silicon dioxide)</td><td>1. 가공유크림(자동판매기용 분말 제품에 한함): 규산마그네슘 또는 규산칼슘과 병용할 때에는 각각의 사용량의 합계가 1% 이하</td><td>1% 이하</td></tr>
<tr><td>2. 분유류(자동판매기용에 한함): 규산마그네슘 또는 규산칼슘과 병용할 때에는 각각의 사용량의 합계가 1% 이하</td><td>1% 이하</td></tr>
<tr><td>3. 식염: 규산마그네슘 또는 규산칼슘과 병용할 때에는 각각의 사용량의 합계가 2% 이하</td><td>2% 이하</td></tr>
<tr><td>4. 기타 식품</td><td>2% 이하</td></tr>
<tr><td>페로시안화나트륨
(sodium ferrocyanide)
페로시안화칼륨
(potassium ferrocyanide)
페로시안화칼슘
(calcium ferrocyanide)</td><td>식염(천일염 제외)에 한하여 사용: 페로시안화칼륨, 페로시안화칼슘 또는 페로시안화나트륨과 병용할 때에는 각각의 사용량의 합계가 페로시안이온으로서 식염 1kg에 대하여 0.010g 이하 이어야 함</td><td>페로시안이온으로서
0.010g/kg 이하</td></tr>
</table>

부록 3 허용 거품제거제의 종류와 사용기준

거품제거제	사용 식품	사용량
규소수지(silicone resin)	거품을 없애는 목적에 한하여 사용	규소수지로서 0.05g/kg 이하
이산화규소(silicon dioxide)	1. 가공유 크림(자동판매기용 분말 제품에 한함): 규산마그네슘 또는 규산칼슘과 병용할 때에는 각각의 사용량의 합계가 1% 이하	1% 이하
	2. 분유류(자동판매기용에 한함): 규산마그네슘 또는 규산칼슘과 병용할 때에는 각각의 사용량의 합계가 1% 이하	1% 이하
	3. 식염: 규산마그네슘 또는 규산칼슘과 병용할 때에는 각각의 사용량의 합계가 2% 이하	2% 이하
	4. 기타 식품	2% 이하

부록 4 허용 밀가루 개량제의 종류와 사용기준

밀가루 개량제	사용 식품	사용량
과산화벤조일(희석)(diluted benzoyl peroxide)	밀가루류	0.3g/kg 이하
과황산암모늄(ammonium persulfate)	밀가루류	0.3g/kg 이하
L-시스테인염산염(L-cysteine monohydrochloride)	밀가루류, 빵류 및 이의 제조용 믹스에 한하여 사용	
아조디카르본아미드(azodicarbonamide)	밀가루류	45mg/kg 이하
염소(chlorine)	밀가루류	2.5g/kg 이하
이산화염소(수)(chlorine dioxide)	이산화염소는 빵류 제조용 밀가루에 한하여 사용	30mg/kg 이하
요오드산칼륨(potassium iodate) 요오드칼륨(potassium iodide)	사용기준 없음	

부록 5 허용 발색제의 종류와 사용기준

발색제	사용 식품	사용량
아질산나트륨 (sodium nitrite)	1. 식육 가공품(식육추출 가공품 제외), 기타 동물성 가공식품(기타 식육이 함유된 제품에 한함)	아질산이온으로서 0.07g/kg 미만
	2. 어육 소시지	아질산이온으로서 0.05g/kg 미만
	3. 명란젓, 연어알젓	아질산이온으로서 0.005g/kg 미만
질산나트륨 (sodium nitrate)	1. 식육 가공품(식육추출 가공품 제외), 기타 동물성 가공식품(기타 식육이 함유된 제품에 한함)	아질산이온으로서 0.07g/kg 미만
	2. 치즈류	아질산이온으로서 0.05g/kg 미만
질산칼륨 (potassium nitrate)	1. 식육 가공품(식육추출 가공품 제외), 기타 동물성 가공식품(기타 식육이 함유된 제품에 한함)	아질산이온으로서 0.07g/kg 미만
	2. 치즈류	아질산이온으로서 0.05g/kg 미만
	3. 대구알 염장품	아질산이온으로서 0.2g/kg 미만

부록 6 허용 보존료의 종류와 사용기준

보존료	사용 식품	사용량
데히드로초산나트륨 (sodium dehydroacetate)	1. 치즈류, 버터류, 마가린에 한하여 사용	데히드로초산으로서 0.5g/kg 이하
소브산 (sorbic acid) 소브산칼륨 (potassium sorbate) 소브산칼슘 (calcium sorbate)	1. 치즈류: 프로피온산, 프로피온산나트륨 또는 프로피온산칼슘과 병용할 때에는 소브산으로서 사용량과 프로피온산으로서 사용량의 합계가 3.0g/kg 이하	3.0g/kg 이하
	2. 식육 가공품(양념육류, 식육추출 가공품 제외), 기타 동물성 가공식품(기타 식육이 함유된 제품에 한함), 어육 가공품류, 성게젓, 땅콩버터, 모조치즈: 다만, 콜라겐 케이싱을 사용한 소시지류의 경우, 소브산으로서 사용량의 합계가 2.0g/kg 이하	소브산으로서 2.0g/kg 이하
	3. 콜라겐 케이싱	소브산으로서 0.1g/kg 이하
	4. 젓갈류(식염 함량 8% 이하의 제품에 한함), 한식된장, 된장, 고추장, 혼합장, 춘장, 청국장(비건조 제품에 한함), 혼합장, 어패 건제품, 조림류(농산물을 주원료로 한 것에 한함), 플라워 페이스트, 소스: 다만, 소스의 경우, 파라옥시안식향산메틸 또는 파라옥시안식향산에틸과 병용할 때에는 소브산으로서 사용량과 파라옥시안식향산으로서 사용량의 합계가 1.0g/kg 이하이어야 하며, 그중 파라옥시안식향산으로서의 사용량은 0.2g/kg 이하	소브산으로서 1.0g/kg 이하
	5. 알로에 전 잎(겔 포함) 건강기능식품[단, 두 가지 이상의 건강기능식품 원료를 사용하는 경우에는 사용된 알로에 전잎(겔 포함) 건강기능식품 성분의 배합비율을 적용]: 안식향산, 안식향산나트륨, 안식향산칼륨 또는 안식향산칼슘과 병용할 때에는 소브산으로서 사용량과 안식향산으로서 사용량의 합계가 1.5g/kg 이하이어야 하며, 그중 안식향산으로서의 사용량은 0.5g/kg 이하	소브산으로서 1.0g/kg 이하
	6. 농축 과일즙, 과·채 주스: 안식향산, 안식향산나트륨, 안식향산칼륨 또는 안식향산칼슘과 병용할 때에는 소브산으로서 사용량과 안식향산으로서 사용량의 합계가 1.0g/kg 이하이어야 하며, 그중 안식향산으로서의 사용량은 0.6g/kg 이하	소브산으로서 1.0g/kg 이하
	7. 탄산음료: 안식향산, 안식향산나트륨, 안식향산칼륨 또는 안식향산칼슘과 병용할 때에는 소브산으로서 사용량과 안식향산으로서 사용량의 합계가 0.6g/kg 이하, 그중 소브산으로서의 사용량은 0.5g/kg 이하	소브산으로서 0.5g/kg 이하
	8. 잼류: 안식향산, 안식향산나트륨, 안식향산칼륨, 안식향산칼슘, 파라옥시안식향산메틸, 파라옥시안식향산에틸, 프로피온산, 프로피온산나트륨 또는 프로피온산칼슘과 병용할 때에는 소브산으로서 사용량, 안식향산으로서 사용량, 파라옥시안식향산으로서 사용량 및 프로피온산으로서 사용량의 합계가 1.0g/kg 이하	소브산으로서 1.0g/kg 이하
	9. 건조과일류, 토마토케첩, 당절임(건조 당절임 제외)	소브산으로서 0.5g/kg 이하

(계속)

보존료	사용 식품	사용량
소브산 (sorbic acid) 소브산칼륨 (potassium sorbate) 소브산칼슘 (calcium sorbate)	10. 절임식품, 마요네즈: 안식향산, 안식향산나트륨, 안식향산칼륨 또는 안식향산칼슘과 병용할 때에는 소브산으로서 사용량과 안식향산으로서 사용량의 합계가 1.5g/kg 이하이어야 하며, 그중 안식향산으로서의 사용량은 1.0g/kg 이하	소브산으로서 1.0g/kg 이하
	11. 발효 음료류(살균한 것은 제외)	소브산으로서 0.05g/kg 이하
	12. 과실주, 탁주, 약주	소브산으로서 0.2g/kg 이하
	13. 마가린: 안식향산, 안식향산나트륨, 안식향산칼륨 또는 안식향산칼슘과 병용할 때에는 소브산으로서 사용량과 안식향산으로서 사용량의 합계가 2.0g/kg 이하이어야 하며, 그중 안식향산으로서의 사용량은 1.0g/kg 이하	소브산으로서 2.0g/kg 이하
	14. 당류 가공품(시럽상 또는 페이스트상에 한함)	소브산으로서 1.0g/kg 이하
	15. 향신료 조제품(건조제품 제외)	소브산으로서 1.0g/kg 이하
	16. 건강기능식품[액상제품에 한하며, 알로에 전 잎(겔 포함) 제품은 제외]	소브산으로서 2.0g/kg 이하
안식향산 (benzoic acid) 안식향산나트륨 (sodium benzoate) 안식향산칼륨 (potassium benzoate) 안식향산칼슘 (calcium benzoate)	1. 과일·채소류 음료(비가열제품 제외): 다만, 농축과일즙, 과·채주스의 경우 소브산, 소브산칼륨 또는 소브산칼슘과 병용할 때에는 안식향산으로서 사용량과 소브산으로서 사용량의 합계가 1.0g/kg 이하이어야 하며, 그중 안식향산으로서의 사용량은 0.6g/kg 이하	안식향산으로서 0.6g/kg 이하
	2. 탄산음료: 소브산, 소브산칼륨 또는 소브산칼슘과 병용할 때에는 안식향산으로서 사용량과 소브산으로서 사용량의 합계가 0.6g/kg 이하, 그중 소브산으로서의 사용량은 0.5g/kg 이하	안식향산으로서 0.6g/kg 이하
	3. 기타 음료(분말제품 제외), 인삼·홍삼 음료: 파라옥시안식향산에틸 또는 파라옥시안식향산메틸과 병용할 때에는 안식향산으로서 사용량과 파라옥시안식향산으로서 사용량의 합계가 0.6g/kg 이하이어야 하며, 그중 파라옥시안식향산으로서의 사용량은 0.1g/kg 이하	안식향산으로서 0.6g/kg 이하
	4. 한식간장, 양조간장, 산분해간장, 효소분해간장, 혼합간장: 파라옥시안식향산에틸 또는 파라옥시안식향산메틸과 병용할 때에는 안식향산으로서 사용량과 파라옥시안식향산으로서 사용량의 합계가 0.6g/kg 이하이어야 하며, 그중 파라옥시안식향산으로서의 사용량은 0.25g/kg 이하	안식향산으로서 0.6g/kg 이하
	5. 알로에 전 잎(겔 포함) 건강기능식품[단, 두 가지 이상의 건강기능식품원료를 사용하는 경우에는 사용된 알로에 전 잎(겔 포함) 건강기능식품 성분의 배합비율을 적용]: 소브산, 소브산칼륨 또는 소브산칼슘과 병용할 때에는 안식향산으로서 사용량과 소브산으로서 사용량의 합계가 1.5g/kg 이하이어야 하며, 그중 소브산으로서의 사용량은 1.0g/kg 이하	안식향산으로서 0.5g/kg 이하

(계속)

보존료	사용 식품	사용량
안식향산 (benzoic acid) 안식향산나트륨 (sodium benzoate) 안식향산칼륨 (potassium benzoate) 안식향산칼슘 (calcium benzoate)	6. 잼류: 소브산, 소브산칼륨, 소브산칼슘, 파라옥시안식향산메틸, 파라옥시안식향산에틸, 프로피온산, 프로피온산나트륨 또는 프로피온산칼슘과 병용할 때에는 안식향산으로서 사용량, 소브산으로서 사용량, 파라옥시안식향산으로서 사용량 및 프로피온산으로서 사용량의 합계가 1.0g/kg 이하	안식향산으로서 1.0g/kg 이하
	7. 망고처트니: 파라옥시안식향산메틸 또는 파라옥시안식향산에틸과 병용할 때에는 안식향산으로서 사용량과 파라옥시안식향산으로서 사용량의 합계가 0.25g/kg 이하	안식향산으로서 0.25g/kg 이하
	8. 마가린: 소브산, 소브산칼륨 또는 소브산칼슘과 병용할 때에는 안식향산으로서 사용량과 소브산으로서 사용량의 합계가 2.0g/kg 이하이며, 그중 안식향산으로서의 사용량은 1.0g/kg 이하임	안식향산으로서 1.0g/kg 이하
	9. 절임식품, 마요네즈: 소브산, 소브산칼륨 또는 소브산칼슘과 병용할 때에는 안식향산으로서 사용량과 소브산으로서 사용량의 합계가 1.5g/kg 이하이어야 하며, 그중 소브산으로서의 사용량은 1.0g/kg 이하	안식향산으로서 1.0g/kg 이하
파라옥시안식향산메틸 (methyl ρ-Hydroxy benzoate) 파라옥시안식향산에틸 (ethyl ρ-Hydroxy benzoate)	1. 캡슐류	파라옥시안식향산으로서 1.0g/kg 이하
	2. 잼류: 소브산, 소브산칼륨, 소브산칼슘, 안식향산, 안식향산칼륨, 안식향산칼슘, 안식향산나트륨, 파라옥시안식향산에틸, 프로피온산, 프로피온산나트륨 또는 프로피온산칼슘과 병용할 때에는 파라옥시안식향산으로서 사용량, 소브산으로서 사용량, 안식향산으로서 사용량 및 프로피온산으로서 사용량의 합계가 1.0g/kg 이하	파라옥시안식향산으로서 1.0g/kg 이하
	3. 망고처트니: 안식향산나트륨, 안식향산칼륨, 안식향산칼슘 또는 파라옥시안식향산에틸과 병용할 때에는 파라옥시안식향산으로서 사용량과 안식향산으로서 사용량의 합계가 0.25g/kg 이하	파라옥시안식향산으로서 0.25g/kg 이하
	4. 한식간장, 양조간장, 산분해간장, 효소분해간장, 혼합간장: 안식향산, 안식향산나트륨, 안식향산칼륨 또는 안식향산칼슘과 병용할 때에는 파라옥시안식향산으로서 사용량과 안식향산으로서 사용량의 합계가 0.6g/kg 이하이어야 하며, 그중 파라옥시안식향산으로서의 사용량은 0.25g/kg 이하	파라옥시안식향산으로서 0.25g/kg 이하
	5. 식초	파라옥시안식향산으로서 0.1g/L 이하
	6. 기타 음료(분말제품 제외), 인삼·홍삼 음료: 안식향산, 안식향산나트륨, 안식향산칼륨 또는 안식향산칼슘과 병용할 때에는 파라옥시안식향산으로서 사용량과 안식향산으로서 사용량의 합계가 0.6g/kg 이하이어야 하며, 그중 파라옥시안식향산으로서의 사용량은 0.1g/kg 이하	파라옥시안식향산으로서 0.1g/L 이하
	7. 소스: 소브산, 소브산칼륨 또는 소브산칼슘과 병용할 때에는 파라옥시안식향산으로서 사용량과 소브산으로서 사용량의 합계가 1.0g/kg 이하이어야 하며, 그중 파라옥시안식향산으로서의 사용량은 0.2g/kg 이하	파라옥시안식향산으로서 0.2g/kg 이하

(계속)

보존료	사용 식품	사용량
파라옥시안식향산메틸 (methyl ρ–Hydroxy benzoate) 파라옥시안식향산에틸 (ethyl ρ–Hydroxy benzoate)	8. 과일류(표피부분에 한함)	파라옥시안식향산으로서 0.012g/kg 이하
	9. 채소류(표피부분에 한함)	파라옥시안식향산으로서 0.012g/kg 이하
프로피온산 (propionic acid) 프로피온산나트륨 (sodium propionate) 프로피온산칼슘 (calcium propionate)	1. 빵류	프로피온산으로서 2.5g/kg 이하
	2. 치즈류: 소브산, 소브산칼슘 또는 소브산칼륨과 병용할 때에는 프로피온산으로서 사용량과 소브산으로서 사용량의 합계가 3.0g/kg 이하	프로피온산으로서 3.0g/kg 이하
	3. 잼류: 소브산, 소브산칼륨, 소브산칼슘, 안식향산, 안식향산칼륨, 안식향산칼슘, 안식향산나트륨, 파라옥시안식향산메틸 또는 파라옥시안식향산에틸과 병용할 때에는 프로피온산으로서 사용량, 소브산으로서 사용량, 안식향산으로서 사용량, 파라옥시안식향산으로서 사용량의 합계가 1.0g/kg 이하	프로피온산으로서 1.0g/kg 이하

부록 7 허용 분사제의 종류와 사용기준

분사제	사용 식품	사용량
질소 (nitrogen)	액체로서 사용하는 경우, 최종식품에 액체가 잔류하여서는 안 됨	

부록 8 허용 산도조절제의 종류와 사용기준

산도조절제	사용 식품	사용량
글루콘산칼슘 (calcium gluconate)	1. 빵류	칼슘으로서 1.75% 이하
	2. 기타 식품: 다만, 특수용도식품 및 건강기능식품의 경우는 해당 기준 및 규격에 따름	칼슘으로서 1% 이하
산성알루미늄인산나트륨 (sodium aluminium phosphate, Acidic)	1. 과자 및 이의 제조용 믹스, 빵류 및 이의 제조용 믹스, 튀김 제조용 믹스: 황산알루미늄칼륨, 황산알루미늄암모늄, 염기성알루미늄인산나트륨과 병용할 때에는 알루미늄의 합계가 0.1g/kg 이하	알루미늄으로서 0.1g/kg 이하
수산화칼륨(potassium hydroxide) 암모니아(ammonia)	최종식품 완성 전에 중화 또는 제거하여야 함	
염기성알루미늄인산나트륨 (sodium aluminium phosphate, Basic)	1. 과자 및 이의 제조용 믹스, 빵류 및 이의 제조용 믹스, 튀김 제조용 믹스: 황산알루미늄칼륨, 황산알루미늄암모늄, 산성알루미늄인산나트륨과 병용할 때에는 알루미늄의 합계가 0.1g/kg 이하	알루미늄으로서 0.1g/kg 이하
이초산나트륨 (sodium diacetate)	1. 빵류	0.4% 이하
	2. 식용유지류(동물성유지류, 모조치즈, 식물성크림 제외), 식육가공품(식육추출가공품 제외), 알 가공품, 캔디류	0.1% 이하
	3. 소스	0.25% 이하
	4. 수프, 과자	0.05% 이하
제이인산칼슘 (calcium phosphate, dibasic) 제일인산칼슘 (calcium phosphate, monobasic)	특수용도식품 및 건강기능식품의 경우는 해당 기준 및 규격에 따름	칼슘으로서 1% 이하
피틴산(phytic acid)	특수용도식품, 건강기능식품에 사용 금지	
황산알루미늄암모늄 (aluminium ammonium sulfate) 황산알루미늄칼륨 (aluminium potassium sulfate)	1. 과자 및 이의 제조용 믹스, 빵류 및 이의 제조용 믹스, 튀김 제조용 믹스: 황산알루미늄칼륨, 산성알루미늄인산나트륨, 염기성알루미늄인산나트륨과 병용할 때에는 알루미늄의 합계가 0.1g/kg 이하	알루미늄으로서 0.1g/kg 이하
	2. 땅콩 또는 견과류 가공품(밤에 한함), 서류가공품(고구마에 한함), 기타 어육 가공품, 과·채 가공품: 황산알루미늄칼륨과 병용할 때에는 알루미늄의 합계가 0.1g/kg 이하	알루미늄으로서 0.1g/kg 이하
	3. 면류 및 이의 제조용 믹스, 기타 수산물 가공품, 전분 가공품, 민두피: 황산알루미늄칼륨과 병용할 때에는 알루미늄의 합계가 0.2g/kg 이하	알루미늄으로서 0.2g/kg 이하
	4. 절임식품: 황산알루미늄칼륨과 병용할 때에는 알루미늄의 합계가 0.5g/kg 이하	알루미늄으로서 0.5g/kg 이하

부록 9 허용 산화방지제의 종류와 사용기준

산화방지제	사용 식품	사용량
디부틸히드록시톨루엔 (dibutyl hydroxy toluene, BHT) 부틸히드록시아니솔 (butylhydroxy anisole, BHA)	1. 식용유지류(모조치즈, 식물성 크림 제외), 버터류, 어패 건제품, 어패 염장품: 부틸히드록시아니솔 또는 터셔리부틸히드로퀴논과 병용할 때에는 디부틸히드록시톨루엔으로서 사용량, 부틸히드록시아니솔으로서 사용량 및 터셔리부틸히드로퀴논으로서 사용량의 합계가 0.2g/kg 이하	0.2g/kg 이하
	2. 어패 냉동품(생식용 냉동선어패류, 생식용 굴은 제외)의 침지액: 부틸히드록시아니솔 또는 터셔리부틸히드로퀴논과 병용할 때에는 디부틸히드록시톨루엔으로서 사용량, 부틸히드록시아니솔으로서 사용량 및 터셔리부틸히드로퀴논으로서 사용량의 합계가 1g/kg 이하	1g/kg 이하
	3. 추잉껌: 부틸히드록시아니솔 또는 터셔리부틸히드로퀴논과 병용할 때에는 디부틸히드록시톨루엔으로서 사용량, 부틸히드록시아니솔으로서 사용량 및 터셔리부틸히드로퀴논으로서 사용량의 합계가 0.4g/kg 이하	0.4g/kg 이하
	4. 체중조절용 조제식품, 시리얼류: 부틸히드록시아니솔과 병용할 때에는 디부틸히드록시톨루엔으로서 사용량과 부틸히드록시아니솔으로서 사용량 합계가 0.05g/kg 이하	0.05g/kg 이하
	5. 마요네즈	BHT 0.06g/kg 이하, BHA 0.14g/kg 이하
몰식자산프로필(propyl gallate)	1. 식용유지류(모조치즈, 식물성크림 제외), 버터류	0.1g/kg 이하
에리토브산(erythorbic acid) 에리토브산나트륨 (sodium erythorbate)	산화방지제 목적에 한하여 사용	
L-아스코빌스테아레이트 (L-ascorbyl stearate)	1. 식용유지류(모조치즈, 식물성 크림 제외): 아스코빌팔미테이트와 병용할 때에는 L-아스코빌스테아레이트로서 사용량과 아스코빌팔미테이트로서 사용량의 합계가 0.5g/kg 이하	0.5g/kg 이하
	2. 건강기능식품	
L-아스코빌팔미테이트 (L-ascorbyl palmitate)	1. 식용유지류(모조치즈, 식물성 크림 제외): L-아스코빌스테아레이트와 병용할 때에는 L-아스코빌팔미테이트로서 사용량과 L-아스코빌스테아레이트로서 사용량의 합계가 0.5g/kg 이하	0.5g/kg 이하
	2. 마요네즈	0.5g/kg 이하
	3. 과자, 빵류, 떡류, 당류가공품, 액상차, 특수의료용도 등 식품(영·유아용 특수조제식품 제외), 체중조절용 조제식품, 임신·수유부용 식품, 주류, 과·채 가공품, 서류 가공품, 어육 가공품류, 기타 수산물 가공품, 기타 가공품	1.0g/kg 이하
	4. 캔디류, 코코아 가공품류 또는 초콜릿류, 유탕면, 복합조미식품, 향신료 조제품, 만두피	0.5g/kg 이하
	5. 건강기능식품은 해당 기준 및 규격에 따름	

(계속)

산화방지제	사용 식품	사용량
이디티에이이나트륨 (disodium ethylenediaminetetraacetate) 이디티에이칼슘이나트륨 (calcium disodium ethylenediaminetetraacetate)	1. 소스, 마요네즈: 이디티에이칼슘이나트륨과 병용할 때에는 무수이디티에이이나트륨으로서 사용량의 합계가 0.075g/kg 이하	무수이디티에이이나트륨으로서 0.075g/kg 이하
	2. 통조림식품, 병조림식품: 이디티에이칼슘이나트륨과 병용할 때에는 무수이디티에이이나트륨으로서 사용량의 합계가 0.25g/kg 이하	무수이디티에이이나트륨으로서 0.25g/kg 이하
	3. 음료류(캔 또는 병제품에 한하며, 다류, 커피 제외): 이디티에이칼슘이나트륨과 병용할 때에는 무수이디티에이이나트륨으로서 사용량의 합계가 0.035g/kg 이하	무수이디티에이이나트륨으로서 0.035g/kg 이하
	4. 마가린: 이디티에이칼슘이나트륨과 병용할 때에는 무수이디티에이이나트륨으로서 사용량의 합계가 0.1g/kg 이하	무수이디티에이이나트륨으로서 0.1g/kg 이하
	5. 오이 초절임, 양배추 초절임: 이디티에이칼슘이나트륨과 병용할 때에는 무수이디티에이이나트륨으로서 사용량의 합계가 0.22g/kg 이하	무수이디티에이이나트륨으로서 0.22g/kg 이하
	6. 건조 과일류(바나나에 한함): 이디티에이칼슘이나트륨과 병용할 때에는 무수이디티에이이나트륨으로서 사용량의 합계가 0.265g/kg 이하	무수이디티에이이나트륨으로서 0.265g/kg 이하
	7. 서류 가공품(냉동감자에 한함): 이디티에이칼슘이나트륨과 병용할 때에는 무수이디티에이이나트륨으로서 사용량의 합계가 0.365g/kg 이하	무수이디티에이이나트륨으로서 0.365g/kg 이하
	8. 땅콩버터: 이디티에이칼슘이나트륨과 병용할 때에는 무수이디티에이이나트륨으로서 사용량의 합계가 0.1g/kg 이하	무수이디티에이이나트륨으로서 0.1g/kg 이하
터셔리부틸히드로퀴논 (tert-butylhydroquinone)	식용유지류(모조치즈, 식물성크림 제외), 버터류, 어패 건제품, 어패 염장품	0.2g/kg 이하
	어패 냉동품(생식용 냉동 선어패류, 생식용 굴은 제외)의 침지액	1g/kg 이하
	추잉껌	0.4g/kg 이하

부록 10 허용 살균제의 종류와 사용기준

살균제	사용 식품	사용량
과산화수소 (hydrogen peroxide)	최종 식품의 완성 전에 분해하거나 또는 제거하여야 함	
과산화초산 (peroxyacetic acid)	1. 과일·채소류	과산화초산으로서 0.080g/kg
	2. 식육: 포유류	과산화초산으로서 1.8g/kg
	3. 식육: 가금류	과산화초산으로서 2.0g/kg
1-하이드록시에틸리덴-1,1-디포스포닌산(HEDP)	1. 과일·채소류	HEDP으로서 0.0048g/kg
	2. 식육: 포유류	HEDP으로서 0.024g/kg
	3. 식육: 가금류	HEDP으로서 0.136g/kg
오존수(ozone water)	과일류, 채소류 등 식품의 살균 목적에 한하여 사용	
이산화염소(수) (chlorine dioxide)	1. 빵류 제조용 밀가루에 한하여 사용	30mg/kg 이하
	2. 과일류, 채소류 등 식품의 살균 목적에 한하여 사용	
차아염소산나트륨(sodium hypochlorite) 차아염소산수(hypochlorous acid water) 차아염소산칼슘(calcium hypochlorite)	과일류, 채소류 등 식품의 살균 목적에 한하여 사용: 다만, 차아염소산나트륨은 참깨에 사용하여서는 안 됨	

부록 11 허용 여과보조제의 종류와 사용기준

여과보조제	사용 식품	사용량
규조토(diatomaceous earth) 백도토(kaolin) 벤토나이트(bentonite) 산성백토(acid clay) 탤크(talc) 퍼라이트(perlite) 활성탄(active carbon)	식품의 제조 또는 가공상 여과보조제(여과, 탈색, 탈취, 정제 등) 목적에 한하여 사용: 규조토, 백도토, 벤토나이트, 산성백토, 탤크, 퍼라이트, 활성탄 등 다른 불용성 광물성물질과 병용할 때에는 전 잔존량의 합계가 0.5% 이하	잔존량은 0.5%
메타규산나트륨(sodium metasilicate)	식용유지류(동물성 유지류, 모조치즈, 식물성 크림 제외)	

부록 12 허용 영양강화제의 종류와 사용기준

영양강화제	사용 식품	사용량
구연산제일철나트륨 (sodium ferrous citrate) 몰리브덴산나트륨 (sodium molybdate) 염화크롬(chromic chloride)	1. 특수의료용도 등 식품 2. 건강기능식품	
글루콘산동 (copper gluconate)	1. 시리얼류 2. 조제유류, 영아용 조제식, 성장기용 조제식, 영·유아용 이유식 3. 특수의료용도 등 식품 4. 체중조절용 조제식품 5. 건강기능식품	
글루콘산망간 (manganese gluconate)	1. 빵류 2. 탄산음료류, 기타 음료 3. 유가공품 4. 식육 가공품(식육 추출 가공품 제외) 5. 알 가공품 6. 어육 가공품류 7. 모조치즈 8. 식물성 크림 9. 조제유류, 영아용 조제식, 성장기용 조제식, 영·유아용 이유식, 유단백 알레르기 영·유아용 조제식품, 영·유아용 특수조제식품 10. 건강기능식품	
글루콘산아연 (zinc gluconate)	1. 음료류(다류, 커피 제외) 2. 시리얼류 3. 조제유류, 영아용 조제식, 성장기용 조제식, 영·유아용 이유식 4. 특수의료용도 등 식품 5. 체중조절용 조제식품 6. 건강기능식품	
글루콘산철 (ferrous gluconate)	1. 올리브 가공품	철로서 0.15g/kg 이하
	2. 조제유류, 영아용 조제식, 성장기용 조제식, 영·유아용 이유식, 유단백 알레르기 영·유아용 조제식품, 영·유아용 특수조제식품	
	3. 건강기능식품	
글루콘산칼슘 (calcium gluconate)	1. 빵류	칼슘으로서 1.75% 이하
	2. 기타 식품: 다만, 특수용도식품 및 건강기능식품의 경우는 해당 기준 및 규격에 따름	칼슘으로서 1.% 이하
글리세로인산칼슘 (calcium glycerophosphate) 제삼인산칼슘 (calcium phosphate, tribasic) 제이인산칼슘 (calcium phosphate, dibasic) 제일인산칼슘 (calcium phosphate, monobasic) 판토텐산칼슘 (calcium pantothenate)	다만, 특수용도식품 및 건강기능식품의 경우는 해당 기준 및 규격에 따름	칼슘으로서 1% 이하

(계속)

영양강화제	사용 식품	사용량
니코틴산(nicotinic acid) 니코틴산아미드(nicotinamide)	1. 식육 2. 선어패류(신선한 어패류를 말함)	
메틸테트라히드로엽산글루코사민((6S)-5-methyltetrahydrofolic acid, glucosamine salt)	1. 건강기능식품	
불화나트륨(sodium fluoride)	1. 환자용 식품(환자용 균형영양식에 한함)	
비타민 K1 (phylloquinone)	1. 조제유류, 영아용 조제식, 성장기용 조제식, 영·유아용 이유식 2. 특수의료용도 등 식품 3. 건강기능식품	
셀렌산나트륨(sodium selenate) 아셀렌산나트륨(sodium selenite)	1. 조제유류, 영아용 조제식, 성장기용 조제식 2. 특수의료용도 등 식품 3. 건강기능식품	
L-시스테인염산염 (L-cysteine monohydrochloride)	1. 밀가루류 2. 과일주스 3. 빵류 및 이의 제조용 믹스	
5'-시티딜산이나트륨 (disodium 5'-cytidylate)	1. 조제유류, 영아용 조제식, 성장기용 조제식, 영·유아용 이유식, 유단백 알레르기 영·유아용 조제식품, 영·유아용 특수조제식품	0.142g/kg 이하
5'-아데닐산 (5'-adenylic acid)	1. 조제유류, 영아용조제식, 성장기용조제식, 영·유아용이유식, 유단백 알레르기 영·유아용 조제식품, 영·유아용 특수조제식품	0.075g/kg 이하
L-아스코빌스테아레이트 (L-ascorbyl stearate)	1. 식용유지류(모조치즈, 식물성크림 제외): 아스코빌팔미테이트와 병용할 때에는 L-아스코빌스테아레이트로서 사용량과 아스코빌팔미테이트로서 사용량의 합계가 0.5g/kg 이하	0.5g/kg 이하
	2. 건강기능식품	
L-아스코빌팔미테이트 (L-ascorbyl palmitate)	1. 식용유지류(모조치즈, 식물성크림 제외): L-아스코빌스테아레이트와 병용할 때에는 L-아스코빌팔미테이트로서 사용량과 L-아스코빌스테아레이트로서 사용량의 합계가 0.5g/kg 이하	0.5g/kg 이하
	2. 마요네즈	0.5g/kg 이하
	3. 과자, 빵류, 떡류, 당류가공품, 액상차, 특수의료용도 등 식품(영·유아용 특수조제식품 제외), 체중조절용 조제식품, 임신·수유부용 식품, 주류, 과·채 가공품, 서류 가공품, 어육 가공품류, 기타 수산물 가공품, 기타 가공품	1.0g/kg 이하
	4. 캔디류, 코코아 가공품류 또는 초콜릿류, 유탕면, 복합조미식품, 향신료 조제품, 만두피	0.5g/kg 이하
	5. 건강기능식품의 경우는 해당 기준 및 규격에 따른다.	
5'-우리딜산이나트륨 (disodium 5'-uridylate)	1. 조제유류, 영아용 조제식, 성장기용 조제식, 영·유아용 이유식, 유단백 알레르기 영·유아용 조제식품, 영·유아용 특수조제식품	0.099g/kg 이하
	2. 환자용 식품	8g/kg 이하
카로틴(carotene) β-카로틴(β-carotene)	천연식품[식육류, 어패류, 과일류, 채소류, 해조류, 콩류 등 및 그 단순가공품(탈피, 절단 등)], 다류, 커피, 고춧가루, 실고추, 김치류, 고추장, 조미고추장, 식초에 사용 금지	

(계속)

영양강화제	사용 식품	사용량
황산동 (cupric sulfate)	1. 포도주	동으로서 1mg/kg
	2. 시리얼류 3. 조제유류, 영아용 조제식, 성장기용 조제식, 영·유아용 이유식 4. 특수의료용도 등 식품 5. 체중조절용 조제식품 6. 건강기능식품	
황산아연 (zinc sulfate)	1. 시리얼류, 맥주, 기타주류 2. 조제유류, 영아용 조제식, 성장기용 조제식, 영·유아용 이유식 3. 특수의료용도 등 식품 4. 체중조절용 조제식품 5. 건강기능식품	

부록 **13** 허용 유화제의 종류와 사용기준

유화제	사용 식품	사용량
스테아릴젖산나트륨 (sodium stearoyl lactylate)	1. 빵류 및 이의 제조용 믹스 2. 면류, 만두피 3. 식물성크림 4. 소스 5. 치즈류 6. 과자(한과류 제외)	
스테아릴젖산칼슘 (calcium stearoyl lactylate)	1. 빵류 및 이의 제조용 믹스 2. 식물성크림 3. 난백 4. 과자(한과류 제외) 5. 서류가공품	
알긴산프로필렌글리콜 (propylene glycol alginate)		1% 이하
암모늄포스파타이드 (ammonium phosphatides)	1. 기타 코코아가공품, 초콜릿류	10g/kg 이하
염기성알루미늄인산나트륨 (sodium aluminium phosphate, basic)	1. 과자 및 이의 제조용 믹스, 빵류 및 이의 제조용 믹스, 튀김 제조용 믹스: 황산알루미늄칼륨, 황산알루미늄암모늄, 산성알루미늄인산나트륨과 병용할 때에는 알루미늄의 합계가 0.1g/kg 이하	알루미늄으로서 0.1g/kg 이하
프로필렌글리콜 (propylene plycol)	1. 만두류	1.2% 이하
	2. 땅콩 또는 견과류가공품	5% 이하
	3. 아이스크림류	2.5% 이하
	4. 과자, 캔디류, 추잉껌, 향미유, 면류, 액상차, 기타 음료, 소스류, 향신료 가공품, 기타 가공품	2% 이하
	5. 빵류, 떡류, 빙과, 초콜릿류, 낭류 가공품, 잼류, 식물성크림, 탄산음료, 가공소금, 절임류, 주류, 기타 농산가공품류, 캡슐류	1% 이하
	6. 건강기능식품: 다만, 희석하여 음용하는 건강기능식품은 희석한 것으로서 0.3% 이하	2% 이하

부록 14 허용 이형제의 종류와 사용기준

이형제	사용 식품	사용량
유동파라핀(liquid paraffin)	1. 빵류	0.15% 이하
	2. 캡슐류	0.6% 이하
	3. 건조 과일류, 건조 채소류	0.02% 이하
피마자유(castor oil)	캔디류	0.5g 이하

부록 15 허용 제조용제의 종류와 사용기준

제조용제	사용 식품	사용량
니켈(nickel)	1. 혼합식용유, 가공유지, 쇼트닝, 마가린류	잔존량은 1.0mg/kg 이하
메톡사이드나트륨 (sodium Methoxide)	가공유지에 한하여 사용: 다만, 최종식품 완성 전에 분해하여야 하며, 분해물로 생성된 메틸알콜은 제거하여야 함	
수소 (hydrogen)	1. 식용유지류(동물성 유지류, 모조치즈, 식물성크림 제외) 제조 시 경화처리 목적	
	2. 음료류(다류, 커피 제외)	

부록 16 허용 증점제의 종류와 사용기준

증점제	사용 기준	사용량
메틸셀룰로스(methyl cellulose) 카복시메틸셀룰로스나트륨(sodium carboxymethyl cellulose) 카복시메틸셀룰로스칼슘(calcium carboxymethyl cellulose) 카복시메틸스타치나트륨(sodium carboxy methyl starch)	메틸셀룰로스, 카복시메틸셀룰로스나트륨, 카복시메틸셀룰로스칼슘 또는 카복시메틸스타치나트륨과 병용할 때에는 각각의 사용량의 합계가 식품의 2% 이하이어야 한다. 다만, 건강기능식품의 경우 제한받지 않음	2% 이하
알긴산프로필렌글리콜(propylene glycol alginate)		1% 이하
폴리아크릴산나트륨(sodium polyacrylate)		0.2% 이하

부록 17 허용 착색료의 종류와 사용기준

착색료	사용 식품	사용량
식용색소 녹색 제3호 (food green No.3) 식용색소 녹색 제3호 알루미늄레이크 (food green No.3 aluminium lake)	1. 과자	0.1g/kg 이하
	2. 캔디류	0.4g/kg 이하
	3. 빵류, 떡류	0.1g/kg 이하
	4. 초콜릿류	0.6g/kg 이하
	5. 기타잼	0.4g/kg 이하
	6. 소시지류, 어육 소시지	0.1g/kg 이하
	7. 과·채 음료, 탄산 음료, 기타 음료: 다만, 희석하여 음용하는 제품에 있어서는 희석한 것으로서	0.1g/kg 이하
	8. 향신료 가공품[고추냉이(와사비) 가공품 및 겨자 가공품에 한함]	0.1g/kg 이하
	9. 절임류(밀봉 및 가열살균 또는 멸균 처리한 제품에 한함. 다만, 단무지는 제외)	0.3g/kg 이하
	10. 주류(탁주, 약주, 소주, 주정을 첨가하지 않은 청주 제외)	0.1g/kg 이하
	11. 곡류가공품, 당류가공품, 기타 수산물가공품	0.1g/kg 이하
	12. 건강기능식품(정제의 제피 또는 캡슐에 한함), 캡슐류	0.6g/kg 이하
	13. 아이스크림류, 아이스크림믹스류	0.1g/kg 이하
식용색소 적색 제2호 (food red No.2) 식용색소 적색 제2호 알루미늄레이크 (food red No.2 aluminium lake)	1. 과자(한과에 한함), 추잉껌	0.3g/kg 이하
	2. 떡류	0.3g/kg 이하
	3. 소시지류	0.05g/kg 이하
	4. 음료 베이스: 다만, 희석하여 음용하는 제품에 있어서는 희석한 것으로서	0.3g/kg 이하
	5. 향신료 가공품[고추냉이(와사비) 가공품 및 겨자 가공품에 한함]	0.5g/kg 이하
	6. 젓갈류(명란젓에 한함)	0.03g/kg 이하
	7. 절임류(밀봉 및 가열 살균 또는 멸균 처리한 제품에 한함. 다만, 단무지는 제외)	0.5g/kg 이하
	8. 주류(탁주, 약주, 소주, 주정을 첨가하지 않은 청주 제외)	0.1g/kg 이하
	9. 식물성 크림	0.5g/kg 이하
	10. 즉석 섭취식품	0.3g/kg 이하
	11. 곡류 가공품, 전분 가공품, 당류 가공품	0.3g/kg 이하
	12. 기타 수산물 가공품, 기타 가공품	0.5g/kg 이하
	13. 건강기능식품(정제의 제피 또는 캡슐에 한함), 캡슐류	0.3g/kg 이하
식용색소 적색 제3호 (food red No.3)	1. 과자, 캔디류	0.3g/kg 이하
	2. 추잉껌	0.05g/kg 이하
	3. 빙과	0.15g/kg 이하

(계속)

착색료	사용 식품	사용량
식용색소 적색 제3호 (food red No.3)	4. 빵류, 떡류, 만두	0.3g/kg 이하
	5. 기타 코코아 가공품, 초콜릿류	0.3g/kg 이하
	6. 기타 잼, 기타 설탕, 기타 엿	0.3g/kg 이하
	7. 소시지류	0.03g/kg 이하
	8. 어육소시지	0.3g/kg 이하
	9. 과·채 음료, 탄산 음료, 기타 음료: 다만, 희석하여 음용하는 제품에 있어서는 희석한 것으로서	0.3g/kg 이하
	10. 향신료 가공품[고추냉이(와사비) 가공품 및 겨자 가공품에 한함]	0.5g/kg 이하
	11. 소스	0.3g/kg 이하
	12. 젓갈류(명란젓에 한함)	0.5g/kg 이하
	13. 절임류(밀봉 및 가열 살균 또는 멸균 처리한 제품에 한함. 다만, 단무지는 제외)	0.2g/kg 이하
	14. 주류(탁주, 약주, 소주, 주정을 첨가하지 않은 청주 제외)	0.3g/kg 이하
	15. 즉석 섭취식품	0.3g/kg 이하
	16. 곡류 가공품, 전분 가공품	0.3g/kg 이하
	17. 서류 가공품	0.2g/kg 이하
	18. 기타 식용유지 가공품, 기타 수산물 가공품, 기타 가공품	0.5g/kg 이하
	19. 당류 가공품	0.1g/kg 이하
	20. 건강기능식품(정제의 제피 또는 캡슐에 한함), 캡슐류	0.3g/kg 이하
	21. 아이스크림류, 아이스크림 믹스류	0.3g/kg 이하
	22. 커피(표면장식에 한함): 식용색소 적색 제40호, 식용색소 청색 제1호, 식용색소 황색 제4호와 병용할 때는 사용량의 합계가 0.1g/kg 이하	0.1g/kg 이하
식용색소 적색 제40호 (food red No.40) 식용색소 적색 제40호 알루미늄레이크 (food red No.40 aluminium lake)	1. 과자, 캔디류, 추잉껌	0.3g/kg 이하
	2. 빙과	0.15g/kg 이하
	3. 빵류, 떡류	0.3g/kg 이하
	4. 기타 코코아 가공품, 초콜릿류	0.3g/kg 이하
	5. 기타 잼	0.3g/kg 이하
	6. 기타 설탕, 기타 엿, 당시럽류	0.3g/kg 이하
	7. 소시지류	0.025g/kg 이하
	8. 어육소시지	0.3g/kg 이하
	9. 과·채 음료, 탄산 음료, 기타 음료: 다만, 희석하여 음용하는 제품에 있어서는 희석한 것으로서	0.3g/kg 이하
	10. 향신료 가공품[고추냉이(와사비) 가공품 및 겨자 가공품에 한함]	0.3g/kg 이하
	11. 소스	0.3g/kg 이하

(계속)

착색료	사용 식품	사용량
식용색소 적색 제40호 (food red No.40) 식용색소 적색 제40호 알루미늄레이크 (food red No.40 aluminium lake)	12. 젓갈류(명란젓에 한함)	0.5g/kg 이하
	13. 절임류(밀봉 및 가열 살균 또는 멸균 처리한 제품에 한함. 다만, 단무지는 제외)	0.3g/kg 이하
	14. 주류(탁주, 약주, 소주, 주정을 첨가하지 않은 청주 제외)	0.3g/kg 이하
	15. 식물성 크림, 즉석 섭취식품	0.3g/kg 이하
	16. 곡류 가공품, 전분 가공품, 당류 가공품, 기타 수산물 가공품, 기타 가공품	0.3g/kg 이하
	17. 두류 가공품, 서류 가공품	0.2g/kg 이하
	18. 건강기능식품(정제의 제피 또는 캡슐에 한함), 캡슐류	0.3g/kg 이하
	19. 아이스크림류, 아이스크림 믹스류	0.3g/kg 이하
	20. 커피(표면장식에 한함): 식용색소 적색 제3호, 식용색소 청색 제1호, 식용색소 황색 제4호와 병용할 때는 사용량의 합계가 0.1g/kg 이하	0.1g/kg 이하
식용색소 적색 제102호 (food red No.102)	1. 과자(한과에 한함)	0.2g/kg 이하
	2. 추잉껌	0.3g/kg 이하
	3. 떡류	0.05g/kg 이하
	4. 만두	0.05g/kg 이하
	5. 기타 코코아 가공품	0.3g/kg 이하
	6. 소시지류	0.05g/kg 이하
	7. 음료 베이스: 다만, 희석하여 음용하는 제품에 있어서는 희석한 것으로서	0.05g/kg 이하
	8. 향신료 가공품[고추냉이(와사비) 가공품 및 겨자 가공품에 한함]	0.5g/kg 이하
	9. 젓갈류(명란젓에 한함)	0.5g/kg 이하
	10. 절임류(밀봉 및 가열 살균 또는 멸균 처리한 제품에 한함. 다만, 단무지는 제외)	0.5g/kg 이하
	11. 주류(탁주, 약주, 소주, 주정을 첨가하지 않은 청주 제외)	0.2g/kg 이하
	12. 두류 가공품, 서류 가공품	0.2g/kg 이하
	13. 당류 가공품	0.3g/kg 이하
	14. 기타 수산물 가공품, 기타 가공품	0.5g/kg 이하
	15. 건강기능식품(정제의 제피 또는 캡슐에 한함), 캡슐류	0.3g/kg 이하
식용색소 청색 제1호 (food blue No.1) 식용색소 청색 제1호 알루미늄레이크 (food blue No.1 aluminium lake)	1. 과자	0.2g/kg 이하
	2. 캔디류, 추잉껌	0.3g/kg 이하
	3. 빙과	0.15g/kg 이하
	4. 빵류	0.2g/kg 이하
	5. 떡류	0.15g/kg 이하
	6. 만두	0.1g/kg 이하

(계속)

착색료	사용 식품	사용량
식용색소 청색 제1호 (food blue No.1) 식용색소 청색 제1호 알루미늄레이크 (food blue No.1 aluminium lake)	7. 기타 코코아 가공품, 초콜릿류	0.1g/kg 이하
	8. 기타 잼	0.25g/kg 이하
	9. 기타 설탕, 기타 엿, 당시럽류	0.3g/kg 이하
	10. 소시지류, 어육 소시지	0.1g/kg 이하
	11. 과·채 음료, 탄산 음료, 기타 음료: 다만, 희석하여 음용하는 제품에 있어서는 희석한 것으로서	0.1g/kg 이하
	12. 향신료 가공품[고추냉이(와사비) 가공품 및 겨자가 공품에 한함]	0.1g/kg 이하
	13. 소스	0.1g/kg 이하
	14. 절임류(밀봉 및 가열 살균 또는 멸균 처리한 제품에 한함. 다만, 단무지는 제외)	0.5g/kg 이하
	15. 주류(탁주, 약주, 소주, 주정을 첨가하지 않은 청주 제외)	0.2g/kg 이하
	16. 식물성 크림	0.1g/kg 이하
	17. 즉석 섭취식품	0.05g/kg 이하
	18. 곡류 가공품	0.3g/kg 이하
	19. 두류 가공품, 서류 가공품	0.2g/kg 이하
	20. 전분 가공품	0.15g/kg 이하
	21. 기타 식용유지가공품, 당류가공품, 기타 수산물 가공품, 기타 가공품	0.5g/kg 이하
	22. 건강기능식품(정제의 제피 또는 캡슐에 한함), 캡슐류	0.3g/kg 이하
	23. 아이스크림류, 아이스크림 믹스류	0.15g/kg 이하
	24. 커피(표면장식에 한함): 식용색소 적색 제3호, 식용색소 적색 제40호, 식용색소 황색 제4호와 병용할 때는 사용량의 합계가 0.1g/kg 이하	0.1g/kg 이하
식용색소 청색 제2호 (food blue No.2) 식용색소 청색 제2호 알루미늄레이크 (food blue No.2 aluminium lake)	1. 과자	0.2g/kg 이하
	2. 캔디류, 추잉껌	0.3g/kg 이하
	3. 빙과	0.15g/kg 이하
	4. 빵류	0.2g/kg 이하
	5. 떡류	0.15g/kg 이하
	6. 기타 코코아 가공품, 초콜릿류	0.45g/kg 이하
	7. 기타 잼, 기타 설탕	0.3g/kg 이하
	8. 소시지류	0.1g/kg 이하
	9. 어육 소시지	0.3g/kg 이하
	10. 과·채 음료, 탄산 음료, 기타 음료: 다만, 희석하여 음용하는 제품에 있어서는 희석한 것으로서	0.1g/kg 이하
	11. 향신료 가공품[고추냉이(와사비) 가공품 및 겨자 가공품에 한함]	0.3g/kg 이하

(계속)

착색료	사용 식품	사용량
식용색소 청색 제2호 (food blue No.2) 식용색소 청색 제2호 알루미늄레이크 (food blue No.2 aluminium lake)	12. 절임류(밀봉 및 가열 살균 또는 멸균 처리한 제품에 한함. 다만, 단무지는 제외)	0.3g/kg 이하
	13. 주류(탁주, 약주, 소주, 주정을 첨가하지 않은 청주 제외)	0.3g/kg 이하
	14. 곡류 가공품	0.2g/kg 이하
	15. 당류 가공품	0.3g/kg 이하
	16. 기타 가공품	0.45g/kg 이하
	17. 건강기능식품(정제의 제피 또는 캡슐에 한함), 캡슐류	0.3g/kg 이하
	18. 아이스크림류, 아이스크림 믹스류	0.15g/kg 이하
식용색소 황색 제4호 (food yellow No.4) 식용색소 황색 제4호 알루미늄레이크 (food yellow No.4 aluminium lake)	1. 과자	0.2g/kg 이하
	2. 캔디류, 추잉껌	0.3g/kg 이하
	3. 빙과	0.15g/kg 이하
	4. 빵류	0.2g/kg 이하
	5. 떡류	0.15g/kg 이하
	6. 만두	0.5g/kg 이하
	7. 기타 코코아 가공품, 초콜릿류	0.4g/kg 이하
	8. 기타 잼	0.2g/kg 이하
	9. 기타 설탕, 기타 엿, 당시럽류	0.5g/kg 이하
	10. 소시지류	0.3g/kg 이하
	11. 어육 소시지	0.5g/kg 이하
	12. 과·채 음료, 탄산 음료, 기타 음료: 다만, 희석하여 음용하는 제품에 있어서는 희석한 것으로서	0.1g/kg 이하
	13. 향신료 가공품[고추냉이(와사비) 가공품 및 겨자 가공품에 한함]	0.5g/kg 이하
	14. 소스	0.5g/kg 이하
	15. 젓갈류(명란젓에 한함)	0.5g/kg 이하
	16. 절임류(밀봉 및 가열 살균 또는 멸균 처리한 제품에 한함. 다만, 단무지는 제외)	0.5g/kg 이하
	17. 주류(탁주, 약주, 소주, 주정을 첨가하지 않은 청주 제외)	0.2g/kg 이하
	18. 식물성 크림	0.5g/kg 이하
	19. 즉석섭취식품	0.05g/kg 이하
	20. 두류 가공품, 서류 가공품	0.1g/kg 이하
	21. 전분 가공품, 곡류 가공품, 당류 가공품, 기타 수산물 가공품, 기타 가공품	0.5g/kg 이하
	22. 기타 식용유지 가공품	0.3g/kg 이하

(계속)

<table>
<tr><th>착색료</th><th>사용 식품</th><th>사용량</th></tr>
<tr><td rowspan="3">식용색소 황색 제4호
(food yellow No.4)
식용색소 황색 제4호
알루미늄레이크
(food yellow No.4
aluminium lake)</td><td>23. 건강기능식품(정제의 제피 또는 캡슐에 한함), 캡슐류</td><td>0.3g/kg 이하</td></tr>
<tr><td>24. 아이스크림류, 아이스크림 믹스류</td><td>0.15g/kg 이하</td></tr>
<tr><td>25. 커피(표면장식에 한함): 식용색소 적색 제3호, 식용색소 적색 제40호, 식용색소 청색 제1호와 병용할 때는 사용량의 합계가 0.1g/kg 이하</td><td>0.1g/kg 이하</td></tr>
<tr><td rowspan="22">식용색소 황색 제5호
(food yellow No.5)
식용색소 황색 제5호
알루미늄레이크
(food yellow No.4
aluminium lake)</td><td>1. 과자</td><td>0.2g/kg 이하</td></tr>
<tr><td>2. 캔디류, 추잉껌</td><td>0.3g/kg 이하</td></tr>
<tr><td>3. 빙과, 빵류, 떡류</td><td>0.05g/kg 이하</td></tr>
<tr><td>4. 만두</td><td>0.4g/kg 이하</td></tr>
<tr><td>5. 기타 코코아 가공품, 초콜릿류</td><td>0.15g/kg 이하</td></tr>
<tr><td>6. 기타 잼</td><td>0.3g/kg 이하</td></tr>
<tr><td>7. 기타 설탕, 기타 엿, 당시럽류</td><td>0.4g/kg 이하</td></tr>
<tr><td>8. 소시지류, 어육 소시지</td><td>0.3g/kg 이하</td></tr>
<tr><td>9. 과·채 음료, 탄산 음료, 기타 음료: 다만, 희석하여 음용하는 제품에 있어서는 희석한 것으로서</td><td>0.1g/kg 이하</td></tr>
<tr><td>10. 향신료 가공품[고추냉이(와사비) 가공품 및 겨자 가공품에 한함]</td><td>0.3g/kg 이하</td></tr>
<tr><td>11. 소스</td><td>0.3g/kg 이하</td></tr>
<tr><td>12. 젓갈류(명란젓에 한함)</td><td>0.3g/kg 이하</td></tr>
<tr><td>13. 절임류(밀봉 및 가열 살균 또는 멸균 처리한 제품에 한함. 다만, 단무지는 제외)</td><td>0.3g/kg 이하</td></tr>
<tr><td>14. 주류(탁주, 약주, 소주, 주정을 첨가하지 않은 청주 제외)</td><td>0.2g/kg 이하</td></tr>
<tr><td>15. 전분 가공품, 식물성 크림</td><td>0.4g/kg 이하</td></tr>
<tr><td>16. 즉석섭취식품</td><td>0.3g/kg 이하</td></tr>
<tr><td>17. 곡류 가공품, 기타 식용유지 가공품, 당류 가공품</td><td>0.3g/kg 이하</td></tr>
<tr><td>18. 서류 가공품</td><td>0.05g/kg 이하</td></tr>
<tr><td>19. 기타 수산물 가공품</td><td>0.2g/kg 이하</td></tr>
<tr><td>20. 기타 가공품</td><td>0.4g/kg 이하</td></tr>
<tr><td>21. 건강기능식품(정제의 제피 또는 캡슐에 한함), 캡슐류</td><td>0.3g/kg 이하</td></tr>
<tr><td>22. 아이스크림류, 아이스크림 믹스류</td><td>0.3g/kg 이하</td></tr>
<tr><td rowspan="2">동클로로필
(copper chlorophyll)
동클로로필린나트륨
(sodium copper chlorophyllin)
동클로로필린칼륨
(potassium copper chlorophyllin)</td><td>1. 다시마(무수물 1kg)</td><td>동으로서
0.15g/kg 이하</td></tr>
<tr><td>2. 과일류의 저장품, 채소류의 저장품</td><td>동으로서
0.1g/kg 이하</td></tr>
</table>

(계속)

착색료	사용 식품	사용량
동클로로필 (copper chlorophyll) 동클로로필린나트륨 (sodium copper chlorophyllin) 동클로로필린칼륨 (potassium copper chlorophyllin)	3. 추잉껌, 캔디류	동으로서 0.05g/kg 이하
	4. 완두콩 통조림 중의 한천	동으로서 0.0004g/kg 이하
금박 (gold leaf)	1. 주류, 잼류 2. 기타 식품(외부 코팅 또는 외부 장식에 한함)	
진주빛색소 (potassium aluminium silicate-based pearlescent pigments)	1. 과실주, 일반증류주, 리큐르	0.3% 이하
흑당근추출색소 (black carrot extract)	1. 캔디류	
고량색소(kaoliang color) 김색소(laver color) 루틴(rutin) 마리골드색소(tagetes extract) 무궁화색소(hibiscus color) 사프란색소(saffron color) 스피룰리나색소(spirulina color) 시아너트색소(shea nut color) 심황색소(curcumin) 알팔파추출색소(alfalfa extract) 양파색소(onion color) 오징어먹물색소(sepia color) 철클로로필린나트륨 (sodium iron chlorophyllin) 치자적색소(gardenia red) 치자청색소(gardenia blue) 치자황색소(gardenia yellow) 카로틴(carotene) 카카오색소(cacao color) 클로로필(chlorophyll) 타마린드색소(tamarind color) 토마토색소(tomato color) 포도과피색소(grape skin extract) 피칸너트색소(pecan nut color) 홍국황색소(monascus yellow) 홍화황색소(carthamus yellow) β-아포-8'-카로티날 (β-apo-8'-carotenal) β-카로틴(β-carotene)	천연식품[식육류, 어패류, 과일류, 채소류, 해조류, 콩류 등 및 그 단순 가공품(탈피, 절단 등)], 다류, 커피, 고춧가루, 실고추, 김치류, 고추장, 조미고추장, 식초에 사용 금지	
삼이산화철(iron sesquioxide)	바나나(꼭지의 절단면), 곤약에만 사용	

(계속)

착색료	사용 식품	사용량
락색소(lac color) 베리류색소(berries color) 비트레드(beet red) 수용성 안나토 (annatto, water-soluble) 안나토색소(annatto extract) 자단향색소(sandalwood red) 자주색고구마색소 (purple sweet potato color) 자주색참마색소 (purple yam color) 적무색소(red radish color) 적양배추색소 (red cabbage color) 차즈기색소(perilla color) 카민(carmine) 코치닐추출색소 (cochineal extract) 파프리카추출색소 (oleoresin paprika) 포도과즙색소(grape juice color) 홍국색소(monascus color) 홍화적색소(carthamus red)	천연식품[식육류, 어패류, 과일류, 채소류, 해조류, 콩류 등 및 그 단순 가공품(탈피, 절단 등)], 다류, 커피, 고춧가루, 실고추, 김치류, 고추장, 조미 고추장, 식초, 향신료 가공품(고추 또는 고춧가루 함유제품)에 사용 금지	
이산화티타늄 (titanium dioxide)	천연식품[식육류, 어패류, 채소류, 과일류, 해조류, 콩류 등 및 그 단순 가공품(탈피, 절단 등)], 식빵, 카스텔라, 코코아매스, 코코아버터, 코코아분말, 잼류, 유가공품, 식육 가공품(소시지류, 식육추출 가공품 제외), 알 가공품, 어육 가공품류(어육 소시지 제외), 두부류, 묵류, 식용유지류(모조치즈, 식물성크림, 기타 식용유지 가공품 제외), 면류, 다류, 커피, 과일·채소류 음료(과·채 음료 제외), 두유류, 발효음료류, 인삼·홍삼음료, 장류, 식초, 토마토케첩, 카레, 고춧가루, 실고추, 천연향신료, 복합조미식품, 마요네즈, 김치류, 젓갈류, 절임류(밀봉 및 가열 살균 또는 멸균 처리한 절임제품은 제외), 단무지, 조림류, 땅콩 또는 견과류 가공품류, 조미김, 벌꿀류, 즉석조리식품, 레토르트식품, 특수용도식품, 건강기능식품(정제의 제피 또는 캡슐은 제외)에 사용 금지	
카라멜색소 (caramel color)	천연식품[식육류, 어패류, 과일류, 채소류, 해조류, 콩류 등 및 그 단순 가공품(탈피, 절단 등)], 다류(고형차 및 희석하여 음용하는 액상차는 제외), 인삼성분 및 홍삼성분이 함유된 다류, 커피, 고춧가루, 실고추, 김치류, 고추장, 조미고추장, 인삼 또는 홍삼을 원료로 사용한 건강기능식품에 사용 금지	

부록 18 허용 추출용제의 종류와 사용기준

추출용제	사용 식품	사용량
메틸알콜 (methyl alcohol)	건강기능식품의 기능성 원료 추출 또는 분리 등의 목적에 한하여 사용	잔류량은 0.05g/kg 이하
부탄 (butane)	1. 식용유지 제조 시 유지성분의 추출 목적에 한하여 사용하고, 최종식품 완성 전에 제거 2. 건강기능식품의 기능성원료 추출 또는 분리 등의 목적에 한하여 사용하고, 최종식품 완성 전에 제거	
아세톤 (acetone)	1. 식용유지 제조 시 유지성분을 분별하는 목적(다만, 사용한 아세톤은 최종식품의 완성 전에 제거해야 함)	
	2. 건강기능식품의 기능성원료 추출 또는 분리 등의 목적에 한하여 사용	잔류량은 0.03g/kg 이하
이소프로필알콜 (isopropyl alcohol) 초산에틸 (ethyl acetate)	건강기능식품의 기능성 원료 추출 또는 분리 등의 목적에 한하여 사용	잔류량은 0.05g/kg 이하
헥산 (hexane)	1. 식용유지 제조 시 유지성분의 추출 목적에 한하여 사용 2. 건강기능식품의 기능성원료 추출 또는 분리 등의 목적에 한하여 사용	잔류량은 0.005g/kg 이하

부록 19 허용 팽창제의 종류와 사용기준

팽창제	사용 식품	사용량
산성알루미늄인산나트륨 (sodium aluminium phosphate, acidic)	1. 과자 및 이의 제조용 믹스, 빵류 및 이의 제조용 믹스, 튀김 제조용 믹스: 황산알루미늄칼륨, 황산알루미늄암모늄, 염기성알루미늄인산나트륨과 병용할 때에는 알루미늄의 합계가 0.1g/kg 이하	알루미늄으로서 0.1g/kg 이하
제삼인산칼슘 (calcium phosphate, tribasic) 제이인산칼슘 (calcium phosphate, dibasic) 제일인산칼슘 (calcium phosphate, monobasic)	특수용도식품 및 건강기능식품의 경우는 해당 기준 및 규격에 따름	칼슘으로서 1% 이하
황산알루미늄암모늄 (aluminium ammonium sulfate) 황산알루미늄칼륨 (aluminium potassium sulfate)	1. 과자 및 이의 제조용 믹스, 빵류 및 이의 제조용 믹스, 튀김 제조용 믹스: 황산알루미늄칼륨, 산성알루미늄인산나트륨, 염기성알루미늄인산나트륨과 병용할 때에는 알루미늄의 합계가 0.1g/kg 이하	알루미늄으로서 0.1g/kg 이하
	2. 땅콩 또는 견과류 가공품(밤에 한함), 서류 가공품(고구마에 한함), 기타 어육가공품, 과·채 가공품: 황산알루미늄칼륨과 병용할 때에는 알루미늄의 합계가 0.1g/kg 이하	알루미늄으로서 0.1g/kg 이하
	3. 면류 및 이의 제조용 믹스, 기타 수산물 가공품, 전분 가공품, 만두피: 황산알루미늄칼륨과 병용할 때에는 알루미늄의 합계가 0.2g/kg 이하	알루미늄으로서 0.2g/kg 이하
	4. 절임식품: 황산알루미늄칼륨과 병용할 때에는 알루미늄의 합계가 0.5g/kg 이하	알루미늄으로서 0.5g/kg 이하

부록 20 허용 표백제의 종류와 사용기준

표백제	사용 식품	사용량
메타중아황산나트륨 (sodium metabisulfite) 메타중아황산칼륨 (potassium metabisulfite) 무수아황산 (sulfur dioxid) 산성아황산나트륨 (sodium bisulfite) 아황산나트륨 (sodium sulfite) 차아황산나트륨 (sodium hydrosulfite)	1. 박고지(박의 속을 제거하고 육질을 잘라내어 건조시킨 것)	이산화황으로서 5.0g/kg 미만
	2. 당밀	이산화황으로서 0.30g/kg 미만
	3. 물엿, 기타 엿	이산화황으로서 0.20g/kg 미만
	4. 과실주	이산화황으로서 0.350g/kg 미만
	5. 과일·채소류 음료: 다만, 5배 이상 희석하여 음용하거나 사용하는 과일주스, 농축과일즙은 0.150g/kg	이산화황으로서 0.030g/kg 미만
	6. 과·채 가공품: 단, 5배 이상 희석하여 음용하거나 사용하는 제품의 경우에는 0.150g/kg	이산화황으로서 0.030g/kg 미만
	7. 건조 과일류: 단, 「대한민국약전」(식품의약품안전처 고시) 또는 「대한민국약전 외 한약(생약) 규격집」(식품의약품안전처 고시)에 포함되어 식품원료로 사용가능한 과일류(건조한 것에 한함)는 상기 고시의 이산화황 기준에 따르며, 건조 살구의 경우에는 2.0g/kg, 건조코코넛의 경우에는 0.20g/kg	이산화황으로서 1.0g/kg 미만
	8. 건조 채소류, 건조 버섯류: 단, 「대한민국약전」(식품의약품안전처 고시) 또는 「대한민국약전 외 한약(생약) 규격집」(식품의약품안전처 고시)에 포함되어 식품원료로 사용가능한 채소류·버섯류(건조한 것에 한함)는 상기 고시의 이산화황 기준에 따름	이산화황으로서 0.50g/kg 미만
	9. 건조 농·임산물(위 7, 8의 규정 이외의 「대한민국약전」(식품의약품안전처 고시) 또는 「대한민국약전 외 한약(생약) 규격집」(식품의약품안전처 고시)에 포함되어 식품원료로 사용가능한 식물성 원료로서 건조한 것에 한함), 생지황: 상기 고시의 이산화황 기준에 따름	
	10. 곤약분	이산화황으로서 0.90g/kg 미만
	11. 새우(껍질을 벗긴 살)	이산화황으로서 0.10g/kg 미만
	12. 냉동 생게(껍질을 벗긴 살)	이산화황으로서 0.10g/kg 미만
	13. 설탕류	이산화황으로서 0.020g/kg 미만
	14. 식초	이산화황으로서 0.10g/kg 미만
	15. 건조 감자	이산화황으로서 0.50g/kg 미만
	16. 소스	이산화황으로서 0.30g/kg 미만

(계속)

표백제	사용 식품	사용량
메타중아황산나트륨(sodium metabisulfite) 메타중아황산칼륨(potassium metabisulfite) 무수아황산(sulfur dioxid) 산성아황산나트륨(sodium bisulfite) 아황산나트륨(sodium sulfite) 차아황산나트륨(sodium hydrosulfite)	17. 향신료 조제품	이산화황으로서 0.20g/kg 미만
	18. 기타 수산물 가공품(새우, 냉동 생게 제외), 땅콩 또는 견과류가공품, 절임류, 빵류, 탄산음료, 과자, 면류, 만두피, 건포류, 캔디류, 코코아가공품류 또는 초콜릿류, 기타 음료, 서류가공품(건조감자, 곤약분 제외), 두류가공품, 조림류(농산물을 주원료로 한 것에 한함), 브랜디, 일반증류주, 기타주류, 찐쌀, 잼류, 전분류, 당류가공품, 된장	이산화황으로서 0.030g/kg 미만
	19. 곡류 가공품(옥배유 제조용으로서 옥수수배아를 100% 원료로 한 제품)	이산화황으로서 0.20g/kg 미만

부록 21 허용 피막제의 종류와 사용기준

피막제	사용 식품	사용량
가교카복시메틸셀룰로스나트륨(cross-linked sodium carboxymethyl cellulose) 폴리비닐알콜(polyvinyl alcohol) 폴리비닐피로리돈(polyvinyl pyrrolidone)	건강기능식품(정제 또는 이의 제피, 캡슐에 한함) 및 캡슐류	
몰포린지방산염(morpholine salts of fatty acids)	과일류 또는 채소류의 표피	
유동파라핀(liquid paraffin) 초산비닐수지(polyvinyl acetate)	과일류·채소류(표피의 피막제로서)에 한하여 사용	
폴리에틸렌글리콜(polyethylene glycol)	1. 건강기능식품(정제 또는 이의 제피, 캡슐제의 캡슐 부분에 한함) 및 캡슐류	10g/kg 이하
피마자유(castor oil)	정제류	

부록 22 허용 향미증진제의 종류와 사용기준

향미증진제	사용 식품	사용량
카페인(caffeine)	탄산음료에 한하여 사용: 다만, 최종적으로 탄산음료에 해당되는 제품으로서 5배 이상 희석하여 음용하거나 사용하는 음료 베이스는 0.075% 이하	무수건조물로서 0.015% 이하
변성 호프 추출물(modified hop extract)	맥주에 한하여 사용	

부록 23 허용 향료의 종류와 사용기준

향료	사용 식품	사용량
스모크향	착향의 목적에 한하여 사용: 다만, 음료류(다류, 커피 제외)에 사용 금지	

찾아보기

ㄱ

가열살균 53
가정 간편식(HMR, Home Meal Replacement) 320
간균 30
간디스토마 282
간이신속검사법 80
간헐멸균법 412
간흡충증 282
갈고리촌충 272
감미료 327
감수성 224
감염경로 224
감염병 222
감염원 224
감염형 89
감자 146
개미 313
개인 위생관리 420
거품제거제 328
건강관리 419
건설폐기물 440
건열살균법 412
건조 53
검증 392
결핵(TB, Tuberculosis) 242
결핵균(Mycobacterium tuberculosis) 242
고결방지제 327
고래회충 290
고사리 149
고시폴 148
고압증기멸균법 412
고온단시간살균 54
고온장시간살균 54
고유숙주 225, 256
곰팡이(mold) 35
곰팡이독(Mycotoxin) 158
공기위생관리 429
공정흐름도 381
광대버섯 137
광우병(BSE, Bovine Spongiform Encephalopathy) 252
광절열두조충 292
교차오염 397
구균 30
구더기증 302
국제식품규격위원회(CODEX Alimentarius) 13, 321
국제암연구기관(IARC) 201
군집독(Crowd poison) 433
굽은 외대버섯 138
규폐증 447
균류 27
균사 35
균사체 35
균총(colony) 35
그람양성균 30
그람양성세균 32
그람염색법 30
그람음성균 30
그람음성세균 32
금속 196
급성독성시험 65
급성회백수염(Poliomyelitis) 234
기생충 256
기억상실성 패류독(ASP, Amnesic shellfish poison) 156
기온역전 431
껍기초제 328
꽃무릇 150

ㄴ

나선균 30
내분비계 교란물질 211
노닐페놀(Nonylphenol) 216
노로바이러스 16, 120
니트로사민(Nitrosamine) 198
니트로소(N-nitroso) 화합물 198

ㄷ

다이옥신 212
다환 방향족 탄화수소(PAH) 202
단세포단백질 35
단회투여 독성시험 65
당장법 55
대기오염 430
대장균 42
대장균군(Coliform group) 41, 439
뎅기열 303
도자기 196
독미나리 149
독버섯 136
독소형 89
독소형 식중독 109
돈단독(Swine erysipelas) 249
돈단독균(Erysipelothrix rhusiopathiae) 249
돈형균(Brucella suis) 246
동물성 자연독 151
동양모양선충 270
동해긴촌충 292
돼지고기촌충(Pork tapeworm) 272
두비니구충 262
둘신(Dulcin) 183
디디티(DDT) 216
디에틸스틸베스테롤(Diethyl stilbesterol) 218
디프테리아(Diphtheria) 233
딸기혀(Strawberry tongue) 237
딸세포 34

ㄹ

라니냐 432
렙토스피라균(Leptospira interrogans) 255
렙토스피라증(Leptospirosis, Weil's disease) 255, 315
로다민 B 181
로베르트 코흐 241
로타바이러스 124
롱가리트(Rongalite) 185
루브라톡신(Rubratoxin) 162
리스테리아 102
리스테리아 모노사이토제네스(Listeria monocytogenes) 102
리신(Ricin) 148
리코린(Lycorine) 150

ㅁ

마비성 패류독(PSP, Paralytic shellfish poison) 154
막투과법 79
만성 독성시험 67
만손열두조충 280
말라리아 303
말라카이트 그린 181
말론디알데히드 205
맥각독 164
먹는 물 수질 기준 및 검사 등에 관한 규칙 406
먹는 물의 수질관리 435
메르캅탄 46
메탄올(Methanol) 185
멜라민(Melamine) 185
멜라민 수지(melamine resin) 190
모기 303
목화씨 148
몰타열 246
무구조충 270
무스카린 137, 140
무시몰 137, 141
물 위생관리 435
물리적 위해요소 383
미강유 186
미생물 26
미생물 균총 29
미치광이버섯 138
미치광이풀 150
민촌충 270
밀가루 개량제 328

ㅂ

바실러스 세레우스균 113
바이러스(virus) 27, 28, 37
바이러스성 간염(Viral hepatitis) 237
바이오제닉아민(Biogenic amine) 202
바퀴 307
반복투여 독성시험 66
발근 347
발색제 329
발아 347
발암성 시험 67
발효(fermentation) 45
방사선 조사식품 344
방사선살균 54
번식 시험 67
베네루핀(Venerupin) 157
변이원성 시험 68
변종 크로이펠트-야콥병(vCJD, variant Creutzfeldt-Jakob Disease) 253
변패(deterioration) 45
변형 프리온(Prion) 단백질 252
병원성 대장균 16
병원성 대장균 식중독 97
병원체 224
보존료 329
복어 독 151
부유물질(SS, Suspended Solids) 439
부패(putrefaction) 45, 48
분사제 330
불현성 감염 235
붕사 180
붕산 180
브루셀라증(Brucellosis) 246
비브리오패혈증 96
비소(As, Arsenic) 187
비스페놀 A(Bisphenol A) 215
비탈저 240
빈대 313
빨간집모기 304

ㅅ

사백신(Sabin vaccine) 235
사업장폐기물 440
사이클라메이트(Cyclamate) 183
사일로시빈(Psilocybin) 138, 141
사일로신(Psilocin) 138, 141
산도조절제 330
산분해 간장 199
산성비 431
산양형균(Brucella melitensis) 246
산장법 56
산패(rancidity) 45
산화방지제 331
살균제 331
살모넬라(Salmonella) 16, 92
3-MCPD(3-monochloropropane-1,2-diol) 199
3,4-벤조피렌(Benzopyrene) 203
삼염화질소(Nitrogen trichloride, NCl_3) 185
상압증기소독법 412
생균수 검사 75
생물학적 위해요소 383
생물화학적 산소요구량(BOD, Biochemical Oxygen Demand) 438
생백신 235
생쥐 314
생활폐기물 440
선모 30
선모충 274
설사성 패류독(DSP, Diarrhetic shellfish poison) 156
성홍열(Scarlet fever) 236
세계보건기구(WHO) 12
세균 27, 29
세균성 식중독 88
세균성 이질 227
세슘-137 346
세포막 30
세포벽 30
셀로판(Cellophane) 195
소고기촌충(Beef tapeworm) 270

소독 406
소아마비 234
소해면상뇌증 252
소화기탄저 242
솔라닌 146
수면병 299
수인성 전염병 233
숙도지연 349
숙주 256
슈도모나스 119
스카치테이프 도말법 268
스코폴라민 150
스테리그마토시스틴(Sterigmatocystin) 160
스티렌 218
스파르가눔 280
스피로메트라(Spirometra) 280
습윤제 332
승저증 300, 302
승홍 180
시구아테라(Ciguatera) 중독 153
시궁쥐 314
시안 배당체 147
시쿠톡신 149
식물성 자연독 134
식중독 14
식품안전관리인증기준 366
식품 알레르기 165
식품위생검사 62
식품위생관리 396
식품위생법 13, 321
식품위생지표 미생물 42
식품위생학 12
식품위생행정 18
식품위해요소 중점관리기준 18, 370
식품첨가물 320
식품첨가물 공전 322
식품회수제도 18
신경성 패류독(NSP, Neurotoxic shellfish poison) 156
실내공기위생 433
실크 스칼렛 182
십이지장충 262

ㅇ

아급성 독성시험 66
아니사키스증 290
아디다스 모기 304
아마니타톡신(Amanitatoxin) 137, 138
아마톡신(Amatoxin) 137
아메리카구충 262
아메바성 이질 228
아스트로바이러스 129
아우라민 181
아일란디아 황변미 162
아질산나트륨 329
아질산염 198
아크롤레인 204
아크릴아마이드(Aacrylamide) 205
아트로핀 150
아프리카 수면병 300
아플라톡신(Aflatoxin) 159
안전계수 68, 323
안정제 332
알광대버섯 137
알킬페놀(Alkylphenol) 216
암모니아 46
야토균(Franisella tularensis) 248
야토병(Tularemia) 247
에어로모나스 118
에틸 카바메이트(Ethylcarbamate, 우레탄) 200
에틸렌 글리콜(Ethylene glycol) 184
엔테로톡신 232
엘니뇨 432
여과 406
여과보조제 332
여시니아균 104
여시니아 엔테로콜리티카(Y. enterocolitica) 104
역치 64
연화 406
열가소성수지 190

열경화성수지 189
열대야 432
열두조충 292
열발광측정법 351
열섬효과(heat island effect) 432
열탕(자비)소독법 412
염장법 55
염화비닐(PVC) 수지 192
영양강화제 332
오존층 431
오크라톡신(Ochratoxin) 160
온실효과(green house effect) 432
옹기 197
와일씨병(바일씨병) 255, 315
와프린 316
완전변태 304
요꼬가와흡충 288
요소 수지(urea resin) 190
요충 266
용량-반응곡선 64
용수 403
용존산소(DO, Dissolved Oxygen) 438
용혈독 94
우수제조기준(GMP, Good Manufacturing Practices) 368
우형균(Brucella abortus) 246
웃음가스 429
원생동물 28
원핵 미생물 28
위생곤충 298
위생교육 424
위생해충 298
위해요소분석(Hazard Analysis) 366
유구조충 272
유리 197
유용미생물 28
유전자변형 농산물(GMO, Genetically Modified Organism) 357
유전자변형 식품 356
유해 감미료 182
유해미생물 28
유해 보존료 180
유해 증량제 185
유해 착색료 181
유해 표백제 184
유행성간염 237
유화제 333
유효성 평가 392
응고제 333
의료폐기물 442
이 309
이미증 261
이보텐산 137, 141
이산화탄소(CO_2) 434
이즈미열 239
이질균(Shigella spp.) 227
이질아메바(Entameba histolytica) 228
이집트숲모기 303
이형제 333
이환 방향족 아민 204
인돌 46
인수공통감염병(Zoonoses) 240
일루딘 137
일반세균수 41
일본뇌염 299, 304
일산화탄소(CO) 434
1일 섭취허용량(ADI, Acceptable Daily Intake) 68, 323

ㅈ

자실체 35
자연독 식중독 134
작은빨간집모기 304
잠함병 429
장관 아데노바이러스 128
장관독소원성 대장균 99
장관병원성 대장균 100
장관출혈성 대장균 99
장구균(Enterococci) 43
장미진 230

장염비브리오 16, 94, 96, 97
장탄저 242
장티푸스(Typhoid fever) 229
재귀열 310
저온장시간살균 54
전리방사선 345
전자회절공명 351
제1급감염병 223
제2급감염병 223
제3급감염병 223
제4급감염병 223, 257
제랄레논(Zearalenone) 163
제조물책임 18
제조용제 334
제품설명서 379
젤형성제 334
조류 28
조류 인플루엔자(AI, Avian influenza) 254
종말감염 225
종말숙주 256
중간숙주 256
중간형 식중독 113
중요관리점(Critical Control Point) 366
쥐 313
증점제 334
지로미트린 139
지붕쥐 314
지정폐기물 440
지중해열 246
지질 과산화물 205
지카바이러스 304
직업병 445
진균류(fungi) 34
진드기 311
진폐증 447
진핵 미생물 28
질병관리예방센터(CDC) 21
질소화합물(Total nitrogen) 439
쯔쯔가무시병 299
쯔쯔가무시증 315

ㅊ

착색료 334
참호열 310
채독증 262
천열(Izumi fever) 239
철 결핍성 빈혈 263
청관제 336
체체파리 299
초고온순간살균 54
총균수 41
총균수 검사 74
최기형성시험 67
최대 무작용량 67, 323
최대내량 67
최확수법 77
추출용제 336
출아법 34
충전제 336
침전 405

ㅋ

캄필로박터 16
캄필로박터 제주니 105
캄필로박터균 105
코로나19 14
코리네박테리움(Corynebacterium diphtheriae) 233
코발트-60 346
코프린 139
콕시엘라 버네티(Coxiella burnetii) 250
콜레라(Cholera) 232
콜레라균(Vibrio cholerae) 232
큐열(Q fever) 250
크로이펠트-야콥병(CJD, Creutzfeldt-Jakob Disease) 253
클로스트리듐 보툴리늄 111
클로스트리듐 퍼프린젠스 115

ㅌ

탄저(Anthrax) 240
탄저균(Bacillus anthracis) 240
태국 황변미 161
테트라민(Tetramine) 157
테트로도톡신(Tetrodotoxin) 152
테프론(Teflon) 193
톡소플라즈마 277
톡시카리움 황변미 161
투베르쿨린(Tuberculin) 244
툴레어증 247
트리메틸아민 46, 50
트리코테신(Tricothecene) 164
트립신 저해제(Trypsin inhibitor) 149
티비티(TBT) 217
티푸스균(Salmonella typhi) 230

ㅍ

파라-니트로아닐린 182
파라-니트로-올소-톨루이딘(ρ-nitro-o-toluidine) 183
파라티푸스(Paratyphoid fever) 231
파리 300
파상열 246, 247
파스퇴르 241
파툴린 162
팔로톡신(Phallotoxin) 137
패류독소 154
팽창제 337
페놀 수지[phenol-formaldehyde(PF) resin] 190
페릴라틴(Perillatine) 183
편모 30
편충 264
평판 도말법(plate count) 75
폐기물 440
폐디스토마 286
폐탄저 242
폐흡충 286
포도상구균 109
포름알데히드 180
포자 35
폴리스티렌(PS) 수지 192
폴리에틸렌(PE)가공지 194
폴리에틸렌(PE) 수지 191
폴리에틸렌 테레프탈레이트 192
폴리염화비페닐(PCBs) 214
폴리오 234
폴리오바이러스(Poliomyelitis virus) 234
폴리카보네이트(PC, Polycarbonate) 수지 192
폴리프로필렌(PP) 수지 192
표면처리제 338
표백제 337
표준위생관리기준(SSOP, Sanitation Standard Operation Procedure) 376
표준한천배지 41
푸모니신(Fumonisin) 163
푸사리움속 곰팡이독 163
품질관리 367
품질보증 367
프로바이오틱스 29
프타퀼로사이드(Ptaquiloside) 149
피마자씨 148
피막제 338
피부탄저 241

ㅎ

하수관리 437
한계기준 387
한국식품안전관리인증원 370
합성수지(Synthetic resins) 189
해썹 366
향료 339
향미증진제 338
호흡기탄저 242
화경버섯 137
화염살균법 412

화학적 산소요구량(COD, Chemical Oxygen Demand) 439
화학적 식중독 178
화학적 위해요소 383
환경유해 물질 210
환경호르몬(Environmental hormone) 210
황변미독 161
황열병 303
황화수소 46
회충 259
효모(yeast) 34
효소제 339
훈연 56
휘발성 염기질소(volatile basic nitrogen, VBN) 50
흰줄숲모기 304

A

A형 간염 237
A형 간염바이러스 125
Aspergillus속 159

B

B형 간염 237
BCG(Bacillus Calmette–Guérin) 245

C

C형 간염 238
CA저장 57

D

D형 간염 238

E

E형 간염 238
E형 간염바이러스 127

H

HACCP(Hazard Analysis Critical Control Points) 366
HPAI(Highly Pathogenic Avian Influenza) 254

K

K값(K value) 50

P

PAH(Polycyclic Aromatic Hydrocarbons) 202
PCB(Polychlorinated biphenyl) 186
Penicillium속 161
pH(수소이온농도) 438

S

Salmonella paratyphi A 231

저자 소개

송효남 세명대학교 바이오식품영양학부 교수

곽민규 을지대학교 식품영양학과 교수

박재남 송원대학교 식품영양학과 교수

장유진 강릉원주대학교 식품영양학과 교수

정난희 전남대학교 가정교육과 교수

최영진 가톨릭관동대학교 조리외식경영학과 교수

식품위생학

초판 발행 2022년 3월 4일
초판 2쇄 발행 2023년 8월 30일

지은이 송효남, 곽민규, 박재남, 장유진, 정난희, 최영진
펴낸이 류원식
펴낸곳 교문사

편집팀장 성혜진 | **책임진행** 김성남 | **디자인 · 본문편집** 신나리

주소 10881, 경기도 파주시 문발로 116
대표전화 031-955-6111 | **팩스** 031-955-0955
홈페이지 www.gyomoon.com | **이메일** genie@gyomoon.com
등록번호 1968.10.28. 제406-2006-000035호

ISBN 978-89-363-2216-8(93590)
정가 26,000원